中外学者
论AI

遥感脑理论及应用

焦李成 侯 彪 刘 芳 杨淑媛
王 爽 朱 浩 马文萍 张向荣　编著

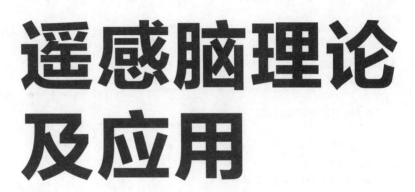

清華大學出版社
北京

内 容 简 介

针对海量、动态、多维、异构的高分辨率卫星遥感观测数据,通过对高分辨压缩信息的获取("感"),建立多尺度几何分析的建模("知"),完成特征的学习和分析("用"),从而提高对地观测系统的综合利用能力,这已成为遥感技术发展的必然趋势。

本书从遥感脑的起源、实现、主要应用等方面,详细讨论了遥感脑的"感-知-用"等方面,内容丰富且涵盖面广,旨在帮助人工智能、遥感解译等领域学者更全面、深入地了解遥感脑系统。全书共 15 章,系统地论述了遥感脑系统的理论基础、感知与解译应用。希望本书能为读者呈现出遥感脑理论和应用等较为全面的脉络、趋势和图景。

本书适用于涉及深度学习和图像处理类高年级本科生、研究生以及广大科技工作者。

图书在版编目(CIP)数据

遥感脑理论及应用/焦李成等编著.—北京:清华大学出版社,2023.4
(中外学者论 AI)
ISBN 978-7-302-62763-0

Ⅰ.①遥… Ⅱ.①焦… Ⅲ.①遥感技术－研究 Ⅳ.①TP7

中国国家版本馆 CIP 数据核字(2023)第 031796 号

责任编辑:王 芳
封面设计:刘 键
责任校对:申晓焕
责任印制:沈 露

出版发行:清华大学出版社
      网 址:http://www.tup.com.cn,http://www.wqbook.com
      地 址:北京清华大学学研大厦 A 座 邮 编:100084
      社 总 机:010-83470000 邮 购:010-62786544
      投稿与读者服务:010-62776969,c-service@tup.tsinghua.edu.cn
      质量反馈:010-62772015,zhiliang@tup.tsinghua.edu.cn
      课件下载:http://www.tup.com.cn,010-83470236
印 装 者:三河市君旺印务有限公司
经 销:全国新华书店
开 本:186mm×240mm 印 张:25 字 数:564 千字
版 次:2023 年 5 月第 1 版 印 次:2023 年 5 月第 1 次印刷
印 数:1~1500
定 价:129.00 元

产品编号:097167-01

前 言

PREFACE

遥感技术是一种非接触的、远距离的探测技术,始于20世纪60年代,一般指利用搭载在遥感平台上的传感器或遥感器,对目标的电磁波辐射、反射特性进行探测,并依据其特征对目标进行分析的理论、方法和应用的科学技术,实现的是对目标定量的观测与描述。作为一种重要的对地观测技术,遥感技术能够通过航空、航天传感器在不直接接触地物表面的情况下获取地物的信息。遥感影像是遥感技术的主要分支之一,具有"三多"(多平台、多角度、多传感器)和"三高"(高空间分辨率、高时相分辨率、高光谱分辨率)的特点。遥感影像的这些特点为其广泛应用提供了可能。但这些遥感影像结构各异、成像复杂,既让问题本质结构的析出和解译变得极为困难,又备受信息冗余问题的困扰。这使得传统的数据分析和处理的方法通常难以满足对遥感影像处理质量、效率的要求,对于复杂数据的重要结构信息,诸如视觉数据中的空间结构、隐含的语义概念之间的关联结构、由环境所造成的多场景、多数据源结构等,通常不能有效表达。

"天赐智能春花放,巧夺天工更有香"。从《列子》中"千变万化,惟意所适"为周穆王献舞的机器演员,到晋人张湛所述的"机关生人灵";从诸葛亮的木牛流马到专供唐朝皇后梳妆打扮的自动梳妆台;从达·芬奇设计出史上第一个机器人,到图灵有限状态自动机的提出。千百年来,人类对于智能的思考和探索从未停止。直到数字计算机的出现,为人工智能的实现提供了广阔的天地。

人工智能是利用数字计算机或者由数字计算机控制的机器,模拟、延伸和扩展人类的智能,感知环境、获取知识并使用知识获得最佳结果的理论、方法、技术和应用系统。人工智能企图了解智能的实质,其核心问题包括推理、知识、规划、学习、交流、感知、移动和操作物体的能力,领域研究包括机器人、语音识别、图像识别、自然语言处理、专家系统等。人工智能不是人的智能,而是能像人那样思考、也可能超过人的智能。通过分析、模拟人脑的认知机理和自然系统的智能行为与机制,构造相应的学习与优化模型,借助先进的计算工具实现高效的计算智能方法,并用于解决实际工程问题,一直是人工智能研究的重要途径。自2017年始,人工智能已连续四年被写入《政府工作报告》。2020年的报告指出,应加大人工智能新型基础设施的构建和部署,加强人工智能基础和应用人才培养,大力推进智能经济发展。2020年9月11日,习总书记亲自主持科学家座谈会并在会上指出,科研工作要坚持面向世界科技前沿、面向经济主战场、面向国家重大需求、面向人民生命健康,不断向科学技术广度和深度进军,要坚持需求导向和问题导向。国务院颁布的《新一代人工智能发展规划》指出,要实现 2020 年同步、2025 年部分领先、2030 年 AI 创新中心的三步走战略,面向构建科技创新体系、把握科技属性和社会属性高度融合、"三位一体"推进、支撑国家发展的四大任务,确定大数据智能、跨媒体感知计算理论、混合增强智能理论、群体智能理论、自主无人系统五大智能技术方向。国家相继建设 15 家新一代人工智能开放创新平台,覆盖自动驾驶(百度)、城市大脑(阿里云)、医疗影像(腾讯)、智能语音(科大讯飞)、智能视觉(商汤集团)、视觉计算(依图科技)、营销智能(明略科技)、基础软硬件(华为)、普惠金融(中国平安)、视频感知(海康威视)、智能供应链(京东)、图像感知(旷视科技)、安全大脑(360 奇虎)、智慧教育(好未来)、智能家居(小米)等多个领域的应用场景。新一代人工智能正在蓬勃兴起,为经济社会发展注入了新动能,成为科技创新的"超级风口"。

作为人工智能的核心算法,深度学习凭借其在海量复杂数据中高效提取特征的能力,已不可阻挡地渗透到遥感领域的各种应用中。作为计算智能方法的代表,起源于 20 世纪 40 年代的人工神经网络经历了五六十年代的繁荣,70 年代的低潮,80 年代的再次复苏,到近十年的广泛关注,如今已经成为理论日趋完善,应用逐步发展的前沿方向。

从生物学角度来讲,人脑作为一个高智能体,具有多模感知、分层表征、因果归纳、多源融合、并行处理和快速推理等能力。传统的遥感影像解译方法通过人为的分步骤或划分子问题的方式解决复杂问题,而深度类脑计算是数据驱动的,完全交由搭建的神经网络直接学习从原始输入到期望输出的映射。同时通过模拟人脑高级感知决策问题,能够很好地加入各种先验信息作为辅助决策手段。通过逐层的特征学习,能够得到比传统浅层模型更抽象、更本质的特征。相比传统策略,端对端的学习具有协同增效的优势,有更大的可能获取全局上更优的解,具有满足在轨实时处理需求的潜力。

遥感数据的类脑解译,是在众多复杂的非结构化环境中对获取的各种高分辨率多源遥感海量数据自动进行有效处理,通过先进的人工智能技术和信号处理技术去认知环境,采集数据,处理信息,达到目标环境的稳定、可认可、可认知、可描述,实现非结构化环境中的结构化信息获取和智能感知,为解译和目标识别提供可靠的手段,同时这也是一个海量数据中的信息有效挖掘问题。它不仅是有噪的、不完全的、模糊的,也是非高斯的、非平稳的。因此,针对海量、动态、多维、异构的高分辨率卫星遥感观测数据,通过对高分辨压缩信息的获取("感"),建立多尺度几何分析的建模("知"),完成特征的学习和分析("用"),从而提高对地观测系统的综合利用能力,这已成为遥感技术发展的必然趋势。

基于此,作者团队在多年的研究基础上,面向资源勘测、灾害评估、成像侦察、地理测绘等领域对卫星在轨遥感影像感知与解译的迫切需求,针对遥感影像解译的奇异性建模与表示、高维数据学习与理解等若干瓶颈问题,借鉴视觉感知机理和脑认知机理,实现遥感脑智能建模,在遥感影像的感知、认知、推理、决策等方面构建系统的遥感脑解译理论和方法。通过对脑信息处理的稀疏性,构建遥感影像的知识感知和高效描述方法;通过脑信息处理的学习性,构建遥感影像的知识学习和推理决策模型;通过脑信息处理的选择性,建立遥感影像的知识提取和语义表征方法;通过脑信息处理的方向性,建立遥感影像的知识传递和精准定位模型,并最终通过软硬件协同处理,实现遥感影像的在轨实时处理。

全书共 15 章,系统地论述了遥感脑系统的理论基础、感知与解译应用。第 1~4 章主要介绍遥感技术和类脑启发的研究背景及意义,压缩感知基础、遥感成像机理与特性、深度神经网络的最新进展等;第 5~12 章主要介绍作者团队在遥感脑感知与解译两方面的具体相关应用成果;第 13、14 章主要介绍作者团队研发的遥感脑系统;第 15 章主要展望和总结该领域的主要公开问题。以此抛砖引玉,希望本书能为读者呈现出遥感脑理论和应用等较为全面的脉络、趋势和图景。

作者团队依托西安电子科技大学"智能感知与图像理解"教育部重点实验室、"智能感知与计算"教育部国际联合实验室、国家"111"计划创新引智基地及国家"2011"信息感知协同创新中心,感谢集体中的每一位同仁的奉献。特别感谢陈洁、高捷、李晓童、杨晓岩、杨育婷、张若浛、张欣、赵嘉璇、耿雪莉、王嘉荣、宋雪、李云、胡冰楠、张艳等同学在写作过程中付出的辛勤劳动与努力,同时感谢文载道、石程、段一平、武杰、武娇、张思博、王仕刚、张凯、梁苗苗、赵暐、刘旭、孙其功、张俊、李阁、程林、黄钟健等老师和同学的支持与帮助。

同时,本团队的工作也得到了西安电子科技大学领导及国家"973"计划(2013CB329402、2006CB705707)、国家自然科学基金创新研究群体科学基金(61621005)、国家自然科学基金重点项目(61836009、60133010、60703107、60703108、60872548 和 60803098)及面上项目(61272279、61473215、61371201、61373111、61303032、61271301、61203303、61522311、61573267、61473215、61571342、61572383、61501353、61502369、61271302、61272282、61202176、61573267、61473215、61573015、60073053、60372045 和 60575037),重大研究计划(91438201 和 91438103)等科研项目的支持,特此感谢。感谢书中所有被引用文献的作者。

由于作者水平有限,书中不妥之处在所难免,恳请读者批评指正。

著　者

2023 年 1 月

目 录
CONTENTS

第 1 章

遥感脑的研究背景及意义

随着深度学习在遥感领域的逐步发展及遥感数据体系的逐步完善,越来越多的先进技术被挖掘并加以应用。本章首先对遥感的发展历史进行介绍,并对遥感数据特性进行简单的分析;结合深度学习的发展简介及其算法的简单调研,本章将进一步介绍深度学习在遥感中的应用。

1.1　遥感技术

遥感(remote sensing)是通过非直接接触,利用在人造卫星、宇宙飞船等上面安装的传感器并从远处探测、感知地面物体的技术。广义的遥感是遥远的感知,泛指一切非接触的、远距离的探测技术;狭义的遥感是指运用传感器对物体的电磁波的辐射、反射特性的探测,并根据其特性对地表物体的性质、特征和状态等进行识别的应用科学技术。

遥感从产生到现在共经历了以下几个阶段。

(1) 无记录地面遥感阶段(1608—1839 年),以望远镜制造为标志,开辟了观测远距离目标的先河。

(2) 有记录地面遥感阶段(1840—1857 年),摄影技术迅猛发展,成功将影像记录在胶片上。

(3) 航空摄影阶段(1858—1956 年),以热气球、风筝等工具为代表,直至飞机的发明,促进了航空遥感的实用价值,并在军事领域得到落地应用。

(4) 航天遥感(1957 年至今),人造地球卫星成功发射,使人类定向观测走向新纪元。

国内遥感始于 20 世纪 30 年代,应用仅为在个别城市进行过的航空摄影。在 20 世纪 70 年代,航空摄影进入了业务化阶段,并且在 70 年代中后期,我国在遥感应用方面开始取得巨大的成就。我国极为重视遥感技术发展在国家建设中的应用,并将遥感列入重点科技攻关项目和"863"攻关项目,通过"六五"到"九五"的攻关,完成了一批具有世界先进水平的应用研究。

遥感作为一门对地观测综合性科学,它的出现和发展既是人们认识和探索自然界的客观需要,更有其他学科与之无法比拟的特点。

(1) 大面积同步观测,范围广:遥感探测能在较短的时间内,从空中乃至宇宙空间对大范围地区进行对地观测,并从中获取有价值的遥感数据。这些数据拓展了人们的视觉空间,例如,一张陆地卫星影像,其覆盖面积超过 $3 \times 10^4 \, \mathrm{km}^2$。这种展示宏观景象的影像,对地球资源和环境分析极为重要。

(2) 获取信息的速度快,周期短:由于卫星围绕地球运转,能及时获取所经地区的各种自然现象的最新资料,以便更新原有资料,或根据新旧资料变化进行动态监测,这是人工实地测量和航空摄影测量无法比拟的。

(3) 动态反映地面变化,实时性高:遥感探测能周期重复地对同一地区进行对地观测。

(4) 获取的数据具有综合性:遥感探测所获取的是同一时段、覆盖大范围地区的遥感数据。

(5) 获取数据综合性强,信息量大:遥感探测所获取的是同一时段、覆盖大范围地区的遥感数据。根据任务的不同,遥感技术选用不同波段和遥感仪器进行反射或辐射来获取信息。探测物体采用的波段一般分为可见光、紫外线、红外线和微波,利用不同波段对物体不同的穿透性,还可获取地物内部信息,例如地面深层、水的下层、冰层下的水体、沙漠下面的地物特性等。

(6) 获取信息受限少:在地球上有很多地方,自然条件极为恶劣,人类难以到达,如沙漠、沼泽、高山峻岭等。采用不受地面条件限制的遥感技术,特别是航天遥感,方便及时地获取各种宝贵资料。

(7) 所用的电磁波有限:在电磁波谱中,所用的电磁波仅包括其中的几个波段范围,尚有许多谱段的资源有待进一步开发。此外,已经被利用的电磁波谱段还不能准确反映数据的某些特征,还需要研究者进一步开发高光谱分辨率相关的技术。

(8) 遥感影像特征多:①图像尺度极大,探测范围广;②图像是多光谱图像。遥感影像处理作为计算机视觉领域的一个分支,具有广阔的应用前景。寻找高效、便捷、直观的分类方法是一个重要的研究课题,该分支包括了对遥感影像进行辐射校正、几何校正、投影变换、分类、特征提取以及各种专题处理。其中,几何处理包括图像的粗加工、精纠正、数字镶嵌和图像间的自动配准等;辐射处理包括图像的辐射定标、图像平滑、辐射校正、图像融合、辐射增强和锐化等,通常情况下将二者称为遥感影像的预处理。

通过遥感技术得到的遥感数据,包括高度、植被长势、土壤粗糙度等特性,对其进行感知和分析记录,可以增强人类改造自然的能力。遥感应用研究涉及的领域广、类型多,既有专题性的,也有综合性的,可广泛用于多种军事及民用领域,如卫星侦察、国土资源调查、土地利用与土地覆盖、城市动态变化监测、气象监测、环境评价和监测、灾害调查评价以及港口、铁路、水库、电站工程勘测与建设等,涉及许多业务部门,极大地扩展了遥感的应用领域,对人类生产和生活产生了重要影响。随着新型传感器的开发,计算机性能的提高以及航空航天技术的发展,大范围地观察地球环境的遥感技术近年发展非常迅速,已经应用到人们生产、生活的各个领域。

1.2　遥感数据特性

遥感是采用探测仪器,与探测目标保持远距离,在远处记录目标的电磁波特性,从而通过分析得到物体特征性质的探测技术。如图 1.1 所示,遥感数据按工作方式分可以分为主动成像和被动成像,主动成像数据主要包含合成孔径雷达(Synthetic Aperture Radar,SAR)、极化 SAR、机载激光雷达(Light Detection And Ranging,LiDAR)等,被动成像数据主要包含高光谱、遥感光学图像、无人机图像等。遥感数据是地球表面的"照片",是遥感探测目标的信息载体,不同的遥感数据成像方式有不同的优势。

SAR 是微波遥感成像,可以全天时、全天候对地观测;具有穿透性,不仅能获得地形地貌等地表信息,还能穿透地表获取地下或掩盖的信息;可以获得多极化、多波段的图像并实现远距离高分辨率成像。极化 SAR 在单通道 SAR 的基础上发展而来,提供了多维的遥感信息,利用目标散射回波的幅度、相位、频率特性以及其极化特性,可以提供更加丰富的目标信息。机载 LiDAR 是一系列不规则分布的三维离散点,每个点包含三维坐标,也可能包含颜色信息或反射强度信息。高光谱包含的波段众多,可能有成千上万的波段,成像分辨率高,包含丰富的辐射、空间和光谱信息,是多种信息的综合载体。无人机图像弥补了卫星遥感和普通航空遥感时效性不强、缺乏机动灵活性、受限于天气条件、时间等限制造成的区域部分信息缺失的不足,图像分辨率高,成本低廉,操作简单。

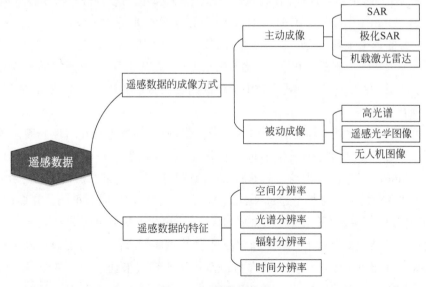

图 1.1　遥感数据分类

　　遥感数据详尽地展现了地球表面地物三方面的信息：目标的大小、形状以及空间分布特点，目标的属性特点，目标的变化动态特点。相应地将遥感影像特征归纳为三方面：几何特征、物理特征和时间特征，这些特征的具体表现参数为空间分辨率、光谱分辨率、辐射分辨率和时间分辨率。

　　图像的空间分辨率指的是像素覆盖的地面范围的大小，即地面物体能分辨的最小单元。例如 Landsat 的专题成像仪传感器的 1～5 和 7 波段中，一个像素覆盖 28.5m×28.5m 的地面，可以说其空间分辨率为 30m。光谱分辨率指传感器接收目标辐射波谱时能分辨的最小波长间隔，间隔越小，分辨率越高。辐射分辨率指传感器接收波谱信号时，能分辨的最小辐射度差，在遥感影像上表现为一个像元的辐射量化级。时间分辨率指在同一个地点做遥感采样的时间间隔，即采样的时间频率，也称为重访周期。对卫星遥感来说，地球同步气象卫星的时间分辨率是 2 次/h。

1.3　类脑生物特性

　　1945 年以后，人工智能的研究伴随着计算机的发展进入佳境，人工智能逐渐形成符号学派、贝叶斯学派、行为学派、类推学派和联结学派等五大学术流派。

　　(1) 符号学派以谓词逻辑表示法理论为基础的符号主义占据了绝对的主流，推崇认知即计算，通过使用符号、规则和逻辑来表征知识和进行逻辑推理，常用算法为规则和决策树。但是到了 20 世纪 90 年代，符号主义没有自我学习能力的先天缺陷逐步暴露出来。

　　(2) 贝叶斯学派致力于寻找逻辑和概率的关系，利用概率分布获取发生的可能性来进行有效的概率推理，主要是面向问题的统计模型。马尔可夫链(Markov Chain，MC)、隐马尔可夫模型(Hidden Markov Model，HMM)和朴素贝叶斯模型(Naive Bayesian Model，NBM)是主要的理论工具。贝叶斯学派在语言识别等子领域表现出色。

　　(3) 行为学派致力于从进化主义、控制论出发，研究基于"感知-行动"的行为智能模拟方法，通过生成变化为特定目标获取其中最优的途径。常用算法为反馈控制、遗传算法、蚁群算法和强化学习。

　　(4) 类推学派更多地关注心理学和数学最优化，通过外推进行相似性判断。类推学派遵循"最近邻"原理进行研究，根据约束条件优化函数，代表算法为支持向量机(Support Vector Machine，SVM)。各种电子商务网站上的产品推荐是类推方法最常见的示例。

　　(5) 联结学派的主要思想是通过神经元之间的连接来推导知识，推崇认知即网络，常用算法为神经网络。联结学派比符号学派更加底层，使用概率矩阵和加权神经元动态地识别和归纳模式。联结学派聚焦于物理学和神经科学，并相信大脑的逆向工程。他们相信用反向传播(Back Propagation，BP)算法或向后传播错误的算法来训练人工神经网络可以获取结果。联结学派试图仿效人脑的结构和工作方式，以期获得相同或相似人脑的功能。借鉴神经科学,联结主义学派创立了神经网络。和符号主义采用数学方法不同,以神经网络为代表的联结主义采用了仿生学原理,利用硬件或者软件模拟出神经网络的连接机制,相对比符号主义,这种方式更符合生物学事实。神经科学是神经网络的理论支撑,失去神经科学,神经网络也只能实现聚类和分类的角色,不算是完美的智能。联结学派借助深度学习和计算能力的突破,目前在各类人工智能竞赛中大放异彩。

联结学派的人工智能,理论和模型借鉴生物神经网络,生物神经网络的重要研究进展都会展现在联结学派的理论模型中。

联结学派的人工深度学习模型传统上是密集和过度参数化的,有时甚至可以基于记忆数据中的随机模式,且数据中95%的参数可以从剩余的5%中预测出来。这可能与经验证据有关,表明使用随机梯度下降(Stochastic Gradient Descent,SGD)训练过度参数化模型比使用更紧凑的表示更容易。有相关学者研究表明,这种梯度下降技术可证明以良好的泛化最优地训练过参数化网络。具体来说,过度参数化会导致一种强大的“类凸性”,有利于梯度下降的收敛性,这也说明训练动力学和泛化依赖于过度参数化。这种过度参数化是以模型训练和推理过程中额外的内存和计算工作为代价的。

人工智能的终极目标是实现类人脑智能,神经科学是研究类人脑智能的钥匙。探索智能、意识的人脑机理,认识人的行为和情感,创新脑疾病诊断与治疗,是21世纪科学的前沿领域。脑科学和神经科学的发展极大地推动了神经网络计算的发展。当前新一代信息技术产业很关注大脑功能和神经网络的研究,希望机器具有更好的智能而不是野蛮的存储和计算能力,希望机器具有类人脑的工作方式而不是简单的数据总线结构。

从神经科学发展到第一代感知机,再到卷积神经网络,再到深度学习,深度学习成为类脑人工智能的最佳实践。深度学习的理论来源于神经科学家对大脑视觉系统的研究,人类大脑的视觉系统是分层的,包括低层级神经元识别基础模式、中级神经元识别高级模式和高级神经元识别抽象模式。人们对视觉注意力、抉择、学习等认知功能的大脑神经网络机制的研究方兴未艾。发展脑科学基础研究将促进深度学习等类脑智能技术的蓬勃发展。

大脑是自然界造物主的终极杰作,近年以类脑计算、人工智能和脑机接口为突破口,为人类认识大脑开创了新纪元。计算神经科学也是脑科学与人工智能两个领域之间的必要桥梁,这些领域的互动和协同创新极大地推动了未来的信息科技、脑科技及下一代超级计算机的发展。

目前类人脑研究百花齐放,各种跨学科的理论和模型都被应用于人脑机制的研究上。神经科学研究和信息科学结合尤为紧密,出现了类脑计算、人工智能和脑机接口等巨大进展。人脑就像具有包含巨大数量的未知变量的黑箱,需要新颖和复合的思路才可能找到钥匙;需要利用物理学和数学的方法研究上千亿神经元组成的复杂结构及其非线性动态行为,需要用理论和数学模型从基因、神经元、神经网络到脑系统的多个层次进行研究并解释认知功能,需要用新的信息科学工具分析和解读实验中获得的海量数据,需要用生物医学工程的技术制造脑机接口,使脊髓损伤和运动残疾的病人能够用脑电信号控制智能假肢。

类脑研究为认知脑打开了一扇全新的窗口。现阶段人们对脑的认识还十分有限。尽管人们对神经元如何编码、转导和储存神经信息有比较清楚的理解,但是尚不了解神经信息如何产生感知、情绪、抉择、语言等各种脑认知功能。分析类人脑的生物特性,建立多种信息手段对大脑进行观测、反馈、分析、仿真、验证等,推进对脑机制的理解,是近年国际学术界的一个重要新趋势。

以下归纳了稀疏性、学习性、选择性及方向性等主要的类脑的生物特性。

1.3.1　稀疏性

生物的大脑,特别是人类的大脑,是分层的、稀疏的和周期性的结构。稀疏性在生物大脑的缩放中扮演着重要的角色——大脑的神经元越多,大脑就越稀疏。

视觉感知机理的研究表明,视觉系统可以看成一种合理且高效的图像处理系统,从视网膜到大脑皮层存在一系列具有不同生物学功能的神经细胞,例如,随着层级信息不断加深,不同视觉皮层上的神经细胞对特定形状的视觉图案有最佳的响应和偏好的刺激。简言之,层级越高感受野越大,即信息处理从局部到更大的区域,类似尺度特性。层级较低时,感受野所处理的区域越小,稀疏性越强;而层级较高时,感受野所处理的区域越大,稀疏性越弱。另外,研究者推论出在稀疏性和自然环境的统计特性之间必然存在某种联系,随后诸多基于生物视觉和计算的模型被提出,都成功验证了生物视觉针对自然环境所反馈出的物理统计特性蕴含着稀疏性。当层级较低时,其简单细胞对应严格的方向和带通特性,而复杂细胞在保持简单细胞特性的基础上进一步具有局部变换不变性。简言之,简单细胞处理信息具有稀疏特性,而复杂细胞具有聚类特性。大脑激活稀疏性一直是神经科学的一个重要研究课题。在大脑初级视觉皮层(V1),计算神经科学的研究者认为,稀疏编码是视觉系统中图像表示的主要方式,V1 中的神经元对视觉信息的反应具有稀疏性,V4 区的神经元通过稀疏编码的方式实现视觉信息的表示。

1996 年 Cornell 大学心理学院的 Bruno 借助自然图像编码的统计结构去理解视觉细胞的特性,提出了最大化稀疏编码假说。他指出哺乳动物初级视觉的简单细胞的感受野具有空域局部性、方向性和带通性(在不同尺度下,对不同结构具有选择性),和小波变换的基函数具有一定的相似性。Bruno 先是基于一个基本假设,图像是由一些基的线性组合形成:

$$I(x,y) = \sum_i a_i \phi_i(x,y) \tag{1-1}$$

其中,$\phi(\cdot)$是基函数,a_i是系数,随着不同的图像变化而变化。有效编码的目的是寻找完备的基函数来生成图像控件,且为了寻找信号的本质结构,对应的系数间相互独立。以上方式很容联想到主成分分析技术(Principal Components Analysis,PCA),因为 PCA 可以找到一些统计结构上的空间轴(类似坐标轴)来构成基函数。但是 PCA 对噪声太敏感,只能对一些类似高斯分布的干净数据找到空间轴,而对更复杂分布的数据(比如现在的流形分布)则无效。因此,Bruno 受信息论启发,即相关变量的联合熵应不大于个体熵之和,差额为个体间的互信息。如果保持图像的联合熵不变,一个使降低变量相关性的可能方法就是降低个体的熵,因此 Bruno 转而去寻找一个最小熵编码。假定数字图像是稀疏结构,即任何给定图像都可以用大数据里面的少数几个描述符(基)表示。现在需要找到使每个系数的概率分布是单模态并且在 0 处是峰分布的低熵(low-entropy)方法,这即是稀疏编码的动机。Bruno 提出稀疏编码的寻找方案可以通过最小化来完成:

$$E = \sum_{x,y} \left[I(x,y) - \sum_i a_i \phi_i(x,y) \right]^2 + \lambda \sum_i S\left(\frac{a_i}{\sigma}\right) \tag{1-2}$$

其中,前一项代表保留的信息代价,后一项是稀疏函数,其中 λ 是常量正系数。常用稀疏函数包括以下 3 个:

$$S(x) = \begin{cases} -e^{-x^2} \\ \log(1+x^2) \\ |x| \end{cases} \tag{1-3}$$

如果对式(1-2)最小化,对参数变量 a 求导,使用梯度下降法迭代更新:

$$\begin{cases} a_i = b_i - \sum_j C_{ij} a_j - \frac{\lambda}{\sigma} S'\left(\frac{a_i}{\sigma}\right) \\ b_i = \sum_{x,y} \phi_i(x,y) I(x,y) \\ C_{ij} = \sum_{x,y} \phi_i(x,y) \phi_j(x,y) \end{cases} \tag{1-4}$$

基函数更新为:

$$\begin{cases} \Delta \phi_i(x_m, y_n) = \eta \langle a_i [I(x_m, y_n) - \hat{I}(x_m, y_n)] \rangle \\ \hat{I}(x_m, y_n) = \sum_i a_i \phi_i(x_m, y_n) \end{cases} \tag{1-5}$$

其中,$\hat{I}$ 是重构图像;η 是学习率。从式(1-5)看出,初级视觉细胞的感受野信号的属性得到了验证,图像信息得到了保持,而且编码是稀疏的,以上便是神经元的稀疏编码假说。

但在最初,神经元的稀疏编码假说饱受争议,直到 2007 年 Svoboda 和 Brecht 为该学说提供了依据和支持,认为少量的神经元就能够产生反应冲动。

Svoboda 和 Brecht 的小组分别研究了啮齿动物大脑接收胡须感觉输入的区域——体觉皮层,它包括大约 200 万个神经元。尽管两个小组利用技术不同,但都能刺激特定的神经元。

Svoboda 等创造出一种基因改造小鼠,它们能够在体觉皮层与学习相关的区域表达特定的荧光蛋白。这种通常存在于海藻中的蛋白,借由离子通过细胞膜,创造电流对蓝光发生响应。在向小鼠头骨植入一块玻璃窗后,研究人员又在它们头上安装了小型的发光二极管。研究人员可以通过改变二极管发光强度来调节细胞膜上作用的强度。此外,Svoboda 等让小鼠学习在受到光线刺激后选择笼子中的两个特定位置其中之一,如果正确则小鼠能得到喝水的奖励。研究人员发现,小鼠最少只需要激活 60 个神经元,就能学会按照光脉冲产生反应。

Brecht 小组利用的是另一种手段。研究人员将能够激活单个神经元的电极深深植入大鼠的体觉皮层中。随后,研究人员训练这些大鼠在感受到神经刺激后,利用舌头舔动作来打断一束光线。结果发现,平均而言,大鼠有 5% 的时间是对单个神经元的激励产生响应的。不过,这种响应的程度和范围高度依赖于被激发的是哪个神经元。比如,一些神经元能够唤起 50% 时间的响应。该研究对研究者们如何看待神经系统网络产生了根本的影响。

发展至今,使用稀疏化方法,模型尺寸减小为原尺寸的 0.01~0.1,并在计算、存储和能源效率方面获得相应的理论收益,且不会显著降低精度。如果这些加速是在高效的硬件实现中实现的,那么所获得的性能可能会导致一个阶段的变化,使更复杂的甚至革命性的任务得到实际解决。

1.3.2　学习性

相比机器,人脑擅长快速的跨任务学习和泛化认知,这种能力是目前深度学习和人工智能所不具备的。通常机器的学习往往围绕着一个具体的任务展开,然而对于人这个个体来说,需要学习的永远不仅仅是一个任务,更多的是一种学习的能力,从而使智能体可以快速泛化掌握更多任务。

2011 年,研究者 Tenenbaum 指出:人脑具有强大的抽象表征能力,能够从少量的数据学到一般化的知识,即具有“抽象知识”的学习能力。外界的因素是纷繁复杂的,大脑的神经元再多,表达能力相比较之下都会显得十分有限。那么,如何用有限的脑神经资源表达无限的认知特征呢?抽象就是必经之路。人脑经过一定量的抽象,可以把很多看似不同的事物归类到一个特性上,所需要表达的假设就会大大减少。

人脑的抽象可以大致分为两个层面,一层的抽象是从具体的外界感知中获得符号表示。符号对应认知事物的某种不变性,比如一个人的脸可以有不同的侧面肖像,在不同光影下的效果又会不太一样,但人脑最终可以将它抽象成一个符号来表示这个人的面貌特征。符号和认知的概念息息相通,因此在某种程度能从感知信息中抽取符号,使其具有概念学习的能力。

另一层的抽象就是人脑对某种结构性知识的抽象。在有了符号后,对符号之间的关系的抽象。比如,脑内在把面部肖像抽象成符号表示后,那么接下来会把同一人种的性别肖像归纳到一定区域,会把需要频繁访问的部分放在能够直接联通的区域,这种区域的划分本质上类似于空间关系。2020 年,Whittington 等证实了人脑对空间的表示不仅是导航任务的承载,而且还是更广阔的思维认知的承载。在大脑中,典型负责这一类空间关系的脑区是海马体。海马体内的位置细胞如同不同地点或认知概念相互连接而成的网,每个网又由更抽象的栅格细胞来定义。抽象的符号或者关系是大脑中的先验模板存在的基本形式,如视觉回路的感受野是先天就确定的,海马体的位置细胞也很早就形成。

有了这些表达关系和符号的抽象模板,人脑很容易在接受外部环境刺激或者任务时,直接套用已有抽象并且略做重新组合,从而理解新的事物。这个理解的过程同样可以分为两部分:一是生成新的符号(命名新的刺激),二是用抽象模板强行套用到新的符号上。

这种关系或结构的抽象最重要的是强大的层级组合能力,迅速将已有的技能组合成新技能。层级关系对应了从最基本的符号或概念如何构建更复杂的符号或概念的一个最常用的方法。2019年,Bengio等指出,强大的抽象符号和符号关系建模能力、生成不同的先验假设的能力再加上预测模型暗示的贝叶斯后验更新能力,就构成了人脑超强的认知判别能力。当遇到一个新的任务时,就可以快速提炼出与之对应的新模型,虽然它可能是对已有模板的拼拼凑凑,但还是要比传统机器强得多。贝叶斯公式把事物之间的联系表现为一系列的条件概率关系,并根据新的证据不停调整条件概率,最终得到想要的结果。实际来看,人脑就是一部贝叶斯机器,贝叶斯推断和决策即由最新采纳的认知更新先验概率得到后验概率,人脑认知学习的核心就是这样一个过程。

在人脑中执行的一个基本工作就是预测,每时每刻,人脑都在尽可能地生成预测下一刻的输入变换(例如视觉、听觉、触觉)。正如之前所描述的,脑内所做的每一个感知预测都不是凭空而来的,而是根据脑内的先验假设空间进行修正,减少一些不符合事实的假设概率,并增加那些符合事实的假设权重。这个过程对于大脑就像水往低处流一样自然。在这种预测力的驱动下,每一个认知学习的修正过程是快速准确的,人脑会很快得到最贴合真实的模板或者其他结果组合,远比重新学习新的模型要快得多。

另外在人脑内部,生物神经网络一个显著的特征是自发活动非常频繁。这些自发活动表明,人脑在没有外界输入时仍旧处于活跃状态。许多生物实验指出,这些活动反映了大脑对外界认知或任务的某种"先验假设",其就犹如一些认知的模板。心理学家认为人脑中大部分的意识或想法都在意识之下,本质上这些想法就如同不同先验组成的假设空间,最终能够胜出进入脑补决策区的仅仅是极少的一部分,不同的先验可能来自早期的进化。在2019年的相关研究中,Ortega等指出,大量先天可以使用的先验及归纳偏置,在使用贝叶斯推理框架后,可以结合最新外界认知迅速匹配相适应的模型。相比深度学习单纯做梯度下降,这个方法要快速有效很多。

人刚出生时所知甚少,但绝不是什么都不知道。比如求生本能的吮吸反射、抓握反射和为走路做准备的踏步反射,这些都是先天获得的。后天学习其实是一个奖励机制,从吮吸反射收到喂食加强开始,到学习行走和控制自己的身体以完成更复杂的任务,都是循序渐进基于已有知识/能力通过不断刺激和训练获得的。另外,神经科学家相信大脑有一套自发的学习机制可以帮助完成这些学习任务,这仍然是这一领域研究的前沿问题。

1.3.3 选择性

当你进入一个房间,你的大脑必须接受各种感官信息轰炸。如果是你所熟悉的房间,大部分信息已经储存在你的长期记忆中。如果是你不熟悉的房间,大脑如何安放和处理新记忆呢?人类大脑必须具备在一个全新环境中记忆特殊事物的能力,这项能力对人类能否适应这个世界至关重要。

人类的初级视皮层可以在视觉信息加工的非常早期阶段,生成视觉显著图,用以引导空间选择性注意的分布。注意是指心理资源被有选择性地分配给某些认知加工过程,使得这些认知过程对信息的加工更加快速准确。注意对于协调各种认知加工过程非常重要。人类每一时刻都接收到大量的外界信息,处于被"信息轰炸"的状态。人类有限的心理资源和神经资源不可能同时处理这么多的信息,只能选择性地处理具有高优先性的信息而忽视低优先性的信息,注意的作用正是体现于此。选择性注意是人类视觉系统在处理外界环境中的图像信息时,视觉注意神经信息处理机制发挥着重要作用。它可帮助人类从复杂环境中快速精确地选取感兴趣的重要视觉对象信息,并据此做出进一步的反应。

人类有 80% 的信息是通过视觉获得。在同一时刻内视觉系统会接收到大量信息,但人们无法以同等程度的优先性对进入视觉系统的所有信息进行加工,只有其中一部分信息可以通过选择性注意被筛选和加工,进入意识。这种视觉注意是一种有意控制的眼动,可使视觉系统凝视中心聚焦于某一特定物体,即将视觉刺激成像于视网膜的中央凹,使大脑知觉系统进入"预激"状态。在早期加工阶段,视觉选择性注意通过调节感觉输入改善人们的知觉和行为,这表明视觉信息加工的初期具有显著注意机制。

视觉心理学研究表明,大脑对视觉信息是分层次进行处理的,这是一个序列式处理过程。而在各层次内部,信息则是并行处理的。在同一个层次内的神经元往往具有相似的感受野形状和反应特性,并完成相似的功能。对于观察者来说,并不是全部的外界环境信息都是重要的,且大脑所能存储的信息量远远低于视觉系统提供的信息总量,所以在分析复杂的输入景象时,人类视觉系统采取了一种串行的计算策略,即利用选择性注意机制,根据图像的局部特征,选取景象的特定区域,并通过快速的眼动扫描,将该区域移动到具有高分辨率的视网膜中央凹区,实现对该区域的注意,以便对该区进行更精细的观察和分析。目前选择性注意机制已成为人类从外界输入的大量信息中选择特定感兴趣区域的一个关键技术。

选择性注意对负责视觉加工的几乎所有大脑结构的神经元活动均存在调节作用。

(1)腹侧通路,即从 V1 经纹外皮层(V2~V4)到颞下皮层。

(2)背侧通路,即从 V1 经 V2 到负责运动信息加工的中颞叶和内侧颞叶及顶叶各部分。

(3)前额叶,皮下结构核团,如外侧膝状体、上丘、枕核、丘脑背内侧及丘脑网状核。

（4）与奖励有关的纹状体和黑质网状部等。

此外,选择性注意对目标(选择)刺激神经表征存在多方面的调节作用,如增强神经元发放及发放同步性、增强神经元的选择性、增强神经元信噪比、增强局部场电位特定频率下的相位锁时、降低神经元低频噪声相关、移动和减小神经元感受野、降低神经元反应在各试次间的变异等。因此,选择性注意是一个非常复杂的认知过程,它时时刻刻协调着大脑的认知加工过程。

自上而下的空间注意指注意有意识地选择视觉空间中与任务相关的某一部分,抑制其他与任务无关的部分,从而对注意视野中的信息进行优先加工的过程。自上而下空间注意的神经基础主要为额-顶叶注意网络和默认网络,包括额眼区(Frontal Eye Field,FEF)、背内侧前额叶(medial PreFrontal Cortex,mPFC)、外侧前额叶(Lateral PreFrontal Cortex, LPFC)、额上回(Superior Frontal Gyrus,SFG)、上小叶(Superior Parietal Lobule,SPL)和顶内沟(IntraParietal Sulcus,IPS)等脑区。与自下而上的空间注意相比,自上而下的空间注意涉及更多高级皮层的脑区,需要占用更多认知资源、过程也相对缓慢。

相比自上而下的注意,自下而上的注意更加迅速且有效。自下而上注意分配迅速、自动化等特点反映了生物体的本能属性,对生物体的生存具有重大意义。在视觉场景中,当某一部分相对于其他部分更加显著时,该部分则会自动吸引注意资源,即自下而上注意,其显著性代表了大脑对该部分的反应与其他部分反应之间的差别。

目前,关于自下而上空间注意的神经机制主要存在两大理论模型:基于显著性的视觉注意模型(即额顶叶显著性模型)和 V1 显著性模型,如图 1.2 所示。

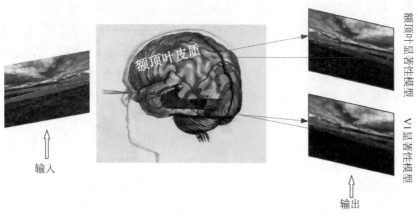

图 1.2　自下而上空间注意的模型

两种模型均认为显著性是一个依赖于背景信息的相对值,相同的刺激在不同的场景下其显著性可能不同,而二者的分歧主要在于显著图生成的脑区。基于显著性的视觉注意的模型认为显著图生成于额顶叶脑区。在自然场景中往往存在多种视觉特征,如颜色、朝向等。V1 对这些视觉特征进行独立加工,然后向上传递信息至额顶叶。额顶叶脑区对这些视觉特征(如颜色、朝向等)进行整合,从而产生显著图。额顶叶脑区的神经元对特定的视觉特征没有很强的选择性,无法表征各种视觉特征的显著性。同时大量电生理及脑成像研究显示,上丘、黑质网状部、腹侧注意网络、枕核、顶叶、V4、FEF 及前额叶等脑区参与了自下而上注意的表征。相反地,V1 显著性模型认为,由于 V1 神经元内部水平连接导致的相互作用(上下文情境影响),使 V1 神经元对刺激反应依赖于背景信息,因而产生显著图。某一空间位置的显著性反映的是感受野处于该位置的所有 V1 神经元中的反应最大值而非总和。该理论模型认为,前人研究发现的额顶叶脑区对显著性的表征可能仅是 V1 显著图输出的表征,其并不能确定额顶叶脑区对显著性的表征是源于自身神经元对不同特征的整合以及接收了其他脑区神经元活动传递的信号。

选择性注意是一个极其重要的认知过程,对其研究自 20 世纪 80 年代以来一直是认知科学和神经科学的热点领域。目前以下两方面的问题有待系统的研究。

(1) 注意与意识之间的关系。在日常生活中,选择性注意是一个非常复杂的认知过程,既有自下而上的信息输入,又有自上而下的反馈调控,它时时刻刻协调着大脑的认知加工过程。通过引入对意识水平的操控,前人研究分离了自下而上和自上而下两种注意过程,结果显示,处于无意识状态的刺激依然可影响注意分配,包括基于空间、基于特征和基于客体的注意,表明注意选择并不依赖于意识。然而,意识是否依赖于注意还存在争论,有待进一步研究。

(2) 参与注意选择的大脑结构不仅有大脑皮层,还有皮层下结构。一些研究显示皮层下核团与大脑皮层组成的丘脑皮层网络在注意选择中扮演重要角色。皮层下核团不仅影响基于空间的注意、基于特征的注意及基于客体的注意,还影响自下而上的注意。例如,枕核可增加皮层间的同步性,表明皮层下核团在注意选择中起到的作用主要是通过增强大脑皮层间的同步性而产生选择性注意。此外,研究发现损伤猴子的上丘后,其注意选择行为受损。然而,注意选择行为受损的猴子其大脑皮层的信号却并没有改变,表明大脑皮层可能并不是注意选择的充分条件,而皮层下核团则可能直接调控猴子的注意选择行为。因此,皮层下核团在注意选择中的作用有待系统性地揭示。

1.3.4　方向性

在 20 世纪中期,微电极在神经科学领域的发展迅速,使得记录动物在清醒状态下单个神经细胞的电活动成为可能。研究人员可以在动物自由活动的过程中,记录单个神经细胞的兴奋状态。"兴奋"指的是细胞因受到刺激而产生动作电位。动作电位是静息状态下的细胞膜产生短暂的膜电位变化,这种变化促使神经突触释放神经递质,从而将信号从一个神经细胞传递到下一个,使下一个神经细胞也兴奋起来。

1971 年,英国伦敦大学的 O'Keefe 在实验过程中发现,在海马体中存在一种特殊的细胞,当大鼠经过封闭空间中的某个特定位置时,这些细胞就会兴奋,经过另一个位置时,另一些细胞就会兴奋,这种神经细胞故此得名位置细胞。将所有这些位置细胞整合起来,刚好形成一幅能反映真实空间里不同位置的地图。更为神奇的是,通过读取大鼠海马体不同位置细胞的兴奋状态,O'Keefe 能够正确判断出在某一时间,大鼠在封闭空间里所处的精确位置。1978 年,O'Keefe 等认为,位置细胞是认知地图中不可缺少的一部分,是认知地图的物质基础。

尽管位置细胞的发现是神经科学发展史上的一座里程碑,但在之后很长一段时间,研究人员都无从知晓这种细胞到底对动物导航起到什么作用。位置细胞在海马体中的 CA1 区,这个区域位于海马体中信号传导通路的末端,由这种解剖学结构而得出的一种假说认为,位置细胞不是直接接收从外界传递来的位置信息,而是从海马体其他区域中获取相关信息。内嗅皮层是连接海马体与新皮层之间的媒介。同一个内嗅皮层神经细胞会在大鼠经过几个不同位置时被激活,而这几个位置在空间里恰好构成六边形的六个顶点,于是这种细胞被命名为网格细胞。与位置细胞不同,网格细胞提供的不是关于个体位置的信息,而是距离和方向。有了它们,动物不用依靠外界环境中的刺激因子,仅靠自身神经系统对身体运动的感知,就能够知道自己的运动轨迹。

早在 20 世纪 80 年代中期和 90 年代初,研究者们就发现了一种神经细胞,每当大鼠面向某一个固定方向时,这种神经细胞就会被激活。这种被称为头部方向细胞的神经细胞位于前下托,这是大脑皮层中另一个紧邻海马体的结构。

在 2008 年,研究者又在大脑的内嗅皮层发现了另外一种神经细胞。每当大鼠靠近一堵墙、空间边界或是任何障碍物时,这种细胞就会被激活,故此得名边界细胞。边界细胞可以计算出大鼠与边界的距离,然后网格细胞可以利用这一信息,估算大鼠已经走了多远的距离,所以在之后的任意时间,大鼠都可以明确知道自己周围哪里有边界,这些边界距离自己又有多远。

2015 年,第 4 种细胞——速度细胞隆重登场。这种细胞的兴奋状态反映了动物的运动速度,并且不受动物所处位置和方向的影响。速度细胞的放电频率会随着动物运动速度的增加而加快。事实上,仅仅通过记录为数不多的几个速度细胞的放电频率,研究人员就可以准确推算出大鼠当时的运动速度。速度细胞和头部方向细胞一起为网格细胞实时更新动物运动状态的信息,包括速度、方向及到初始点的距离。

之前的研究表明,大脑中存在能够记录位置信息的位置细胞,以选择性激活的方式赋予特定位置特殊的标识,能够确定头部朝向的头部方向细胞,以选择性兴奋来标识方向,以及能够划定平面坐标系的网格细胞,记录下所有在移动中产生的位置信息等,这些细胞彼此合作共同绘制了大脑中的二维地图。而近年来,研究者发现,大脑中的位置细胞同样也能参与到动物的三维导航中。Arseny Finkelstein 等对动物的三维导航能力进行了深入的探索。向人们展现了动物脑中的定位系统是如何工作的。

蝙蝠非常善于在三维空间中定向,这有助于探索动物三维导航能力的神经基础,并对垂直维度在大脑中的表征方式进行研究。更重要的是,蝙蝠的大脑结构与其他哺乳动物高度相似,研究结果可能也能为解释包括人类在内的其他哺乳动物的导航能力提供线索。

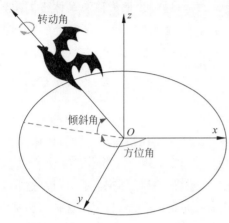
图 1.3　蝙蝠空间朝向的三个参数示意图

将蝙蝠的运动分解为三个维度:方位角、倾斜角和转动角,如图 1.3 所示。其中,方位角相当于二维地图中的方向,倾斜角为蝙蝠头部纵轴与水平面的夹角,而转动角则是蝙蝠头部横轴与水平面的夹角。如此一来,蝙蝠的三维空间方向信息就可以用三个参数表示出来。

实验结果发现,蝙蝠的前下托的确存在负责编码三维运动参数的神经元。蝙蝠在空中的运动主要涉及方位角和倾斜角的改变,而转动角几乎是不变的,而且蝙蝠大脑下托中负责编码转动角信息的神经元比编码方位角和倾斜角的神经元也要少得多。在后续的研究中发现,蝙蝠的三维头部方向细胞中既有专门负责编码方位角的纯方位角细胞,也有专门负责编码倾斜角的纯倾斜角细胞,以及同时编码方位角和倾斜角的方位角×倾斜角细胞。在环型坐标系中,不同种类的三维头部方向细胞所编码的方向区域呈现出以下情况:纯方位角细胞只对特定的方位角范围敏感,与倾斜角无关;纯倾斜角细胞反之;而方位角×倾斜角细胞则同时对特定范围的方位角和倾斜角敏感。这些结果说明,动物的三维导向系统较二维导向系统存在更为复杂的工作机制。生物大脑中存在感知方向与未知信息的方位角和倾斜角细胞。

1.4　遥感脑模型

遥感技术是自 20 世纪 60 年代发展起来的一种探测技术,它通过目标自身辐射或反射的可见光、红外线及电磁波等,对目标进行远距离的感知和识别。遥感技术作为一种重要的对地观测技术,能够通过航空、航天传感器在不直接接触地物表面的情况下获取地物的信息。近年来,随着传感器、无人机与卫星技术的快速发展,高分辨率遥感影像和视频影像的获取越来越容易。遥感影像和视频在灾害评估和预测、环境保护、城市规划、交通导航、军事安全等领域有着广泛的应用。作为遥感技术的主要分支之一,遥感影像和视频具有"三高"的特点。

(1) 高空间分辨率,如 QuickBird、IKONOS,中国高分系列遥感卫星。

(2) 高光谱分辨率,如 Hyperion、AVIRIS 和 ROSIS。

(3) 高时间分辨率,如 MODIS。

遥感影像和视频的这些特点为其广泛应用提供了可能。遥感器所获取的信息中最重要的特性有三个,即光谱特性、辐射度量特性和几何特性,这些特性确定了光学遥感器的性能。"三高"遥感数据的出现使得遥感影像和视频的处理难度越来越高,传统的遥感处理方法难以满足对遥感影像和视频处理的质量和效率的要求。

在遥感领域,常见的任务有影像配准、分类、语义分割、多源影像融合、目标检测、目标跟踪等。遥感影像配准是将不同时间、不同传感器或不同条件下(天候、照度、摄影位置和角度等)获取的两幅或多幅图像进行匹配叠加的过程。遥感影像分类是把不同场景内不同的地物加以区分辨别,由于一般假定相同类别的场景应该共享相似的特征信息,因此,可以分为三类特征:①直接提取遥感影像光谱、纹理和结构信息的底层视觉特征;②对提取的底层场景进行编码,进一步提取更具判别能力的中层视觉特征;③深度网络模型提取影像的抽象语义的高层视觉特征。在语义分割任务中,需要准确地把影像中的每个像素分类到一个特定的类别。由于遥感影像具有高空间分辨率、高清晰度、高时效性及信息量大等特点,通过它可以清楚直观地呈现丰富的地物细节信息以及相邻地物之间的关系。多源影像融合是将不同传感器获取的影像数据在几何、光谱和空间分辨率等方面进行互补,提供更丰富的信息来对地面物体进行分类和解析。目标检测也是各种遥感影像的重要研究与应用方向之一,目的是在遥感影像中自动搜索出感兴趣目标并标定位置、判别其具体类别。目标跟踪任务是在给定视频序列初始帧的目标大小与未知的情况下,预测后续帧中该目标的大小与位置。

作者团队在多年研究基础上,面向资源勘测、灾害评估、成像侦察、地理测绘等领域对卫星在轨遥感影像感知与解译的迫切需求,针对遥感影像和视频的奇异性建模与表示、高维数据学习与理解等若干瓶颈问题,借鉴视觉感知机理和脑认知机理,建立了"遥感脑",在遥感影像的感知、认知、推理及决策等方面建立了系统的类脑解译理论和方法。该模型利用脑信息处理的稀疏特性,构建遥感影像和视频的系数描述模型与方法;利用脑信息处理的选择性,建立遥感影像和视频只是提取的理论和方法;利用大脑的可塑性,建立遥感影像知识学习与推理方法;利用脑信息处理的并行性,设计大规模遥感影像和视频的快速处理方法,提高信息处理的时效性、最终通过软硬件协同处理实现遥感影像和视频的快速处理及实时处理。

参考文献

[1] 焦李成,杨淑媛,刘芳,等.神经网络七十年:回顾与展望[J].计算机学报,2016,39(8):1697-1716.

[2] 黄玲,李梦莎,王丽娟,等.视觉选择性注意的神经机制[J].生理学报,2019,71(01):11-21.

[3] 鲍敏,黄昌兵,王莉,等.视觉信息加工及其脑机制[J].科技导报,2017,35(19):15-20.

[4] 胡荣荣,丁锦红.视觉选择性注意的加工机制[J].人类工效学,2007,13(01):69-71.

[5] 宋卫艳.RANSAC算法及其在遥感影像处理中的应用[D].北京:华北电力大学,2011.

[6] 雷震.随机森林及其在遥感影像处理中应用研究[D].上海:上海交通大学,2012.

[7] 董延华.超光谱遥感图像处理关键技术研究[D].哈尔滨:哈尔滨理工大学,2006.

[8] 娄珊珊.基于偏微分方程的遥感图像处理方法[D].大连:大连海事大学,2012.

[9] 徐贵宝."互联网＋"人工智能技术发展策略解析[J].世界电信,2016,(3):71-75.

[10] Simonyan K,Zisserman A. Very deep convolutional networks for large-scale image Recognition[J]. Computer Science,2014.

[11] Zhang K, Zhang Z, Li Z, et al. Joint face detection and alignment using multitask cascaded convolutional networks[J]. IEEE Signal Processing Letters,2016,23(10): 1499-1503.

[12] Ren S,He K,Girshick R,et al. Faster R-CNN: Towards real-time object detection with region proposal networks[J]. IEEE Transactions on Pattern Analysis and Machine Intelligence, 2016, 39(6): 1137-1149.

[13] He K,Zhang X,Ren S,et al. Deep residual learning for image recognition[C]//IEEE Conference on Computer Vision and Pattern Recognition,2016.

[14] Szegedy C,Liu W,Jia Y,et al. Going deeper with convolutions[C]//IEEE Conference on Computer Vision and Pattern Recognition,2015.

[15] Huang G,Liu Z,Van Der Maaten L,et al. Densely connected convolutional networks[C]//IEEE Conference on Computer Vision and Pattern Recognition,2017.

[16] Olshausen B A,Field D J. Emergence of simple-cell receptive field properties by learning a sparse code for natural images[J]. Nature,1996,381(6583): 607-609.

[17] Huber D,Petreanu L,Ghitani N,et al. Sparse optical microstimulation in barrel cortex drives learned behaviour in freely moving mice[J]. Nature,2008,451(7174): 61-64.

[18] Houweling A R,Brecht M. Behavioural report of single neuron stimulation in somatosensory cortex [J]. Nature,2008,451(7174): 65-68.

[19] Tenenbaum J B,Kemp C,Griffiths T L, et al. How to grow a mind: Statistics, structure, and abstraction[J]. Science,2011,331(6022): 1279-1285.

[20] Menzel R,Greggers U,Smith A,et al. Honey bees navigate according to a map-like spatial memory [J]. Proceedings of the National Academy of Sciences,2005,102(8): 3040-3045.

[21] O'Keefe J,Dostrovsky J. The hippocampus as a spatial map: Preliminary evidence from unit activity in the freely-moving rat[J]. Brain Research,1971.

[22] Leutgeb S,Leutgeb J K,Barnes C A, et al. Independent codes for spatial and episodic memory in hippocampal neuronal ensembles[J]. Science,2005,309(5734): 619-623.

[23] Yartsev M M,Ulanovsky N. Representation of three-dimensional space in the hippocampus of flying bats[J]. Science,2013,340(6130): 367-372.

[24] Rowland D C,Moser M B. A three-dimensional neural compass[J]. Nature,2015,517(7533): 156-157.

[25] Zhang X,Zhaoping L,Zhou T,et al. Neural activities in V1 create a bottom-up saliency map[J]. Neuron,2012,73(1): 183-192.

[26] Finkelstein A,Derdikman D,Rubin A,et al. Three-dimensional head-direction coding in the bat brain [J]. Nature,2015,517(7533): 159-164.

[27] Whittington J C R,Muller T H, Mark S, et al. The Tolman-Eichenbaum machine: Unifying space and relational memory through generalization in the hippocampal formation[J]. Cell,2020,183(5): 1249-1263.

[28] François-Lavet V,Bengio Y, Precup D, et al. Combined reinforcement learning via abstract representations[C]//AAAI Conference on Artificial Intelligence,2019,33(01): 3582-3589.

[29] Ortega P A,Wang J X,Rowland M,et al. Meta-learning of sequential strategies[EB/OL]. https://arxiv.org/abs/1905.03030.

第 2 章

压缩感知基础

压缩感知也称稀疏采样、压缩传感，主要是通过利用信号的稀疏性，在远小于 Nyquist（奈奎斯特）采样率的条件下，用随机采样获取信号的离散样本，然后通过非线性重建算法完美地重建信号。其核心思想主要基于信号的稀疏结构以及信号的不相关特性。理论证明压缩感知的采样方法只是简单地将信号与一组确定的波形进行相关的操作，这些波形要求是与信号所在的稀疏空间不相关的。压缩感知方法可以直接通过信号时域变换得到压缩样本，减少了信号采样过程中的冗余信息。从压缩样本恢复原始信号所需的优化算法常常是一个已知信号稀疏的欠定线性逆问题。

2.1 稀疏编码与字典学习

为了进一步了解压缩感知，首先需要了解信号的稀疏表示。信号稀疏表示是信号处理界在过去近 20 年里一个非常引人关注的研究领域。它的目的就是在给定的超完备字典中用尽可能少的原子来表示信号，以获得信号更为简洁的表示方式，从而更容易地获取信号中所蕴含的信息，更方便进一步对信号进行加工处理，如压缩、编码等。

稀疏表示这一概念是在 1959 年由 Hubel 和 Wiesel 在研究猫的视觉条纹皮层上的细胞感受野时首次提出的。他们得出了 V1 区的细胞感受野能够对视觉感知信产生一种稀疏的响应的实验结论，开启了稀疏表示的先河。1969 年，Willshaw 和 Buneman 等提出了基于 Hebbian 局部学习规则的稀疏表示模型。其中的稀疏表示可以使得记忆能力最大化，进而有利于网络结构中联想机制的建立。1972 年，Barlow 等给出了"稀疏性和自然环境的统计特性之间存在着某种相关性联系"的推论。神经稀疏编码这一概念是由 Michison 等在 1988 年提出的。1996 年，Olshausen 和 Field 又提出了稀疏编码，验证了自然图像经过稀疏编码后，学习得到的基函数可以近似描述 V1 区上简单细胞感受野的响应特性。2008 年，神经生物学家 Houweling 和 Brecht 等在 *Nature* 发表了从生物视觉神经生理实验的角度有效支撑神经稀疏编码的假说。近年来，稀疏与深度结合的研究开始出现在图像去噪、图像恢复、自然语言处理等方面。

1. 指标

在稀疏的相关研究中,常常会看到几种范数作为衡量指标,如 l_1 范数、l_2 范数、l_1/l_2 指标。在稀疏学习理论中,l_0 范数可以用来衡量一个向量是否稀疏。在实际研究中往往采用 l_1 范数进行特征选择,也就是特征系数变为 0。l_2 范数可以防止过拟合,提升模型的泛化能力,有助于处理条件数不好时的矩阵(数据变化很小矩阵求解后结果变化很大)。例如,2D 空间中,向量(3,4)的长度是 5,那么 5 就是这个向量的一个范数值。更确切地说,可以将 l_2 范数看作欧氏范数或者 l_2 范数的值。在稀疏学习过程中,会使用 l_1/l_2 范数作为衡量指标。

2. L1 正则化

稀疏表示的基本思想源自压缩感知,希望用最少的样本表示测试数据。理论前提基础是,任意一个输入,都可以用已有样本线性表示:

$$y = w_1 x_1 + w_2 x_2 + \cdots + w_i x_i, \quad x_i \in X \tag{2-1}$$

想让更多的 $w_i = 0$,其中 0 越多,则解越稀疏。正则化是指在线性代数理论中,不适定问题通常是由一组线性代数方程定义的,而且这组方程组通常来源于有着很大的条件数的不适定反问题。大条件数意味着舍入误差或其他误差会严重影响问题的结果。在经典的数学物理方程定解问题中,人们只研究适定问题。适定问题是指定解满足下面三个要求的问题:①解是存在的;②解是唯一的;③解连续依赖于定解条件,即解是稳定的。这三个要求中,只要有一个不满足,就称为不适定问题。求解不适定问题的普遍方法是:用一组与原不适定问题相"邻近"的适定问题的解去逼近原问题的解,这种方法称为正则化方法。正则化可以防止模型过拟合,提高模型的泛化能力。显然,正则化操作可以让稀疏表示中的字典尽可能多地为 0。最理想的状况就是 l_0 正则化,其目标函数可表示为:

$$\hat{x}_0 = \text{argmin} \parallel x \parallel_0, \quad Wx = y \tag{2-2}$$

因为求解 l_0 正则化是一个 NP-hard 问题,所以一般不求解 l_0 正则化。通常用 l_1 正则化来代替 l_0 正则化,l_1 正则化可表示为:

$$\hat{x}_1 = \text{argmin} \parallel x \parallel_1, \quad Wx = y \tag{2-3}$$

2.1.1 稀疏编码

稀疏编码主要通过寻找一组"超完备"基向量来更高效地表示样本数据。它的目的就是找到一组基向量,能将输入向量表示为基向量的线性组合。常见的语音、视频等信号在频域都是稀疏的。因此可以对其利用超完备的字典进行稀疏表示。需要做的就是找出对输入信号进行线性表示的最稀疏的系数:

$$\hat{w} = \underset{w}{\text{argmin}}(y - wX), \quad \text{s.t.} \ f(w) \leqslant K \tag{2-4}$$

也可以表达为:

$$\hat{w} = \underset{w}{\arg\min} f(w), \quad \text{s. t.} \parallel y - wX \parallel_2 \tag{2-5}$$

其中，X 为超完备字典基向量，w 为系数向量，任意信号 y 都可以用 X 与 w 表示。K 是系数向量 w 的稀疏度约束，$f(w)$ 是稀疏表示系数向量的稀疏性度量，常用 l_0 或 l_1 范数。此外，信号的稀疏表征所用的基函数并非正交的，而是从更加广泛的函数集合中选择得到的，能更好地逼近原始信号。

傅里叶变换和小波变换是信号处理中常用的两种方法。它们往往需要大量的基函数才能够完成信号的表征，且不具有泛化能力，因此，稀疏表征的优越性就被凸显了出来。信号稀疏表征的两大关键问题是稀疏系数求解（即稀疏分解算法）和过完备字典的构造。对于稀疏系数求解，从过完备字典中获得最稀疏系数属于 NP-hard 问题。因此，为了便于求解稀疏系数，需要降低稀疏约束，学者们据此提出了多种稀疏系数求解算法。现有的稀疏系数求解算法分为松弛优化算法和贪婪算法两大类。其中松弛优化算法包括基追踪、框架算法等，贪婪算法包括匹配追踪（Matching Pursuit，MP）算法、正交匹配追踪（Orthogonal Matching Pursuit，OMP）算法和梯度追踪（Gradient Tracking，GT）算法等。

2.1.2 字典学习

按照稀疏矩阵的类型，信号的稀疏表示方法主要可分为以下 3 种：正交变换基方法、多尺度几何分析方法和过完备字典方法。为了覆盖更多信号类型，字典的概念被提出。相对于完备字典，信号在过完备字典下的表示更加稀疏。字典学习也成为信号处理领域的研究热点。构造过完备字典主要有两种方式：使用预定义的分析字典或使用字典学习算法。常用的预定义分析字典有：Heaviside 字典、Gabor 字典、Dirac 字典、傅里叶字典和小波字典等，也可以将不同类型的分析字典进行组合。预定义的分析字典往往需要针对实际信号特点而进行人为选取，且当实际信号复杂时，无法匹配信号。但是，字典学习算法可以通过训练样本集自学习获得自适应的过完备字典，能获得最匹配信号固有结构的字典原子，从而捕捉信号内在的本质特征。因此，字典学习算法受到了越来越多的关注。常用字典学习算法有 K-means、最大似然估计、最佳方向法、移不变字典学习算法和 K-SVD 算法等。字典学习过程中的每次迭代有两步：一步是用于求解稀疏系数，另一步是更新字典原子。求解稀疏系数时固定字典，同样地，更新字典原子时固定稀疏系数。

1. K-means 算法

K-means 算法为两步交替迭代方法，用于求解向量量化问题的最优字典。具体流程如下所示。

（1）迭代初始化。给定训练样本集 X 和字典原子个数 K，从训练样本集中随机选择 K 个样本作为初始字典 D_0，设置迭代次数 $t=1$。

（2）求解稀疏系数。对于每一个样本 x_i，先求解与其最近的字典原子，从而获得其稀

疏系数,同时可以得到对应的 K 个字典原子的训练样本:

$$R_k^{t-1} = \{i \mid \parallel x_i - d_k^{t-1} \parallel^2 \leqslant \parallel x_i - d_l^{t-1} \parallel^2, \forall l \neq k\} \quad (2\text{-}6)$$

(3) 更新字典原子。对于 D^{t-1} 中的第 k 列,即第 k 个原子,采用式(2-7)更新:

$$d_k^t = \frac{1}{\mid R_k \mid} \sum_{i \in R_k^{t-1}} x_i \quad (2\text{-}7)$$

(4) 迭代终止。迭代次数+1,判断是否终止。如果没有达到终止条件,重复步骤(2)~(4)。

2. K-SVD 算法

K-SVD 算法是 2006 年以色列理工学院的 Aharon 和 Elad 等提出的一种经典的字典学习算法。它是 K-means 算法的推广,通过对误差矩阵的奇异值分解实现字典原子的逐一更新。其在求解稀疏系数时,采用 OMP 算法获得每个训练样本的稀疏系数 $S = [s_1, s_2, \cdots, s_i]^{\mathrm{T}}$。在字典原子更新时,字典的第 k 列的残差为

$$E_k = X - \sum_{i \neq k} d_i s_i \quad (2\text{-}8)$$

其中,s_i 表示 S 的第 i 行。定义 $\pmb{\Omega}_k$ 为 $N \times \mid \pmb{\omega}_k \mid$ 矩阵,它在 $(\pmb{\omega}_k(i), i)$ 处值为 1,其他点为 0,其中 $\pmb{\omega}_k = \{i \mid 1 \leqslant i \leqslant N, s_k(i) \neq 0\}$ 为用到 d_k 的信号集合 X 的索引所构成的集合,即 $s_k(i) \neq 0$。

随后,对 $E_k' = E_k \pmb{\Omega}_k$ 进行奇异值分解,将其分解为一个正定矩阵 U、一个对角矩阵 Δ 和另一个正定矩阵的转置 V^{T},即

$$E_k' = U \Delta V^{\mathrm{T}} \quad (2\text{-}9)$$

从而可得到字典原子为 $\tilde{d}_k = U(:, 1)$,稀疏系数为 $s_k = \Delta(1,1)V(:,1)$,表示 S 的第 k 行。

为缓解 K-SVD 算法中因 SVD 运算带来的计算开销,随后出现了近似 K-SVD 算法。它的主要思想是在计算出误差矩阵 E_k 后,不对其进行奇异值分解,而是直接通过计算对原子和稀疏系数进行更新。

稀疏编码与字典学习是稀疏表征理论里面的两大研究重点。各类稀疏编码算法与字典学习算法也越来越多。相比于深度学习表征,稀疏表征的性能仍有待提高。同时,稀疏表征与深度学习表征结合或将成为一大研究方向。

2.2 压缩测量矩阵

2.2.1 非确定性矩阵

在压缩感知的整个过程中,测量矩阵的设计是一个关键步骤。测量矩阵性质的好坏,关系到能否达到压缩的目的,同时又直接关系到信号能否被精确重构。

测量矩阵主要有以下三类。

（1）测量矩阵的元素独立同分布地服从某一分布。该类矩阵主要有高斯随机测量矩阵、伯努利随机测量矩阵、亚高斯随机测量矩阵、非常稀疏投影测量矩阵等。这类矩阵的优点是与大多数的稀疏信号不相关。这类矩阵在实际应用中，计算复杂度高，精确重构所需要的测量数比较小。但是存储空间大，且不易于硬件实现。

（2）测量矩阵是从一个正交矩阵中随机选取 M 行，并进行归一化处理得到的。该类矩阵主要有部分傅里叶矩阵，部分阿达马矩阵和非相关测量矩阵等。其中部分傅里叶矩阵可以利用快速傅里叶变换，因此计算速度非常快，但是它只能用于时域稀疏的信号，而不能适用于变换域稀疏的信号（如自然图像等），因此部分傅里叶矩阵不满足普适性。

（3）测量矩阵是采用特定的方式生成的。该类矩阵主要有托普利兹矩阵、循环矩阵、二进制稀疏矩阵、结构化随机矩阵、Chirp 测量矩阵及随机卷积测量矩阵等。这类矩阵可以看作是第一类和第二类观测矩阵的结合，既保留了前两类矩阵的大部分优点，同时也将这两类矩阵的不足最小化。

常用的高斯随机矩阵、伯努利矩阵等属于随机测量矩阵的范畴，此类矩阵重构精度较高，但需要的存储空间及时间复杂度较大，对硬件的要求较高。

随机矩阵定义为至少一个随机变量元素组成的矩阵形式。20 世纪 30 年代，Wishart 提出了随机矩阵概念并对多维随机矩阵进行了深入研究，包括定义随机变量元素联合分布、矩阵特征值分布及整体随机矩阵分布形式等。1967 年，Wigner 第一次用随机矩阵描述物理现象，如传感器量测方差等。2008 年，Koch 最先引入 2 维的随机矩阵形式来估计目标扩展状态。该方法将目标的扩展状态建模为一个椭圆，并用一个 2 维的正定随机矩阵表示椭圆的大小和方向：

$$\begin{bmatrix} a^2 & 0 \\ 0 & b^2 \end{bmatrix} \tag{2-10}$$

$$\begin{bmatrix} \cos\theta & -\sin\theta \\ \sin\theta & \cos\theta \end{bmatrix} \begin{bmatrix} a^2 & 0 \\ 0 & b^2 \end{bmatrix} \begin{bmatrix} \cos\theta & -\sin\theta \\ \sin\theta & \cos\theta \end{bmatrix}^{\mathrm{T}} \tag{2-11}$$

其中，式（2-10）所示随机矩阵表示无方向（即方向与 2 维笛卡儿坐标系 x 轴平行）椭圆，a 和 b 分别表示椭圆的长半轴和短半轴，如图 2.1（a）所示。式（2-11）所示随机矩阵是第一个矩阵的一般形式（第一个矩阵以任意方向进行旋转），该矩阵方向与矩阵特征向量方向一致，长短轴可由该矩阵特征值开方求得，如图 2.1（b）所示。

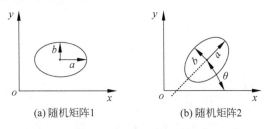

(a) 随机矩阵1　　　　(b) 随机矩阵2

图 2.1　随机矩阵示意图

压缩感知理论的关键就是测量矩阵的设计。一个"好"的测量矩阵,不但能够将原始的可压缩信号投影到一个低维的空间上,而且可以保证可压缩信号在降维的同时不丢失有用信息,并且在必要时可以通过设计重构算法恢复原始信号。

近几年,虽然有许多学者在测量矩阵设计这一方向提出了许多理论,但是,真正要把压缩感知应用在工程实践当中,还需要解决如下问题。

(1)实用性测量矩阵的设计。

(2)自适应观测采样方法的设计。

(3)指导测量矩阵设计的理论研究

1. 高斯随机测量矩阵

压缩感知中,使用最广泛的是高斯随机测量矩阵,其设计的方法为:构造一个 $M \times N$ 大小的矩阵,使其中的每个元素独立地服从均值为 0,方差为 $1/M$ 的高斯分布,即

$$\Phi_{i,j} \sim N\left(0, \frac{1}{M}\right) \tag{2-12}$$

该测量矩阵具有很强的随机性,可以证明,当高斯随机测量矩阵的测量数 $M \geqslant cK\log(N/K)$ 时,便会以极大的概率满足限制等距性质(Restricted Isometry Property, RIP)条件。在压缩感知过程中,高斯随机测量矩阵之所以被广泛使用,主要是因为它与大多数的正交基或者正交字典不相关,而且精确重构所需的测量数比较少。

2. 伯努利随机测量矩阵

伯努利随机测量矩阵和高斯随机测量矩阵的性质极其相似,其设计方法为:构造一个大小为 $M \times N$ 的矩阵 Φ,使 Φ 中的每一个元素独立服从伯努利分布,即

$$\Phi_{i,j} = \begin{cases} +\dfrac{1}{\sqrt{M}} & P = \dfrac{1}{2} \\ -\dfrac{1}{\sqrt{M}} & P = \dfrac{1}{2} \end{cases} = \frac{1}{\sqrt{M}} \begin{cases} +1 & P = \dfrac{1}{2} \\ -1 & P = \dfrac{1}{2} \end{cases} \tag{2-13}$$

或者

$$\Phi_{i,j} = \begin{cases} +\sqrt{\dfrac{3}{\sqrt{M}}} & P = \dfrac{1}{6} \\ 0 & P = \dfrac{2}{3} \\ -\sqrt{\dfrac{3}{\sqrt{M}}} & P = \dfrac{1}{6} \end{cases} = \sqrt{\frac{3}{\sqrt{M}}} \begin{cases} +1 & P = \dfrac{1}{6} \\ 0 & P = \dfrac{2}{3} \\ -1 & P = \dfrac{1}{6} \end{cases} \tag{2-14}$$

该测量矩阵同样具有很强的随机性。同高斯随机测量矩阵一样,当伯努利随机测量矩阵的测量数 $M \geqslant cK\log(N/K)$ 时,便会以极大的概率满足 RIP 条件(其中 c 是一个很小的常数)。相对于高斯随机测量矩阵,由于伯努利随机测量矩阵的元素为 ± 1,所以在实际应用

中更容易实现和存储。

3．稀疏随机测量矩阵

稀疏随机测量矩阵是通过以下的方法构造的：首先生成一个大小为 $M \times N$ 的全零矩阵中，且 $M < N$。然后对于矩阵 $\boldsymbol{\Phi}$ 的每一列，随机地选取 d 个位置并且在选中的位置上置 1，这里 $d < M$。稀疏随机测量矩阵的每一列只有 d 个非零的元素，结构简单，在实际应用中易于构造和保存。d 的取值一般为 $d \in \{4, 8, 10, 16\}$，且对重建结果影响不大。

2.2.2 确定性矩阵

与随机测量矩阵相比，确定性测量矩阵不仅能节约存储空间，并且相对容易确认其是否满足 RIP 准则。另外，某些确定性测量矩阵可通过应用特殊的结构得到，可设计出相应的快速算法，增强重构的有效性。

下面介绍几种常用的确定性测量矩阵。

1．部分傅里叶矩阵

部分傅里叶矩阵在一个 $N \times N$ 的正交矩阵中随机抽取 M 行，再对每一列进行归一化处理。部分傅里叶测量矩阵对矩阵的测量数需求较高，稀疏度 k 与测量值 M 之间满足：

$$k \leqslant c \frac{M}{(\log N)^6} \tag{2-15}$$

即当 $\mu = 1$ 时的部分正交矩阵即为部分傅里叶矩阵。部分傅里叶矩阵是一个复数矩阵，理论证明，复数矩阵同样可以作为测量矩阵。实践中为简单起见，通常只选其中的实部作为测量矩阵。

部分傅里叶矩阵运用了快速傅里叶变换计算速度快的优点，但是这种测量矩阵仅与时域或频域稀疏的信号不相关。

2．部分阿达马矩阵

部分阿达马测量矩阵也是一种比较常用的部分正交测量矩阵，它的构造方式：生成大小为 $N \times N$ 的阿达马矩阵，在生成矩阵中随机地选取 M 行向量，构成一个 $M \times N$ 的部分阿达马测量矩阵。

在相同稀疏度下，测量数 M 大则精确重建的比例越大，当 M 的值达到一定值时，信号能够全部精确重建。相比其他常用测量矩阵，需要的测量数较少。

$N \times N$ 维阿达马矩阵中所有的行向量之间都是正交的，列向量之间同样如此。在选取其中的 M 行后，其行向量还是能够保持正交性。但列向量之间不再正交，仍能够保持一定的不相干性，这使得部分阿达马矩阵精确重构所需测量值的数目较低。由于阿达马的固有特性，维度 N 必须满足 $N = 2k, k = 1, 2, 3, \cdots$，这一点极大地限制了部分阿达马测量矩阵的应用范围。

3. 结构化测量矩阵

结构化测量矩阵采用特定的结构化生成方式。它的构造速度较快,同时可以进行快速的计算,进而降低计算的复杂度。这类测量矩阵中包括 Chirp 传感矩阵、托普利兹 (Toeplitz)矩阵和循环测量矩阵、二进制稀疏(binary sparse)矩阵和结构化随机矩阵等。

1) Chirp 传感矩阵

Chirp 传感矩阵的列向量是由 Chirp 序列构成。Chirp 信号是线性调频信号,其频率随时间线性增加,其声音听起来很像鸟的叫声。Applebaum 等首先将 Chirp 序列用于测量矩阵的构造,长度为 M 的离散 Chirp 序列可表示为:

$$V_{c,f}(l) = a \, e^{(cl^2+fl)/\sqrt{M}}, \quad c, f, l \in \mathbb{Z}_M \tag{2-16}$$

其中,c、f 分别表示线性调频 Chirp 率和基频,系数 $\dfrac{1}{\sqrt{M}}$ 是为了使向量具有单位长度的 l_2 范数,这样其他信号经 Chirp 序列投影后能量不变。用于压缩感知的 Chirp 序列的长度 M 只能取素数,这样能避免 Chirp 矩阵中出现相同取值的元素。在整数域中,(c,f) 共有 M^2 种组合,逐值取得的 Chirp 序列,得到完全的 Chirp 矩阵。

将 Chirp 矩阵用作观测矩阵,虽然可以按 Chirp 率和基频做任意顺序的排列,但使用 Chirp 矩阵最重要的目的是保持矩阵的确定性以及重构时能充分利用 Chirp 矩阵的结构特性,默认 Chirp 序列按 Chirp 率和基频递增的顺序排列。

2) 托普利兹(Toeplitz)矩阵和循环测量矩阵

托普利兹和循环测量矩阵的构造方式为:首先生成一个向量 $\boldsymbol{u} = (u_1, u_2, \cdots, u_N) \in \boldsymbol{R}^N$,由向量 $\boldsymbol{u}$ 生成相应的轮换矩阵或托普利兹矩阵 $\boldsymbol{U} \in \boldsymbol{R}^{N \times N}$,然后在矩阵 $\boldsymbol{U}$ 中随机地选取其中的 $M(M < N)$ 行而构造的矩阵 $\boldsymbol{\Phi} \in \boldsymbol{R}^{N \times N}$。通常情况下向量 $\boldsymbol{u}$ 的取值为 ± 1,且每个元素独立地服从伯努利分布。

托普利兹矩阵除首行和首列外,其他的每个元素均与其左上角元素相等:

$$\mathbf{Toep} = \begin{bmatrix} a_0 & a_1 & \cdots & a_{n-2} & a_{n-1} \\ a_n & a_0 & \cdots & a_{n-3} & a_{n-2} \\ a_{n+1} & a_n & \cdots & a_{n-4} & a_{n-3} \\ \vdots & & \ddots & & \vdots \\ a_{2n-m-1} & a_{2n-m-2} & \cdots & a_{n-m-1} & a_{n-m} \end{bmatrix} \tag{2-17}$$

托普利兹矩阵和循环矩阵是在其基础上构造出来的,将 $\boldsymbol{u} = (u_1, u_2, \cdots, u_N) \in \boldsymbol{R}^N$ 作为矩阵的第一行,剩余 $M-1$ 行向量由第一行向量通过 $M-1$ 次循环得到,每次循环都向右移动一位,最后组合成测量矩阵 $\boldsymbol{\Phi} \in \boldsymbol{R}^{M \times N}$。

托普利兹矩阵中,稀疏度 k 与测量值 M 的关系:

$$M \geqslant ck \log(N/\varepsilon) \tag{2-18}$$

其中,$c>0$ 是常数,信号能够以至少 $1-\varepsilon$ 的概率精确重建出原始的稀疏信号。托普利兹矩阵的构造过程是用向量生成整个矩阵,这个向量生成整个矩阵的过程是通过循环移位来实现的,循环移位易于硬件实现,这是托普利兹测量矩阵被广泛研究和应用的主要原因之一。

3) 二进制稀疏矩阵

二进制稀疏矩阵仅包含 0、1 两种元素,每列元素 1 的个数相同且远小于矩阵行数。二进制稀疏矩阵的构造方式为:随机选择矩阵每列中的几个位置,将其中这些位置的元素值置为 0。若每列将相同个数的元素置为零,结构变得非常稀疏简单,能够被迅速构造,大大降低了计算的复杂度。

在两矩阵相乘时,元素 0 相当于不参与计算,而元素 1 的运算相当于加法运算。特别地,元素 1 在矩阵中随机配置,若优化设计稀疏二进制矩阵,使矩阵中每列只有 d 个元素 1,则只需要进行 $N\times d$ 个简单加法运算,这可以降低计算复杂性。但是,二进制稀疏测量矩阵在提高感知效率的同时,其元素有一定的不确定性,而且所需存储空间较大,不易于硬件实现。

4. 结构化随机矩阵

结构化随机矩阵是介于随机测量矩阵与确定性测量矩阵之间的一种矩阵。结构随机矩阵相比于确定性测量矩阵具有更强的随机性,虽然一般仅具有行随机,但仍可以证明其具有相对较好的 RIP,且更适用于实际应用。如部分随机傅里叶矩阵,被证明高概率满足 $s=O[n/(\log N)^4]$ 阶 RIP 准则,但这个结果不是最优的。

结构化随机矩阵的定义为:

$$\boldsymbol{\Phi} = N/M\boldsymbol{DFR} \tag{2-19}$$

其中,$\boldsymbol{R}\in\boldsymbol{R}^{N\times N}$ 为随机置换矩阵或者对角随机矩阵,随机地打乱目标信号的次序,它的对角元素 R_{ii} 是符合同分布的伯努利随机变量。$\boldsymbol{F}\in\boldsymbol{R}^{N\times N}$ 为标准正交矩阵,作用是将采样信号的信息分散到所有测量点上,通常用快速傅里叶变换(FFT)、离散余弦变换(DCT)或沃尔什—阿达马变换(Walsh-Hadamard Transform,WHT)实现。$\boldsymbol{D}\in\boldsymbol{R}^{M\times N}$ 称为下采样矩阵,它随机选择矩阵 $\boldsymbol{FR}$ 的 M 行子集。系数 N/M 使测量向量的能量与原始信号的能量一致,又称为压缩采样率。

用结构化随机矩阵做测量矩阵进行信号重建包括 3 个步骤:①用 $\boldsymbol{R}$ 对目标序列进行预随机化;②将标准正交矩阵 $\boldsymbol{F}$ 运用到上一步随机化的信号上;③从 $\boldsymbol{FR}$ 中随机选择 N 列作为测量矩阵。

结构化随机矩阵相比其他测量矩阵有运算速度快、存储效率高的特点。同时,还具备以下优势。

(1) 结构化随机矩阵几乎与所有正交矩阵和多种稀疏信号都不相关,满足 RIP 准则。

(2) 结构化随机矩阵做测量矩阵精确重建原始信号所需的测量次数更少。

(3) 结构化随机矩阵能分解成许多结构化子矩阵或块对角化子矩阵的乘积,便于分块处理和线性滤波,具有低复杂度和快速计算的特性。

5. 基于编码结合的测量矩阵

近些年来,有很多学者将编码理论及其校验矩阵用于压缩感知测量矩阵的构造,取得了很多成果。

(1) BCH 循环正交码测量矩阵是一种基于信道编码的矩阵,它的列向量均为 BCH 正交码,非相干性很强。同时,矩阵的元素值为 ±1 或 0,循环正交的特性使其有着快速的计算方法,有利于硬件实现。

(2) 不同的信道编码一般具有相异的校验矩阵,其列向量之间满足线性无关性,利用这一点可以进行稀疏设计。因此,可用于压缩感知测量矩阵的构造,可设计出具有更加优越性能的测量矩阵。

(3) 二阶雷德马勒(Reed-Muller)编码及其子码被用于实值测量矩阵的构造。Calderbank 等总结了这两种构造方法,证明了这些测量矩阵满足 StRIP 准则。具有很好扩展性质的二分图-不平衡扩展 N 可用于生成二进制测量矩阵。

6. 多项式测量矩阵

多项式测量矩阵在有限域空间中来构造,通过多项式计算出每一列中非零元素的个数及其位置。

假定一个有限域 F,元素个数为 p。由有限域定义可知,F 中元素取值为 $\{0,1,2,\cdots,p-1\}$。对于任意给定的自然数 $r(0<r<p)$,用 P_r 表示最高次幂小于或等于 r 的多项式集合,即 $Q(x)=a_0+a_1x+\cdots+a_rx^r$,$Q(x)\in P_r$。其中,$Q(x)$ 的系数 $\{a_0,a_1,\cdots,a_r\}$ 的取值范围为集合 F,即 $a_0\in F,a_1\in F,\cdots,a_r\in F$,由此,共有 $N=p^{r+1}$ 个这样的多项式。定义一个大小为 $p\times p$ 的矩阵 E,即矩阵 E 的元素值全为 0,且记矩阵 E 的位置为 $\{(0,0),(0,1),(0,2),\cdots,(p-1,p-2),(p-1,p-1)\}$。在矩阵 E 的每一列某个位置插入数值 1。矩阵 E 的第 x 列第 $Q(x)$ 个位置的值由 0 变成 1。然后把矩阵 E 转换为大小为 $M\times 1$ 的列向量,测量数 $M=p^2$,p 为有限域空间元素的个数,则多项式的个数为 $N=p^{r+1}$,自然数 r 为多项式的最高次数。基于以上方法所构造的 $M\times N$ 维测量矩阵满足 RIP 准则,其中 $K<p/r+1,M=p^2,N=p^{r+1}$。

构造多项式测量矩阵的时间复杂度较高,重构所需测量值较多,矩阵存储所需空间大,测量数选择范围有限。在同等测量值数目的前提下,重建效果较差,限制了其应用范围。

2.3 压缩优化重建

贪婪方法又称迭代方法,是求解稀疏信号重构问题中一种重要的算法,它利用迭代方式逐渐逼近最终解。该类算法的核心思想是在每次迭代过程中,通过观测矩阵选择最优的原子来稀疏逼近原始信号,在反复迭代多次之后,将原始信号表示为一系列最佳匹配原子的线性组合。其主要特点是交替地估计稀疏信号的支撑和非零元素的取值,而在每一次迭代中,采用局部最优的搜索策略减小当前的重构残差,从而获得对待重构信号的更准确的估计。

具体地,贪婪方法主要分为两种:以 OMP 为代表的贪婪迭代方法和以迭代软阈值(Iterative Soft Threshold,IST)为代表的迭代阈值方法。贪婪迭代方法的主要思路是逐步进行信号的支撑估计,在每次迭代中增加新的非零元素,并更新观测残差值。而迭代阈值方法的主要思路是逐步减少观测误差,在每次迭代中改进对信号的估计。

2.3.1　贪婪迭代算法

贪婪策略的基本思想源于 MP,其中,贪婪迭代的典型算法是 MP 算法和 OMP 算法,下面对这两种方法以及其他的 MP 算法进行介绍。

1. MP 算法

Mallat 等于 1993 年首先提出了应用于信号分解的 MP 贪婪算法。具体地,在每一次的迭代过程中,从字典 D 中选择与信号最相关的基向量来构建稀疏逼近,并求出信号表示残差,然后继续选择与信号残差最为匹配的基向量,经过一定次数的迭代后,信号可以由一些基向量线性表示出。

在 MP 算法中,输入为观测矩阵 $A \in R^{n \times n}$,测试样本 $y \in R^m$。初始化残差 $r_0 = y$,迭代次数 $k = 0$。迭代步骤具体如下。

(1)计算向量 y 和字典 A 内每一列原子的内积,寻找与 y 内积最大的原子,对于初始迭代 $k = 0$,

$$|\langle y, a_0^{\max} \rangle| = \underset{i=1,2,\cdots,n}{\arg \max} |\langle y, a_0^i \rangle| \tag{2-20}$$

其中,$a_0^{\max}$ 表示选取字典 A 中满足式(2-20)的最大列向量。对信号 y 在 $a_0^{\max}$ 方向进行投影,得到信号 y 和相应的残差 r_1。

$$\begin{cases} r_1 = \langle r_0, a_0^{\max} \rangle a_0^{\max} + r_0 \\ y = \langle y, a_0^{\max} \rangle a_0^{\max} + r_1 \end{cases} \tag{2-21}$$

(2)计算在第 k 次迭代时的残差 r_k,

$$r_k = \langle r_{k-1}, a_{k-1}^{\max} \rangle a_{k-1}^{\max} + r_{k-1} \tag{2-22}$$

其中,$a_{k-1}^{\max}$ 满足

$$|\langle y, a_{k-1}^{\max} \rangle| = \underset{i=1,2,\cdots,n}{\arg \max} |\langle y, a_{k-1}^i \rangle| \tag{2-23}$$

(3)经过 t 次迭代后,信号 y 可被分解为:

$$y = \sum_{k=0}^{t} \langle y, a_k^{\max} \rangle a_k^{\max} + r_k \tag{2-24}$$

需要注意的是,信号在已选定基向量集合上的投影的非正交性,使得每次迭代的结果并不一定达到最优,而是次最优,故而多次迭代后算法才能收敛。

2. OMP 算法

Pati 等提出的 OMP 算法对 MP 算法的缺点进行了改进,该算法将选中的原子正交投影到已被选择的原子张成的空间中,之后重新计算残留误差,克服了 MP 算法中信号在已选定原子集合上投影的非正交性。通过递归地对已选原子集合进行正交化,减少了达到收敛的迭代次数,保证了迭代的最优性。在同样的收敛精度下,OMP 算法的收敛速度要快于 MP 算法。

OMP 算法的核心思想为,在每次迭代中,都要保证所选原子和残差的最大相关性,保持选择最优的原子,直到迭代次数达到稀疏度 k。在 OMP 算法中,输入为观测矩阵 $\boldsymbol{A} \in \boldsymbol{R}^{n \times n}$,测试样本 $\boldsymbol{y} \in \boldsymbol{R}^{m}$。初始化残差 $\boldsymbol{r}_0 = \boldsymbol{y}$,迭代次数 $k = 0$。初始化原子索引集 $\Lambda = \varnothing$。迭代步骤具体如下。

(1) 计算残差 $\boldsymbol{r}_0$ 和字典 $\boldsymbol{A}$ 内每一列原子的内积,寻找与 $\boldsymbol{y}$ 最匹配原子的索引值,对于第 k 次迭代,

$$\langle \boldsymbol{r}_k, \boldsymbol{a}_k^{\lambda_k} \rangle = \underset{i=1,2,\cdots,n}{\arg \max} |\langle \boldsymbol{r}_k, \boldsymbol{a}_k^i \rangle| \tag{2-25}$$

(2) 更新索引集 $\Lambda_k = \Lambda_{k-1} \bigcup \lambda_k$,并更新支撑集 $\boldsymbol{\Phi}_{\Lambda_k} = [\boldsymbol{\Phi}_{\Lambda_{k-1}}, \boldsymbol{a}_{\lambda_k}]$。

(3) 求解最小二乘问题估计表示向量,

$$\tilde{\boldsymbol{x}} = \underset{\boldsymbol{x}}{\arg \max} \| \boldsymbol{y} - \boldsymbol{\Phi}_{\Lambda_k} \boldsymbol{x} \|_2 \tag{2-26}$$

(4) 更新残差,

$$\boldsymbol{r}_k = \boldsymbol{y} - \boldsymbol{\Phi}_{\Lambda_k} \tilde{\boldsymbol{x}} \tag{2-27}$$

(5) 输出表示向量,

$$\tilde{\boldsymbol{x}} = \underset{\boldsymbol{x}: \text{supp}(\boldsymbol{x}) = \Lambda_k}{\arg \max} \| \boldsymbol{y} - \boldsymbol{\Phi}_{\Lambda_k} \boldsymbol{x} \|_2 \tag{2-28}$$

3. 其他 MP 算法

由于 MP 算法和 OMP 算法每次迭代只能选择一个原子,为了打破这个局限性,研究人员提出了分段正交匹配追踪(Stagewise Orthogonal Matching Pursuit,StOMP)算法和正则化正交匹配追踪(Regularized Orthogonal Matching Pursuit,ROMP)算法等改进算法,这里具体介绍以下几种 MP 算法。

(1) StOMP 算法:在上述 MP 和 OMP 算法中,逐个更新支撑集的做法容易受到噪声以及原子间相关性的干扰,并且原子一旦被选入支撑集合中就不会被删除。因此,原子的每次选择都受到之前已选原子的影响,一旦选择错误的原子,就很难获得对信号的准确估计,导致每次迭代只能选择一个原子,限制了信号重构的效率。为了打破这种局限性,StOMP 算法提出了每次迭代选择多个原子的设计思路,通过候选索引的筛选标准,一次迭代可以选择多个原子。

（2）ROMP 算法：ROMP 算法在 OMP 算法的基础上，使用 RIP 作为稀疏恢复的理论支持。在迭代过程中，OMP 算法每一次的迭代只选择了与残差内积最大的那一列，而 ROMP 算法则选出内积绝对值最大的 c 列，再从这 c 列中按正则化的标准选择一遍。

（3）压缩采样匹配追踪（Compressive Sampling Matching Pursuit，CoSaMP）算法：CoSaMP 算法是在 ROMP 算法基础上改进的，在每次迭代时不但选择多个原子，而且在下次迭代过程中有可能会抛弃已选原子。为了提高原子选择的正确性，回溯思想也被引入贪婪搜索中，在每次迭代中重新估计候选原子的可信赖性，剔除信赖度低的原子。CoSaMP 算法结合了在每次迭代中选择多个原子和对支撑集进行修剪的方法，并以 RIP 边界作为理论支持，从本质上获得了最优性能的保证。

（4）子空间追踪（Subspace Pursuit，SP）算法：虽然 StOMP 算法大大提高了计算速度，但是由于它每次选择的原子都存在相关性次优的情况，导致其重构精度有所下降。为了提高贪婪搜索类算法的重构精度，SP 算法引入了回溯思想，即在每次迭代中评估当前已选原子的可信度，并将可信度低的原子淘汰掉。SP 算法比 OMP 算法具有更低的计算复杂度，而且重构精度有可靠的理论保证。但 SP 算法需要提前知道信号的稀疏度，这在实际应用中是难以实现的。目前，已经有很多用于求解子空间联合模型的贪婪方法，如求解块稀疏模型的 BMP 和 BOMP 算法、求解结构稀疏模型的结构贪婪方法、求解树模型的贪婪追踪方法、求解 MMV 模型的贪婪追踪方法以及结合统计先验的图像多变量追踪重构算法等。

（5）基于进化的正交匹配追踪（Evolutionary Orthogonal Matching Pursuit，EOMP）算法：EOMP 算法一般用于压缩感知信号重构，它削弱了相关性在选择原子中起到的主导作用，不再将相关性作为原子选择的硬性指标，而是将它作为一种启发式信息，让相关性较小的原子也有被选择的机会。进化计算作为一种种群搜索的随机优化方法，在解决组合优化问题上有天然的优势，EOMP 算法结合进化计算种群优化的特点，利用相关性作为指导信息，设计出个体之间具有交互功能的交叉、变异算子，使搜索过程不但受到相关性的启发，而且还具有一定随机性，从而有能力让算法跳出局部最优解。

算法由初始化种群开始，通过对种群不断地进行交叉、变异、选择操作，使个体的适应度逐渐提升。当满足迭代停止条件时，算法输出整个种群的最佳个体，该个体的解码就是所求得的稀疏系数向量。迭代停止条件有多种选择：①在已知信号稀疏度的情况下，可以选择个体稀疏度是否达到信号稀疏度作为停止条件；②在未知信号稀疏度的情况下，可以设定误差阈值，当观测误差低于该阈值时，停止迭代；③另外一种折中的方法是合理地设定固定的迭代次数，使最终结果的稀疏度接近于原始信号的稀疏度，同时在陷入局部最优时又不会产生过多的迭代。

对比传统的贪婪搜索算法，EOMP 算法将原子与残差的相关性作为指导信息并引入交叉和变异算子中，使整个搜索呈现出一种弱贪婪的原子选择过程，再结合进化计算群体优化的优势，具有更高的重构概率和更小的重构误差，有效地改善了传统贪婪算法容易陷入局部最优的缺点,增加了信号精确重构的概率。

(6) 其他改进的 MP 算法:在上述贪婪算法的基础上,国内外许多研究者从不同角度对 MP 算法做了进一步改进。其中,甘伟等提出了一种修正匹配追踪贪婪自适应算法,通过利用模糊阈值预选方案和设置裁剪门限方式以实现信号的自适应重构。高睿等提出了一种变步长自适应 MP 算法,该算法通过可变步长及双重阈值控制,在信号稀疏度未知的情况下实现信号的重建。王国富等将一种改进的遗传算法与 OMP 算法相结合,提高了 OMP 算法的重建效率。赵知劲等利用量子粒子群算法优化 OMP 算法的匹配过程,引入原子分量的二次匹配,提高了重构算法的精度。Blumensath 等指出基于贪婪策略的非凸优化方法,获得了比凸优化方法更好的解,同时还提出了梯度追踪算法,用于提高贪婪算法的性能。

2.3.2 迭代阈值算法

相对于凸优化的解析算法,阈值迭代算法是一类快速有效的重构算法,具有极低的计算复杂度和存储需求。以迭代硬阈值(Iterative Hard Thresholding,IHT)算法和 IST 算法为代表,在每次迭代中除去向量的加法操作,主要的计算是向量与观测矩阵 $\boldsymbol{\Phi}$ 以及对应转置矩阵 $\boldsymbol{\Phi}^{\mathrm{T}}$ 的乘法操作,以及 IHT 步骤需要的排序操作或者 IST 中需要的软阈值操作。

1. IHT 算法

在迭代阈值算法的基础上,Blumensath 等提出了 IHT 算法。它作为稀疏信号重构的阈值算法中最简单的一种,具体思想是在重构过程中交替地进行梯度下降优化和阈值操作。其中,梯度下降优化操作用于减小观测残差,阈值操作用于确保信号的稀疏度满足预设的要求,即仅保留具有最大值的系数值,并将其他系数置零。由于该算法中采用了梯度下降优化步骤,因此只有在特定条件下,才能在理论上确保算法能够收敛到全局最优解。

IHT 算法的数学表达式为:

$$\min \| \boldsymbol{y} - \boldsymbol{\Phi} \boldsymbol{x} \|_2^2 \quad \text{s.t.} \ \| \boldsymbol{x} \|_0 \leqslant K \tag{2-29}$$

初始值 $x_0 = 0$,重构信号的迭代公式为:

$$\boldsymbol{x}_{n+1} = H_K [\boldsymbol{x}_n + \mu \boldsymbol{\Phi} (\boldsymbol{y} - \boldsymbol{\Phi} \boldsymbol{x}_n)] \tag{2-30}$$

其中,$H_K(x)$ 是非线性硬阈值算子,将 x 中幅度最大的 K 个元素保留,其他原始置零。

在合适的迭代初值和稀疏度估计下,IHT 算法具有简洁和容易实现的优点,其重建性能比贪婪算法好,但是 IHT 类算法对观测矩阵十分敏感,依赖性强,且其运算复杂度与观测矩阵的规模紧密相关,即当 $\boldsymbol{\Phi} \in \boldsymbol{R}^{M \times N}$,其计算复杂度为 $O(MN)$,不适合图像信号等复杂信号领域。针对上述问题,国内外研究者对 IHT 算法进行了一些改进。如修改代价函数,在迭代自适应调整步长,这使得算法的计算复杂度显著下降,并且提高了重构精度。汪雄良等提出的加速 IHT 算法,对 IHT 算法进行改进,大大降低了计算的复杂程度和运算次数,同时还获得了与 IHT 算法相同的重构效果。

2. IST 算法

相比于 IHT 算法,IST 算法相当于在每个迭代步骤应用阈值化或非线性收缩的 Landweber 迭代,其优化目标函数为:

$$\min_{x} \frac{1}{2} \| y - \boldsymbol{\Phi} x \|_2^2 + \lambda \| x \|_1 \tag{2-31}$$

该算法在每一次迭代中通过软阈值操作来更新 x,其迭代格式为

$$x_{n+1} = \boldsymbol{\Psi}_{\lambda} \left[x_n + \boldsymbol{\Phi}^{\mathrm{T}} (y - \boldsymbol{\Phi} x_n) \right] \tag{2-32}$$

其中,$\boldsymbol{\Psi}_{\lambda}$ 是对每一个数值计算软阈值函数值,表示为:

$$\boldsymbol{\Psi}_{\lambda}(x_i) = \begin{cases} x_i + T, & x_i \leqslant -\lambda \\ 0, & |x_i| \leqslant \lambda \\ x_i - T, & x_i \geqslant \lambda \end{cases} \tag{2-33}$$

由于 IST 算法整个过程相当于迭代执行软阈值函数,故而将其称为 IST 算法。

3. 其他改进的迭代阈值算法

一些研究者通过对基本 IHT 算法框架的加强,提出了具有更优性能的迭代阈值算法。如正则化迭代硬阈值(Normalized IHT,NIHT)算法、加速迭代硬阈值(Accelerated IHT,AIHT)算法、基于回溯的迭代硬阈值(Backtracking IHT,BIHT)算法和半迭代硬阈值(SIHT)算法等。具体地,杨海蓉等提出了 BIHT 算法,该算法通过加入回溯的思想,优化了 IHT 算法迭代支撑的选择,减少了支撑被反复选择的次数,从而提高了 IHT 的计算效率;Donoho 等通过对迭代算法进行改进,提出了基于信息传递的阈值迭代算法,具有较低的计算复杂度,并且易于并行或分布式的方式实现。随后一些研究者在该算法基础上又提出了很多接近线性复杂度的算法,如扩展匹配追踪(Extended MP,EMP)算法、序列稀疏匹配追踪(Sequence Sparse MP,SSMP)算法或置信传播(Belief Propagation,BP)算法等。

2.3.3　凸松弛重构

根据信号的重构模型建立相应的重构算法是压缩感知在实际应用中的具体实现,也是压缩感知从理论走向实践中最重要的环节。尽管待处理信号的种类丰富多样,重构模型也千差万别,但压缩感知重构算法的根本任务是,求解以 l_0 范数为约束条件或优化目标的重构模型。众所周知,l_0 范数是一种非凸的稀疏测度,从而导致重构问题为 NP-hard 问题,具有非多项式的计算复杂度。而根据对 l_0 范数的处理方式以及算法中稀疏测度的凸性质,可以将已有重构方法分为两种,凸松弛重构算法和非凸重构算法,本节重点介绍凸松弛重构算法,2.3.4 节将会介绍非凸重构算法。

凸松弛重构算法是指将压缩感知的原始非凸零范数问题进行松弛,然后对松弛后得到的凸问题进行线性规划求解,这类算法对所需测量的数量要求较少,但计算上较为复杂。

在压缩感知观测中,对稀疏信号 $x \in R^N$ $x \in \mathbb{R}^N$,通过观测矩阵 $\boldsymbol{\Phi} \in \boldsymbol{R}^{M \times N}$,$M \ll N$ 得到的测量为:

$$y = \boldsymbol{\Phi} x \qquad (2\text{-}34)$$

当测量矩阵 $\boldsymbol{\Phi}$ 有 RIP 时,可以通过 $M \ll N$ 的观测恢复出原始信号。

RIP 定理:对于矩阵 $\boldsymbol{\Phi}$,考虑所有的 k-稀疏向量 x($\|x\|_0^0 = k$),找到满足以下条件 δ_k 的最小值:

$$(1 - \delta_k)\|x\|_2^2 \leqslant \|\boldsymbol{\Phi} x\|_2^2 \leqslant (1 + \delta_k)\|x\|_2^2 \qquad (2\text{-}35)$$

则 $\boldsymbol{\Phi}$ 服从常量 δ_k 的 k 阶 RIP(k-RIP)。

当观测矩阵的 RIP 常量 $\delta_{2k} < 1$,对应的 l_0 范数重构问题有唯一的 k 稀疏解,可以通过求解以下优化问题实现重构:

$$\bar{x} = \arg\min_x \|x\|_0 \quad \text{s. t. } \boldsymbol{\Phi} x = y \qquad (2\text{-}36)$$

对比图 2.2 中两种凸松弛范数,其中菱形和圆形分别为 l_1 范数和 l_2 范数的函数曲线,直线为约束条件,交点为对应的最优解。由两种范数对应的函数曲线与直线的交点可以看出,l_1 范数最小化能够保证解的稀疏性,而 l_2 最小化的解通常是非稀疏的,并不能得到令人满意的结果,因此一般较少采用 l_2 范数求解压缩感知重构问题。另外,相关文献已证明,当 RIP 常量 $\delta_{2k} < \sqrt{2} - 1$ 时,l_0 范数问题和 l_1 范数问题具有相同的解,因此一般会采用 l_1 范数替代 l_0 范数问题:

$$\bar{x} = \arg\min_x \|x\|_1 \quad \text{s. t. } \boldsymbol{\Phi} x = y \qquad (2\text{-}37)$$

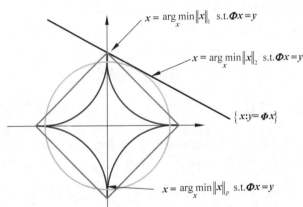

图 2.2　压缩感知不同范数最小化问题的几何示意图

这样就将 NP-hard 问题转化为一个凸优化问题,为求解该 l_1 范数问题,提出了很多压缩感知重构方法,例如基追踪(basis pursuit)、去噪基追踪(Basis Pursuit De-Noising,BPDN)、修正去噪基追踪(modified BPDN)、最小绝对值收敛和选择算子(Least Absolute

Shrinkage and Selection Operator，LASSO）、最小角回归（Least Angle Regression，LARS)等。

1. 基追踪

基追踪算法是一种凸松弛算法，其将 l_0 范数的非凸优化问题转化为 l_1 范数的凸优化问题，具体表达式如下：

$$\tilde{x} = \arg \min_{x} \| x \|_1 \quad \text{s. t.} \quad \pmb{\Phi} x = y \tag{2-38}$$

基追踪算法通过传统线性优化方法、内点法和单纯型法来求解优化问题，实质上是求解线性规划问题。基追踪算法的优点在于能够有效地去除高斯白噪声的干扰，适合重构带有噪声的图像。但是在观测数增加时，基追踪算法的计算复杂度急剧增加，运行速度非常缓慢，而且对于计算相对简单的 l_1 范数问题，基追踪算法能够求解稀疏系数，却无法确定所求系数的位置，致使系数位置混淆，重构效果不甚理想。

2. LASSO

压缩感知恢复中常用算法 LASSO 的数学表示为

$$\tilde{x} = \arg \min_{x} \| x \|_1 \quad \text{s. t.} \quad \pmb{\Phi} x = y \tag{2-39}$$

可以看出，当 $\lambda \to 0$ 时，LASSO 问题就会退化为基追踪问题，前者对应有噪声系统，后者对应无噪系统，λ 在其中所起的作用是寻求恢复误差和稀疏度之间的折中。当 $\lambda = 0$ 时，作为稀疏约束的 l_1 范数项失效，函数变成一个无约束问题，有无穷解，这些解构成了一个流形。

当 $\lambda \in [0^+, |\pmb{\Phi}^T y|_\infty]$，并在该区间内增加时，LASSO 问题的解是分段线性的，即随着 λ 增加，LASSO 的解逐渐会远离 BP，$\| \pmb{\Phi} x - y \|_2^2$ 从 0 开始增加，而 $\| x \|_1$ 开始减小。更一般地，区间 $(0^+, |\pmb{\Phi}^T y|_\infty)$ 可以被分为多个子区间，划分标准是在该区间内解的非 0 元素的数目固定。在某个子区间内，随着 λ 增加，非零元素在绝对值上一般都会变小，直到其中一个缩减为 0，此时 λ 也会到达下一个子区间的开始。此处的 $|\pmb{\Phi}^T y|_\infty$ 表示 λ 的最大取值，也即 $\lambda_{\max} = |\pmb{\Phi}^T y|_\infty$，对其说明如下。

考虑将 LASSO 表示为其对偶问题 DS(Dantzig Selector)：

$$\tilde{x} = \arg \min_{x} \| \pmb{\Phi} x \|_2^2 \quad \text{s. t.} \quad \| \pmb{\Phi}^T (\pmb{\Phi} x - y) \|_\infty \leqslant \lambda \tag{2-40}$$

该目标函数的最小值 0，即此时 $x = 0$，将其代入约束式，即得到了 $\lambda_{\max} = |\pmb{\Phi}^T y|_\infty$ 这一结论，$\lambda \geqslant |\pmb{\Phi}^T y|_\infty$ 时，最优解均为 0。

当 λ 取值较小时，所获得的 LASSO 解包含有较多的非 0 分量，随着 λ 逐步增大，幅值滤波作用逐渐明显，也即信号逐渐变得稀疏，但这个过程可能会将真实的信号支撑过滤掉，这就是基追踪较之 LASSO 可以包含更多真实支撑的直观解释。基追踪算法将现有模型转化为 LASSO 模型，然后对 LASSO 模型下的问题求解。虽然 LASSO 的复杂性略低于基追踪，但其信号的重建误差更大。

3. 核范数最小化

相对于向量信号的求解模型，Benjamin Recht 等提出了压缩感知重构中矩阵形式信号的求解模型，即 $\|\cdot\|_*$ 核范数最小化，表示如下：

$$\tilde{X} = \arg\min_X \|X\|_* \quad \text{s. t.} \quad \boldsymbol{\Phi} \text{vec}(\boldsymbol{X}) = \boldsymbol{y} \tag{2-41}$$

上述问题不再是恢复一个向量，而是试图从测量中恢复出一个低秩矩阵，用矩阵的秩刻画信号的稀疏度。经过发展，这类算法经常与分块压缩感知、联合稀疏、非局部相似性等相结合，得到对信号具有针对性的、更符合稀疏特性的、更精确的重构方法。

凸松弛重构方法是一类获得广泛研究和应用的重构方法，它用 l_1 范数逼近 l_0 范数，将 l_0 范数的非凸优化问题简化为 l_1 范数的凸优化问题，从而获得具有凸性质的且容易求解的重构模型。在理论上也已经证明了在一些模型中 l_1 范数重构与 l_0 范数重构的等价性。同时，在结构压缩感知中，对稀疏项的凸松弛处理可以使复杂结构模型的求解和计算变得简单而有效。尽管如此，在众多压缩感知应用中，仍然无法从理论上确保能够避免由于凸松弛操作带来的精度损失。此外，现有的非凸压缩感知理论和应用也表明，在一些模型中非凸重构方法的性能优于凸松弛重构方法。

2.3.4 非凸重构

非凸局部最小化压缩感知重构方法，采用 l_p 范数取代 l_1 作为稀疏性的测度（$0 < p < 1$），l_p 范数是 l_0 范数的一个松弛，是比 l_1 范数更严格的一种度量方式。l_p 范数问题能够从更少的测量中恢复压缩感知信号。

由于非凸优化求解的准确性，其主要应用于医学成像、网络状态推理、流数据传输等对数据要求精准度高的领域，基于非凸优化思想的代表算法有 FOCUSS、迭代再加权最小二乘法（IRLS）、稀疏贝叶斯学习算法（Sparse Bayesian Learning，SBL）、蒙特卡罗算法等。

1. FOCUSS

考虑噪声时，压缩感知恢复问题转化为

$$\tilde{x} = \arg\min_x \|x\|_0 \quad \text{s. t.} \quad \boldsymbol{y} = \boldsymbol{\Phi} \boldsymbol{x} + \boldsymbol{n} \tag{2-42}$$

其中，$\boldsymbol{n} \in \mathbb{R}^{M \times 1}$ 是高斯噪声序列，且 $\boldsymbol{n} \sim N(0, I\sigma^2)$。使用贝叶斯准则，有

$$\tilde{x} = \arg\min_x p(\boldsymbol{x} \mid \boldsymbol{y})$$

$$= \arg\min_x [-\ln p(\boldsymbol{x} \mid \boldsymbol{y}) - \ln p(\boldsymbol{x})]$$

$$= \arg\min_x \|\boldsymbol{y} - \boldsymbol{\Phi} \boldsymbol{x}\|_2^2 - \lambda \ln p(\boldsymbol{x}) \tag{2-43}$$

其中，λ 为正则化因子，用以调节恢复的误差和稀疏度。当 x 服从高斯先验分布时，就得到岭回归问题（其中 λ 与 x 的方差相关）：

$$\tilde{x} = \arg \min_{x} \| y - \boldsymbol{\Phi} x \|_2^2 + \lambda \| x \|_2^2 \tag{2-44}$$

岭回归求解的是一个最小能量(l_2范数)问题,它的解倾向于为所有元素分配近似的幅值,所以无法得到稀疏解。可以构造一种迭代算法,令 $\boldsymbol{W}^{(k)} = \mathrm{diag}(|x^{(k)}|^{1-p/2})$,并求解:

$$x^{(k+1)} = \arg \min_{x} \| y - \boldsymbol{\Phi} x \|_2^2 + \lambda \| (\boldsymbol{W}^{(k)})^{-1} x \|_2^2 \tag{2-45}$$

这就是正则化的 FOCUSS 算法,当 $p=0$,且算法达到收敛时,有 $\| \boldsymbol{W}^{-1} x \|_2^2 \approx \| x \|_0$。可以看出,从先验概率密度角度分析,FOCUSS 实质上实现了对 l_0 范数的逼近。

2. IRLS

IRLS 算法首先使用加权的 l_2 范数代替式(2-38)的目标函数,即演化为:

$$\tilde{x} = \arg \min_{x} \sum_{i=1}^{s} w_i x_i^2 \quad \mathrm{s.\,t.} \quad y = \boldsymbol{\Phi} x \tag{2-46}$$

通过拉格朗日乘法可以得到每次迭代的 $\alpha^{(J)} = \boldsymbol{Q}_n \boldsymbol{\Phi}^{\mathrm{T}} (\boldsymbol{\Phi} \boldsymbol{Q}_n \boldsymbol{\Phi}^{\mathrm{T}})^{-1} y$,其中 $\boldsymbol{Q}_n$ 是元素为 $1/w_i$ 的对角矩阵;$w_i = ((\alpha_i^{(J-1)})^2 + \varepsilon)^{p/2-1}$,$p=1$,$\varepsilon > 0$;初始 s 为 1,并且每次迭代中 ε 下降,直到下界 10^{-8}。具体算法步骤如下。

IRLS 算法

(1) 初始化:x^0 为 $y = \boldsymbol{\Phi} x$ 的最小二乘解,$\varepsilon = 1$,$J = 1$

(2) $\boldsymbol{W}^{(J)} = [(x^{(J-1)})^2 + \varepsilon]^{p/2-1}$,$v^{(J)} = 1./\boldsymbol{W}^{(J)}$,$\boldsymbol{Q}^{(J)} = \mathrm{diag}(v^{(J)}, 0)$

(3) $x^{(J)} = \boldsymbol{Q}_n \boldsymbol{\Phi}^{\mathrm{T}} (\boldsymbol{\Phi} \boldsymbol{Q}_n \boldsymbol{\Phi}^{\mathrm{T}})^{-1} y$

(4) 若 $\| x^{(J)} - x^{(J-1)} \|_2 < \varepsilon^{(1/2)}/100$,$\varepsilon = \varepsilon/10$

(5) 若 $\varepsilon > 10^{-8}$,$J = J + 1$

以 IRLS 算法为代表的凸优化算法需要较少的测量值就能以很高的概率恢复出信号,缺点是计算较烦琐,时间长。

3. SBL

SBL 作为一种机器学习算法,它的概念是 M. Tipping 在 2001 年提出的,随后被引入稀疏信号的压缩感知问题的研究中。基于相关向量机的 SBL,使用贝叶斯概率模型将一个函数表示成多个基函数加权线性叠加的组合形式,它与支撑向量机具有相同的核函数形式,但是 SBL 具有更多的优势,表现在可通过迭代优化删除大量的训练样本和核函数,且不再引入参数对此过程进行控制,可由根据训练样本自适应的调整。SBL 首先根据经验对参数进行合理的建模,即要充分挖掘和使用参数的先验信息,指导参数估计的轨迹,设计出快速的算法。先验信息指的是抽样之前有关数理统计与推断的一些信息,后来被应用于稀疏信号回归和数据模式分类中,如何准确合理地确定参数的先验分布是贝叶斯方法的关键所在,不同先验分布和数学建模都会影响算法的学习效果是否为最优的稀疏解。

压缩感知的数学模型可描述为 $y = \boldsymbol{\Phi} \theta + e$,SBL 假设每个 θ_i 都服从一个高斯分布:

$$P(\theta_i \mid \alpha_i) = N(0, \alpha_i^{-1})$$

其中,θ_i 表示 θ 中第 i 个元素,$i = \{i \mid 1, 2, \cdots, N\}$;$\alpha_i$ 是高斯分布的逆方差,也称为精度,在高斯分布处理时发挥重要的作用。在算法运行过程中,大部分的 α_i 都为零或趋于零,而当 $\alpha_i = 0$,相对应的 $\theta_i = 0$,所以 α_i 的稀疏程度与 θ 估计值的稀疏程度有密切关系,这也决定了在 SBL 算法中 α_i 的学习是核心环节。未知噪声 e 用高斯白噪声描述,其均值为零方差为 σ^2。现实生活中很多噪声都接近高斯分布,都可以用高斯噪声模型来替代,进行近似处理,高斯白噪声的数学特性很好而且便于计算。稀疏向量的逆方差 α_i 和噪声方差 σ^2 都是高斯分布,根据贝叶斯分析法,易知其后验分布也为一高斯分布,α_i 和 σ^2 可以用第二类最大似然估计,估计出来所有的 α_i 和 σ^2 后,稀疏向量 θ 的估计值即为最大后验分布(高斯分布)的均值。

已知观测信号 y,压缩感知的高斯似然模型为:

$$p(y \mid \theta, \sigma^2) = (2\pi\sigma^2)^{-K/2} e\left(-\frac{1}{2\sigma^2} \parallel y - \Phi\theta \parallel^2\right) \tag{2-47}$$

式(2-47)把压缩感知问题转化为线性回归问题,在观测数据 y 已知的情况下对稀疏向量 θ 和噪声方差 σ^2 行进估计,其中 θ 含有先验约束。从贝叶斯分析的观点出发,就是要寻求稀疏向量和噪声方差 σ^2 的全后验概率密度函数。在这个回归模型下直接求 θ 最大似然估计得到解 $\hat{\theta}$,相当于对 $y = \Phi\theta + e$ 求得的最小 l_2 范数解,即使经验风险最小,这种方法会使解不稀疏,产生过数据过拟合(学习)现象。

在 SBL 的模型中,Tipping 等指出当 α_i 作为一随机变量时,可以假设 α_i 的先验分布是一个伽马分布 $Ga(\alpha_i \mid a, b)$,选择合适的参数 a 和 b,固定值 a 和 b(如 $a = 1, b = 0$ 时稀疏向量的边缘分布为一个 t 分布)能得到类似于拉普拉斯先验的形式,具有促进稀疏解的作用。

α_i 是一个未知的确定参数,Wipf 和 Rao 证明了这相当于假设 α_i 的先验分布是一个无信息先验分布,其得到的解是真正稀疏的解。而 α_i 作为一个随机变量,假设它是先验分布时,即对 α_i 赋予一个非无信息先验,这可能会导致重构错误或者不稳定的情况发生。

2.3.5　进化算法

进化算法也称为演化算法,是一类受自然界启发的算法,具有自组织、自适应、自学习能力,且不需要复杂的推理计算,就能够解决传统计算方法中难以解决的各种复杂问题。与传统的优化算法相比,进化算法是一种鲁棒性高和适用性广的全局优化算法。进化计算具体包括遗传算法、群智能算法(粒子群算法、蚁群算法、蜂群算法等)、模拟退火算法、量子进化算法、免疫算法等。

压缩感知的信号重构环节对于完整的压缩感知理论来说是非常重要且必不可少的。在压缩感知理论中,可以同时进行信号的采样和压缩,省去了高速采样时对获得的大量冗余数

据进行数据提取和舍弃的过程,大大降低了传感器的采
样速率和计算成本。信号重构作为压缩感知理论的关
键,本质上是求解 NP-hard 问题,可以使用进化算法学习
得到字典方向上的较优原子组合,使用最优原子组合来
重构图像。同时,压缩感知的原始优化问题是非凸的,且
是一个组合优化问题。研究和实践都表明,进化算法对
于这类复杂的问题比较适用,不仅可以对字典方向上的
较优原子组合进行优化,且考虑到多目标优化问题可以
同时优化多个互相矛盾的目标,而稀疏度和残差正好可
以组成一对互相矛盾的两个目标。这便产生了使用进化
算法优化进行压缩感知影像重构的想法。不仅可以利用
进化算法的优势对问题进行求解,并且还能增加压缩感
知重构算法的灵活性和自适应性。下面通过图 2.3 展示
一个进化优化算法求解问题的简单流程。

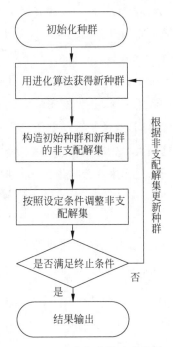

图 2.3 进化优化算法流程图
(http://d.wanfangdata.com.cn/thesis/D550674)

1. 面向稀疏的进化压缩重构

针对非凸压缩感知问题,由于信号的稀疏度能够直
接决定信号重构的准确性,因此找到信号的稀疏域是压
缩感知理论中的首要任务。传统的信号表示方法是正交
基上进行的。但对于时频变化范围很广的信号,或者具有多种结构成分的影像等较复杂的
二维信号,这种信号分解方法往往不能达到好的稀疏表示效果。为了更加灵活的匹配信号,
人们想到了利用增加字典原子个数,形成一种非正交的冗余字典(redundant dictionary)对
信号进行稀疏表示。这种基于冗余字典的稀疏分解思想由 Mallat 等于 1993 年提出。

在计算过程中,对过完备冗余字典优劣的评价指标主要有两方面。

(1) 字典的冗余性,不同类型信号有不同的需求,为了同时满足这些需求,需要字典中
包含尽可能多的原子种类和原子个数,从而得到具有较高准确度的稀疏表示效果。

(2) 字典的结构,为了满足存储和计算的要求,尽量使字典中没有相似的原子,即字典
中的原子间有比较显著的差异。

对于信号稀疏表示效果而言,低能量原子的贡献较小,为了尽可能地降低过完备字典的
规模,减小计算复杂度,需要制定一个阈值,并将范数小于阈值的原子剔除掉。但是,字典中
进行阈值设定可能会损害字典的完备性,因此这两个指标是互相矛盾的。

为了保持信号的稀疏表示效果以及存储计算间的平衡,过完备字典在实际应用中一般
是在冗余性和结构上取折中值。目前一般采用人工构造和训练学习这两种方法来设计适合
某一特定信号的过完备字典。一般构造字典时,为了使过完备冗余字典适用于某种特定信

号,选择基于某种函数建立原子模型。目前,经常使用的过完备冗余字典有以下几种:局部余弦(Cosine)字典、小波(Wavelet)字典、各向同性的 Gabor 字典、各向异性的 Anisotropic Refinement-Gaussian 混合字典、Curvelet 字典及 Ridgelet 字典。

为了更好地解决压缩重构问题,进化算法被引入了进来。进化算法学习得到字典方向上的较优原子组合,使用最优原子组合来重构图像。其中,进化压缩感知中图像分块策略与其他不同,通常是这样做的:对于一幅大小 $L_1 \times L_2$ 的图像,其像素总个数为 $N = L_1 \times L_2$,将这幅大小为的图像按 $b \times b$ 分成 n 个大小为 $b \times b$ 的图像块,然后再对每一个图像块进行相同的操作来完成压缩感知重构,最后再将重构的图像块合并成整个图像。于是,可以根据式(2-48)得到每一个图像块的观测向量:

$$y_i = \boldsymbol{\Phi}_b x_i \tag{2-48}$$

其中,x_i 是第 i 个图像块像素组成的列向量,$\boldsymbol{\Phi}_b$ 是对应于图像块的观测矩阵。观测矩阵形式如下:

$$\boldsymbol{\Phi} = \begin{bmatrix} \boldsymbol{\Phi}_b & 0 & \cdots & 0 \\ 0 & \boldsymbol{\Phi}_b & \cdots & 0 \\ \cdots & \cdots & \ddots & \cdots \\ 0 & 0 & \cdots & \boldsymbol{\Phi}_b \end{bmatrix} \tag{2-49}$$

面向稀疏的进化压缩重构,利用进化算法对原子组合进行交叉变异等操作,学习得到字典方向上的较优原子组合,最后使用该最优原子组合来重构图像,解决压缩重构问题。由于遗传算法固有缺陷,时间复杂度较高,为了进一步提高重构速度,有学者在方向字典的基础上建立了方向估计模型,该模型建立了图像块压缩测量与字典方向结构之间的桥梁,并且提出了基于方向指导的字典和进化搜索的非凸图像重构,在速度和重构质量上较 TS_RS 都有所提升。还有学者基于脊波冗余字典采用粒子群算法提高图像重构的速度。

2. 面向多目标优化的进化压缩重构

在压缩感知重构问题中,稀疏度和重构误差是两个相互矛盾的目标,这是一个多目标优化问题。基于过完备字典和进化计算的非凸压缩感知图像重构算法,利用进化算法学习得到字典方向上的较优原子组合,最后使用该最优原子组合来重构图像,那么在该类算法中就存在两个关键的求解问题:第一是稀疏度,即重构一个图像块所需要的字典原子组合中原子的个数;第二是字典原子组合,即需要选取字典中哪些原子重构图像块。自然地就形成了两个需要优化的目标:稀疏度和重构残差。目前基于过完备字典和进化计算的非凸压缩感知图像重构算法中,通常固定稀疏度,也就是固定重构一个信号所需要的原子个数,然后在特定的稀疏度下求最优的原子组合。这种方法是有待改进的,因为一个真实信号的稀疏度往往是不确定的,因而存在由于稀疏度预估不准确而导致图像重构效果不佳的问题。

基于分解的多目标进化算法的核心思想是将复杂的多目标问题分解为单目标子问题或者多个简单的目标同时进行求解,它是一种数学规划求解方法。经典的分解方法有加权法、切比雪夫法和边界交集法。其中,Zhang Qingfu 和 Li Hui 提出的基于分解思想的 MOEA/D 算法应用范围比较广泛。由于基于分解的 MOEA/D 算法的可移植性非常好,通常一些特定的优化策略可以很容易地嵌 MOEA/D 框架中。因此在多目标优化领域中,MOEA/D 往往成为研究学者的首选框架。MOEA/D 算法流程如下所述。

(1) 初始化:计算任意两个权重向量间的欧氏距离,并计算每个权重向量最近的 T 个权重向量 $\boldsymbol{B}(i)=\{i_1,i_2,\cdots,i_T\}$。

(2) 在可行空间中均匀采样初始化的种群 $\boldsymbol{x}^1,\boldsymbol{x}^2,\cdots,\boldsymbol{x}^N$。

(3) 初始化 $\boldsymbol{z}$(每个目标函数的最优值,根据需要最大化还是最小化进行初始化)。

(4) 设置外部种群 EP 为空。小于迭代次数的时候,从 $\boldsymbol{B}(i)$ 中随机选取两个序号 k、l,运用遗传算子由 x^k 和 x^l 产生一个新的解 $\boldsymbol{y}$。

(5) 对产生的解基于测试问题进行修复改正启发产生 $\boldsymbol{y}'$。

(6) 更新参考点 $\boldsymbol{z}$,若 $z_i<f_j(\boldsymbol{y}')$,令 $z_i=f_j(\boldsymbol{y}')$。

(7) 更新邻域解,若 $g^{te}(\boldsymbol{y}'|\lambda^j,z)\leqslant g^{te}(\boldsymbol{x}^j|\lambda^j,z)$,令 $\boldsymbol{x}^j=\boldsymbol{y}'$,$\mathrm{FV}^j=F(\boldsymbol{y}')$。

(8) 更新 EP,移除所有被 $F(\boldsymbol{y})$ 支配的向量,若 $F(\boldsymbol{y})$ 不被 EP 里面的支配,把 $F(\boldsymbol{y}')$ 加入 EP。若满足终止条件,输出 EP,不满足则继续迭代。

均匀分布的权重向量,然后利用这组权重向量把多目标问题分解为多个简单的单目标子问题,最后通过进化算法对这些子问题同时进行求解。该算法的基本思想是把 Pareto 前沿的近似求解问题转变为多个单目标子问题之间的优化逼近问题,这里的每个子问题之间是有区别的,这种区别使种群的多样性得到良好的保持。另外,子问题之间的紧密联系是每个子问题通过与其相邻的子问题的信息来优化自己本身的重要依据。这种优化方式很适于应用在压缩感知重构问题中。

当前的压缩感知重构算法都需要预先知道稀疏度,在实际应用中,稀疏度往往是未知的。将稀疏优化问题变成一个多目标优化问题,稀疏优化问题的误差项 $\|\boldsymbol{\Phi}\boldsymbol{w}-\boldsymbol{y}\|_2$($\boldsymbol{w}$ 是稀疏系数,$\boldsymbol{y}$ 是测量向量,$\boldsymbol{\Phi}$ 是观测矩阵)和稀疏度 $\|\boldsymbol{w}\|_0$ 可以构成两个冲突的目标函数。

多目标进化算法的优点是在一代中就可以找到多个解,而且能够高概率地找到全局最优解。稀疏信号重构的数学模型就可表述为:

$$\min_{\boldsymbol{w}\in\boldsymbol{R}^N}\{f_1(\boldsymbol{w}),f_2(\boldsymbol{w})\} \tag{2-50}$$

$$f_1(\boldsymbol{w})=\|\boldsymbol{w}\|_0,\quad f_2(\boldsymbol{w})=\|\boldsymbol{y}-\boldsymbol{\Phi}\boldsymbol{w}\|_2$$

其中,f_1 是需要优化的第一个目标函数,即第一个目标,对应于稀疏度的优化;f_2 是需要优化的第二个目标函数,即第二个目标,对应于稀疏系数或稀疏信号的优化。

进化算法与压缩重构相结合,可以对压缩感知中的难点进行自适应调整。利用进化优化算法的优势,使算法有自组织、自适应、自学习的能力,不需要复杂的推理计算,就可以得到理想的结果,是非常有前景的。

2.3.6　深度学习重构算法

深度学习中的重构主要有两种。

(1) 基于值(value-based)的重构,例如平方误差。

(2) 基于分布(distribution-based)的重构,例如交叉熵误差,这类重构一般都基于信息论准则。

深度学习中用到重构比较多的模型主要是自动编码(auto encoder)和受限玻尔兹曼机(Restricted Boltzmann Machine,RBM)。这两种模型训练的基础都是基于重构误差最小化。而且,前者的训练使用的是基于值的重构误差最小化;而后者训练使用的是基于分布的重构误差最小化。

自动编码机训练的基本原理是最小化重构误差(定义为模型输出值与原始输入之间的均方误差),从而可以无监督(实际上是使用了输入数据做监督信号)地训练深度学习网络。

玻尔兹曼是统计热力学的著名代表人物,玻尔兹曼机即是基于统计热力学原理提出的一种神经网络模型,因而得名。RBM 层内无连接,层间全连接,相比于玻尔兹曼机结构有所简化。玻尔兹曼机训练的基本思想是,通过训练使得训练后模型的可视层节点状态和隐藏层节点状态的联合分布逼近基于原始输入数据得到的联合分布。

RBM 的训练基于 Gibbs 采样,根据 Gibbs 采样原理,经过有限次 Gibbs 采样,可以逐渐逼近联合分布。这是 RBM 训练中的一个重要理论基础。但是,由于状态空间巨大,RBM 的训练比较困难。2006 年 Hinton 提出了一种对比散度的训练方法,这其实是对 Gibbs 采样过程的一种近似,但是却取得了很好的效果,从而使 RBM 模型的训练成为可能。

这些网络模型与传统的压缩感知重构算法相对比,获得了更好的重构效果,特别是在低采样率的情况下。随着深度学习的发展,卷积架构在压缩感知领域的应用逐渐增多。设压缩感知的测量值 y,输出为原始信号 x,测量矩阵为 A,可以用神经网络将原始信号 x 从测量值 y 中恢复出来:

$$\hat{x} = f_w(y), \quad w = \arg \min \| x - \hat{x} \|^2 \tag{2-51}$$

其中,$f_w(\cdot)$ 为简化的神经网络函数,$\hat{x}$ 为神经网络输出的预测值,w 为参数权重,使用梯度下降法最小化均方根损失函数以训练网络。许多基于深度学习的研究利用数据驱动解决压缩重构问题,其特点如下所述。

（1）神经网络用于学习信号的结构，不使用数据的先验知识。

（2）作品与图像压缩感知和重建相关，证明了 CNN 的有效性，大大改善了传统的采样性能。

（3）由于完全基于数据驱动，如果训练次数不够，模型性能会比较差。如果训练次数过多，模型很容易产生过拟合，因此，每次应用于压缩感知时都需要大量的人工精力去调整训练模型参数，有时甚至无法调整到一个合理的数值。

基于上述特点，一些网络模型渐渐用于压缩感知重构。Mousavi 等采用堆叠去噪自编码（Stacking Denoising Auto Encoder，SDAE）学习压缩感知测量向量和图像块之间的映射关系；Kulkarni 等搭建了一个卷积神经网络，进行非迭代的压缩感知图像重构（RconNet）。Ya 等通过深度残差重构网络（Deep Residual Reconstruction Network，DR2-Net）进一步提高了图像重构的性能。

OMP 算法利用残差寻找稀疏逼近，每次迭代都是测量值减去信号与压缩观测矩阵的乘积得到残差。如果将此过程看作是一个映射的话，那么它符合恒等映射的特点。而 ResNet 能较好地拟合恒等映射。以一个端对端的基于 CNN 残差网络的压缩感知重构算法为例，说明如何运用 CNN 残差网络代替 OMP 算法对原图像进行重构，算法流程如图 2.4 所示。其中，s 为卷积核尺寸，d 为卷积核的深度。子块图像的重构可使用采样矩阵的一个伪逆矩阵（Pseudo-inverse matrix）。其中采样矩阵 $\boldsymbol{\Phi}_{\mathrm{B}}$ 的伪逆矩阵 $\boldsymbol{\Phi}_{\mathrm{Bpinv}}$ 的大小为 $B_2 \times m_{\mathrm{B}}$。在重构过程中，压缩采样和逆采样是没有激活函数的线性卷积权重层。通过这两层权重层的运算，原图像已经得到了初步重构。在这个流程中使用的卷积层数过少，可训练学习的参数数量也不足，因此需要设计更深层的网络结构进行再次优化，得到优化后的最后重构结果。

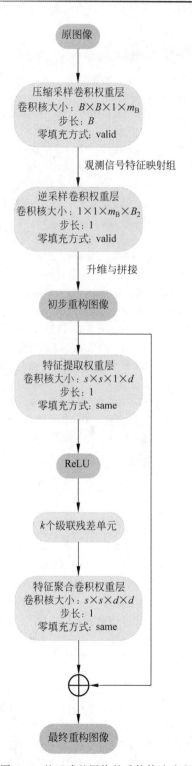

图 2.4　基于残差网络的重构算法流程

参考文献

[1] Hubel D H,Wiesel T N. Receptive fields of single neurones in the cat's striate cortex[J]. The Journal of Physiology,1959,148(3)：574-591.

[2] Willshaw D J,Buneman O P, Longuet-Higgins H C. Non-holographic associative memory[J]. Nature,1969,222(5197)：960-962.

[3] Barlow H B. Single units and sensation：a neuron doctrine for perceptual psychology?[J]. Perception,1972,1(4)：371-394.

[4] Babu R V,Parate P. Robust tracking with interest points：A sparse representation approach[J]. Image and Vision Computing,2015,33：44-56.

[5] Olshausen B A,Field D J. Natural image statistics and efficient coding[J]. Network：Computation in Neural Systems,1996,7(2)：333-339.

[6] Huber D,Petreanu L,Ghitani N,et al. Sparse optical microstimulation in barrel cortex drives learned behaviour in freely moving mice[J]. Nature,2008,451(7174)：61-64.

[7] Chen S,Donoho D. Basis pursuit[C]//Proceedings of 28th Asilomar Conference on Signals,Systems and Computers. IEEE,1994,1：41-44.

[8] 李婉. 基于结构稀疏和卷积网络的压缩感知方法研究[D]. 西安：西安电子科技大学,2019.

[9] 武娇. 基于 Bayesian 学习和结构先验模型的压缩感知图像重建算法研究[D]. 西安：西安电子科技大学,2012.

[10] 焦李成,杨淑媛,刘芳,等. 压缩感知回顾与展望[J]. 电子学报,2011,39(007)：1651-1662.

[11] 孙骏. 压缩感知中结构化测量矩阵与编码算法的研究[D]. 西安：西安电子科技大学,2014.

[12] Candès E J,Romberg J,Tao T. Robust uncertainty principles：Exact signal reconstruction from highly incomplete frequency information[J]. IEEE Transactions on Information Theory,2006,52(2)：489-509.

[13] Duarte-Carvajalino J M,Sapiro G. Learning to sense sparse signals：Simultaneous sensing matrix and sparsifying dictionary optimization [J]. IEEE Transactions on Image Processing, 2009, 18 (7)：1395-1408.

[14] Calderbank R,Howard S,Jafarpour S . Construction of a large class of deterministic sensing matrices that satisfy a statistical isometry property[J]. IEEE Journal of Selected Topics in Signal Processing,2010,4(2)：358-374.

[15] Bourgain J,Dilworth S,Ford K,et al. Explicit constructions of RIP matrices and related problems [J]. Duke Mathematical Journal,2011,159(1)：145-185.

[16] Applebauma L,Howard S D,Searle S,et al. Chirp sensing codes：Deterministic compressed sensing measurements for fast recovery[J]. Applied and Computational Harmonic Analysis,2009,26(2)：283-290.

[17] Yin W,Morgan S,Yang J,et al. Practical compressive sensing with Toeplitz and circulant matrices [C]//Visual Communications and Image Processing 2010. International Society for Optics and Photonics,2010,7744：77440K.

[18] 吴赟. 压缩感知测量矩阵的研究[D]. 西安：西安电子科技大学,2012.

[19] 胡琪. 基于随机矩阵的扩展目标跟踪算法研究[D]. 西安：西安电子科技大学,2018.

[20] 汪雄良,王正明.基于快速基追踪算法的图像去噪[J].计算机应用,2005,25(10):2356-2358.

[21] Daubechies I,Defrise M,De Mol C. An iterative thresholding algorithm for linear inverse problems with a sparsity constraint[J]. Communications on Pure and Applied Mathematics:A Journal Issued by the Courant Institute of Mathematical Sciences,2004,57(11):1413-1457.

[22] Donoho D L,Maleki A,Montanari A. Message-passing algorithms for compressed sensing[J]. Proceedings of the National Academy of Sciences,2009,106(45):18914-18919.

[23] 杨海蓉,方红,张成,等.基于回溯的迭代硬阈值算法[J].自动化学报,2011,37(3):276-282.

[24] 张思博.基于稀疏优化学习的图像建模方法[D].西安:西安电子科技大学,2017.

[25] 林乐平.基于过完备字典的非凸压缩感知理论与方法研究[D].西安:西安电子科技大学,2016.

[26] 王蓉芳.基于协同进化优化和图像先验的分块自适应压缩感知[D].西安:西安电子科技大学,2014.

[27] 宋相法.基于稀疏表示和集成学习的若干分类问题研究[D].西安:西安电子科技大学,2013.

[28] 任博.基于稀疏表示和流形学习的 SAR 图像分类算法研究[D].西安:西安电子科技大学,2017.

[29] 李红.基于稀疏表征与核学习的全色影像锐化方法研究[D].西安:西安电子科技大学,2017.

[30] 林琳.基于压缩感知的信号重构与分类算法研究[D].西安:西安电子科技大学,2012.

[31] 齐朋菊.基于多变量高斯模型的压缩感知图像重构[D].西安:西安电子科技大学,2014.

[32] 王锋.非凸压缩感知恢复算法及其在宽带频谱感知中的应用研究[D].西安:西安电子科技大学,2016.

[33] Figueiredo M A T,Nowak R D,Wright S J. Gradient projection for sparse reconstruction:Application to compressed sensing and other inverse problems[J]. IEEE Journal of Selected Topics in Signal Processing,2007,1(4):586-597.

[34] Gilbert A C,Strauss M J,Tropp J A,et al. One sketch for all:Fast algorithms for compressed sensing[C]//ACM Symposium on Theory of Computing,2007:237-246.

[35] Candes E J. The restricted isometry property and its implications for compressed sensing[J]. Comptes Rendus Mathematique,2008,346(9-10):589-592.

[36] 焦李成,谭山.图像的多尺度几何分析:回顾和展望[J].电子学报,2003,31(S1):1975-1981.

[37] Donoho D L. Compressed sensing[J]. IEEE Transactions on Information Theory,2006,52(4):1289-1306.

[38] Kim S J,Koh K,Lustig M,et al. An interior-point method for large-scale ℓ_1-regularized least squares[J]. IEEE Journal of Selected Topics in Signal Processing,2007,1(4):606-617.

[39] Liu F,Lin L,Jiao L,et al. Nonconvex compressed sensing by nature-inspired optimization algorithms[J]. IEEE Transactions on Cybernetics,2014,45(5):1042-1053.

[40] Lin L,Liu F,Jiao L,et al. The overcomplete dictionary-based directional estimation model and nonconvex reconstruction methods[J]. IEEE Transactions on Cybernetics,2017,48(3):1042-1053.

[41] 李小青.基于脊波冗余字典和多目标遗传优化的压缩感知图像重构[D].西安:西安电子科技大学,2016.

[42] 全昌艳.基于块约束和粒子群优化的非凸压缩感知图像重构[D].西安:西安电子科技大学,2016.

[43] Rauhut H,Schnass K,Vandergheynst P. Compressed sensing and redundant dictionaries[J]. IEEE Transactions on Information Theory,2008,54(5):2210-2219.

[44] Emmanuel J. Candès,Eldar Y C,Needell D,et al. Compressed sensing with coherent and redundant dictionaries[J]. Applied and Computational Harmonic Analysis,2011,31(1):59-73.

[45] Zhang Q,Li H. MOEA/D:A multiobjective evolutionary algorithm based on decomposition[J]. IEEE Transactions on Evolutionary Computation,2008,11(6):712-731.

［46］ Yao H,Dai F,Zhang S,et al. DR2-Net：Deep residual reconstruction network for image compressive sensing［J］. Neurocomputing,2019,359(SEP. 24)：483-493.

［47］ Kulkarni K,Lohit S,Turaga P,et al. Reconnet：Non-iterative reconstruction of images from compressively sensed measurements［C］//Proceedings of the IEEE Conference on Computer Vision and Pattern Recognition,2016：449-458.

［48］ Mousavi A,Patel A B,Baraniuk R G. A deep learning approach to structured signal recovery［C］// Annual Allerton Conference on Communication，Control，and Computing（Allerton），2015：1336-1343.

第 3 章

遥感成像机理与特性

3.1 高光谱遥感影像

高光谱成像技术是一种将成像技术与光谱技术结合的影像数据技术。通过高光谱技术可以获取探测目标的光谱信息,从而得到高光谱分辨率的连续、窄波段的影像数据。高光谱成像技术发展迅速,常见的包括光栅分光、声光可调谐滤波分光、棱镜分光、芯片镀膜等。目前,高光谱成像技术被广泛应用于医学诊断、遥感检测、食品质量与安全等方面。

高光谱数据主要由遥感传感器捕获,而遥感传感器可分为:摄影类型的传感器、扫描成像类型的传感器、雷达成像型的传感器与非影像类型的传感器。无论哪种类型的遥感传感器,它们都由收集器、探测器、处理器与输出器几部分构成。其中,收集器用来收集地物辐射来的能量,具体的元件包括透镜组、反射镜组、天线等。探测器将收集的辐射能转变成化学能或电能,具体的元器件包括感光胶片、光电管、光敏和热敏探测元件、共振腔谐振器等。处理器是对收集的信号进行处理操作(如显影、定影、信号放大、变换、校正和编码等),具体的处理器类型有摄影处理装置和电子处理装置等。输出器的类型有扫描晒像仪、阴极射线管、电视显像管磁带记录仪、彩色喷墨仪等,主要用来获取数据。

3.1.1 高光谱成像原理

1. 数据集特性

高光谱与多光谱是存在差异的,这是初学者容易混淆的两个概念。因此,在这里进行详细说明。以上两者的主要区别在于波段的数量和波段的窄度。其中,多光谱影像通常是指以像素表示的 3～10 个波段。每个波段都可以通过遥感辐射计获取。对于高光谱数据而言,其包含很窄的波段(10～20nm),高光谱影像可能有成千上万的波段。对于高光谱数据的每个波段而言,往往需要成像光谱仪进行获取。图 3.1 与图 3.2 分别为多光谱与高光谱示例图。

2. 优势

与高分辨率、多光谱影像相比,高光谱影像的优势在于:分辨率高,波段众多。它包含丰富的辐射、空间和光谱信息,是多种信息的综合载体。高光谱影像在地物制图、资源勘探

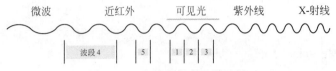

图 3.1　5 个波段的多光谱示例

(https://zhuanlan.zhihu.com/p/163448590? utm_source=qq)

图 3.2　数百个波段的高光谱示例

(https://zhuanlan.zhihu.com/p/163448590?utm_source=qq)

等领域得到了广泛使用。与常见的 RGB 影像不同,高光谱影像往往是多通道影像,因此,在获得高光谱数据时,需要对高光谱影像进行预处理才能够对其进行可视化,如取出多通道中的一个或者三个通道。高光谱的波段信息往往包含丰富的数据特征,可以通过不同地物对不同波段的敏感度不同,进行波段选择,以突出某类目标特征。

3.1.2　常用高光谱数据集

目前,公开的高光谱遥感数据集较多,以下将对几种常用数据集进行介绍。

1. Pavia Centre and University 数据集

Pavia Centre and University 数据集由 ROSIS 传感器在意大利北部的 Pavia 上空拍摄,其中,Pavia Centre 和 Pavia University 两个数据集的波段分别为 102 和 103。Pavia Centre 的大小是 1096×715,Pavia University 的大小为 610×340。两幅影像中都包含 9 种地物类别,但是具体地物类别不一样。数据集如图 3.3 所示,各个类别数对应的样本数量如表 3.1 与表 3.2 所示。

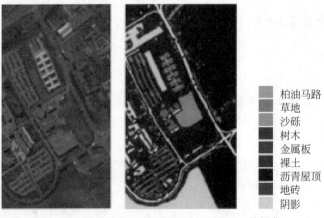

图 3.3　Pavia Centre 和 Pavia University 数据集

(http://www.ehu.eus/ccwintco/index.php?title=Hyperspectral_Remote_Sensing_Scenes)

表 3.1 Pavia Centre 数据集包含的地物类别与对应样本数量

编号	类 别	样本数	编号	类 别	样本数
1	Water/水	824	6	Tiles/瓷砖	1260
2	Trees/树木	820	7	Shadows/阴影	476
3	Asphalt/柏油马路	816	8	Meadows/草地	824
4	Self-Blocking Bricks/地砖	808	9	Bare Soil/裸土	820
5	Bitumen/沥青屋顶	808			

表 3.2 Pavia University 数据集包含的地物类别与对应样本数量

编号	类 别	样本数	编号	类 别	样本数
1	Asphalt/柏油马路	6631	6	Bare Soil/裸土	5029
2	Meadows/草地	18649	7	Bitumen/沥青屋顶	1330
3	Gravel/沙砾	2099	8	Self-Blocking Bricks/地砖	3682
4	Trees/树木	3064	9	Shadows/阴影	947
5	Painted metal sheets/金属板	1345			

2. Indian Pine 数据集

Indian Pine 数据集是由 AVIRIS 传感器在印度西北部的 Indian Pine 地点获取的。该数据集的大小为 145×145，由 224 个光谱反射率波段组成，去除水汽吸收严重的波段后，有效波段为 200 个。该数据集一共有 16 种农作物类别，如图 3.4 所示，各个类别对应的样本数量如表 3.3 所示。

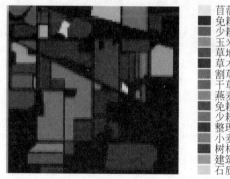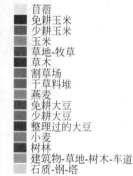

苜蓿
免耕玉米
少耕玉米
玉米
草地-牧草
草木
割草场
干草料堆
燕麦
免耕大豆
少耕大豆
整理过的大豆
小麦
树林
建筑物-草地-树木-车道
石质-钢塔

图 3.4 Indian Pine 数据集

(http://www.ehu.eus/ccwintco/index.php?title=Hyperspectral_Remote_Sensing_Scenes)

表 3.3 Indian Pine 数据集包含的地物类别与对应样本数量

编号	类 别	样本数	编号	类 别	样本数
1	Alfalfa/苜蓿	46	4	Corn/玉米	237
2	Corn-notill/免耕玉米	1428	5	Grass-pasture/草地-牧草	483
3	Corn-mintill/少耕玉米	830	6	Grass-trees/草木	730

续表

编号	类 别	样本数	编号	类 别	样本数
7	Grass-pasture-mowed/割草场	28	12	Soybean-clean/整理过的大豆	593
8	Hay-windrowed/干草料堆	478	13	Wheat/小麦	205
9	Oats/燕麦	20	14	Woods/树林	1265
10	Soybean-notill/免耕大豆	972	15	Buildings-Grass-Trees-Drives/建筑物-草地-树木-车道	386
11	Soybean-mintill/少耕大豆	2455	16	Stone-Steel-Towers/石质-钢-塔	93

3. Salinas 数据集

Salinas 数据集是由 AVIRIS 传感器在美国 Salinas Valley 地点采集的。该数据大小为 512×217，由 224 个光谱反射率波段组成，去除水汽吸收严重的波段后，有效波段为 204 个。该数据集共有 16 种农作物类别，如图 3.5 所示，各类别数对应的样本数量如表 3.4 所示。

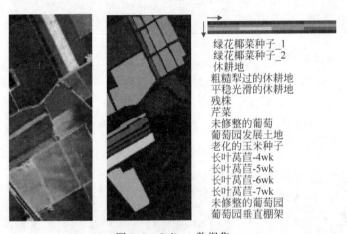

绿花椰菜种子_1
绿花椰菜种子_2
休耕地
粗糙犁过的休耕地
平稳光滑的休耕地
残株
芹菜
未修整的葡萄
葡萄园发展土地
老化的玉米种子
长叶莴苣-4wk
长叶莴苣-5wk
长叶莴苣-6wk
长叶莴苣-7wk
未修整的葡萄园
葡萄园垂直棚架

图 3.5 Salinas 数据集

(http://www.ehu.eus/ccwintco/index.php? title=Hyperspectral_Remote_Sensing_Scenes)

表 3.4 Salinas 数据集包含的地物类别与对应样本数量

编号	类 别	样本数
1	Brocoli_green_weeds_1/绿花椰菜种子_1	2009
2	Brocoli_green_weeds_2/绿花椰菜种子_2	3726
3	Fallow/休耕地	1976
4	Fallow_rough_plow/粗糙犁过的休耕地	1394
5	Fallow_smooth/平稳光滑的休耕地	2678
6	Stubble/残株	3959
7	Celery/芹菜	3579
8	Grapes_untrained/未修整的葡萄	11271

续表

编号	类　别	样本数
9	Soil_vinyard_develop/葡萄园发展土地	6203
10	Corn_senesced_green_weeds/老化的玉米种子	3278
11	Lettuce_romaine_4wk/长叶莴苣_4wk	1068
12	Lettuce_romaine_5wk/长叶莴苣_5wk	1927
13	Lettuce_romaine_6wk/长叶莴苣_6wk	916
14	Lettuce_romaine_7wk/长叶莴苣_7wk	1070
15	Vinyard_untrained/未修整的葡萄园	7268
16	Vinyard_vertical_trellis/葡萄园垂直棚架	1807

3.2　SAR 影像

SAR 是主动式微波成像设备,其成像原理是通过飞行载体运动形成雷达的虚拟天线,从而得到高方位分辨率雷达影像。SAR 根据飞行载体的不同可以分为机载和星载,两者各有优点与用途,机载 SAR 分辨率较高,而星载 SAR 可以长期观察广泛的地域,而且具有全局宏观性和周期性的优点,费用也低于机载 SAR,所以星载 SAR 得到了更广泛的应用。

3.2.1　SAR 成像原理

1. 真实孔径雷达

雷达是一种主动式微波遥感器,其自身发射微波辐射,并且接收从目标反射回来的电磁波。雷达的成像系统主要包含脉冲发生器、发射器、雷达天线、接收器和记录器。脉冲发生器产生高功率的调频信号,经发射器按照一定的时间间隔,反复发射某特定波长的微波脉冲。根据是否进行合成孔径处理,成像雷达可以分为真实孔径雷达(Real Aperture Radar,RAR)和 SAR。

RAR 是对雷达天线对飞行器的行进方向(称为方位向)的侧方(称为距离向)发射宽度极窄的脉冲电波波束,照射与飞行方向垂直的狭长地面条带,然后转换发射/接收开关,将雷达天线转置成接收工作状态,接收从目标反射回来的后向散射波,接收器将反射能量处理为振幅/时间视频信号,再通过记录仪获得地表影像。随着飞行器的行进,发射的波束沿着飞行方向以这种连续带状形式进行地表扫描,逐行成像。如图 3.6 所示,根据反射脉冲返回的时间排列可以进行距离向扫描,而根据飞行器的前进,扫描面在地面上移动,可以进行方位向的扫描。

雷达影像的分辨率包括距离向分辨率和方位向分辨率,距离向分辨率是指垂直飞行方向的分辨率,方位向分辨率是指沿飞行方向的分辨率。距离向分辨率的大小主要与雷达系统发射的脉冲信号有关,脉冲的持续时间越短,距离向分辨率越高。但是脉冲宽度过小则导

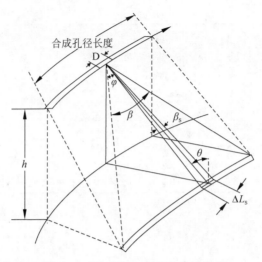

图 3.6　真实孔径和合成孔径的关系

致发射功率下降,反射脉冲的信噪比(S/N)也降低,两者矛盾,因此为了生成高分辨率距离向,采用距离压缩法,提高距离向分辨率。

2. SAR

SAR 的基本原理是用一个小天线作为单个辐射单元,使其沿直线不断移动,在不同位置接收同一目标的回波信号并进行相关处理,可以得到较高的影像分辨率,如图 3.7 所示是现今得到广泛应用的雷达技术。

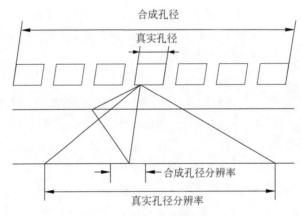

图 3.7　SAR 成像原理

SAR 在距离向上与真实孔径雷达相同,采用脉冲压缩来提高分辨率,而在方位向上,通过合成孔径原理提高分辨率。辐射单元位置不断变化的同时,对接收的包含相位的信号进行记录、处理,即可得到与采用实际天线更长的虚拟天线长度(合成孔径长度)进行观测的同样效果。

对一个目标来说,合成孔径长度意味着真实孔径长度的天线能够照射的范围,其中有如下定义。

(1) 实际波束宽度: $\beta = \dfrac{\lambda}{D}$ 。

(2) 实际分辨率: $\Delta L = \beta R = L_s$ (合成孔径长度)。

(3) 合成波束宽度: $\beta_s = \dfrac{\lambda}{3L_s} = \dfrac{D}{3R}$ 。

(4) 合成分辨率: $\Delta L_s = \beta_s R = D/3$ 。

3.2.2　SAR 影像特性

1. SAR 影像的表征指标

表征 SAR 影像的性能指标有很多种,主要有定位精度、空间分辨率、射角、观测带宽、几何畸变、等效视数、等效噪声、辐射测量精度、模糊度、信噪比、峰值旁瓣比及积分旁瓣比等。下面介绍比较重要的几个指标。

(1) 空间分辨率是指目标在方位向和距离向上主瓣的半功率带宽。常用它来衡量 SAR 的影像质量。

(2) 均值是整幅影像灰度的平均数,反映目标平均后向散射特性:

$$\mu_I = \frac{1}{XY} \sum_{i=1}^{X} \sum_{j=1}^{Y} A_{ij} \tag{3-1}$$

其中, X 、 Y 表示影像的长度和宽度, A_{ij} 代表原始影像中每个点的值。

(3) 方差表示了影像之间的差异性:

$$\sigma_I^2 = \frac{1}{XY} \sum_{i=1}^{X} \sum_{j=1}^{Y} (A_{ij} - \mu_I)^2 \tag{3-2}$$

(4) 等效视数可以用来衡量 SAR 影像的斑点噪声相对强度,以经验来看,SAR 影像上面的斑点噪声强度与等效视数成反比关系:

$$\text{ENL} = \frac{\mu_I^3}{\sigma_I^3} \tag{3-3}$$

(5) SAR 主要依靠辐射分辨率来分辨不同目标的后向散射系数,这个指标具有量度 SAR 影像灰度级的分辨能力,定义如下:

$$\gamma = 10 \lg \left(\frac{\mu_I}{\sigma_I} + 1 \right) \tag{3-4}$$

（6）灰度分辨率定义为：

$$Q = T_b(\mu) / T_d(\mu) \tag{3-5}$$

其中，$T_b(\mu)$表示影像里面有μ个数据的值大于b，同理，$T_d(\mu)$表示的是影像里面有μ个数据的值小于d，Q值的大小与影像斑点模糊度成正比关系。

（7）SAR 系统的动态范围指的是在满足辐射度分辨率后，雷达后向散射系数的范围通常是$50\sim90$dB。

（8）模糊度指的是目标重像与目标成像之间的能量强度的比值。

（9）峰值旁瓣比表征 SAR 系统检测弱目标的能力，通常，峰值旁瓣比越大，检测能力越强。

（10）积分旁瓣比表示为影像的旁瓣能量与影像的主瓣能量的相对关系，定义为：

$$ISLR = 10\lg\left(\frac{E_s}{E_m}\right) \tag{3-6}$$

积分旁瓣比是一个非常重要的指标，能够很好地衡量影像局部的对比度，表征 SAR 影像质量。通常，积分旁瓣比越小，所衡量的影像的质量就越高。

2. SAR 影像的斑噪特性

除了从理论上介绍 SAR 影像特性的评价指标，还要对 SAR 影像自身的特性有直观的认识，下面有两幅同样都是 1m 空间分辨率的影像，图 3.8 是高分二号光学全色影像，图 3.9 是高分三号 SAR 影像。

图 3.8　高分二号光学全色影像（1m 空间分辨率）

图 3.9 高分三号 SAR 影像

(https://kns.cnki.net/kcms/detail/detail.aspx?dbcode=CDFD&dbname=CDFDLAST2020&filename=1020017643.nh&v=9bOTL7LbJPt1cXOTHoW6PNN72v6WJlv%25mmd2BsnHruBPClof1JRRw2NyNgz3Oi8rUqiYp)

　　从整体上看,图 3.8 和图 3.9 都是灰度影像,很相似。如图 3.10 所示,将影像放大后,发现建筑物的形态不像光学影像那样清晰,边界特征也不明显,对比图 3.8 和图 3.9 很明显看到,SAR 影像中存在很多斑点,使地物目标的特征和边界不像光学影像中那么清晰明显。

　　影响 SAR 影像质量的主要有热噪声和相干斑点噪声两种噪声。热噪声与系统的设计直接相关,属于加性噪声,如天线噪声、接收器噪声等,通常可以通过优化系统避免热噪声。而相干斑点噪声是无法避免的,它与 SAR 的相干成像机理有关。因为 SAR 属于相干成像的系统,利用散射点进行成像,在成像过程中会相干叠加大量的没有规律的回波,由此产生斑点噪声(speckle noise),从而导致 SAR 影像没有办法正确反映地面物体的散射特性。这种斑点噪声在 SAR 影像中显示为各种没有规律的亮点。

3．SAR 遥感技术优点

　　SAR 通过发射电磁脉冲和接收目标回波来相干成像,可以全天时、全天候地拍摄多极化、多波段、高分辨率的影像,获取地物后向散射信息,从而实现对地观测任务。相较于光学和红外遥感技术,SAR 属于微波波段遥感,不仅可以测绘地形、地貌等地球表面信息,而且能够穿透地表获取地下或掩盖的信息,还能够在恶劣的环境下获得较高分辨率的地面测绘数据。

图 3.10   SAR 影像(图 3.9 局部放大图)中的建筑物形态特征

(https://kns.cnki.net/kcms/detail/detail.aspx?dbcode＝CDFD&dbname＝CDFDLAST2020&filename＝1020017643.nh&v＝9bOTL7LbJPt1cXOTHoW6PNN72v6WJlv%25mmd2BsnHruBPC1of1JRRw2NyNgz3Oi8rUqiYp)

具体地,SAR 遥感技术具有以下优点。

(1) 全天时、全天候:SAR 通过发射接收电磁波进行相干成像,电磁波的传播几乎不受气候情况的影响,因此,SAR 遥感可以全天时、全天候地进行对地观测,能够在恶劣气候条件下获得高质量的影像。

(2) 穿透性:SAR 成像的电磁波具有一定的穿透性,这使 SAR 影像可以在一定程度下探测到植被覆盖的地面信息、浅水覆盖的地下信息、被遮挡的隐藏信息,SAR 遥感因此在资源探测和军事侦察等领域具有独特的优势。

(3) 多极化、多波段:SAR 遥感技术可以拍摄多极化、多波段的影像。由于不同地物目标的物理和化学属性差异可以表现为不同的极化,目标的后向散射信号包含了去极化程度的信息,使得 SAR 影像对目标的几何属性和质地更加敏感。同时,地物目标对不同波段的电磁波信号的反应存在差异。因此,多极化、多波段的特点使 SAR 影像在一些特殊应用中具有明显优势。

(4) 高分辨率:SAR 传感器的分辨率与雷达平台的作用距离、飞行高度、工作波长没有关系,SAR 影像的分辨率不会随着作用距离的增加而降低,可以实现远距离高分辨率的成像。由于 SAR 成像是相干成像,通过幅度和相位的形式收集回波信号,再进行孔径的合成,具有高分辨率的特点。

基于上述优点,目前 SAR 已经成为一种先进的遥感手段,在军事目标识别、海洋环境监测、城市覆盖调研、土地变化监测、环境减灾估测、生态系统监测等多个领域都得到广泛的应用。

3.2.3 常用 SAR 影像数据集

MSTAR(Moving and Stationary Target Acquisition Recognition)是一个公开的 SAR 影像数据集,采集该数据集的传感器为高分辨率的聚束式 SAR,雷达分辨率为 0.3m×0.3m。工作在 X 波段,所用极化方式为 HH 极化。SAR 影像的角度范围是 0°~360°,但并不是所有的角度都有,影像角度的间隔为 0°~5°。SAR 影像的像素主要是:138×138、158×158、178×178、193×193。MSTAR 数据库主要有 10 类图像(T63、T73、BMP3、BRDM3、BTR60、BTR70、3S1、D7、ZIL131 和 ZSU334)。

NWPU Dataset 是一个遥感影像数据集,其中 NWPU-RESISC45 Dataset 是由西北工业大学创建的 REmote 传感影像场景分类的公开可用基准,该数据集包含像素大小为 356×356 共计 31500 张影像,涵盖 45 个场景类别,其中每个类别有 700 张影像。这 45 个场景类别包括飞机、机场、棒球场、篮球场、海滩、桥梁、丛林、教堂、圆形农田、云、商业区、密集住宅、沙漠、森林、高速公路、高尔夫球场、地面田径、港口、工业地区、交叉口、岛、湖、草地、中型住宅、移动房屋公园、山、立交桥、宫、停车场、铁路、火车站、矩形农田、河、环形交通枢纽、跑道、海、船舶、雪山、稀疏住宅、体育场、储水箱、网球场、露台、火力发电站和湿地。

UC Merced Land-Use Dataset 是用于研究的 31 级土地利用影像遥感数据集,共拥有 100 类影像,均提取自 USGS National Map Urban Area Imagery 系列。此数据集公共领域影像的像素分辨率为 1ft(1ft=0.3048m),影像像素大小为 356×356,包含 31 个类别的场景影像共计 3100 张,其中每个类别有 100 张。

3.3 极化 SAR 影像

极化 SAR(PolSAR)系统是在单通道 SAR 系统的基础上发展得到的,它能提供目标的多维遥感信息。与传统的单通道 SAR 相比,极化 SAR 不仅利用了目标散射回波的幅度、相位和频率特性,还利用了其极化特性。其中,波长较长的 L 波段能够穿透森林和地表植被覆盖,可以发现丛林或者浅埋地表的隐藏目标信息。极化 SAR 通过发射和接收不同极化方式的电磁波测量地物目标的极化散射特性,获得目标极化散射矩阵。由于电磁波的极化对目标的表面粗糙度、介电常数、几何形状和取向等物理特性比较敏感,因而极化散射矩阵蕴含着丰富的目标信息。近几十年来,极化 SAR 技术得到了飞速发展,其广泛应用也日益受到了人们的重视。同时,人们对 SAR 的要求也越来越高,希望能提供同一目标区域的不同频段、不同极化、不同视角的图像;另外,由于军事上无人侦察机以及小卫星上搭载的需求,

SAR 的小型化也显得非常重要。现如今极化 SAR 已成为遥感领域最先进的传感器之一，在民用和军用领域均有着巨大的应用价值和理论意义。

3.3.1　极化 SAR 成像原理

极化 SAR 通过测量地面每个分辨单元内的散射回波，进而获得其相关的极化散射矩阵，极化散射矩阵可以完全描述目标散射回波的幅度和相位特性。利用极化合成技术，可以由目标回波的马勒矩阵计算出天线在任意极化收发组合下所接收到的回波功率值。当平面电磁波的电场强度与散射表面平行时，此时的电磁波就被称为水平（H）极化波；当平面电磁波的电场强度与散射表面垂直时，此时的电磁波就被称为垂直（V）极化波。因此，极化 SAR 基于极化波的种类可以分为 4 种极化方式。

（1）VV 极化，即垂直发射/垂直接收，属于同极化方式，表明极化 SAR 发射天线发射的是垂直电磁波，接收天线接收的也是垂直电磁波。对于海洋遥感来说，适用于研究海面波与尾流波的粗糙度。

（2）HH 极化，水平发射/水平接收，属于同极化方式，表明极化 SAR 发射的是水平电磁波，接收的也是水平电磁波。

（3）VH 极化，垂直发射/水平接收，属于交叉极化方式，表明极化 SAR 发射的是垂直电磁波，而接收的是水平电磁波。

（4）HV 极化，水平发射/垂直接收，属于交叉极化方式，表明极化 SAR 发射的是水平电磁波，而接收的是垂直电磁波。

获得 4 种基本极化组合就可以准确地计算出天线在所有可能的极化状态下的接收功率值。总之，极化 SAR 通过调整收发电磁波的极化方式可以获得场景目标的极化散射矩阵，为更加深入地研究目标的散射特性提供了重要的依据，极大地增强了成像雷达对目标信息的获取能力。

极化 SAR 技术的成像原理是对观测目标发射不同的极化形式的电磁波，并接收反射回来的散射矩阵回波来收集影像信息。散射矩阵是极化 SAR 图像最基本的数据形式，其中包含的极化 SAR 信息反映了目标的结构特点，并通过相位、能量和极化特征等形式保存起来。将散射矩阵经过变换，就能得到其他常见的极化 SAR 数据表示形式，如马勒矩阵、极化相干矩阵、极化协方差矩阵及 Span 矩阵等。

全极化 SAR 测量获得的目标复散射矩阵为：

$$S = \begin{bmatrix} S_{HH} & S_{HV} \\ S_{HV} & S_{VV} \end{bmatrix} \tag{3-7}$$

其中，H 和 V 为极化方式，H 表示水平方向极化，V 表示垂直方向极化。Sinclair 矩阵通常简称为 S 矩阵。在 2×2 的矩阵中，S_{HH} 和 S_{VV} 是共极化分量，即数据发射接收形式是一样的,分别表示水平方向接收和垂直方向接收的极化回波数据。$\boldsymbol{S}_{HV}$ 和 $\boldsymbol{S}_{VH}$ 则是交叉极化分量,数据的发射和接收方式是不一样的,分别表示水平方向发射垂直方向接收和垂直方向发射水平方向接收的极化回波数据。这就是单个像素的极化 SAR 数据的表示形式。对矩阵 $\boldsymbol{S}$ 通过 Pauli 基进行分解,就可以获得极化 SAR 数据的散射向量:

$$\boldsymbol{k} = \frac{1}{\sqrt{2}} [\boldsymbol{S}_{HH} + \boldsymbol{S}_{VV} \boldsymbol{S}_{HH} - \boldsymbol{S}_{VV} 2\boldsymbol{S}_{HV}]^T \tag{3-8}$$

其中 T 表示矩阵转置。

通过散射向量 $\boldsymbol{k}$,就可以变换得到极化 SAR 相干矩阵 $\boldsymbol{T}$:

$$\langle \boldsymbol{T} \rangle = \frac{1}{L} \sum_{i=1}^{L} \boldsymbol{k}_i \boldsymbol{k}_i^H \tag{3-9}$$

其中,$<\cdot>$ 表示按照极化视数取平均值,参数 L 是极化视数;$\boldsymbol{k}_i$ 是第 i 视的散射向量。极化相干矩阵的具体表现形式如下:

$$\boldsymbol{T} = \langle \boldsymbol{k} \cdot \boldsymbol{k}^H \rangle$$

$$= \frac{1}{2} \begin{bmatrix} \langle | \boldsymbol{S}_{HH} + \boldsymbol{S}_{VV} |^2 \rangle & \langle (\boldsymbol{S}_{HH} + \boldsymbol{S}_{VV})(\boldsymbol{S}_{HH} - \boldsymbol{S}_{VV})^* \rangle & \langle 2(\boldsymbol{S}_{HH} + \boldsymbol{S}_{VV})\boldsymbol{S}_{HV}^* \rangle \\ \langle (\boldsymbol{S}_{HH} - \boldsymbol{S}_{VV})(\boldsymbol{S}_{HH} + \boldsymbol{S}_{VV})^* \rangle & \langle | \boldsymbol{S}_{HH} - \boldsymbol{S}_{VV} |^2 \rangle & \langle 2(\boldsymbol{S}_{HH} - \boldsymbol{S}_{VV})\boldsymbol{S}_{HV}^* \rangle \\ \langle 2\boldsymbol{S}_{HV}(\boldsymbol{S}_{HH} + \boldsymbol{S}_{VV})^* \rangle & \langle 2\boldsymbol{S}_{HV}(\boldsymbol{S}_{HH} - \boldsymbol{S}_{VV})^* \rangle & \langle 4| \boldsymbol{S}_{HV} |^2 \rangle \end{bmatrix} \tag{3-10}$$

同样地,把矩阵 $\boldsymbol{S}$ 进行变换可以得到极化 SAR 数据的另一种表示形式:极化协方差矩阵。首先将矩阵 $\boldsymbol{S}$ 向量化得 $[\boldsymbol{S}_{HH} \sqrt{2} \boldsymbol{S}_{HV} \boldsymbol{S}_{VV}]^T$。再将此向量跟自身的共轭转置做相乘运算即可得极化协方差矩阵:

$$\boldsymbol{C} = \langle [\boldsymbol{S}_{HH} \sqrt{2} \boldsymbol{S}_{HV} \boldsymbol{S}_{VV}]^H [\boldsymbol{S}_{HH} \sqrt{2} \boldsymbol{S}_{HV} \boldsymbol{S}_{VV}]^* \rangle \tag{3-11}$$

$$\boldsymbol{C} = \begin{bmatrix} \langle | \boldsymbol{S}_{HH} |^2 \rangle & \sqrt{2} \langle \boldsymbol{S}_{HH} \boldsymbol{S}_{HV}^* \rangle & \langle \boldsymbol{S}_{HH} \boldsymbol{S}_{VV}^* \rangle \\ \sqrt{2} \langle \boldsymbol{S}_{HV} \boldsymbol{S}_{HH}^* \rangle & 2\langle | \boldsymbol{S}_{HV} |^2 \rangle & \sqrt{2} \langle \boldsymbol{S}_{HV} \boldsymbol{S}_{VV}^* \rangle \\ \langle \boldsymbol{S}_{VV} \boldsymbol{S}_{HH}^* \rangle & \sqrt{2} \langle \boldsymbol{S}_{VV} \boldsymbol{S}_{HV}^* \rangle & \langle | \boldsymbol{S}_{VV} |^2 \rangle \end{bmatrix} \tag{3-12}$$

其中,$*$ 表示这个数据的共轭,H 表示矩阵的共轭转置。矩阵 $\boldsymbol{C}$ 就是极化协方差矩阵,可以和极化相干矩阵 $\boldsymbol{T}$ 相互转换

$$\boldsymbol{T} = \boldsymbol{A}\boldsymbol{C}\boldsymbol{A}^{-1} \tag{3-13}$$

其中,

$$\boldsymbol{A} = \begin{bmatrix} \frac{\sqrt{2}}{2} & 0 & \frac{\sqrt{2}}{2} \\ \frac{\sqrt{2}}{2} & 0 & \frac{\sqrt{2}}{2} \\ 0 & 1 & 0 \end{bmatrix} \tag{3-14}$$

极化 SAR 数据常见的数据表示形式就是矩阵 S、矩阵 T 和矩阵 C。在实际应用中,矩阵 T 和矩阵 C 是最常使用的数据形式,其中包含着丰富的极化信息。

3.3.2 极化 SAR 影像特性

为了获得不同极化脉冲下的目标散射特征,同时克服传统 SAR 单通道单极化工作模式下只能获取有限信息的缺点,极化 SAR 成为新的 SAR 研究热点。极化 SAR 是一种多参数、多通道的成像雷达系统,它在回波信号的基础上,加入了相干的极化脉冲,发射并接收信号,实现对目标的观测。不同极化脉冲组合回波的相位差信息,丰富了对观测目标的描述,因此,结合测量到的振幅信息,极化 SAR 技术不仅能看得"透",还能看得"清"。这对于遥感数据后期处理是有很大益处的。目前,极化 SAR 技术已经在实际应用中取得了值得关注的成果。

极化 SAR 雷达同时发射并同时接收水平和垂直极化脉冲,且各极化脉冲之间是相干的。这样,它不仅能测量振幅,也能记录不同极化状态组合回波的相位差,分析任意极化状态的地物回波信息,大大提高了它对地物的识别能力。除了散射系数矩阵,极化 SAR 还能得到极化散射功率矩阵(如相干矩阵、协方差矩阵)。这些极化测量矩阵可以用来完全描述目标散射回波的幅度和相位特性。总之,通过调整收发电磁波的极化方式可以获得场景目标的极化散射矩阵,为更加深入地研究目标的散射特性提供了重要的依据,极大地增强了成像雷达对目标信息的获取能力。

极化 SAR 可以提供更加丰富的目标信息。雷达发射的电磁波在目标感应电流而进行再辐射,从而产生散射电磁波,散射波的性质不同于入射波的性质,这是由于目标对入射波的调制效应所致。这种调制效应由目标本身的物理结构特性决定,不同目标对相同入射波具有不同的调制特性。也就是说,散射波含有关于目标的信息,是目标信息的载体。一个电磁波可由幅度、相位、频率以及极化等参量进行完整的表达,分别描述它的能量特性、相位特性、振荡特性和向量特性,而目标对电磁波的调制效应,就体现在调制其幅度、相位、频率以及极化等参量上。散射波的幅度特性、相位特性、频率特性和极化特性与入射波相应参量之间的差异,就成为获得目标信息乃至进一步提取目标分类识别特征的重要依据。极化测量能够提供目标的极化特性。因此相对于非极化测量,极化测量能够提供更加丰富的目标信息。

极化 SAR 有利于确定和理解散射机理。极化 SAR 观测,可以获得目标的散射矩阵,通过对散射矩阵的分析,特别是通过基于散射机理的目标分解,就可以确定目标的散射和成像机理。

极化 SAR 有利于提高目标检测、辨别和分类能力。对于同一目标,在其他条件不变的情况下,使用水平极化波观测和使用垂直极化波观测,会得到不同的散射信息。进行极化测量,获得散射矩阵后,可以得到任意极化的回波,就能够消除目标识别不确定性。

极化 SAR 有利于扩大 SAR 系统的应用范围。不同的观察对象要用相应的频率、视角和极化的电磁波才能得到最好的观察效果,因此,一个针对一类目标设计的优秀的 SAR 系统,对于另一类目标来讲可能就是很差的系统。这样单极化测量 SAR 系统的应用范围就会受到极化的限制。由于多极化 SAR 系统可以得到多个极化状态的 SAR 图像,其应用范围就得到了很大的扩展。

极化 SAR 有利于抑制杂波,提高抗干扰能力。杂波可能是人为的干扰信号,也可能是不感兴趣的目标的回波信号,极化 SAR 有助于寻找一种极化状态,在该状态下有用信号与无用信号的强弱对比最强,提高杂波抑制和抗干扰能力(尤其是对于单极化的干扰信号)。

对于极化 SAR 的目标也有独特的特性,极化 SAR 探测、成像的目标通常分为点目标、线目标、面目标;极化 SAR 的特殊探测、成像模式,会使获得的二维灰度图像具有目标特性,不同类型的目标在图像上具有不同的表征形式。

(1) 点目标:极化 SAR 图像上的点目标在极化 SAR 图像的表现形式通常为单个亮点。由于点目标散射回波强度很大,因此具有较强的亮度,但是大多时候尺寸非常小,甚至比一个极化 SAR 分辨单元的尺寸还要小。通常情况下,海面船舶、坦克、装甲车等作战目标在极化 SAR 图像以点目标的形式出现。

(2) 线目标:其在极化 SAR 图像上的表现形式通常具有线性特征,一般为直线或者弧线。线目标在极化 SAR 图像中在大多时候表现为不同种类被探测目标的分界线;由于线目标横向尺寸通常与极化 SAR 分辨率相当,因此,在大多数情况下,线目标的尺寸即为被探测目标的尺寸。

(3) 面目标:极化 SAR 图像上的面目标即为通常所说的分布目标,主要是由一系列随机的散射点组成。极化 SAR 在成像工作时,合成孔径天线阵列接收到的散射回波会形成周期性的信号,造成雷达图像上散射目标最强信号和最弱信号的周期性变化,并且形成一系列斑点噪声,也就是上述内容所提到的相干斑噪声。

极化 SAR 数据集因为是复数数据,所以如果想用神经网络去做,肯定需要对其进行处理。因为极化协方差矩阵和极化散射相关矩阵中包含了雷达测量得到的全部极化信息,所以经常使用极化协方差矩阵表示每一个像素值的特征。一般有以下几种处理方式。

(1) 实数化:对于只能使用实数的算法,需要将复数数据实值化,而又因为极化协方差矩阵为复共轭矩阵,因此极化 SAR 数据第 i 个像素点的特征向量 $\boldsymbol{I}_i$ 可以表示为:

$$\boldsymbol{I}_i = (C_{11}, C_{22}, C_{33}, \mathrm{Re}[C_{12}], \mathrm{Re}[C_{13}], \mathrm{Re}[C_{23}], \mathrm{Im}[C_{21}], \mathrm{Im}[C_{31}], \mathrm{Im}[C_{32}]) \quad (3\text{-}15)$$

其中,Re 表示取复数的实数部分,Im 表示取复数的虚数部分,而 C_{ij} 表示协方差矩阵的第 i 行第 j 列数据。经过观察,$\boldsymbol{I}_i$ 中的每一个值都很小,因此需要进行标准化处理。

(2) 利用空间邻域信息实数化:对于只能使用实数的算法,基于空间一致性假设,空间近邻的像素点往往有相同的类别,因此以待分类像素为中心点,利用其空间邻域信息,取其空间近邻窗口中的所有像素点信息来构建特征向量。空间信息的利用可以有效避免噪声干

扰,提高分类器的性能。像素点 i 的最终输入特征向量 x_i 可以表达为:

$$x_i = [I_{i-r-1}, I_{i-r}, I_{i-r+1}, I_{i-1}, I_i, I_{i+1}, I_{i+r-1}, I_{i+r}, I_{i+r+1}] \tag{3-16}$$

其中,r 表示极化 SAR 图像每行有多少个像素点。式(3-16)和式(3-15)中的 I_i 表达式一致。

(3) 复数算法:对于支持复数处理的算法,直接使用某个像素点的极化协方差矩阵作为该像素点的特征即可。

极化 SAR 是用来测量目标散射信号极化特征的新型成像雷达,它具有能够获得多通道极化图像的优越性,有利于确定和理解散射机理,提高目标检测、辨别和分类能力,有利于抑制杂波,提高抗干扰能力。极化 SAR 的出现,扩大了 SAR 系统的应用范围,在采集地表或地面覆盖物的物理和电磁结构信息的应用中起着越来越重要的作用。

3.3.3 常用极化 SAR 影像数据集

1. 荷兰 Flevoland 地区农田数据集

荷兰 Flevoland 地区农田数据集是由 NASA/JPL ARISAR 获取的荷兰 Flevoland 地区的 L 波段图像数据。如图 3.11 所示是一个大小为 750×1024 的四视全极化图像,$12m \times 6m$ 分辨率(距离向×方位向),包括 15 类不同的地物(不含背景),分别是干豆、油菜籽、裸地、土豆、甜菜、三种小麦、豌豆、苜蓿、大麦、草地、森林、水域、建筑区。无标记区在真实类标图上是白色标记。去掉背景类后,15 类不同的地物总数为 167712。

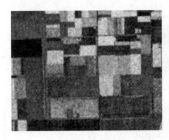

图 3.11 极化 SAR 数据集

2. San Francisco Bay 数据集

美国旧金山湾的 L 波段数据是由美国 NASA 在 1992 年提供的 1300×1200 的 L 波段四视全极化 SAR 图像,共包含有海洋、植被、非密集型城市、密集城市和发达地区等 5 类地物。

3. Oberpfaffenhofen 数据集

由德国宇航中心的 E-SAR 传感器获取的 L 波段全极化雷达数据集。该极化雷达图像的距离分辨率和方向分辨率分别是 $1.4m$ 和 $0.92m$,图像大小为 1300×1300。该区域包括 5 类:郊区、农田、铁路、森林、其他。该数据集属于全分数据集,相比其他雷达数据集分类难度有所提升,因此经常被用于检测所提出方法的有效性。

4. PolSF 数据集

该数据的实际位置为美国旧金山,该区域包括 7 类:未标记、山、水、植被、高密度城市、低密度城市和已开发。该数据收集了 5 幅开放式极化 SAR 影像,它们是旧金山地区的图像。这 5 幅影像来自不同时间的不同卫星(SF-ALOS2、SF-GF3、SF-RISAT、SF-RS2、SF-AIRSAR),具有很大的科研价值。另外,该数据集对收集的图像进行像素级别注释,以进行图像分类和分割。

SF-ALOS2 数据成像时间为 2015 年,空间分辨率为 18m,原始图像大小为 8080×22608。SF-GF3 数据成像时间为 2018 年,空间分辨率为 8m,原始图像大小为 5829×7173。SF-RISAT 数据成像时间为 2016 年,空间分辨率为 2.33m,原始图像大小为 8719×13843。SF-RS2 数据成像时间为 2008 年,空间分辨率为 8m,原始图像大小为 2823×14416。SF-AIRSAR 数据成像时间为 1989 年,空间分辨率为 10m,原始图像大小为 1024×900。

3.4 机载 LiDAR 点云影像

机载 LiDAR 是集高动态载体姿态测定、激光和高精度动态 GPS 差分定位技术于一体的探测技术。激光雷达通过量测信号传播时间来确定扫描仪与对象点的相对距离。与传统摄影测量方法获取的数据相比,点云数据可以更精确体现地形的信息。机载激光雷达采集的数据是一系列空间分布不规则的离散的三维点,称为"点云"。

3.4.1 机载 LiDAR 成像原理

1. 机载 LiDAR 系统组成

机载 LiDAR 系统主要包括激光测距仪、惯性导航系统(Inertial Navigation System,INS)和动态差分 GPS 接收机。激光测距仪用于测定激光雷达信号发射点到地面目标点间的距离;INS 利用惯性测量单元测定飞机的扫描装置主光轴姿态参数;动态差分 GPS 接收机用来确定激光雷达信号发射点的空间位置。

2. 机载 LiDAR 系统信息获取的特点

机载 LiDAR 系统不仅能提供目标点的三维坐标,还能提供激光回波信号的强度信息,即激光脉冲从激光扫描仪发射后,经过地面点的反射或散射后所返回的激光脉冲信号的强度。由于每种物质对激光信号的反射特性不同,因此点云数据可以非常容易地区分不同地物的边界,从而进行地物分类。和其他传统的摄影测量技术相比较机载激光雷达的优势如下所述。

(1)激光能穿透植被,从而获得植被的细节和植被覆盖下的真实地形数据,这是传统摄影测量技术难以获取的。机载 LiDAR 探测的操作时间短,速度快,并且不受自然条件的影响,在森林、沙漠等人工探测比较困难的环境表现出显著的优势。

(2) 机载 LiDAR 通过发射激光脉冲获取目标的反射信号而直接获取地面三维信息,是一种主动式测量系统。因此测量不受光照条件的限制。

(3) 机载 LiDAR 测量可以获取精确的目标点的三维坐标,避免了传统光学遥感影像依靠立体像对和投影测量地物高度时产生的误差。

(4) 机载激光光束发散角小,能量集中,探测灵敏度高,分辨率高。因此机载激光雷达的探测过程和目标三维坐标的计算不需要地面控制点。

3. 机载 LiDAR 点云数据的构成

机载 LiDAR 系统在完成激光扫描飞行任务后,所获得的数据可以有定位定向 POS 数据和激光扫描测距数据。其中,定位定向 POS 数据包括差分 GPS 数据和惯性测量单元 IMU 数据。这些数据记录了每个激光脉冲的发射信息和返回信息,包括位置、方位/角度、距离、时间、强度、回波等飞行过程中系统所得到的各种数据。激光点在 WGS(World Geodetic System)84 坐标系下的 X、Y、Z 坐标可由 POS 数据和激光扫描测距数据计算出来。这些具有精确的三维坐标的离散点称为目标的 LiDAR 点云。

三维 LiDAR 点云数据包括点的空间三维坐标、回波强度、回波次数和扫描角度等信息。在实际应用中,人们常用的信息包括发射激光脉冲所返回的点云几何数据、激光强度数据和激光回波数据等,具体介绍如下。

(1) 几何数据。LiDAR 点云的几何数据及点云的空间三维坐标,是根据系统的 GPS、INS 和激光测距仪记录的数据计算出来的。这部分数据也是主要的生产数据,是核心数据。它记录了整个飞行区域所有地物地形的空间信息,通过坐标解算和转换完成整个地物区域的大地坐标换算。图 3.12 为机载小光斑脉冲测距 LiDAR 系统解算目标点三维坐标的参数示意图。图中 G 点为飞机原点,P 点为目标点。系统通过 GPS 和 INS 分别记录飞机此刻的位置信息 $G(X_G,Y_G,Z_G)$ 和姿态信息 (α,ω,κ),其中 α 为飞机俯仰角,ω 为飞机侧滚角,κ 为飞机偏航角。同时通过记录光波从发射到目标反射接收所经历的时间 t 计算目标到激光器的距离 S,即 $S=(1/2)ct$,其中 c 为光速。可以根据记录的信息计算目标点 P 的三维坐标。

(2) 激光强度数据。激光强度信号反映的是地表物体对激光信号的响应,不同的激光雷达系统所采用的计量方式具有比较大的差别。不同材质目标的激光强度信号不同,因此可以利用激光强度数据进行地物目标的分类。实际上,激光强度信号并不能很好地用来重构地面物体的反射性质,主要原因是激光回波强度不仅与反射介质的特性有关,还同激光的入射角度、激光脉冲作用距离产生的大气对激光的吸收等因素相关。这一缺点不仅制约了激光强度数据的精度,而且也使根据强度数据分类地面物体变得困难。

(3) 激光回波数据。由于激光具有穿透性,导致不同的地物有着不同的回波次数和回波强度,当激光脉冲照射到平整的建筑物顶或光秃的地表面时产生一次回波,而当脉冲照射到植被时,脉冲可以穿透植被形成多次回波。现在的设备甚至可以以很小的采样间距获得

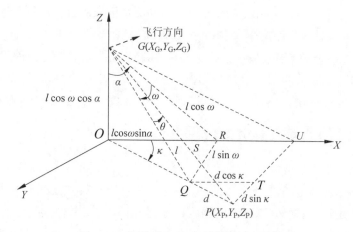

图 3.12 机载激光雷达系统参数示意图

(https://kns. cnki. net/kcms/detail/detail. aspx? dbcode = CDFD&dbname = CDFD0911&filename = 2009252698. nh&v = LW69c8gYNRX3%25mmd2FvOGLGP9S%25mmd2Ffiz6SMu7qobAlvI7oXDiNCMFr50U5oMnIvTa%25mmd2FgRCQa)

每一次的波形结构(全波形),多重回波信号可用于数据分析,如区分土地和覆盖其上的植被,计算森林的蓄积率等,这样的多重回波信号对于数据分析具有重要意义。

(4)光谱数据。LiDAR 能直接获得目标点的三维坐标,很好地提供了二维数据缺乏的高度信息,却缺少反映对象特征的光谱信息。尽管在提取空间位置信息上,激光雷达数据有其自身的优势,但图像数据包含光谱信息对认识物体也具有重要的作用。认识到这些特性,新的设备都集成多传感器系统,可以达到激光雷达数据与其他光谱数据结合使用,互补缺点同时又增强各自的优势。

3.4.2 机载 LiDAR 影像特性

机载 LiDAR 影像具有以下特性。

(1) LiDAR 点云数据是一系列三维离散点,地面和建筑物顶的点云分布比较规则,植被则容易被激光穿透从而形成垂直方向具有多个点的分布极不规则的点云。

(2)与传统摄影测量相比,机载 LiDAR 所受的误差影响因素更多,并且理论推导误差传播模型更为复杂,数学公式难以建立。

(3) LiDAR 系统只包含点的三维空间信息,具有精确的高程信息及垂直分辨率高等优点。然而缺少点与点的邻域信息,并且点的排列呈现不规则的特性,相比多光谱影像数据,点云数据缺少影像的光谱信息。为了弥补这一缺点,很多研究将 LiDAR 系统与多光谱成像仪或 CCD 数码相机集成在一起,以获取 LiDAR 点云的光谱信息。

(4)由于水体对激光有吸收作用,因此在水体区域会缺失回波点。

(5)机载 LiDAR 很适合于获取数字地表模型(Digital Surface Model,DSM),通过对三

维激光点云数据进行去除噪声和滤波处理,可以得到测量区域的数字产品 DSM 和 DEM。相比传统摄影测量用立体影像匹配生成 DSM 的方式,LiDAR 系统在速度和精度上都有很高的保证。在一些紧急生产任务和高精度数据要求下,LiDAR 是获取 DSM 数据的最佳选择。

(6) LiDAR 点云的水平点密度还不够高,一般水平点密度为 $0.5\sim2\text{points/m}^2$。点密度主要与飞行高度有关,也与平台飞行速度、视场(Field Of View,FOV)和采样频率有关。

3.4.3 常用机载 LiDAR 数据集

1. WHU-TLS 点云数据集

WHU-TLS 数据集包含 115 个测站、17.4 亿个三维点以及点云之间的真实转换矩阵,涵盖了文化遗产建筑、地铁站、森林、高铁站、山地、公园、校园、住宅、河岸、地下矿道及隧道等 11 种不同的类别,该数据集为铁路安全运营、河流勘测和治理、森林结构评估、文化遗产保护、滑坡监测和地下资产管理等应用提供了典型有效数据。

2. Oakland 3-D 点云数据集

Oakland 3-D 数据集的采集点位于美国宾夕法尼亚州奥克兰市的芝加哥大学校园,它是使用 Navlab11 和侧视的 LMS 激光扫描仪收集的。数据格式为 ASCII,x,y,z 表示标签置信度,每行表示一个点。数据集还包括相应的 vrml 文件(.wrl)和标签计数文件(.stats)。数据集由两个子集(part2,part3)组成,每个文件包含 10 万个三维点。对训练集/验证集和测试集进行了筛选,并将其从 44 个标签重新映射到 5 个标签中。

3. Paris-rue-Madame 数据集

Paris-rue-Madame 数据收集于法国巴黎第六区的街道 rue Madame,实验区包含从 rue Mézières 至 rue Vaugirard 的长度为 160m 的街道,该数据集的获取时间为 2013 年 2 月 8 日 13:30。数据集由法国普里斯帕里斯蒂奇矿山的机器人实验室(CAOR)的 LARA2-3D 三维移动激光扫描仪获得的。数据标注是由法国枫丹白露矿业中心(MINES ParisTech)的数学形态学中心(CMM)以人工辅助的方式进行的。

数据集包含两个 ply 文件,每个 ply 文件包含 1000 万个点。每个文件包含一个点列表(x,y,z,reflective,label,class),其中 x,y,z 对应于 Lambert 93 和 altitude IGN1969(grid RAF09)参考坐标系中的地理参考坐标(E,N,U),reflective 是激光强度,label 是分割后获得的对象标签,class 是对象类别。

4. IQmulus & TerraMobilita 数据集

IQmulus & TerraMobilita 数据集包含由 3 亿个三维点组成的点云数据。该数据集是在 iQmulus 和 TerraMobilita 项目的框架下生成的。它由法国国家测绘局(IGN)开发的 MLS 系统 Stereopolis II 获取。数据标注由 IGN 的 MATIS 实验室以手动方式进行。数据获取于法国的一个城市密集区域。

该数据集的数据存储为 ply 格式,全体三维点云被分割和分类,即每个点包含一个标签和一个类,因此可以用逐点的方式执行计算。所有坐标对应于 Lambert 93 和 altitude IGN1969(grid RAF09)参考系统中的地理参考坐标(E,N,U),反射率为激光强度。已从 x、y 坐标中减去偏移量,目的是提高数据精度。每个文件包含以下属性。

(1)(float32) X,Y,Z:Lambert 93 系统中的笛卡儿地理参考坐标。

(2)(float32) reflectance:后向散射强度校正距离。

(3)(uint8) num_echo:回声的数量(处理多个回声)。

5. District of Columbia 数据集

美国华盛顿的 LiDAR 点云数据由首席技术官办公室通过哥伦比亚特区地理信息系统计划管理,包含整个特区的平铺点云数据以及相关元数据,可供任何人在 Amazon S3 上使用。点云中的每个点都已根据以下模式进行了分类。

(1)Class 1:已处理未分类。

(2)Class 2:裸露地表。

(3)Class 7:低噪声。

(4)Class 9:水。

(5)Class 10:忽略地。

(6)Class 11:保留。

(7)Class 17:桥面。

(8)Class 18:高噪声。

6. Semantic3d 数据集

Semantic3d 是一个具有大标签自然场景的 3D 点云数据集,包含超过 40 亿个点。它涵盖了多种多样的城市场景:教堂、街道、铁轨、广场、村庄、足球场、城堡等。Semantic3d 提供的点云已使用最先进的设备进行静态扫描,包含非常精细的细节。Semantic3d 数据集三维场景中的语义分割评估有一个框架。

(1)大量点云,包含超过 40 亿个标记点。

(2)真实标签,由专业评估人员手工标记。

(3)一个通用的评估工具,可提供已建立的交叉联合度量方法以及完整的混淆矩阵。

7. Paris-Lille-3D 数据集

Paris-Lille-3D 数据由法国两个不同城市(巴黎和里尔)的移动激光系统(Mobile Laser System,MLS)产生,它是点云分类的基准数据集。点云数据被手工标记为 50 种类别,以用于进行自动点云分割和分类算法的研究。数据的每个文件均以单独的 ply 文件存储。每个 ply 点云文件均包含 10 个属性。

(1)x,y,z (float):点的位置。

(2)x_origin,y_origin,z_origin (float):LiDAR 位置。

(3)GPS_time (double):点云获取时间。

（4）reflectance（uint8）：反射率。

（5）label（uint32）：点云所属标签。

（6）class（uint32）：点云所属类别。

8. DublinCity 数据集

DublinCity 数据集由都柏林大学学院（UCD）的城市建模小组通过 ALS 设备扫描都柏林市中心的主要区域（大约 $5.6km^2$）获取。在总共的 14 亿个点云中包含大约 2.6 亿个标记点。标记区域位于点云的最密集采样部分，并且被航空影像完全覆盖。如图 3.13 所示，数据集被标注为 3 个级别共 13 个类。

（1）第一级包含粗略的标签，包括 4 个类别：建筑物、地表、植被和未定义。建筑物都是可居住的城市结构（如房屋、办公室、学校和图书馆）。地表主要包含位于地形高程的点。植被类别包括所有类型的植物。未定义的点是那些不太受欢迎的点，可包含在城市元素中（如垃圾桶、装饰雕塑、汽车、长凳、电线杆、邮政信箱和非静态物体）。大约 10% 的被标记为未定义的点主要是河流、铁路和建筑工地。

（2）第二级对第一级的前三个类别进一步精细分类。建筑物分为外墙和屋顶；植被分为不同的植物（如乔木和灌木）；地表分为人行道、街道和草地。

（3）第三级包括屋顶（如屋顶窗和天窗）和外墙上的任何类型的门窗。

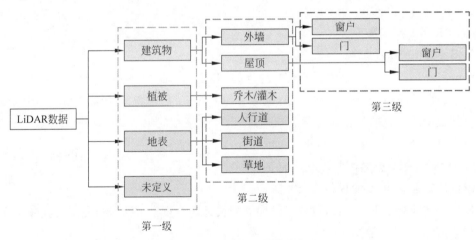

图 3.13　DublinCity 数据集标注

（https://mp.weixin.qq.com/s/ezuJX2q5nb1BL Ydgkulz4A）

3.5　遥感光学影像

多光谱遥感是一种通过将地物辐射电磁波分割成若干个较窄的光谱段，以摄影或扫描的方式，在同一时间获得同一目标不同波段信息的遥感技术。

多光谱遥感原理：不同地物有不同的光谱特性，因此，同一地物则具有相同的光谱特性。不同地物在不同波段的辐射能量有差别，故而，取得的不同波段图像上有差别。

多光谱遥感不仅可根据影像的形态和结构的差异判别地物，还可根据光谱特性的差异判别地物，从而扩大遥感的信息量。航空摄影用的多光谱摄影与陆地卫星所用的多光谱扫描均能得到不同普段的遥感资料，分普段的图像或数据可以通过摄影彩色合成或计算机图像处理，获得比常规方法更为丰富的图像，从而为地物影像计算机识别与分类提供了可能性。

光学遥感影像中的四种信息往往会帮助我们进行遥感影像的解译和判读，它们分别是：辐射信息（亮度、强度、色调）、光谱信息（颜色、色调）、纹理信息、几何关系信息（形状、大小、样式、位置等）。

（1）辐射信息：通常情况下大部分卫星均可以拍摄全色图像和多光谱图像。全色图像只有一个灰度图像波段，即特定像素的亮度与像素值成正比，该像素数字与像素中的目标反射并被检测器检测到的太阳辐射强度有关。辐射信息是解译中使用的主要信息类型。全色遥感影像一般空间分辨率高，但其图像的光谱信息少。在实际操作中，通过将全色图像与多波段图像进行有效的融合处理，可以得到既有全色图像的高分辨率，又有多波段图像的彩色信息的图像。

（2）光谱信息：多光谱图像可以包含好几个波段，每个波段可以显示为一幅灰度图像，多波段遥感影像可以得到地物的色彩信息，但是空间分辨率较低。

（3）纹理信息：纹理是图像解译的重要辅助信息，特别是对于高空间分辨率图像。加入纹理特征后，影像上的地物对比变得非常明显，故而提取某类地物时，不论是人工识别还是机器识别均会有更好的效果。

（4）几何关系信息：使用几何关系信息进行图像解译需要一些有关区域的先验信息。通常使用的信息有形状、大小、样式、位置等。

由于遥感光学从数据到成像受到大气介质、温度、拍摄角度、拍摄距离等影响，经过几何矫正辐射矫正会出现斑点扭曲、同物异构、异物同构等现象。同时，遥感光学数据应用广泛，因此从场景分类、变化检测、语义分割、目标检测等角度对数据集进行简单介绍。

3.5.1 场景分类数据集

遥感分类详见图 3.14。其中，图 3.14(a)为待处理的数据，图 3.14(b)为分类后的结果示意图。后面会给出相关数据集的详细举例。

1. UC Merced Land Use Dataset

这是一个用于研究目的的 21 类土地利用图像数据集。每类有 100 幅图像：农业、飞机、棒球场、海滩、建筑物、灌木丛、密集住宅、森林、高速公路、高尔夫球场、港口、十字路口、中等住宅、移动住宅公园、立交桥、停车场、河流、跑道、稀疏住宅、储水池、网球场。每幅图像

(a) 待处理数据　　　　　　　(b) 分类结果

图 3.14　遥感分类示意图

(https://mp.weixin.qq.com/s/hUSX2y-0p-LjP4apBZWK7g)

的大小是 256×256 像素。

这些图像是从 USGU 国家地图城市区域图像集的大型图像中手动提取的,这些图像用于全国各地的城市区域。这个公开数据集的空间分辨率约为 0.3m。

2. RSSCN7

此数据集包含 2800 幅遥感影像,这些图像来自 7 种典型场景类别:草地、森林、农田、停车场、住宅区、工业区以及河湖。对于每个类别,有 400 幅从谷歌地球上采样收集的图像,分为 4 个不同的尺度,每个尺度 100 幅图像,每幅图像的大小为 400×400 像素。由于场景图像的多样性,这一数据集具有相当大的挑战性,这些图像是在季节变化和天气变化的情况下拍摄的,并以不同的比例进行采样。

3. AID

AID 是一个新的大型航空图像数据集,它从 Google Earth 图像中收集样本图像。尽管 Google Earth 图像是使用原始光学航空图像的 RGB 渲染进行后处理的,但事实证明,即使在像素级土地利用/覆盖图中,Google Earth 图像与实际光学航空图像之间也没有显著差异。因此,Google Earth 图像也可以用作评估场景分类算法的航空图像。

4. NWPU-RESISC45

NWPU-RESISC45 数据集是美国西北工业大学(NWPU)创建的一个公开的遥感影像场景分类数据集。该数据集包含 31500 幅图像,覆盖 45 个场景类,每个类 700 幅图像。

5. BigEarthNet

BigEarthNet 是一个新的大型 Sentinel-2 标杆数据集,由 590326 幅 Sentinel-2 图像块组成。为了建立 BigEarthNet 数据集,最初选择了在 2017 年 6 月至 2018 年 5 月期间在欧洲 10 个国家(奥地利、比利时、芬兰、爱尔兰、科索沃、立陶宛、卢森堡、葡萄牙、塞尔维亚、瑞士)获取的 125 幅 Sentinel-2 图像。所有的图像块都是由 Sentinel-2level 2A 产品生成和格式化工具(sen2cor)进行大气校正的。然后,将它们分为 590326 个不重叠的图像块。每个图像块由 2018 年(CLC 2018)CORINE 土地覆盖数据库提供的多个土地覆盖等级(即多个标签)进行注释。

3.5.2 常用变化检测数据集

变化检测数据集详见图 3.15。后文会给出相关数据集的详细举例。

图 3.15 变化检测数据集示意图

(https://mp. weixin. qq. com/s/8wRcb0WNKnofPWQ3Ycgutg)

1. The River Data Set

该数据集包含两幅高光谱影像,分别于 2013 年 5 月 3 日和 12 月 31 日采集自我国的某河流地区,所用传感器为 Earth Observing-1 (EO-1) Hyperion,光谱范围为 0.4~2.5μm,光谱分辨率为 10nm,空间分辨率为 30m,影像大小为 463×241 像素,共有 242 个光谱波段,去除噪声后有 198 个波段可用。影像中的主要变化类型是河道缩减。

2. Wuhan multi-temperature scene(MtS-WH)Dataset

本数据集包含两幅由 IKONOS 传感器获得,大小为 7200×6000 像素的大尺寸高分辨率遥感影像,覆盖范围为我国的武汉市汉阳区,影像分别获取于 2002 年 2 月和 2009 年 6 月,空间分辨率为 1m,包含 4 个波段(蓝、绿、红和近红外波段)。每个时相训练集包括 190 幅影像,测试集包括 1920 幅影像。

3. Season-varying Change Detection Dataset

该数据集包含 3 种类型图像:没有物体相对位移的合成图像、物体相对位移较小的合成图像、真实的季节变化遥感影像(Google Earth 获得)。其中,具有真实季节变化的遥感影像包含 7 对 4725×2700 像素大小的图像,并从中采集得到 16000 个大小为 256×256 像素的样本对(10000 个训练集、3000 个测试集和 3000 个验证集),空间分辨率为 3~100cm。

4. Onera Satellite Change Detection

OSCD 数据集由 24 对多光谱图像组成,这些图像于 2015 年和 2018 年由 Sentinel-2 卫星拍摄,包含 13 个波段,并具有 10m、20m 和 60m 共 3 种空间分辨率。其中 14 对图像具有对应的像素级变化标记,可以用来训练和设置变化检测算法的参数。其余 10 对图像的变化标记尚未公开,但可以将预测的变化结果上传至 IEEE GRSS DASE 网站进行评估,计算每一类的准确性和混淆矩阵,检验变化检测算法的有效性。

3.5.3 常用语义分割数据集

语义分割数据集详见图 3.16。后文会给出相关数据集的详细举例。

图 3.16　语义分割数据集示意图

(https://mp.weixin.qq.com/s/o9dh3nxLPPuYVYDRc7Dq3g)

1. Gaofen Image Dataset

Gaofen Image Dataset(GID)是一个用于土地利用和土地覆盖分类的大型数据集。它包含来自我国 60 多个不同城市的 150 幅高质量高分二号图像,这些图像覆盖的地理区域超过了 $5×10^4 km^2$。GID 图像具有较高的类内多样性和较低的类间可分离性。高分二号是高清晰度地球观测系统(HDEOS)的第二颗卫星。高分二号卫星包括了空间分辨率为 1m 的全色图像和 4m 的多光谱图像,图像大小为 6908×7300 像素。多光谱提供了蓝色、绿色、红色和近红外波段的图像。自 2014 年启动以来,高分二号卫星已被用于土地调查、环境监测、作物估算、建设规划等重要应用。

2. Aerial Image Segmentation Dataset

该航空图像分为来自 Google Earth 的航空遥感影像和来自 OpenStreetMap 的像素级的建筑、道路和背景标签。覆盖区域为柏林、芝加哥、巴黎、波茨坦和苏黎世。地物真实图像包括一张来自 Google Earth 的东京地区航空图像,以及手动生成的像素级的建筑、道路和背景标签。像素级标签以 RGB 顺序作为 PNG 图像提供,标记为建筑物、道路和背景的像素由 RGB 颜色[255,0,0]、[0,0,255]和[255,255,255]表示。

3. 2018 IEE.E GRSS Data Fusion Contest

数据是由 NCALM 于 2017 年 2 月 16 日在 16:31 至 18:18 GMT 之间从国家机载激光

测绘中心获得的。在这场比赛中使用数据收集的传感器包括：有 3 个不同波段的激光雷达传感器 OPTech TITAM M(14sen/con340)、具有 70mm 焦距的高分辨率的彩色成像仪 Dimac ULTRALIGHT＋、高光谱成像仪 ITRES CASI 1500。多光谱 LiDAR 点云数据波段在 1550nm、1064nm 和 532nm。高光谱数据覆盖范围为 380～1050nm，共有 48 个波段，空间分辨率为 1m。高分辨率 RGB 遥感影像的空间分辨率为 5cm，被分割成几个单独的图像。

4. SEN12MS

SEN12MS 是由 180748 张相应的 3 种类型遥感数据组成的一个数据集，包括了 Sentinel-1 双极化 SAR 数据、Sentinel-2 多光谱图像和 MODIS 土地覆盖图。其中 Sentinel-1 图像分辨率为 20m，Sentinel-2 多光谱图像分辨率为 10m，波段数为 13，MODIS 的土地覆盖的图像分辨率为 500m。

3.5.4 常用目标检测数据集

目标检测数据集详见图 3.17。后文会给出相关数据集的详细举例。

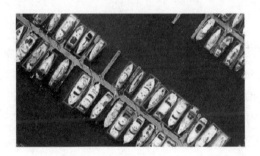

图 3.17 目标检测数据集示意图
(https://mp.weixin.qq.com/s/tb2NZLCPpFq1ttechL8FwQ)

1. LEVIR

用于遥感目标检测的数据集：LEVIR 数据集由大量 800×600 像素和 $0.2 \sim 1.0$ m/像素的高分辨率 Google Earth 图像和超过 2.2×10^4 个图像组成。该数据集涵盖了人类居住环境的大多数类型地面特征，例如城市、乡村、山区和海洋。数据集中未考虑冰川、沙漠和戈壁等极端陆地环境。

数据集中有 3 种目标类型：飞机、轮船（包括近海轮船和向海轮船）和油罐。所有图像总共标记了 1.1×10^4 个独立边界框，包括 4724 架飞机、3025 艘船和 3279 个油罐。每个图像的平均目标数量为 0.5。

2. DIOR

DIOR 是一个用于光学遥感影像目标检测的大规模基准数据集。数据集包含 23463 幅图像和 192472 个实例,涵盖 20 个对象类。这 20 个对象类是飞机、机场、棒球场、篮球场、桥梁、烟囱、水坝、高速公路服务区、高速公路收费站、港口、高尔夫球场、地面田径场、天桥、船舶、体育场、储罐、网球场、火车站、车辆和风磨。

3. NWPU VHR-10 数据集

NWPU VHR-10 数据集是仅用于研究的公开的 10 类地理空间物体检测数据集,这 10 类物体是飞机、轮船、储罐、棒球、网球场、篮球场、地面跑道、港口、桥梁和车辆。此数据集总共包含 800 幅超高分辨率(VHR)遥感影像,是从 Google Earth 和 Vaihingen 数据集裁剪而来,并由专家手动注释。

4. DOTA

DOTA 是用于航空图像中目标检测的大规模数据集。它可以用于开发和评估航空影像中的物体检测。

DOTA 数据集包含来自不同传感器和平台的 2806 幅航拍图像。每幅图像的大小在 800×800 到 4000×4000 像素的范围内,并且包含各种比例、方向和形状的对象。

3.6 遥感视频

遥感视频通常按照其承载传感器的平台不同分为航天遥感视频和航空遥感视频。航天遥感视频是一种星载视频,泛指在研究和探索外层空间有关的领域时,各种太空飞行器在航行活动中所获得的视频信息。卫星影像是指搭载影像载荷,能够获取地面目标区域的影像的卫星平台。卫星视频对目标区域进行长时间连续成像,可提供某地区动态信息,实现长时间动态实时监测,增强天基动态实时对地观测,服务于车辆实时监测、应急快速响应、重大基础设施监控以及军事安全等领域。

航空遥感视频是一种机载视频,泛指在大气层中,载人或非载人的飞行器等对地观测的遥感技术系统在航行活动中所获得的视频信息。其中常见的一种飞行器是无人机,这是一种无人驾驶飞行器,随着硬件性能的提升和图像处理算法的发展,国内外对无人机视觉系统的研究已成为无人机领域的热点。凭借其不受时间地域限制,可获得大范围、多角度、高分辨率数据等优势,无人机在目标跟踪、图像拼接、电力巡线、海岛监测、海岸线巡查、灾后监测以及河流汛期监测等方面发挥着愈加重要的作用。

3.6.1 遥感视频原理

1. 卫星遥感视频成像原理

卫星遥感视频相机搭载于微小卫星平台,由望远物镜、面阵焦平面探测器及电子处理线路等部分组成。其光学原理是,地面目标发出的光线进入望远物镜,经望远物镜聚焦后,在焦平面形成目标的像,被面阵焦平面探测器接收和记录。焦平面上像的大小与焦距成正比,焦距越长,地面目标越清晰。但在成像过程中由于衍射效应的影响,点物所成的像变成一个斑,因此为了能够更加清楚目标细节,必须使相邻两个物点的像斑足够小且保证彼此分开。由于像斑半径大小与光学系统的 F 数成正比关系,故在增长焦距的同时须增大光学系统入瞳直径,以保证相机具有足够高的空间分辨率。另外,随着光学系统入瞳直径的增大,系统收集能量的能力增强,有利于提高信噪比,保障图像质量。

卫星遥感视频相机的工作原理如图 3.18 所示。望远物镜将二维视场范围内的地面景物成像于像面,经位于像面处的面阵探测器光电转换及电子电路处理后,得到地面景物的遥感影像。当控制曝光的快门打开时,地面景物发出的光线经大气传输后抵达相机入瞳,望远物镜将其聚焦在面阵焦平面探测器上,得到目标的一帧视频。随着卫星平台在轨飞行,相机与地面景物间发生相对运动,当快门再次打开时,从探测器处便再次得到目标的另一帧视频。如此循环下去,形成推帧过程。推帧成像过程中曝光时间往往大于单个像元对应的积分时间,所拍摄的影像在沿轨方向上容易产生位移(即像移),图像容易变得模糊。为了在拍摄过程中补偿像移的影响,可利用反作用轮或

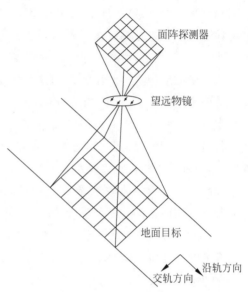

图 3.18　卫星遥感视频相机的工作原理
(http://d.wanfangdata.com.cn/thesis/D01006802)

陀螺仪等像移补偿装置以调整相机姿态,从而达到消除或减少像移影响的目的。经过多帧影像的压缩、帧对准算法等软件处理后,最终形成连续的动态视频。

2. 无人机载视频成像原理

马达和螺旋桨是无人机起飞的重要部件,通过飞行控制器和电子速度控制器(ESC)沿无人机电机方向接收数据,可将无人机推向高空并向任意方向飞行或悬停飞行。

无人机的飞行状态除去起飞和降落之外,大致可分为悬停状态与巡航状态,在这两种状态下获得的视频具有不同的特点。无人机在悬停状态可以基本实现拍摄稳定的视频,但机翼旋转和外界风力影响会使画面出现抖动,导致视频背景存有不规律运动。无人机巡航状态指的是无人机进行前飞、后飞等平移飞行状态,在此时拍摄的视频中,影像在短时间内偏移量很大,除运动目标外,背景也存在大幅变化和运动。

因为无人机需要持续在空中飞行,对于重量和风阻的要求是非常严格的,所以航拍相机要在重量体积和成像画质之间取一个平衡点。因为无人机通常的拍摄对象为辽阔场景,所以镜头的光圈大小要适中,如果光圈太大,会导致画面远处或者近处模糊,而光圈太小会限制进光量,导致画面亮度不够,不利于夜景或者暗处的拍摄。

3.6.2　遥感视频特性

1. 卫星遥感视频特性

卫星遥感视频作为一种新型对地观测影像数据获取手段,适用于大尺度动态目标变化监测及其瞬时特性分析。它通过对特定区域采取"影像录像"的方式,缩小了相邻影像帧间的时间间隔,这样做既实现了大范围覆盖,又弥补了传统卫星受重返周期限制,从而无法对特定区域或对象进行高频次观测的不足。与传统遥感卫星相比,卫星遥感视频的目标观测区域小,但时效性好,可实现小区域的定点、定范围遥感监测,使其在一些重大工程领域中有着得天独厚的应用优势。比如,它能及时了解重大工程的进展、工程建设,而且对周边生态环境等的影响提供实时的视频信息支持。

卫星遥感视频具有对目标区域进行长时间连续成像的特点,故可提供某地区动态信息,实现长时间动态实时监测,如增强天基动态实时对地观测,实现对车辆实时监测、应急快速响应、重大基础设施监控以及军事安全等实际应用。同时卫星遥感影像数据具有高时间分辨率和高空间分辨率的特点,在很多领域都有应用。卫星遥感视频的应用包括:对特定商业对象进行实时监测;对商业活动进行实时价值评估;从商业活动价值评估进而预测商业行为;实时传回的动态观测影像能帮助救灾部门快速判断和决策;实时监视大洋环流、海面温度场的变化、鱼群的分布和迁移、污染物的运移等,有助于海洋渔业部门和环保部门采取相应的措施;在提取变化图斑的基础上,赋予变化类型的属性,计算变化面积以及类型转移情况,编制不同时期的土地利用变化图及统计表;调查城镇扩展进程及演变规律,分析城镇扩展态势。

相比于传统的视频监控影像数据,卫星遥感影像数据具有以下几个挑战。

(1) 在卫星遥感影像成像过程中传感器的缓慢移动引起建筑物或树木等目标发生位移变化,从而出现很多伪运动目标,使背景变得更加复杂。

(2) 卫星遥感成像空间分辨率的限制,导致目标在影像中仅为几个到十几个像素大小,并且与背景的对比性较低,无法获取目标更多的细节信息。

(3) 卫星遥感视频影像数据中光照变化、阴影移动及树木摆动等因素导致背景动态变化,使得伪运动目标增多,增加了运动车辆目标检测的复杂程度。

(4) 直接将传统运动车辆目标检测方法应用于卫星视频数据,导致检测率较低且误检率高。

2. 无人机载视频特性

无人机载影像数据相比传统卫星影像数据,有以下几个优点。

(1) 弥补了卫星遥感和普通航空遥感时效性不强,缺乏机动灵活性,受限于天气条件、时间等限制造成的区域部分信息缺失的不足。

(2) 无人机拍摄的影像分辨率高,能够获取飞行区域的高分辨率全景影像。而卫星拍摄由于距离过远,导致影像分辨率精度无法得到满足。

（3）无人机系统使用成本低、维护操作简单。

（4）无人机系统能够快速获取中低空可见光成像和红外成像,对地巡察监测快速实时,能客观直白地记录影像现状。

相比其他较为稳定的摄像头设备,如道路或商场里的监控摄像头,无人机的高机动性可以使数据采集不受地域限制,在对车、人无法到达地带的资源环境监测、森林火灾监测及救援指挥等方面具有其独特的优势,应用更为灵活。高空飞艇搭载的航空相机及卫星等获取的影像数据,利用无人机进行运动目标检测显然更具挑战性。表3.5列出了无人机载影像数据与其他类型数据的特点对比。

表 3.5　无人机载影像数据与其他类型数据的特点对比

数据类型	数据特点
无人机视频	覆盖范围较大,背景十分不稳定,光照变化大,目标较大,类型多变,存在旋转及尺度变化
无人机影像	覆盖范围较大,背景存在变动,易有光照变化,目标较大,类型多变,且存在尺度变化
室内/外监控摄像头	覆盖范围有限,背景几乎无变化,有一定光照干扰,目标大,类型较单一,尺度随摄像头距离产生变化
飞艇等高空飞行器	覆盖范围大,背景较为稳定,有一定光照干扰,目标小,类型多变,几乎无尺度变化
卫星	覆盖范围广,背景稳定,有一定光照干扰,目标微小,无尺度变化

基于上述无人机与其他视觉系统的对比特性,可以发现由于小型或轻型无人机的飞行高度低,在低空作业时受风速、风向影响大。一般提高抗风性能的方法是增加飞机重量,但起降要求提高且无人机的载荷非常有限,同时能耗增大,所以如何很好地利用弹射起飞、撞网回收技术降低无人机对起飞场地的要求,以及在不增加重量或尽量轻的条件下,如何通过改进设计和提高飞行控制技术来提高抗风性能保证飞行的稳定性,均是无人机成为理想平台所急需解决的问题。

总体来说,无论从内容上或是时间上,视频数据比单独几幅影像含有更丰富的信息,特别是卫星逐渐开始发展视频功能,将会极大扩展视频数据来源,未来可以与卫星视频相结合,研究适用性更好的运动目标检测及跟踪等算法。

3.6.3　常用遥感视频数据集

1. UAV123 数据集

UAV123 由阿卜杜拉国王科技大学的 Matthias Mueller 等于 2016 年发布,如图 3.19 所示,是由低空无人机捕获视频组成的数据集,用于处理与分析最先进的跟踪算法在一组完整的带注释的无人机航拍视频序列上的性能，与OTB50、VOT2014等主流跟踪数据集中的视频存在本质区别，该数据集被用于长期的空中目标跟踪。其包含123个视频，帧数超过1.1×10^5帧，总大小约为13.5GB。它是ALOV300++之后的第二大目标跟踪数据集，特点是背景干净，视角变化较多。同时该数据集给出了特定的跟踪干扰，比如相机快速运动、照明变化、目标比例变化、目标遮挡等。值得注意的是，UAV123中所有序列都能用直立边框进行完全注释，并且可以轻松地与可视跟踪器基准集成，其包含UAV数据集的所有边界框和属性注释。

图3.19 UAV数据集视频序列

(https://link.springer.com/chapter/10.1007/978-3-319-46448-0_27)

2. VisDrone数据集

VisDrone2020数据集由天津大学机器学习和数据挖掘实验室的AISKYEYE团队收集，如图3.20所示。基准数据集由265228帧和10209帧静态影像组成的400个视频片段组成，这些视频片段由各种安装在无人机上的摄像机捕获，涵盖了广泛的方面，包括位置（取自我国数千个相距数千千米的14个不同城市）、环境（城市和乡村）、物体（如行人、车辆、自行车等）和密度（稀疏和拥挤的场景）。注意，该数据集是在各种情况下以及在各种天气和光照条件下使用各种不同模型的无人机收集的。这些框架通过超过260万个边界框或点的频繁目标（如行人、汽车、自行车和三轮车等）进行手动注释，还提供了一些重要属性（包括场景可见性、目标类别和遮挡）提高数据利用率。

对于单目标无人机视频跟踪数据集,待跟踪的对象有多种类型,包括行人、汽车、公共汽车和动物。数据集中包含 192 个具有挑战性的序列,包括用于训练的 86 个视频序列(总计69941 帧),用于验证的 11 个视频序列(总计 7046 帧)和用于测试的 95 个序列(总计 144933帧),其中训练集与验证集的标签注释是公开可用的。

图 3.20 VisDrone 数据集视频序列

(https://link.springer.com/chapter/10.1007/978-3-030-11021-5_28)

3. DTB70 数据集

DTB70 数据集由香港科技大学计算机科学与工程系的 Li Siyi 等发布。如图 3.21 所示,数据集包括 70 个 RGB 通道的视频序列,每个视频帧的原始分辨率为 1280×720,其中有些视频序列是通过 DJI Phantom 2 无人机进行录制,有些是从 YouTube 网站中收集,目的是使目标外观和场景本身更具多样性。该数据集的属性包括比例变化(SV)、纵横比变化(ARV)、遮挡(OCC)、变形(DEF)、快速摄像机运动(FCM)、平面内旋转(IPR)、平面外旋转(OPR)、视线外(OV)、背景杂乱(BC)、周围类似物体(SOA)和运动模糊(MB)等。

图 3.21 DTB70 数据集视频序列

(https://repository. ust. hk/ir/Record/1783. 1-84619)

参考文献

[1] Lu G,Fei B. Medical hyperspectral imaging: A review[J]. Journal of Biomedical Optics,2014,19 (1): 010901.

[2] Adão T,Hruška J,Pádua L,et al. Hyperspectral imaging: A review on UAV-based sensors, data processing and applications for agriculture and forestry[J]. Remote Sensing,2017,9(11): 1110.

[3] Liu Y,Pu H,Sun D W. Hyperspectral imaging technique for evaluating food quality and safety during various processes: A review of recent applications[J]. Trends in Food Science and Technology,2017, 69: 25-35.

[4] Landgrebe D. Hyperspectral image data analysis[J]. IEEE Signal Processing Magazine,2002,19(1): 17-28.

[5] Plaza A,Benediktsson J A,Boardman J W, et al. Recent advances in techniques for hyperspectral image processing[J]. Remote Sensing of Environment,2009,113: S110-S122.

［6］　Shaw G,Manolakis D. Signal processing for hyperspectral image exploitation［J］. IEEE Signal Processing Magazine,2002,19(1)：12-16.

［7］　Jiao L,Liang M,Chen H,et al. Deep fully convolutional network-based spatial distribution prediction for hyperspectral image classification［J］. IEEE Transactions on Geoscience and Remote Sensing,2017,55(10)：5585-5599.

［8］　焦李成,杨淑媛,刘芳,等. 神经网络七十年：回顾与展望［J］.计算机学报,2016,39(8)：1697-1716.

［9］　Feng J,Yu H,Wang L,et al. Classification of hyperspectral images based on multiclass spatial - spectral generative adversarial networks［J］. IEEE Transactions on Geoscience and Remote Sensing,2019,57(8)：5329-5343.

［10］　Cao X,Xiong T,Jiao L. Supervised band selection using local spatial information for hyperspectral image［J］. IEEE Geoscience and Remote Sensing Letters,2016,13(3)：329-333.

［11］　黄继高.SAR 遥感影像处理研究及其在 GIS 中的应用［D].南京：东南大学,2014.

［12］　Rosen P A,Hensley S,Joughin I R,et al. Synthetic aperture radar interferometry［J］. Proceedings of the IEEE,2000,88(3)：333-382.

［13］　Ferretti A,Prati C,Rocca F. Permanent scatterers in SAR interferometry［J］. IEEE Transactions on Geoscience and Remote Sensing,2001,39(1)：8-20.

［14］　Moreira A,Prats-Iraola P,Younis M,et al. A tutorial on synthetic aperture radar［J］. IEEE Geoscience and Remote Sensing Magazine,2013,1(1)：6-43.

［15］　黄波. 星载 SAR 影像处理［D].南京：东南大学,2002.

［16］　谌华.SAR 影像目标自动检测与识别方法研究［D].北京：中国科学院大学,2019.

［17］　耿杰. 基于深度学习的 SAR 遥感影像分类方法研究［D].大连：大连理工大学,2018.

［18］　Hara Y,Atkins R G,Yueh S H,et al. Application of neural networks to radar image classification［J］. IEEE Transactions on Geoscience and Remote Sensing,1994,32(1)：100-109.

［19］　Guissard A. Mueller and Kennaugh matrices in radar polarimetry［J］. IEEE Transactions on Geoscience and Remote Sensing,1994,32(3)：590-597.

［20］　吴永辉. 极化 SAR 图像分类技术研究［D].长沙：国防科学技术大学,2007.

［21］　Sinclair G. The transmission and reception of elliptically polarized waves［J］. Proceedings of the IRE,1950,38(2)：148-151.

［22］　Lee J S,Pottier E. Polarimetric radar imaging：From basics to applications［M］. CRC Press,2017.

［23］　张海剑,杨文,邹同元,等.基于四分量散射模型的多极化 SAR 图像分类［J］.武汉大学学报信息科学版,2009,34(1)：122-125.

［24］　A Z D,A F L,A B Y,et al. Registration of large-scale terrestrial laser scanner point clouds：A review and benchmark［J］. ISPRS Journal of Photogrammetry and Remote Sensing,2020,163：327-342.

［25］　Roynard X,Deschaud J E,Goulette F. Paris-lille-3d：A point cloud dataset for urban scene segmentation and classification［C］//Proceedings of the IEEE Conference on Computer Vision and Pattern Recognition,20180.

［26］　Zolanvari S M I,Ruano S,Rana A,et al. DublinCity：Annotated LiDAR Point Cloud and its Applications［C］//30th British Machine Vision Vonference,2019.

［27］　Andrés Serna,Marcotegui B,François Goulette,et al. Paris-rue-Madame database：A 3D mobile laser scanner dataset for benchmarking urban detection,segmentation and classification methods［C］// International Conference on Pattern Recognition,2014.

[28] Vallet B,Brédif M,Serna A,et al. TerraMobilita/iQmulus urban point cloud analysis benchmark[J]. Computers and Graphics,2015,49：126-133.

[29] 李晓斌,江碧涛,王生进. 光学遥感图像场景分类技术综述和比较[J]. 无线电工程,2019,49(04)：5-11.

[30] 李晓斌,江碧涛,杨渊博,等. 光学遥感图像目标检测技术综述[J]. 航天返回与遥感,2019,40(4)：95-104.

[31] 陈鑫镖. 遥感影像变化检测技术发展综述[J]. 测绘与空间地理信息,2012,35(009)：38-41.

[32] 岳伍军. 基于光学遥感图像的飞机目标检测算法研究[D]. 成都:西南交通大学,2014.

[33] 高昆,刘迎辉,倪国强,等. 光学遥感图像星上实时处理技术的研究[J]. 航天返回与遥感,2008,29(1)：50-54.

[34] Yang Y,Newsam S. Bag-of-visual-words and spatial extensions for land-use classification［C］// Proceedings of the 18th International Conference on Advances in Geographic Information Systems,2010.

[35] Qin Z,Li H N,Tong Z,et al. Deep learning based feature selection for remote sensing scene classification[J]. IEEE Geoscience and Remote Sensing Letters,2015,12(11)：2321-2325.

[36] Xia G S,Hu J,Hu F,et al. AID：A benchmark data set for performance evaluation of aerial scene classification[J]. IEEE Transactions on Geoscience and Remote Sensing,2017,55(7)：3965-3981.

[37] Cheng G,Han J,Lu X. Remote sensing image scene classification：Benchmark and state of the art [J]. Proceedings of the IEEE,2017,105(10)：1865-1883.

[38] Sumbul G,Charfuelan M,Demir B,et al. Bigearthnet：A large-scale benchmark archive for remote sensing image understanding ［C］//IEEE International Geoscience and Remote Sensing Symposium,2019.

[39] Lebedev M A,Vizilter Y V,Vygolov O V,et al. Change detection in remote sensing images using conditional adversarial networks[J]. International Archives of the Photogrammetry,Remote Sensing and Spatial Information Sciences,2018.

[40] Daudt R C,Le Saux B,Boulch A,et al. Urban change detection for multispectral earth observation using convolutional neural networks［C］//IEEE International Geoscience and Remote Sensing Symposium,2018.

[41] Tong X Y,Xia G S,Lu Q,et al. Learning transferable deep models for land-use classification with high-resolution remote sensing Images ［EB/OL］. https：//arxiv. org/abs/1807. 05713.

[42] Zou Z,Shi Z. Random access memories：A new paradigm for target detection in high resolution aerial remote sensing images[J]. IEEE Transactions on Image Processing,2017,27(3)：1100-1111.

[43] Li K,Wan G,Cheng G,et al. Object detection in optical remote sensing images：A survey and a new benchmark[J]. Journal of Photogrammetry and Remote Sensing,2020,159：296-307.

[44] Cheng G,Zhou P,Han J. Learning rotation-invariant convolutional neural networks for object detection in VHR optical remote sensing images[J]. IEEE Transactions on Geoscience and Remote Sensing,2016,54(12)：7405-7415.

[45] Xia G S,Bai X,Ding J,et al. DOTA：A large-scale dataset for object detection in aerial images[C]// Proceedings of the IEEE Conference on Computer Vision and Pattern Recognition. 2018：3974-3983.

[46] Cheng G,Han J,Lu X. Remote sensing image scene classification：Benchmark and state of the art [J]. Proceedings of the IEEE,2017,105(10)：1865-1883.

[47] Yang Y,Newsam S. Bag-of-visual-words and spatial extensions for land-use classification［C］//

Proceedings of the 18th SIGSPATIAL International Conference on Advances in Geographic Information Systems. 2010：270-279.

[48] 马瑞升,孙涵,林宗桂,等.微型无人机遥感影像的纠偏与定位[J].南京气象学院学报,2005,28(5)：632-639.

[49] 袁益琴,何国金,江威,等.遥感视频卫星应用展望[J].国土资源遥感,2018,30(3)：1-8.

[50] 张可,杨灿坤,周春平,等.无人机视频图像运动目标检测算法综述[J]. Chinese Journal of Liquid Crystal & Displays,2019,34(1)：12.

[51] 康金忠,王桂周,何国金,等.遥感视频卫星运动车辆目标快速检测[J].遥感学报,2020,24(09)：44-52.

[52] Du D,Zhu P,Wen L,et al. VisDrone-SOT2019：The vision meets drone single object tracking challenge results[C]//Proceedings of the IEEE/CVF International Conference on Computer Vision Workshops. 2019.

[53] Mueller M,Smith N,Ghanem B. A benchmark and simulator for uav tracking［C］//European Conference on Computer Vision. Springer,Cham,2016：445-461.

[54] Li S,Yeung D Y. Visual object tracking for unmanned aerial vehicles：A benchmark and new motion models[C]//Thirty-first AAAI Conference on Artificial Intelligence. 2017.

[55] 韩琳.小型高分辨率视频遥感相机光学系统设计[D].苏州：苏州大学,2016.

[56] 孙家柄.遥感原理与应用[M]. 武汉：武汉大学出版社,2003.

[57] IMARS遥感大数据智能挖掘与分析［EB/OL］. https://blog. csdn. net/hit2015spring/article/details/56672543.

第4章

脑启发的深度神经网络

4.1 神经网络的发展历史

神经网络的发展大致经过五个阶段。

第一阶段：模型提出。1943 年神经科学家麦卡洛克(W. S. McCilloch)和数学家皮兹(W. Pitts)在 *the bulletin of mathematical biophysics* 上发表论文 *A Logical Calculus of the Ideas Immanent in Nervous Activity*，建立了神经网络和数学模型——MCP 模型。所谓 MCP 模型，其实是按照生物神经元的结构和工作原理构造出来的一个抽象和简化了的模型，也就诞生了所谓的"模拟大脑"，人工神经网络的大门由此开启。在这一时期，神经网络以其独特的结构和处理信息的方法，在许多实际应用领域(如自动控制、模式识别等)中取得了显著的成效。

第二阶段：冰河期，时间是 1969—1983 年，是神经网络发展的第一个低谷期。在此期间，神经网络的研究处于长年停滞及低潮状态。1969 年，美国数学家及人工智能先驱 Minsky 在其著作中证明了感知器本质上是一种线性模型，只能处理线性分类问题，就连最简单的 XOR 问题都无法正确分类。这等于直接宣判了感知器的"死刑"，神经网络的研究也陷入了近 20 年的停滞。

第三阶段：BP 算法引起的复兴，时间是 1983—1995 年。1983 年，物理学家 John Hopfield 提出了一种用于联想记忆(associative memory)的神经网络，称为 Hopfield 网络。Hopfield 网络在旅行商问题上取得了当时最好结果，并引起了轰动。1984 年，Geoffrey Hinton 提出一种随机化版本的 Hopfield 网络，即玻尔兹曼机(Boltzmann machine)，真正引起神经网络第二次研究高潮的是 BP 算法。20 世纪 80 年代中期，一种连接主义模型开始流行，即分布式并行处理(Parallel Distributed Processing, PDP)模型。BP 算法也逐渐成为 PDP 模型的主要学习算法。这时，神经网络才又开始引起人们的注意，并重新成为新的研究热点。随后，将 BP 算法引入了 CNN，并在手写体数字识别上取得了很大的成功。目前在深度学习中主要使用的自动微分可以看作是 BP 算法的一种扩展。

第四阶段：流行度降低，时间是 1995—2006 年。在此期间，支持向量机和其他更简单的方法（如线性分类器）在机器学习领域的流行度逐渐超过了神经网络。1995 年，统计学家 Vapnik 提出线性 SVM，该方法在线性分类的问题上取得了当时最好的成绩。1997 年，概率近似正确（Probably Approximately Correct，PAC）理论在机器学习实践上的代表——AdaBoost 被提出，也催生了集成方法。该方法通过一系列的弱分类器集成，达到强分类器的效果。2000 年提出的核化 SVM（Kernel SVM）通过一种巧妙的方式将原空间线性不可分的问题，通过 Kernel 映射成高维空间的线性可分问题，成功解决了非线性分类的问题，且分类效果非常好。至此也更加终结了神经网络时代。2001 年，随机森林（random forest）被提出，这是集成方法的另一代表，该方法的理论扎实，比 AdaBoost 更好地抑制过拟合（overfitting）问题，实际效果也非常不错。2001 年，一种新的统一框架——图模型被提出，该方法试图统一机器学习混乱的方法，如朴素贝叶斯、SVM、隐马尔可夫模型等，为各种学习方法提供一个统一的描述框架。

第五阶段：深度学习的崛起，时间是 2006 年至今。2006 年，Hinton 在 *Sicence* 上提出了一种针对复杂的通用学习任务的深层神经网络，指出具有大量隐藏层的网络具有卓越的特征学习能力，而网络的训练可以采用逐层初始化与反向微调等技术解决。人类感知神经网络找到了处理"抽象概念"的方法，神经网络的研究进入了一个崭新的时代，深度学习的概念被提出。2012 年，Hinton 课题组为了证明深度学习的潜力，首次参加 ImageNet 图像识别比赛，通过构建的 AlexNet 一举夺得冠军，分类性能远超第二名（SVM 方法）。也正是由于该比赛，CNN 吸引到了众多研究者的注意。2013—2015 年，通过 ImageNet 图像识别比赛，深度网络的网络结构和训练方法以及 GPU 硬件的不断进步，都促使 CNN 在各个领域不断发展。2015 年，Deep ResNet 和 DenseNet 的提出，旨在解决深度网络的"梯度爆炸（gradient explosion）"问题。在这一阶段，神经网络已经发展了上百种模型，在视觉识别、图像标注、语义理解和语音识别等技术领域取得了非常成功的应用。目前以深度学习为代表的人工智能技术在计算机视觉、语音识别、自然语言理解、机器博弈等领域都形成了不小的冲击，其产业化也成了世界主要发达国家提升国家竞争力、维护国家安全的重大战略。在《中国制造 2025》《机器人产业发展规划（2016—2020 年）》以及《"互联网＋"人工智能三年行动实施方案》中，人工智能都被列入核心发展对象。

4.2　自编码器

4.2.1　一般自编码器

自编码器（AutoEncoder，AE）是通过无监督方式学习一组数据的有效编码表示。区别于主成分分析方法的线性降维，AE 属于对输入样本的非线性降维，它基于 BP 算法与最优化方法,指导神经网络学习一个映射关系,通常由两部分构成。

(1) 编码器:将一组 D 维的样本 $\boldsymbol{x}_n \in \boldsymbol{R}^D$,$1 \leqslant n \leqslant N$ 作为输入映射到隐藏层特征空间得到对应 M 维样本的编码 $\boldsymbol{z}_n \in \boldsymbol{R}^M$,即构造映射 $f: \boldsymbol{R}^D \rightarrow \boldsymbol{R}^M$。

(2) 解码器:将经过隐藏层编码后的样本 $\boldsymbol{z}_n$ 重构出原样本 $\boldsymbol{x}_n'$,即构造映射 $g: \boldsymbol{R}^M \rightarrow \boldsymbol{R}^D$。那么 AE 的目标函数表示为:

$$L = \sum_{n=1}^{N} \| \boldsymbol{x}_n - g[f(\boldsymbol{x}_n)] \|^2 = \sum_{n=1}^{N} \| \boldsymbol{x}_n - f \circ g(\boldsymbol{x}_n) \|^2 \tag{4-1}$$

最简单的 AE 如图 4.1 所示。由于使用 AE 是为了得到更有效的数据表示,因此在训练结束后,只保留编码器,使用编码器的输出作为后续网络学习模型的输入,也可以训练编码器来使编码器输出的新表征具有多种不同类型的属性。下面将重点介绍三种不同的自编码器。

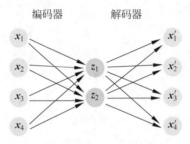

图 4.1 两层网络结构的 AE

(https://kns.cnki.net/KCMS/detail/detail.aspx?dbname=cjfd2020&filename=mess202007001&dbcode=cjfq)

4.2.2 稀疏自编码器

AE 除了可以学习低维编码之外,也能够学习高维的稀疏编码。若中间隐藏层 $\boldsymbol{z}_n \in \boldsymbol{R}^M$ 的维度 M 大于输入样本 $\boldsymbol{x}_n \in \boldsymbol{R}^D$ 的维度 N,并且要求 $\boldsymbol{z}_n$ 尽量稀疏,则称该编码器为稀疏自编码器(Sparse AutoEncoder,SAE)。与稀疏编码类似,SAE 的优点是有很高的可解释性,并同时进行了隐式的特征选择。

通过给 AE 中隐藏层单元 $\boldsymbol{z}_n$ 加上稀疏性限制,SAE 就可以学习到样本数据中一些有用的结构。对于给定的一组 D 维的样本 $\boldsymbol{x}_n \in \boldsymbol{R}^D$,$1 \leqslant n \leqslant N$,SAE 的目标函数表示为:

$$L = \sum_{n=1}^{N} \| \boldsymbol{x}_n - \boldsymbol{x}_n' \|^2 + \eta \rho(\boldsymbol{Z}) + \lambda \| \boldsymbol{w} \|^2 \tag{4-2}$$

其中,$\boldsymbol{Z} = [\boldsymbol{z}_1, \boldsymbol{z}_2, \cdots, \boldsymbol{z}_N]$ 表示为所有样本的编码,$\rho(\boldsymbol{Z})$ 为稀疏性度量函数,$\boldsymbol{w}$ 为 SAE 中的网络参数。

近年来,在深度学习方法中,SAE 已成功用于完成遥感等影像分类任务。Shao 等提出了一种新型 SAE 可以有效地学习低分辨（Low Resolution，LR）影像与高分辨（High Resolution，HR）遥感影像之间的映射关系，可以根据给定的 LR 稀疏系数准确估算 HR 系数，并将其用于 HR 遥感影像重建。结合目标分类与差分图像（Difference Image，DI）。Fan 等提出了一种加权聚类 SAE 方法进行遥感影像变化检测，该方法在减少冗余性的同时，还使学习更加稀疏，从而让分类图具有良好的视觉质量。Chen 等提出了一种基于多层投影字典对学习（Multi-layer projection Dictionary-Pair Learning，MDPL）与 SAE 的极化 SAR 影像分类方法，其中，SAE 的目的是自适应地获得特征向量元素之间的非线性关系，该方法虽显著提高了极化 SAR 影像中不同类别的可分辨性，但训练时间较长。

4.2.3　变分自编码器

变分自编码器（Variational AutoEncoder，VAE）由 Diederik P. Kingma 等于 2013 年提出，图 4.2 为 VAE 的模型图，其中观测变量 x 是高维空间 X 中的随机向量，隐变量 z 是相对低维的空间 Z 中的随机向量，且观测变量 x 由隐变量 z 生成。

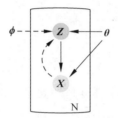

图 4.2　VAE 的模型图

（https://kns.cnki.net/KCMS/detail/detail.aspx?dbname=cjfd2020&filename=mess202007001&dbcode=cjfq）

这个生成模型的联合概率密度函数可以分解为

$$p(x,z;\theta)=p(x\mid z;\theta)p(z;\theta) \tag{4-3}$$

其中，$p(z;\theta)$ 为隐变量 z 先验分布的概率密度函数，$p(x\mid z;\theta)$ 为已知 z 时观测变量 x 的条件概率密度函数，θ 表示两个密度函数的参数。一般情况下，可以假设 $p(z;\theta)$ 和 $p(x\mid z;\theta)$ 为某种参数化的分布族，比如正态分布。这些分布的形式已知，只是参数 θ 未知，故可以通过最大化似然对参数进行估计。

在遥感领域中，VAE 常用于生成遥感影像，它不仅会为输入生成近似数据，而且还会提供紧凑的数据表示形式。在高光谱影像分类中，Belwalkar 等提出了一种基于深度学习的光谱空间特征提取框架，其中，VAE 用于提取高光谱数据集的光谱特征，CNN 用于获得空间特征，然后将空间与光谱特征向量堆叠形成联合特征向量，通过生成混淆矩阵来完成分类性能分析。Schmitt M 等提出了一种将 VAE 与混合密度网络（Mixed Density Network，MDN）用于生成人造彩色 SAR 影像，该影像比原始 SAR 数据显示了更多信息。Xie W 等提出了一种频谱正则化无监督网络的高光谱影像特征提取方法，它对 AE 与 VAE 进行频谱正则化以强调频谱一致性,与传统 AE 和 VAE 相比,其更适合通过隐藏节点来表征高光谱影像的光谱信息。在遥感影像光谱解混方法中,Su Y 等提出了一种基于深度 VAE 的无监督解混方法,该方法中通过 VAE 进行盲源分离,同时获取端成员特征与丰度分数,此外 VAE 的多隐藏层在估计丰度时确保了所需的约束,从而在丰度估计上表现出了良好的性能。

4.2.4 图自编码器

Kipf 等在 2016 年提出了基于图的变分自编码器(Variational Graph Auto-Encoders, VGAE),自此开始,图自编码器(Graph AutoEncoder,GAE)凭借其简洁的编码器-解码器结构和高效的编码能力,在很多领域都派上了用场。GAE 流程具体如图 4.3 所示,GAE 中的编码器使用图卷积网络得到节点的潜在表示,具体表示为:

$$Z = \mathrm{GCN}(\boldsymbol{X}, \boldsymbol{A}) \tag{4-4}$$

其中,$\mathrm{GCN}(\boldsymbol{X}, \boldsymbol{A}) = \tilde{\boldsymbol{A}} \mathrm{ReLU}(\tilde{\boldsymbol{A}} \boldsymbol{X} w_0) w_1$,$\tilde{\boldsymbol{A}} = \boldsymbol{D}^{-\frac{1}{2}} \boldsymbol{A} \boldsymbol{D}^{-\frac{1}{2}}$,$w_0$ 与 w_1 为待学习参数。简言之,GCN 就相当于一个以节点特征和邻接矩阵为输入、以节点嵌入为输出的函数。GAE 的解码部分采用内积形式来重构原始图,这个过程表示为:

$$\hat{\boldsymbol{A}} = \sigma(\boldsymbol{Z} \boldsymbol{Z}^{\mathrm{T}}) \tag{4-5}$$

其中,$\hat{\boldsymbol{A}}$ 为重构出来的邻接矩阵,故而邻接矩阵决定了图的结构。而为了得到更优的潜在表示 $\boldsymbol{Z}$,则需要重构出来的邻接矩阵与原始的邻接矩阵尽可能相似。

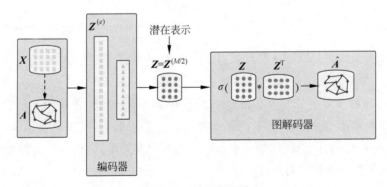

图 4.3　GAE 流程图

(https://www.cnblogs.com/zyx423/p/13081135.html)

GAE 在训练过程中采用交叉熵作为损失函数:

$$L = -\frac{1}{N} \sum y \log \hat{y} + (1 - y) \log(1 - \hat{y}) \tag{4-6}$$

其中,y 代表邻接矩阵 $\boldsymbol{A}$ 中某个元素的值(0 或 1),$\hat{y}$ 代表重构的邻接矩阵 $\hat{\boldsymbol{A}}$ 中相应元素的

值(0 或 1)。损失函数目的为使得重构的邻接矩阵与原始的邻接矩阵趋于一致。

由式(4-4)～式(4-6)可以看出,可训练的参数只有 w_0 和 w_1,故而 GAE 的原理简明清晰,训练简单。相比于 AE,GAE 的特点体现在:①GAE 在编码过程中使用了一个 $n \times n$ 的卷积核;②GAE 没有数据解码部分,取而代之的是图解码,具体实现是前后邻接矩阵的变化做损失函数;③GAE 可以像 AE 那样用来生成隐向量,也可以用来做链路预测。

GAE 作为图卷积网络的变体,最开始是以 VGAE 的形式提出的,但近几年基本上应用的都是没有变分阶段的 GAE。即便如此,GAE 也已经在很多领域应用广泛,比如自动化表单图像处理等,它也会使模型能够针对如等级预测和节点群集之类的遥感任务实现更好的性能。通过具体分析 GAE 的基础算法,可以看出 GAE 在编码阶段采取的都是简单的图卷积结构,在解码阶段采取也只是点积运算,在整体结构上还有改进的空间,而不仅限于两层图卷积或者简单的内积形式,这也为未来研究者们提供了创新方向。

4.2.5　遥感领域中的应用

在遥感影像处理中,AE 作为一种典型的神经网络,常应用于数据去噪与可视化降维。通过设置合适的维度和稀疏约束,只需适当地训练数据,且不需要任何新的特征工程,便能在下游任务中取得良好的性能。

在遥感成像系统的特征提取中,Arima 等提出使用复数值来提取特征,进行特征细化,解决相干观测中的干扰引起的有害影响。另外,在高光谱数据降维方面,Priya 等提出的非线性 AE 可以通过保留所需信息来降低高光谱数据的维度,并且相比于 PCA 等常规降维算法,该算法还可以消除条纹效果,能够保留高光谱数据的光谱特征,而这在常规线性降维算法情况下是不可能的。在高光谱特征提取部分,Shi 等引入了残差学习,形成了一种 3D 宏微残差 AE,具体地,作者将宏分支与微分支进行聚合特征,捕获具有判别性和有意义的结构,实验表明宏微特征具有卓越的区分能力。另外,在高光谱影像分类任务中,Zhang X 等提出了一种基于递归自编码器(Recursive AutoEncoder,RAE)网络的无监督特征学习方法,其中 RAE 利用空间和光谱信息,并根据原始数据生成高阶特征,避免了高光谱影像分类标记样本的负荷。在 SAR 变化检测方面,李阳阳等提出了一种基于空间模糊聚类(SFCM)与深度 AE 的 SAR 变化检测方法,其中,SFCM 克服了聚类方法对斑点噪声敏感的缺陷,而深度 AE 具有强大的学习特征的能力,提高了该方法的鲁棒性。在极化 SAR 影像分类中,Wang J 等提出了一种基于极化 SAR 数据矩阵分布的混合 AE,还提出了一种改进的堆叠式 AE,将原始输入向量映射到更高层的特征空间中,这两种方法均具有更好的参数适应性和分类性能的一致性,而且提高了准确性与效率。同时,Xie W 等提出了 Wishart-AE(WAE)与 Wishart-CAE(WCAE),将其分别与 softmax 连接组成极化 SAR 分类网络,与传统 AE 与 CAE 相比,该网络模型更适合极化 SAR 数据,而且相比 WAE,WCAE 还利用了极化 SAR 影像的局部空间信息,相比 CNN 节省了实验时间。

4.3 深度生成网络

4.3.1 贝叶斯网络

贝叶斯网络是一种概率图模型,是贝叶斯方法的扩展,用于模拟人类推理过程中因果关系的不确定性,是目前推理和不确定知识表达领域最有效的理论模型之一。由 Judea Pearl 在 1988 年提出,之后成为研究热点。

一个贝叶斯网络的网络结构是一个有向无环图,图中的节点表示随机变量$\{x_1, x_2, \cdots, x_n\}$,节点间的有向边表示节点间的相互关系,如图 4.4 所示,方向由父节点指向子节点,权重(即连接强度)以条件概率表示,没有父节点的以先验概率进行信息表达。节点变量可以是任何问题的抽象(如图像像素、测试值、意见征询和观测现象等),适用于表达和分析不确定性和概率性的事件,应用于有条件地依赖多种控制因素的决策,可以从不完全、不精确或不确定的知识或信息中做出推理。

将随机变量根据是否条件独立绘制在一个有向图中,就形成了贝叶斯网络,可用于描述随机变量之间的条件依赖,用圈表示随机变量,用箭头表示条件依赖,如图 4.5 所示。此外,对于任意的随机变量,其联合概率可由各自的局部条件概率分布相乘而得出:

$$P(x_1, x_2, \cdots, x_k) = P(x_k \mid x_1, x_2, \cdots, x_{k-1}) \cdots P(x_2 \mid x_1) P(x_1) \tag{4-7}$$

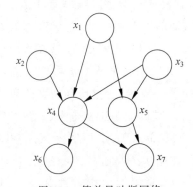

图 4.4　简单贝叶斯网络

(https://zhuanlan.zhihu.com/p/73415944)

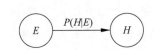

图 4.5　随机变量的条件依赖

(https://zhuanlan.zhihu.com/p/73415944)

4.3.2 深度置信网络

2006 年,Geoffrey Hinton 及学生 Salakhutdinov 提出了由多层 RBM 堆叠而成的深度置信网络(Deep Belief Network,DBN),由此引发了机器学习的新浪潮——深度学习。深度学习因为具有多层隐藏层而有较强的特征学习能力,却也因多隐藏层而导致网络训练困难。DBN 同时也给出了深层网络中梯度消失问题的解决方案,即逐层贪婪训练算法,每次仅训练网络中的一层。

　　RBM 是概率无向图模型,通过无监督的学习方式,自动学习到研究数据的最佳特征,发现其内部的隐藏规律,这些特性使得它广泛应用于深度学习任务。RBM 是 DBN 实现数据特征提取和分类的最小单元,堆叠得越多,对数据的高维映射越简洁,形成的 DBN 分类精度越高。

　　RBM 模型是一个具有对称连接、双向传播且无自反馈的两层随机神经网络模型,如图 4.6 所示,第一层是可见层,图中用 $\boldsymbol{v}=[v_1,v_2,\cdots,v_n]^{\mathrm{T}}$ 表示,作为数据输入层。第二层是隐藏层,图中用 $\boldsymbol{h}=[h_1,h_2,\cdots,h_m]^{\mathrm{T}}$ 表示,作为特征检测器,用于提取数据中的特征。层内所有神经元

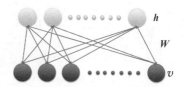

图 4.6　RBM 结构示意图

(http://d.wanfangdata.com.cn/thesis/D01846978)

均是二值的,即 RBM 的联合随机变量满足 $(\boldsymbol{v},\boldsymbol{h})\in\{0,1\}^{m+n}$。RBM 的结构中每个神经元都与另一层中的所有神经元有连接,但是同一层的神经元之间无连接,连接在 n 维的可见层和 m 维的隐藏层之间的权重 $\boldsymbol{w}^{n\times m}$ 是对称的。

　　根据 Hammersley-Clifford 原理和 RBM 极大团构造(只包含单点团和两点团),标准RBM 的能量函数可以定义为:

$$E(\boldsymbol{v},\boldsymbol{h})=-\sum_i a_i v_i-\sum_j b_j h_j-\sum_i \sum_j v_i w_{ij} h_j$$
$$=-\boldsymbol{a}^{\mathrm{T}}\boldsymbol{v}-\boldsymbol{b}^{\mathrm{T}}\boldsymbol{h}-\boldsymbol{v}^{\mathrm{T}}\boldsymbol{wh} \tag{4-8}$$

其中,a_i 表示可见层中每个变量 v_i 的偏置,b_j 表示隐藏层中每个变量 h_j 的偏置,w_{ij} 表示第 i 个可见变量和第 j 个隐藏变量之间的连接权重。基于能量函数,可以得到 RBM 的联合概率分布函数 $p(\boldsymbol{v},\boldsymbol{h})$ 为

$$p(\boldsymbol{v},\boldsymbol{h})=\frac{1}{Z}\mathrm{e}^{-E(\boldsymbol{v},\boldsymbol{h})}=\frac{1}{Z}\mathrm{e}^{\boldsymbol{a}^{\mathrm{T}}\boldsymbol{v}}\mathrm{e}^{\boldsymbol{b}^{\mathrm{T}}\boldsymbol{h}}\mathrm{e}^{\boldsymbol{v}^{\mathrm{T}}\boldsymbol{wh}} \tag{4-9}$$

其中,$Z=\sum_{\boldsymbol{v},\boldsymbol{h}}\exp[-E(\boldsymbol{v},\boldsymbol{h})]$ 为总体归一化处理的配分函数。

　　DBN 是一种在 RBM 的基础上发展而来的深度模型,它的提出在深度学习的创立和发展中起过至关重要的作用。在传统的深度神经网络的误差 BP 算法优化中存在梯度消失问题,使网络难以有效训练。DBN 的提出,使深层神经网络可以通过逐层预训练和精调有效地学习,进而使得深度神经网络的训练变得可行。如图 4.7 所示,DBN 是由 RBM 一层层堆叠构成,可见层和隐藏层交替出现,上一层 RBM 的输出向量作为下一层 RBM 的输入向量,最终形成了一个抽象并能代表输入数据的特征向量。

　　相较于传统的神经网络模型,DBN 无论是结构上还是训练方法上都有着很大不同:结构上,DBN 网络层间的权重是双向的(输出层除外),除了输出层仍然是一个普通的单层前

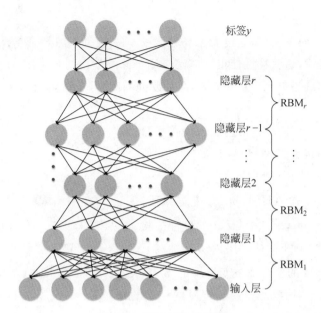

图 4.7　DBN 结构示意图

(http://d.wanfangdata.com.cn/thesis/D01846978)

向神经网络,其他层变成拥有"向上"和"向下"两个权重的双向结构。向上的认知权重用于提取输入数据的特征,向下的生成权重用于重构原始数据。训练方法上,DBN 采用逐层贪婪训练算法,克服了深层神经网络训练困难问题,其训练过程分为两个阶段:无监督的逐层预训练和有监督的精调。先通过无监督的逐层预训练将模型的权重和偏置初始化为与输入较匹配的值,再通过有监督的学习方法对参数进行精调。

DBN 的训练过程具体包括逐层预训练和精调两个阶段。如图 4.8 所示,逐层预训练自输入层开始,每两层相邻的节点构成一个 RBM,首先以 CDK 算法训练第一个 RBM,得到第一个 RBM 的参数;然后保持其参数不动,将其输出作为下一个 RBM 的输入,训练第二个 RBM。自下而上,一次训练每一层的 RBM,直至所有的 RBM 训练完成,得到 DBN 的参数初始值。

DBN 一般采用 Contrastive Wake-Sleep 算法精调,算法具体过程如下。

(1) Wake 阶段:认知过程。首先根据可见变量(输入数据)和向上的认知权重,得到每一层隐藏变量的后验概率同时采样。然后,为了得到最大的下一层变量的后验概率,修改向下的生成权重。

(2) Sleep 阶段:生成过程。首先根据得到的顶层采样和向下的生成权重,依次计算每一层的后验概率并采样。然后,为了得到最大的上一层变量的后验概率,修改向上的认知权重。

(3) Wake 和 Sleep 过程交替进行,直到收敛。

DBN 能够有更快的训练速度与更好的泛化能力,主要有两方面的原因。

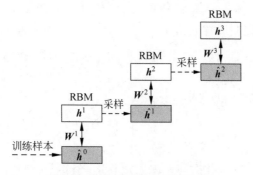

图 4.8 DBN 的逐层预训练阶段

（1）第一步的无监督学习过程虽与神经网络的参数随机初始化有些相似，但 DBN 模型的参数初值通过自学习特征提取得到，在某种程度上更接近全局最优值，有效避免了深度网络因随机初始化参数，使损失函数易收敛到局部最优的问题。

（2）预训练还有正规化的作用，提高了网络的泛化能力。这使得模型在无论是分类还是回归方面，都展现出绝佳的性能。

4.3.3 卷积深度置信网络

DBN 已经在图像识别、语音识别以及自然语言图像处理等领域得到了广泛应用，但在处理全尺寸、高维的图像时仍然很困难。Honglak Lee 提出了卷积深度置信网络（Convolutional Deep Belief Network，CDBN），其组成元件是卷积受限玻尔兹曼机（Convolutional Restricted Boltzmann Machine，CRBM）。CDBN 以卷积层替换全连接层，使其能够处理高维的图像特征，并且与概率最大池化操作结合，使其能够学习平移不变特征，是一种用于提取深层抽象特征的强大生成模型。

如图 4.9 所示，CRBM 作为 CDBN 的基本组成单元，是 RBM 和 DCNN 的融合。它以卷积层代替 RBM 的全连接层，因此具有了 CNN 的所有特点（如权重共享）。CRBM 对图像特征的提取具有局部不变性，以共享权重的方式简化运算，能够提取不同层次的图像特征，避免因网络参数过多导致的维数灾难。卷积操作非常适合作用于图像，可以作为模型的结构正则化策略。为了学习图像的平移不变特征，CRBM 引入池化层，提出了概率最大池化技术，再次高度聚合卷积层特征，形成不变特征。

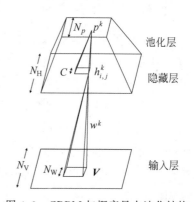

图 4.9 CRBM 与概率最大池化结构

(http://d.wanfangdata.com.cn/thesis/D01544053)

CRBM 有两层结构,输入层 $\boldsymbol{V}$ 和隐藏层 $\boldsymbol{H}$(分别对应图 4.9 中的低两层),输入层是 $N_V \times N_V$ 的二元图像,隐藏层有 K 组 $N_H \times N_H$ 的二元矩阵,共 $N_H^2 K$ 个隐藏单元,每组都与一个 $N_W \times N_W$ 的滤波器相关($N_W \triangleq N_V - N_H + 1$),且隐藏层每组单元共享一个偏置 b_k,所有可见单元共享一个偏置。

CRBM 能量函数 $E(\boldsymbol{v}, \boldsymbol{h})$ 定义如下:

$$E(\boldsymbol{v}, \boldsymbol{h}) = -\sum_{l=1}^{L}\sum_{k=1}^{K}\sum_{i=1,j=1}^{N_{kh}N_{hw}}(\boldsymbol{v}^l) \tag{4-10}$$

图 4.10 给出了 CRBM 池化时特征映射过程,一个 6×6 的特征图谱在执行 2×2,步长为 2 的池化操作后,得到一个 3×3 的池化特征图谱。

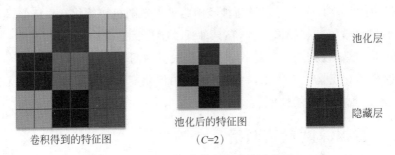

图 4.10　CRBM 的卷积和池化示意图
(http://d.wanfangdata.com.cn/thesis/Y3659468)

CDBN 是一种将 RBM 和 DCNN 的融合深度学习模型,具有无监督学习和有监督学习二者联合的优势,对高维遥感数据能够有很强的泛化能力,仿照人脑构造从低到高,逐层地学习特征,从而提取出数据光谱与空间上的联系与规律,进一步提高分类的精确度。

4.3.4　判别深度置信网络

随着地面分辨率的提高,遥感数据包含更多局部细节信息,局部内容的复杂结构对遥感数据的处理越来越重要。并且随着遥感数据的飞速增多,难以获得足够的标记数据进行监督学习。判别深度置信网络(Discriminant Deep Belief Network,DisDBN)将集成学习与DBN 结合,是一种能够在无监督的情况下学习到遥感影像有判别性特征的有效方法。

DisDBN 结构如图 4.11 所示,由弱分类器训练和高层特征学习两部分组成。第一部分是一组基于无监督学习的原型训练的弱分类器。在第二部分,构造多个弱决策空间,将遥感影像块投影到每个弱决策空间中,利用 DBN 学习所有弱分类器之间的互补信息,合成影像块的高级特征。

为了有效地表征影像块,DBN 根据学习到的判别性特征,生成影像块的高级特征。如图 4.12 所示 DisDBN 的分层结构图,主要包含两部分,判别性映射和基于 DBN 的集成方

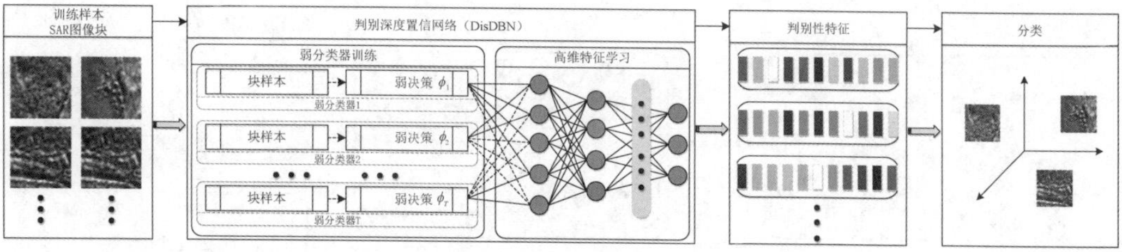

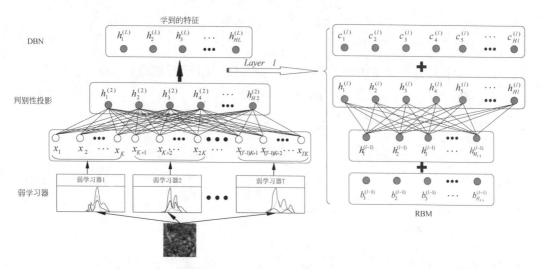

图 4.11 DisDBN 结构

(https://xueshu.baidu.com/usercenter/paper/show?paperid=52222bc85662f75e44cab5f4da5a81d4&site=xueshu_se)

图 4.12 DisDBN 的分层结构图

(https://xueshu.baidu.com/usercenter/paper/show?paperid=52222bc85662f75e44cab5f4da5a81d4&site=xueshu_se)

法。在 DBN 中,将几个 RBM 叠加后,前一层的输出被用为后一层的输入。在 DisDBN 中,采用了 K 步对比散度的方法学习每个 RBM 的参数,最后将所有已学习的 RBM 分层叠加,构造 DBN。

遥感影像 I 被分成 N 个小块,可以重叠也可以不重叠。每个影像块有 p 个像素,即可将分类问题归结为寻找每个影像块像素 $p_n \in I$ 的标签 $c_n \in C = \{1, 2, \cdots, c\}$,$c$ 是分类标签的数量。从影像块中,选些样本训练几个弱分类器,用于发掘影像中有判别性的信息。具体的训练方式如下:通过基于实例或者基于聚类的方法学习一组原型(prototypes);选取原型最近邻 M/N 的无标签训练影像块,伪标记选择的影像块用于丰富所有原型。

如图 4.13 所示,在训练每个弱分类器时,原型作为种子表示所选影像块的类别,原型应该具有多样性和准确性,因为这决定了每个弱分类器的识别能力。也意味着每个弱训练器学习的原型必须尽可能完备,以表征影像块的不同特征空间。

从所有伪标记的影像块中学习了弱决策函数 $\phi_t(\cdot)$,以描述第 t 个弱分类器 E_t 的判

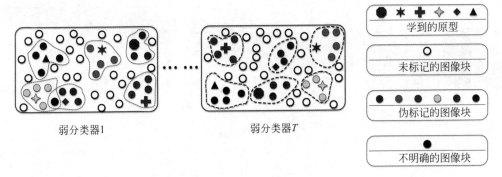

图 4.13　弱分类器

别能力。弱决策函数可以描述为影像块向量 $\boldsymbol{p}$ 相对于每个伪类别的后验概率：

$$\phi_t(\boldsymbol{p}; k) \triangleq P(c = k \mid \boldsymbol{p}) \tag{4-11}$$

其中，$1 \leqslant k \leqslant K$ 表示第 k 个伪标签。

$$P(c = k \mid \boldsymbol{p}) = \frac{1}{Z} \begin{cases} e^{\boldsymbol{b}_0 + \boldsymbol{b}_k^{\mathrm{T}} \boldsymbol{p}}, & 1 \leqslant k \leqslant K \\ 1, & k = K \end{cases} \tag{4-12}$$

其中

$$Z = 1 + \sum_{k=1}^{K-1} e^{\boldsymbol{b}_0 + \boldsymbol{b}_k^{\mathrm{T}} \boldsymbol{p}}$$

每个弱分类器的参数 $\boldsymbol{\theta} = \{\boldsymbol{b}_0, \boldsymbol{b}_1^{\mathrm{T}}, \boldsymbol{b}_2^{\mathrm{T}}, \cdots, \boldsymbol{b}_{k-1}^{\mathrm{T}}\}$ 可以在最大似然框架内拟合。

根据学到的弱决策函数，影像块 $\boldsymbol{p}$ 可以通过弱分类器 $\boldsymbol{E}_t$ 的 k 维后验概率向量表示：

$$\boldsymbol{x}^{(t)} = \phi_t(\boldsymbol{p}) = (x_1^{(t)}, x_2^{(t)}, \cdots, x_K^{(t)}) \in \boldsymbol{R}^K \tag{4-13}$$

其中，$x_k^{(t)} = \phi_t(\boldsymbol{p}; k)$，因此具有判别性的特征

$$\boldsymbol{x} = (x_1, x_2, \cdots, x_W) \in \boldsymbol{R}^W, \quad \text{s. t.} \quad W = K \times T \tag{4-14}$$

没有任何关于弱分类器的索引信息，可以被用作基本的操作单元。

4.3.5　遥感领域中的应用

DBN 具备分析和提取高级的影像特征的能力，作为深度学习的复兴之作，由 Hinton 于 2006 年提出利用其解决分类问题后，DBN 已成为深度学习最重要的模型之一。DBN 结合正向无监督式学习与反向有监督式学习，可以很好地抑制神经网络在学习过程中易发生的过拟合现象，从而提高 DBN 模型的深层数据挖掘能力和特征提取能力，有助于提高影像的分类精度以改善分类器性能，以提高算法在海量高分辨率遥感影像数据下的鲁棒性。在遥感领域中广泛应用于影像分类影像分割、目标提取、目标检测等。

随着遥感观测技术的飞速发展和成像分辨率的大大提高,遥感影像单位地表面积承载的信息不断增加。使得高分辨率遥感影像中的目标细节信息更加丰富,而目标的纹理和颜色变化较为复杂,有时背景地物会具有与目标相似的颜色纹理特征。单纯地利用影像中的局部边缘、纹理、颜色等低层特征难以取得理想的目标特征。

因此,2015 年 Yushi Chen 提出了一种利用 DBN 学习遥感数据深层特征的基于 DBN 的高光谱数据光谱-空间分类(spectral-spatial classification of hyperspectral data based on DBN),如图 4.14 所示。基于 DBN 和逻辑回归(DBN-Logistic Regression,DBN-LR)的架构将光谱空间有限元和分类结合在一起,以获得较高的分类精度。该框架是主成分分析、基于层次学习的有限元分析和逻辑回归的混合体,在基于单层 RBM 和基于多层 DBN 的模型上,分别学习高光谱数据的浅层特征和深层特征,然后将学习到的特征用于逻辑回归中,以解决高光谱数据的分类问题。

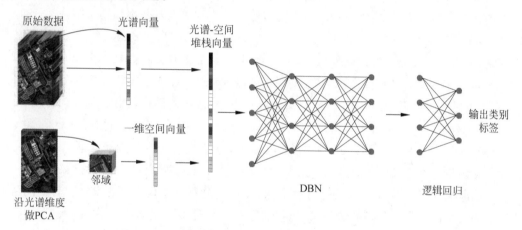

图 4.14　基于 DBN-LR 框架的光谱-空间分类

(https://ieeexplore.ieee.org/stamp/stamp.jsp? tp=&arnumber=7018910)

Chen Yushi 在文中证明纯光谱特征和空间特征都为逐像素分类提供了鉴别能力。像素的光谱包含用于区分不同种类的地面类别的重要信息。利用空间信息,相邻区域中像素的统计信息会减少类内方差,从而可以提高分类性能。

考虑到不同的重点,可以认为光谱和空间特征的互补可以提供更可靠的分类。在这篇论文中,通过使用向量叠加(Vector Stacking,VS)方法解决了多个功能的集成问题。也就是说,对于每个像素,将利用 DBN-LR 模型的空间分类学习到的一维空间向量添加到光谱向量的末尾。

形成光谱空间特征的混合集后,无须进行任何有限元预处理和选择就可以将其输入 DBN-LR 模型。经过预训练和微调,最终可以为每个像素分配一个类别标签。

4.4 浅层卷积神经网络

CNN 作为深度学习的代表算法,是一类包含卷积计算,同时具有深度结构的前馈神经网络。众所周知,CNN 具有很强的表征学习(representation learning)能力,因而其能够对输入信息进行有效的平移不变分类(shift-invariant classification),因此 CNN 也被称为平移不变人工神经网络(Shift-Invariant Artificial Neural Networks,SIANN)。

依据生物的视知觉(visual perception)机制构建出的 CNN,在人工智能领域中大放异彩,可以进行监督学习和非监督学习。依附于较小的计算量,CNN 隐藏层的卷积核参数共享层间连接的稀疏性,CNN 可以有效地学习格点化(grid-like topology)特征。据此,CNN 不需要对特征工程(feature engineering)有额外的要求,就可以实现稳定且有效的学习。从生物的视知觉角度出发,后续将进一步探究遥感脑的物理原理及基本生物学结构。

CNN 或深度卷积神经网络(Deep Convolutional Neural Networks,DCNN)不同于传统的网络,可用于多种形式的数据处理,如语音数据、图像数据和视频数据。例如,一个典型的 DCNN 可以有效地处理输入图像,依据输入的信息给出一个分类结果。通俗而言,如果给 CNN 一幅猫的图像,就得到输出"猫";如果给 CNN 一幅狗的图像,就得到输出"狗"。

CNN 不需要在一开始就解析全部的训练数据,而是从一个数据扫描层开始尝试。例如,对于一幅图像(像素大小为 200×200),CNN 先构建一个 20×20 像素的输入扫描层,通常先处理图像的左上角的信息,当神经网络处理好这部分图像(通过 CNN 的训练),下一部分 20×20 像素图像才被送入并处理。通常情况下,这种移动是像素级的(当然,其步长是可以设置的),进而处理全部原始数据,即用扫描层在原始图像上滑过。

CNN 通常包含以下几种层:①卷积层(convolutional layer),卷积神经网络中的每个卷积层均由若干个卷积单元组成;②线性整流层(Rectified Linear Units layer,ReLU layer),这一层神经使用线性整流(Rectified Linear Units,ReLU)作为激活函数(activation function),实现简单的神经元变化;③池化层(pooling layer),由于在卷积层之后通常会出现维度很大的特征,因此可以将特征分几个区域,取其最大值或平均值,进而得到新的、维度较小的特征;④全连接层(fully-connected layer),为了计算最后每一类的得分,需要将所有局部特征聚合成全局特征,这就是全连接层的作用。

常见的 CNN 算法包括 BP 算法、SGD 算法等。BP 算法是由 Werbos 于 1974 年提出的,在 1985 年,Rumelhart 等进一步发展了该理论。SGD 算法是大多数机器学习及深度学习中广泛使用的一种优化方法。

4.4.1 LeNet

从 20 世纪八九十年代起,科研人员开始研究 CNN。时间延迟网络和 LeNet-5 是最早出现的类型。而在 21 世纪后,随着计算设备的逐步先进和深度学习理论的逐步完善,CNN 得到了进一步快速发展,并逐步应用于计算机视觉、自然语言处理等领域。早期,由 Yann LeCun 完成的开拓性成果被命名为 LeNet5。LeNet5 的架构基于如下观点:当图像的所有特征分布在整张图像上时,带有可学习参数的卷积可以作为一种有效方式,从而在多个位置上提取出相似特征。虽然只含少量参数,但是没有 GPU 的帮助训练,甚至 CPU 的运算速度也很慢的情况下,能够保存参数及其计算过程是一个突出进展。LeNet5 阐述了由于图像具有很强的空间相关性,如果使用图像中的独立像素作为不同输入特征则不能有效利用这些相关性,所以不应在第一层使用独立像素。

4.4.2 AlexNet

2012 年,Alex Krizhevsky、Ilya Sutskever 在多伦多大学 Geoffrey Hinton 的实验室提出了 AlexNet。这个网络在 2012 年夺得了 ImageNet LSVRC 的冠军,其准确率远高于第二名,造成了很大的轰动。从历史意义上说,AlexNet 的网络结构值得被记住。在经历了深度学习的寒冬与沉寂后,自 AlexNet 被提出后,后面的 ImageNet 冠军都是基于 CNN 的,且其层次越来越深,所以 CNN 逐步成为图像识别与分类领域的核心模型,并引导了深度学习的大爆发。

AlexNet 模型设计的特点主要如下。

(1) 使用 ReLU 作为非线性激活函数。

(2) 使用 Dropout、数据扩充(data augmentation)等防止过拟合的方法。

(3) 多 GPU 实现,使用局部响应归一化作为归一化层。

AlexNet 网络共有 8 层,前 5 层是卷积层,后 3 层是全连接层。最后一个全连接层的输出连接 softmax 层,进而对应 1000 个类标签。AlexNet 使用两个 GPU,网络结构由上下两部分组成,上方的层由一个 GPU 运行,下方的层由另一个 GPU 运行。两个 GPU 仅仅在特定层进行通信。例如,第二、四、五层卷积层的核只与同一个 GPU 上的前一层的核特征图相连,而第三层卷积层和第二层所有的核特征图均相连接,而全连接层中的神经元又与前一层中的所有神经元相连接。图 4.15 为 AlexNet 的网络结构图。

在神经网络中,激活函数常常被用于神经元的输出,从而得到一个非线性的映射。常见的激活函数公式如下:

$$\text{sigmoid:} \ f(x) = \frac{1}{1+e^{-x}} \tag{4-15}$$

$$\text{tanh:} \ f(x) = \frac{1-e^{-2x}}{1+e^{-2x}} \tag{4-16}$$

$$\text{ReLU:} \ f(x) = \max(0, x) \tag{4-17}$$

由于 tanh 和 sigmoid 等传统激活函数的值域均是有范围的,但 ReLU 激活函数所得到

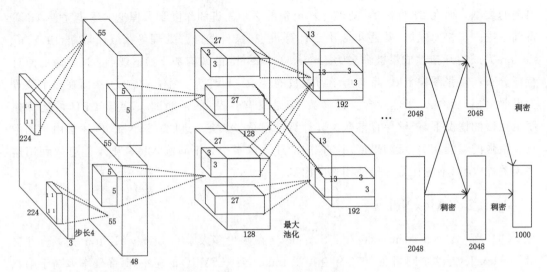

图 4.15　AlexNet 的网络结构图

(https://blog.csdn.net/luoluonuoyasuolong/article/details/81750190)

的映射值是没有一个区间的,因此可以对 ReLU 的结果进行归一化(Local Response Normalization,LRN)。局部响应归一化的公式如下:

$$b^i_{(x,y)} = \frac{a^i_{(x,y)}}{\left\{ k + \alpha \displaystyle\sum_{j=\max(0,\,i-n/2)}^{\min(N-1,\,i+n/2)} \left[a^i_{(x,y)} \right]^2 \right\}^{\beta}} \tag{4-18}$$

4.4.3　ZFNet

随着 AlexNet 的提出,许多大型卷积网络被进一步尝试,但是究竟为何 CNN 网络可以表现这么好一直困扰着研究人员。纽约大学在 2013 年提出了一个全新的可视化技术 ZFNet,可以进一步"理解"神经网络中间的特征层和最后的分类层,希望据此找到有效改进神经网络结构的方法。ZFNet 取得了 2013 年 ImageNet ILSVRC 的冠军。

与 AlexNet 相比,ZFNet 的网络结构其实没有太大的实质性变化。不同于 AlexNet 使用两个 GPU 的稀疏连接结构,ZFNet 是只采用一个块 GPU 的稠密连接结构。同时,ZFNet 开拓性地提出特征可视化技术。通过可视化技术,可以发现 AlexNet 的第一层充满大量的高频和低频信息的混合,却几乎忽略了中间的频率信息;同时,AlexNet 的第二层中出现非常多的混叠情况(可能是因为第一层卷积用的步长 4 过大)。通过可视化可以选择更好的网络结构。因此,将 AlexNet 的第一层也就是滤波器的大小,由 11×11 改变成 7×7,同时将步长 4 改变成 2,得到 ZFNet 网络。

随着 CNN 的进一步发展,逐渐发展了一些简单的浅层神经网络并应用于自然图像及遥感领域。下面将以全卷积网络(Fully Convolutional Network,FCN)、UNet 和 SegNet 网络为例,介绍其简单结构。

4.4.4　全卷积网络

在将神经网络应用到分割领域时,传统的神经网络缺点如下。

(1) 巨大的存储开销。假设一个像素周围区域的一个图像块的大小为 15×15,需要的存储空间即为原来图像的 225 倍。

(2) 由于相邻的像素块的重复性导致计算效率低下。即针对每个像素块一个个地计算卷积,这种操作也是很大程度的重复。

(3) 像素块的大小限制了感知区域的大小。通俗而言,一般像素块的大小要比整幅图像的小太多,传统的特征提取过程只能提取一些局部特征,会导致分类性能受到一定的限制。为解决这一问题,UC Berkeley 的 Jonathan Long 等提出了 FCN 改进传统的图像分割,即从图像级别的分类进一步延伸到像素级别的分类,该网络力求从抽象的特征中得出每个像素所属的类别。

FCN 将传统 CNN 中的全连接层转化成一个个的卷积层。如图 4.16 所示,在传统 CNN 结构中,前 5 层是卷积层,第 6 层和第 7 层分别是长度为 4096 的一维向量,第 8 层是长度为 1000 的一维向量,分别对应 1000 个类别的概率。FCN 将这 3 层表示为卷积层,卷积核的大小(通道数,宽,高)分别为 $(4096,1,1)$、$(4096,1,1)$、$(1000,1,1)$。所有的层都是卷积层,故 FCN 被称为全卷积网络。

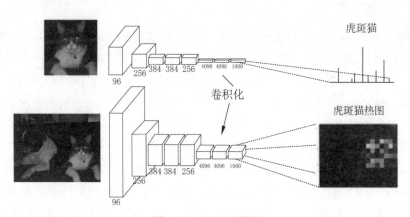

图 4.16　FCN 示意图

(https://blog.csdn.net/qq_36269513/article/details/80420363)

与传统的神经网络相比,FCN 有以下两大优点。

(1) FCN 可接受任意大小的输入,不需要所有的训练图像和测试图像均为同样的尺寸。

(2) FCN 比传统网络更高效,避免了使用像素块导致的重复存储和计算资源耗费问题。

但是,FCN 也具有明显的缺点。

(1) FCN 得到的结果不够精细,上采样的结果总体而言还是比较模糊或平滑,故其对图像细节不够敏感。

(2) FCN 并没有充分考虑到像素之间的关系,忽略了空间规整(spatial regularization)步骤,即缺乏空间一致性。

4.4.5 UNet

FCN 在深度学习图像分割领域,绝对可以被称为开山之作。在这个基础上,研究人员基于 FCN 做出改进提出了很多分割网络,其中就包括 UNet。由于网络结构像 U 形,所以被称为 UNet 网络。UNet 由两部分组成。

(1) 特征提取部分:每经过一个池化层即为一个尺度,在 UNet 中包含原图尺度一共为 5 个尺度。

(2) 上采样部分:每经过一次上采样,就与特征提取部分对应的通道数相同的尺度进行融合(拼接),在融合操作之前要进行 crop 操作。

总之,相较于 FCN,UNet 的改进之处为:该网络是多尺度的;该网络更适合超大图像分割,如遥感领域的图像分割问题。

4.4.6 SegNet

SegNet 是由 Cambridge 提出的图像语义分割深度网络,目的是解决自动驾驶或者智能机器人领域的图像语义分割问题,其开放源码是基于 Caffe 框架构的。SegNet 是在 FCN 基础上的另一种改进,是通过修改 VGG-16 网络得到的一种语义分割网络。现行的 SegNet 有两种版本:SegNet 与 Bayesian SegNet。另外,SegNet 的作者还根据网络的深度,为使用者提供了一个浅网络版。

与 FCN 相比,SegNet 网络只在编码过程、解码过程中使用的技术发生了变动。从网络结构中可以看出,左边利用卷积提取特征,通过池化操作来增大感受野,同时将图像变小,该过程称为编码。右边是反卷积与上采样,通过反卷积操作,图像分类后的特征得到重现,上采样操作将图像还原到原始尺寸,该过程称为解码。最后接入 softmax 层,得到最终的分割结果图。

4.4.7 VGG 网络

作为 CNN 从浅到深过渡过程中的里程碑,VGG 网络具有不可忽略的作用。虽然 VGG 的卷积核很小,超参也很简单,但是其网络深度是先前的 CNN 所不能达到的。

VGG 成功地构筑了 16~19 层深的 CNN,VGG 可以看成是加深版本的 AlexNet,都由卷积层和全连接层两部分构成。通过探索 CNN 的深度与其性能之间的关系，VGG 成功证明了通过增加网络深度，网络最终的性能能够在一定程度上被影响，大幅降低错误率。另外，VGG 具有很好的拓展性，将其迁移到其他图像数据上时，VGG 也具备非常好的泛化性。因此，即使在神经网络被完全发展的现在，VGG 仍可用于提取图像特征。

VGG 由 5 层卷积层、3 层全连接层和 softmax 输出层构成，层与层之间使用最大池化分开，且所有隐藏层的激活函数都采用 ReLU 函数，其网络结构如图 4.17 所示。

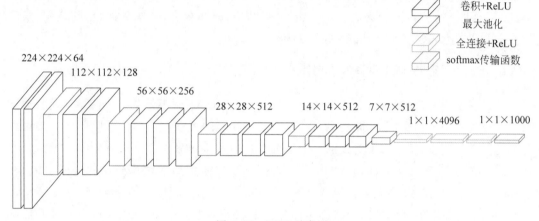

图 4.17　VGG 示意图

(https://zhuanlan.zhihu.com/p/41423739)

4.4.8　GoogLeNet

2014 年，在 ILSVRC 上，GoogLeNet 和 VGG 均取得了极好的成绩，GoogLeNet 获得了第一名、VGG 获得了第二名，这两种网络模型结构均具有了更深的层次。

VGG 继承了 LeNet 和 AlexNet 的一些结构，而 GoogLeNet 却做了更大胆的尝试。虽然 GoogLeNet 的深度只有 22 层，但它的大小却比 AlexNet 和 VGG 要小很多。GoogleNet 参数为 500 万个，AlexNet 参数个数是 GoogLeNet 的 12 倍，VGG 的参数又是 AlexNet 的 3 倍。总之，在 2014 年这一计算资源相对不足的时期，GoogLeNet 是一种较好的选择，同时，GoogLeNet 的性能（即计算结果）也更加优越。

2014—2016 年，GoogLeNet 团队发表了多篇关于 GoogLeNet 的经典论文，在这些论文中对 Inception v1、Inception v2、Inception v3、Inception v4 等思想和技术原理进行了详细的介绍。本章仅仅给出基本简介，感兴趣的读者可查看具体论文。

GoogLeNet 的动机：一般情况下，可以通过增加网络深度（网络层次数量）和宽度（神经元数量），来提升网络性能，但是会导致如下问题：

（1）参数太多，易产生过拟合。

（2）网络越大、参数越多，导致计算复杂度大，难以被应用。

（3）网络深，易出现梯度弥散现象，难优化。

为解决这些问题，需要在增加网络深度、宽度的同时减少参数，将全连接变成稀疏连接。但实现时，实际计算量并不会在全连接变成稀疏连接后得到质的提升，因为大部分硬件都是针对密集矩阵进行计算优化的，计算需要消耗的时间很难减少。

因此，需要寻找一种方法能够保持网络结构的稀疏性，同时还可以利用密集矩阵的高计算性能。一些文献指出，将稀疏矩阵聚类为较为密集的子矩阵可以有效地提高计算性能。因此，GoogLeNet 团队开始尝试 Inception 网络结构，即构造一种"基础神经元"结构，实现搭建一个稀疏性同时又是高性能的网络结构。

4.4.9　遥感领域中的应用

在遥感影像处理过程中，遥感影像分类是一个典型问题，遥感影像分类的本质是将遥感影像划分为若干个相同特征的地物集合，其关键是特征的提取与表达。遥感影像分类可以分为无监督和有监督两类，主要区别在于是否有先验知识对分类方法进行训练。无监督方法有 K-means 算法和 ISODATA 算法，有监督方法有最大似然法（Maximum Likelihood Estimate，MLE）、SVM 和人工神经网络等。CNN 由于其能自动提取物体特征，运用广泛。

如何确保特征的高度准确和高鲁棒性是一个急需解决的难题。CNN 由于其较好的泛化能力，被广泛应用于模式识别、物体检测和图像分类等领域。就遥感领域而言，CNN 解决的问题主要包括舰船目标检测、飞机目标分类、植被分割等。最具有代表性的 CNN（如 LeNet、AlexNet 和 VGG 等）均广泛应用于遥感影像分类。CNN 可以充分挖掘图像中的各种特征并实现不同特征的融合。

在进行遥感分类实验时，通过对不同地面物体进行分类，可以发觉 CNN 对样本的依赖性很大，即样本数量较大且区分度较好时分类效果更好。因此，在用 CNN 解决遥感分类问题时，遥感数据集的选取、样本数量和质量、合适的数据集和样本尤为重要。另外，训练过程中的样本选择、数据集选取及参数选择等方面均可进一步改进，进而提高 CNN 在遥感影像分类上的精度。

有学者在通用遥感数据集 UCM 上分别采用 Inception-v3 模型和 VGG-16 模型进行训练，均得到了很好的实验结果。同时，Inception-v3 网络模型训练时间比 VGG-16 模型短，且分类准确率高，因此选择 Inception-v3 模型对遥感影像进行分类比 VGG-16 模型更合理高效。

4.5　类残差网络

4.5.1　ResNet

跨层连接结构的提出解决了深层网络训练困难的问题。随着跨层连接结构在特征表达上的优势逐步显现，以跨层连接结构为基础模型的遥感网络模型在遥感图分割、遥感图分类、遥感影像去噪等方向都十分火热，跨层连接结构的发展使得遥感网络的性能有了显著提高。

何恺明、孙剑等提出残差网络（ResNet），它解决了深层网络训练困难的问题，并在 2015 年的 ILSVRC 中获得了图像分类和物体识别的胜利。

网络的深度对模型的性能至关重要，当增加网络层数后，网络可以进行更加复杂的特征模式的提取，当模型更深时理论上可以取得更好的结果。然而，实验发现深度网络出现了退化问题（degradation problem）：网络深度增加时，网络准确度出现饱和，甚至出现下降。但如果深层网络的后面那些层是恒等映射，那么模型就退化为一个浅层网络。那当前要解决的就是学习恒等映射函数了。残差网络利用残差块进行拟合，使用跳跃连接缓解了在深度神经网络中增加深度带来的梯度消失问题。

深度残差网络的基本组成单元是残差单元。残差块的结构如图 4.18 所示。有点类似与电路中的"短路"，所以是一种短路连接。

残差单元可以表示为：

$$y_l = h(x_l) + F(x_l, W_l)$$

$$x_{l+1} = f(y_l) \tag{4-19}$$

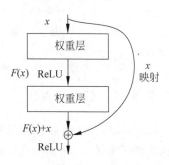

图 4.18　残差块的结构
(https://arxiv.org/abs/1512.03385v1)

其中，x_l 和 x_{l+1} 分别表示的是第 l 个残差单元的输入和输出，每个残差单元一般包含多层结构；$F(x)$ 是残差函数，表示学习到的残差；$h(x_l) = x_l$ 表示恒等映射；f 是 ReLU 激活函数。

残差网络加入了残差单元使得网络变得更深，使得网络能够得到更加多的特征，增加网络精度。目前常用的残差网络是 ResNet50 和 ResNet101 等。更多细节可以参考论文 *Identity Mappings in Deep Residual Networks*，其中对不同的残差单元进行了细致的分析与实验。

4.5.2　ResNeXt

如果说 ResNet 是 VGG 与短路连接的结合，那么 ResNeXt 可以看作是 ResNet 和 Inception 的结合体。不同于 Inception，ResNeXt 不需要人工设计复杂的 Inception 结构细节，而是每一个分支都采用相同的拓扑结构。ResNeXt 的本质是分组卷积，通过变量基数控制组的数量。组卷机是普通卷积和深度可分离卷积的一个折中方案，即每个分支产生的特征图的通道数为 $n(n>1)$。

如图 4.19 所示，可以看到 ResNet-50 和 ResNeXt 拥有相同的参数，但是精度却更高。

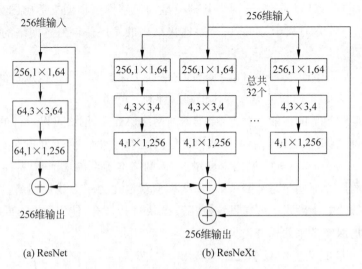

(a) ResNet　　　　　　　(b) ResNeXt

图 4.19　ResNet 和 ResNeXt 结构对比

(https://arxiv.org/abs/1611.05431)

4.5.3　DenseNet

ResNet 模型的核心是通过建立前面层与后面层之间的"短路连接",这有助于训练过程中梯度的反向传播,从而能训练出更深的 CNN 网络。DenseNet 模型的基本思路与 ResNet 一致,但是它建立的是前面所有层与后面层的密集连接,其名称也是由此而来。DenseNet 的另一大特色是通过特征在通道上的连接来实现特征重用。这些特点让 DenseNet 在参数和计算成本更少的情形下实现比 ResNet 更优的性能,DenseNet 也因此斩获 CVPR 2017 的最佳论文奖。

相比 ResNet,DenseNet 提出了一个更激进的密集连接机制:即互相连接所有的层,具体来说就是每层都会接受其前面所有层作为其额外的输入。图 4.20 为 DenseNet 的密集连接机制。可以看到,ResNet 是每层与前面的某层(一般为 2~3 层)短路连接在一起,连接

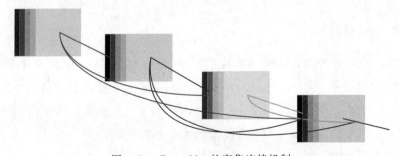

图 4.20　DenseNet 的密集连接机制

(https://arxiv.org/pdf/1608.06993.pdf)

方式是通过元素级相加。而在 DenseNet 中,每层都会与前面所有层在通道维度上连接在一起(各层的特征图大小相的),并作为下一层的输入。对于一个 l 层的网络,DenseNet 共包含 $\dfrac{l(l+1)}{2}$ 个连接,相比 ResNet,这是一种密集连接。DenseNet 直接合并来自不同层的特征图,可以实现特征重用,提升效率,这一特点是 DenseNet 与 ResNet 最主要的区别。

ResNet 的数学表示为:

$$x_l = H_l(x_{l-1}) + x_{l-1} \tag{4-20}$$

DenseNet 的数学表示:

$$x_l = H_l([x_0, x_1, \cdots, x_{l-1}]) \tag{4-21}$$

其中,[]代表拼接,即将第一层到 $l-1$ 层的所有输出特征图按通道组合在一起。这里所用到的非线性变换 H 为 BN+ReLU+Conv(3×3)的组合。

4.5.4　DPN 网络

简单讲,DPN 算法就是将 ResNeXt 和 DenseNet 融合成一个网络。通过上面的分析,可以认识到:ResNet 侧重于特征的再利用,但不善于发掘新的特征;DenseNet 侧重于新特征的发掘,但又会产生很多冗余。为了综合二者的优点,设计了 DPN 网络,其数学形式如下:

$$x^k \triangleq \sum_{t=1}^{k-1} f_t^k(h^t) \tag{4-22a}$$

$$y^k \triangleq \sum_{t=1}^{k-1} v_t(h^t) = y^{k-1} + \phi^{k-1}(y^{k-1}) \tag{4-22b}$$

$$r^k \triangleq x^k + y^k \tag{4-22c}$$

$$h^k = g^k(r^k) \tag{4-22d}$$

显然,式(4-22a)表示 DenseNet 的形式,侧重于发掘新特征;式(4-22b)表示 ResNet 的形式,侧重于特征的再利用;式(4-22c)表示二者结合。这样既可以特征再利用,又可以发掘新的特征。

4.5.5　Inception 网络

Inception 网络是 CNN 分类器发展史上一个重要的里程碑。在 Inception 网络出现之前,大部分流行的 CNN 仅仅是把卷积层堆叠得越来越多,使网络越来越深,以此希望能够得到更好的性能。但 Inception 网络是复杂的(需要大量工程工作),它使用大量技巧提升速度和准确率等性能。它的不断进化带来了多种版本的 Inception 网络。常见的版本有:Inception v1、Inception v2 、Inception v3、Inception v4 和 Inception-ResNet,每个版本都是前一个版本的迭代进化。

1. Inception v1

图 4.21 是 Inception 中的一个模块,Inception 由多个这样的模块组合而成。

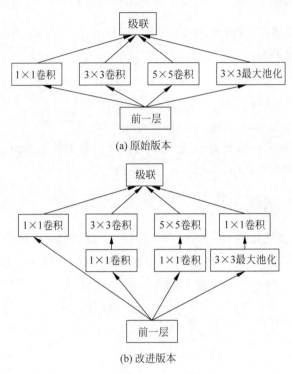

(a) 原始版本

(b) 改进版本

图 4.21　Inception 模块

(https://zhuanlan.zhihu.com/p/52802896)

Inception v1 的网络,将 1×1、3×3、5×5 的卷积和 3×3 的池化层堆叠在一起,一方面增加了网络的宽度;另一方面增加了网络对尺度的适应性。但这样的结构会造成参数过多并且计算量过大等问题,所以使用了如图 4.21(b)的改进来减少计算量。

2. Inception v2 和 v3

Inception v2 和 v3 加入了批量标准化(Batch Normalization,BN)层,使每层的输出都归一化 $N(0,1)$ 的高斯分布,用小型网络替代 Inception 模块中的 5×5 卷积层,既降低了参数数量,也加速了计算。

为了进一步降低参数量,提出如图 4.22(b)所示的不对称方式。另外,最重要的改进是分解(factorization),将 7×7 分解成两个一维的卷积(1×7,7×1),3×3 也分解为(1×3,3×1),这样既可以加速计算(多余的计算能力可以用来加深网络),又可以将 1 个 conv 拆成 2 个 conv,使网络深度进一步增加,增加了网络的非线性。

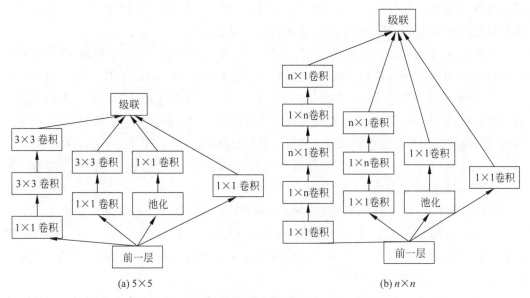

图 4.22 小型网络替代了 5×5 卷积
(https://zhuanlan.zhihu.com/p/52802896)

3. Inception v4 模型

Inception v4 研究了 Inception 模块结合残差连接（residual connection）的结合。发现 ResNet 结构可以极大地加速训练，同时性能也有提升，得到 Inception-ResNet v2 网络，同时还设计了一个更深更优化的 Inception v4 模型，能达到与 Inception-ResNet v2 相媲美的性能。

Inception 系列网络采取了比较多的技巧，关于技巧的原理和使用具体参见相关论文。

4.5.6 遥感领域中的应用

对于内在复杂而且数据量较少的遥感数据来说，更深更宽的结构会使模型得到更高的性能和精度。而残差连接、密集连接等网络的出现使得网络可以更深，网络可以获得更好的特征。

继 CNN 网络之后，残差结构网络的出现缓解了网络梯度的问题，使网络可以更深，网络可以获得更高层的特征，这使残差网络在遥感领域应用十分广泛。利用残差网络学习高光谱图像（HSI）解释的深度特征表示，构建 ResNet 得到更加精准的任务结果。将由 ImageNet 数据集训练的 ResNet 模型成功迁移到高分辨率遥感影像的场景，进行遥感影像分类，获得比浅层 CNN 更好的分类结构。同样地，有学者利用残差网络获得高质量的特征，缓解由有限的 SAR 数据引起的过拟合。

Jiang Yenan 等通过将 3D 可分离 ResNet（3D-SRNet）与跨传感器转移学习协作，提出了一种新颖的 HSI 分类方法。3D-SRNet 用空间和频谱可分离的 3D 卷积代替了 3D 卷积，因此与使用标准 3D 卷积的模型相比，大大减少了模型参数量。

　　同样的，在如今的遥感领域，很多任务引入了紧密连接的结构以实现更深、更有效的网络，如利用密集连接的卷积网络(DenseNet)为骨干网重建 D-LinkNet。其中，D-LinkNet 获得了 2018 年全球卫星图像道路提取比赛第一名。基于 LinkNet 的 D-LinkNet 采用了连续的扩容卷积，扩展速率不同，在不降低特征图分辨率的情况下扩大了接收场，在高分辨率卫星图像道路提取中具有出色的表现。利用 n 层的 DenseNet 块代替 D-LinkNet 中的 ResNet 作为初始模块，用于高分辨率卫星图像道路提取，明显减少了参数，且可以保存更多的详细信息，在解码器阶段更容易恢复对象的边缘信息。

　　也有学者对 DenseNet 的输入进行改变，在 STN-DenseNet 中将空间变换网络(STN)和 DenseNet 组合在一起。由 STN 获得 DenseNet 的最佳输入，形成 STN-DenseNet，使输入数据根据网络需求进行自适应变形，充分利用来自网络前端各层的所有信息，使得网络特征和自适应变形的传输更加有效。

　　为训练成本和参数规模建立一种具有成本效益的体系结构，提出了一种端到端的频谱空间双通道密集网络。为了探索高级特征，引入了紧密连接的结构以实现更深的网络。使用 2D 深双通道网络代替昂贵的 3D 滤波器以减小模型规模，用于多尺度联合光谱空间特征学习，既降低了频谱空间方法的计算成本，同时又保持了较高的准确性。遥感模型利用诸如此类密集连接的结构使得网络性能更进一步。

　　为了获得更好的特征，也有学者尝试利用内核 PCA(Kernel PCA，K-PCA)与 Inception 网络架构融合生成深层的空间光谱特征，也获得了不错的结果。

　　总而言之，CNN 在图像处理任务中表现出良好的性能。但是，遥感影像的内在复杂性仍然限制了许多 CNN 模型的性能。遥感数据(如 SAR 图像、高光谱图像等)的高维性以及潜在的冗余和噪声，使用标准的 CNN 方法无法概括区分性的频谱空间特征。此外，当添加额外的层时，更深的 CNN 架构也会遇到挑战，这会阻碍网络融合并降低分类精度。跨层连接结构的网络的出现缓解这些问题，使得网络可以更深更宽，使得可以获得更高层的特征，会给网络带来质的飞跃。

4.6　递归神经网络

4.6.1　循环神经网络

　　深度学习中专为应对时间相关性而设计的方法是递归神经网络(Recursive Neural Network，RNN)，分为时间递归神经网络(也称为循环神经网络)和结构递归神经网络，还有后来出现的长短期记忆(Long Short Time Memory，LSTM)网络、门控循环单元(Gated

Recurrent Unit,GRU)等。这样的模型通过递归明确捕获时间相关性,已经被证明在不同领域都有效,例如应用于语音识别、自然语言处理和图像预测等。

递归神经网络像任何其他深度学习模型一样,可以作为分类器本身或用于提取新的判别式特征。由于它的这些特性,最近在遥感领域,很多基于 RNN 的工作取得了很大的进展。

循环神经网络是一种人工神经网络,其中的连接沿着序列在神经元之间产生。与前馈神经网络不同,循环神经网络包含循环单元,可以将上一个时间步长中的信息反馈到下一个时间步中,这种循环连接使循环神经网络对处理时序任务十分有效。

最简单的循环神经网络称为简单的递归网络或基本 RNN,结构示意如图 4.23 所示。

基本的 RNN 易于实现且运行良好简单数据集中的短数据序列。然而,如果输入数据包含复杂的长序列模式,基本的 RNN 通常会出现梯度消失或爆炸的问题而无法提取那些复杂的模式。

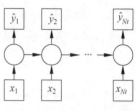

图 4.23 基本 RNN 结构

4.6.2 LSTM 网络

LSTM 于 1997 年首次提出,并且是当今 RNN 中使用最广泛的模型。与普通的深度 RNN 不同,LSTM 网络是一种特殊的 RNN,可以轻松存储大量的时间步长信息,并能缓解由基本 RNN 等结构引起的梯度消失或爆炸的问题。

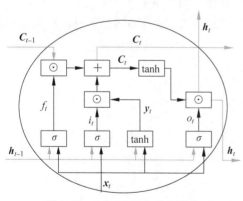

图 4.24 LSTM 基本单元结构

(https://arxiv.org/pdf/1402.1128v1.pdf)

具体来说,LSTM 单元使用向量命名的存储单元实现长期存储,使它能够更好地找到长期关系。LSTM 单元的状态更新可以描述为 C_t 是 t 时间的存储单元状态。此外,在每个时间步中,LSTM 单元决定需要哪种存储器的功能被遗忘,需要传递什么样的记忆。LSTM 基本单元的结构如图 4.24 所示。LSTM 单元由两个单元状态、存储单元激活向量(存储器)C_t 和隐藏状态 h_t 以及三个不同的门组成,其中 i 是输入门,f 是遗忘门,o 是输出门。

输入门、遗忘门和输出门用于控制信息流。门由 sigmoid 函数构成,此函数的返回值范围为 0～1。LSTM 单元使用临时单元状态 y_t 重新缩放当前输入,y_t 通过双曲正切函数返回 −1 或 1 的值。同时应用了 S 形和双曲正切逐元素规定了当前需要多少信息要维护,而 f_t 表示当前步骤需要保留多少以前的内存(f_t,C_{t-1})。最后,它对新的隐藏状态 h_t 的影响决定当前内存输出到下一步的信息量。不

同的矩阵 W 和偏差系数 b 由训练期间学习的参数模型的内存 C_t 和隐藏状态习得。

基本 RNN 和 LSTM 之间的主要区别在于 RNN 仅更新短期隐藏状态 h_t，而 LSTM 还会更新长期单元状态 C_t，这使网络能够学习长期依赖性。LSTM 利用控制门组合先前的状态，实现了两个重要功能：调节控制在此过程中必须忘记和记住通过多少信息；解决梯度消失或爆炸的问题。这样的单位结构类型在捕获长期依赖关系方面非常有效。

4.6.3　GRU 网络

GRU 在 2014 年首次被提出，既可以看作 LSTM 的简化版本，也可以看作 LSTM 的升级版本。GRU 比较不保持单元状态 C 并使用两个门代替三个。GRU 的参数较少，因此可能需要训练一些更快或需要更少的数据进行概括。

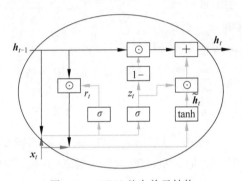

图 4.25　GRU 基本单元结构
(https://arxiv.org/pdf/1406.1078v3.pdf)

GRU 基本单元的结构如图 4.25 所示，核心结构为两个门：重置门 r_t 和更新门 z_t。重置门控制前一状态有多少信息被写入当前的候选集，重置门越小，前一状态的信息被写入的越少，作用类似于 LSTM 的遗忘门和输入门。更新门用于控制前一时刻的状态信息被代入当前状态的程度，更新门的值越大，说明前一时刻的状态信息代入越多。其中 $\sigma(\cdot)$ 表示对数函数，tanh $(\cdot)$ 是双曲正切函数。

LSTM 和 GRU 都是通过各种门函数保留重要特征，保证了长时间传播也不会丢失。GRU 比 LSTM 少一个门函数，参数数量也少于 LSTM，所以整体上 GRU 的训练速度要快于 LSTM。

4.6.4　Conv-LSTM 网络

LSTM 在时序数据的处理上能力非常强，如果时序数据是图像，则在 LSTM 的基础上加入卷积操作，对于图像的特征提取会更加有效。2015 年，在论文 *Convolutional LSTM Network: A Machine Learning Approach for Precipitation Nowcasting* 中提出的 Conv-LSTM 结构可以很好地捕获图像序列中的时空相关性。其结构如图 4.26 所示。

Conv-LSTM 的输入为 $[x_1, x_2, \cdots, x_t]$，单元输出 $[C_1, C_2, \cdots, C_t]$。隐藏状态 H 将其转换为 3D 张量，其最后两个维度是空间维度（行和列）。Conv-LSTM 通过输入过去状态和邻域状态来确定网格中某个单元格的未来状态，从而得到一个储存有前面时刻信息（包含历史信息，更了解整个序列的规律）的输入和输出（综合前期信息，判决得到的该时刻的输出）。通过在状态到状态和输入到状态的转换中使用卷积运算符，可以很容易地实

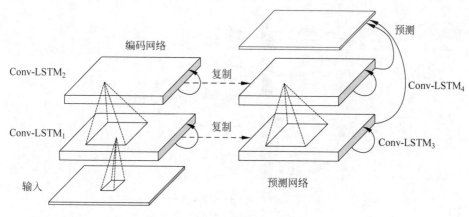

图 4.26　Conv-LSTM 基本单元结构
(https://arxiv.org/pdf/1506.04214.pdf)

现这一点。

　　Conv-LSTM 结构既能利用卷积结构提取鲁棒的空间特征,还能利用 RNN 结构捕获时序信息,十分适合处理图像序列数据。又由于网络通常具有多个堆叠的 Conv-LSTM 层,因此它具有很强的表征能力,适合在复杂的动态系统中进行预测。

4.6.5　遥感领域中的应用

1. 级联 RNN

　　大多数现有 RNN 模型都可以视为基于向量的方法。一些工作将 HSI 视为时序数据,因此使用 RNN 学习特征。

　　与广泛探索的 CNN 模型相比,RNN 具有许多优势。例如,CNN 的关键组件是卷积运算符。由于内核大小限制,一维 CNN 只能学习局部频谱相关性,同时容易忽略不相邻光谱带的影响。循环神经网络甚至是 GRU 或 LSTM 通过递归运算符输入光谱带,从整个光谱带捕获了这种关系。相比于 CNN,RNN 在训练过程中通常参数量较少,因此具有更高的训练效率。

　　当前 RNN 的相关模型通常只是简单地将整体数据光谱带输入到网络,无法充分探索数据的特定属性。相邻谱带之间的冗余信息也会增加网络的计算负担。同时,在特征空间内,RNN 会增加类别内方差并减少类别间方差,这种做法不会提升最终的分类精度,甚至还会降低分类精度,因此一个使用门控循环单元的级联 RNN 模型探索 HSI 的冗余和互补信息被提出。如图 4.27 所示,级联 RNN 主要由两个 RNN 层组成:第一个 RNN 层用于消除相邻光谱带之间的冗余信息;第二个 RNN 层从不相邻的光谱带中学习互补信息。

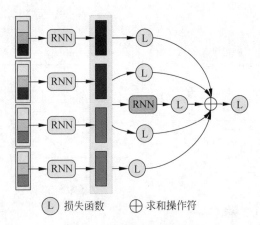

图 4.27 级联 RNN 结构图

(https://ieeexplore.ieee.org/abstract/document/8662780)

2. 双向 RNN

基本 RNN 连接过去的时间步到当前时间步长；双向 RNN 也可以做到这一点，但是还可以连接将来和当前层，如图 4.28 所示。当前时间的图层输出与两个隐藏层输出的串联方向相反。

过去和未来的信息会影响当前状态，如果 LSTM 使用双向 RNN 中的基本单位而不是基本 RNN 单位，该网络称为双向 LSTM(BiLSTM)。

BiLSTM 的隐藏状态 h_t 是一个级联矩阵，隐藏状态 h_t 和反向隐藏状态 $\hat{h}_t$。h_t 是 t 时间的隐藏状态，x_t 是输入数据在 t 时间。另外，隐藏层激活功能是 sigmoid 函数。

表示序列数据隐藏层的更多功能如图 4.29 所示，它可以垂直堆叠。这个堆叠式 RNN 也称为深度 RNN，可以增强神经网络的强大功能并从中提取高级特征复杂的数据集。

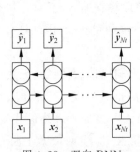

图 4.28 双向 RNN

(https://ieeexplore.ieee.org/abstract/document/650093)

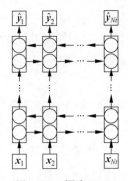

图 4.29 深度 RNN

(https://ieeexplore.ieee.org/abstract/document/650093)

3. 图 RNN

近年来,图 RNN 广泛应用于遥感影像处理。如像素有向无环图递归神经网络(Pixel DAG-RNN)基于人口机制视觉皮层中的感受野,利用丰富的空间和光谱特征有助于提高高光谱图像的分类准确性。进一步利用图像中像素的空间相关性提出如图 4.30 所示的 Pixel DAG-RNN,提取并应用频谱空间特征恒生指数分类。

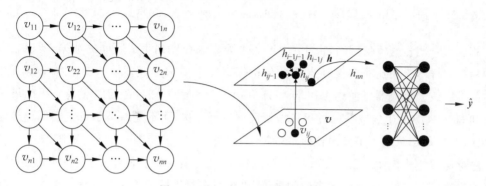

图 4.30 Pixel DAG-RNN 结构图

(https://arxiv.org/pdf/1906.03607.pdf)

在 Pixel DAG-RNN 模型中,无向循环图(Undirected Circulant Graph,UCG)用于表示图像补丁中像素的相关性连接,4 个 DAG 用于近似 UCG 的空间关系。这样的图 RNN 结构在高光谱图像的分类任务中具有较高的分类性能。

4.7 生成对抗网络

4.7.1 GAN 基础

生成对抗网络(Generative Adversarial Network,GAN)是由 Goodfellow 等于 2014 年提出,通过对抗训练的方式使生成网络产生的样本服从真实数据分布。

受博弈论中的二人零和博弈的启发,GAN 由两个网络进行对抗训练:一个是判别网络,通常是一个二分类器,用于估计生成数据的概率,目的是尽量准确地判断一个样本是来自真实数据还是由生成网络生成的数据;另一个是生成网络,用于捕获数据分布,目的是尽量捕捉真实数据样本的潜在分布,并生成新的数据样本。这两个目标相反的网络不断地进行交替训练,即生成网络及判别网络之间的极小极大零和博弈。

GAN 的优化是一个极小极大博弈问题,终止于一个鞍点,该鞍点相对于生成网络是最小值,相对于判别网络是最大值,即达到纳什均衡。也就是说,当优化达到纳什均衡的目标时,这时可以认为生成网络捕获了真实数据的真实分布,如果判别网络再也无法判断出一个样本的来源,那么也就等价于生成网络可以生成符合真实数据分布的样本。GAN 的流程图如图 4.31 所示。

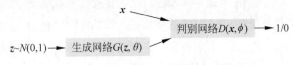

图 4.31　GAN 的流程图

(https://kns.cnki.net/KCMS/detail/detail.aspx?dbname=cjfd2020&filename=mess202007001&dbcode=cjfq)

相比完全明显的置信网络，由于 GAN 不需要在采样序列生成不同的数据，所以它可以更快地产生样本。相比非线性独立成分分析，GAN 不要求生成器输入的潜在变量有任何特定的维度或者生成器可逆。相比于 VAE，GAN 没有引入任何决定性偏置；相比玻尔兹曼机和 GSN，GAN 生成数据的过程只需要模型运行一次，而不是以马尔可夫链的形式迭代很多次，而且模型只用到了反向传播，不需要马尔可夫链。

虽然深度生成模型取得了巨大的成功，但是作为一种无监督模型，其主要的缺点是缺乏有效的客观评价，难以学习生成离散的数据，也难以衡量不同模型之间的优劣。由于生成模型的分布没有显式的表达，所以 GAN 存在神经网络类模型的一般性缺陷，即可解释性差。另外，由于 GAN 采用对抗学习的准则，理论上还不能判断模型的收敛性和均衡点的存在性，而且训练过程需要保证两个网络的平衡和同步，否则难以得到很好的训练效果。

4.7.2　CGAN

自从 Goodfellow 等提出 GAN 以来，陆续出现了一些基于 GAN 的衍生模型，条件生成式对抗网络（CGAN）是原始 GAN 的扩展，生成器和判别器都增加额外信息 y 为条件，y 可以是任意信息，例如类别信息，或者其他模态的数据。如图 4.32 所示，通过将额外信息 y 输送至生成器与判别器，作为输入层的一部分，从而实现 CGAN 的条件生成式对抗创新过程。在 CGAN 的生成网络中，先验噪声和条件信息联合组成了联合隐藏层表征。对应的 CGAN 的目标函数是带有条件概率的二人极小极大值博弈：

$$\min_{G} \max_{D} V(D,G) = E_{x \sim P_{\mathrm{data}}(x)} \left[\log D(x \mid y) \right] + E_{z \sim P_z(z)} \left[\log(1 - D(G(z \mid y))) \right]$$

(4-23)

Nina Merkle 等提出通过训练 CGAN，使光学图像生成类似 SAR 的影像块，目标函数表示为：

$$\min_{G} \max_{D} L_{\mathrm{GAN}}(D,G) = E_{y \sim P_{\mathrm{real}}(y)} \left[\log D(y) \right] + E_{y \sim P_{\mathrm{real}}(y), z \sim P_z(z)} \left[\log(1 - D(G(z))) \right]$$

(4-24)

具体地，首先从光学图像和 SAR 影像中选出合适的匹配区域，然后通过 CGAN 从光学图像块生成人造 SAR 影像块，最后使用基于强度（NCC）和特征匹配（SIFT 和 BRISK）的方

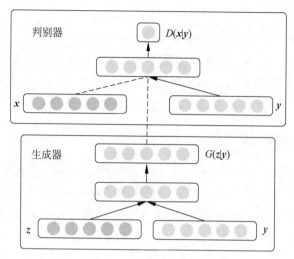

图 4.32 CGAN 流程图

(https://arxiv.org/pdf/1411.1784.pdf)

法,将人造 SAR 影像块与实际 SAR 影像块进行匹配。

4.7.3 DCGAN

DCGAN 在 GAN 基础上增加深度卷积网络结构,专门生成图像样本。DCGAN 中的生成器和判别器的含义以及损失都与原始 GAN 中完全一致,但是它在生成器和判别器中采用了较为特殊的结构,以便对图像进行有效建模。DCGAN 相比于 GAN 或者是普通 CNN 的改进包含以下几方面。

(1) 使用卷积和去卷积代替池化层。

(2) 在生成器和判别器中都添加了批量归一化操作。

(3) 去掉了全连接层,使用全局池化层替代。

(4) 生成器的输出层使用 tanh 激活函数,其他层使用 ReLU 激活函数。

(5) 判别器的所有层都是用 LeakyReLU 激活函数。在生成器和判别器特征提取层,用 CNN 代替了原始 GAN 中的多层感知机,同时去掉 CNN 中的池化层以便整个网络可微,另外将全连接层以全局池化层替代,减轻了计算量。

在卫星遥感领域中,云遮挡对影像处理和目标检测来说是一个巨大挑战,大多数现有的云遮挡恢复方法都是从单个损坏的影像而不是历史遥感影像记录中提取周围信息,并且现有的算法只能处理小的规则形状的遮挡区域。针对上述问题,Junyu Dong 等提出了一种深层卷积 GAN 网络,从大型历史遥感影像记录中恢复具有云遮挡的遥感海面温度影像,其损失函数表示为:

$$\min_{G} \max_{D} V(G,D) = E_{\boldsymbol{x} \sim P_{\text{data}}(\boldsymbol{x})} \big[\log(D(\boldsymbol{x})) \big] + E_{z \sim P_z(z)} \big[\log(1 - D(G(z))) \big]$$

$$L_D = E_{x \sim P_{\text{data}}}\big[-\log(D(x))\big] + E_{z \sim P_z}\big[-\log(1 - D(G(z)))\big]$$

$$L_G = E_{z \sim P_z}\big[-\log(D(G(z)))\big] \tag{4-25}$$

给定训练好的生成器,该方法使用修复损失函数在低维空间中搜索遮挡影像的最接近的编码,然后通过生成器传递,推断出遮挡的影像部分。通过定性与定量比较,该方法与传统方法和机器学习方法更具有优势。

4.7.4 CycleGAN

相比单向生成的传统 GAN,CycleGAN 是互相生成的,其本质是通过两个镜像对称的 GAN 构成一个环形网络。该方法在没有配对示例图像情况下,实现将图像从源域转换至目标域的方法,其目标为学习映射函数 $G: \boldsymbol{X} \to \boldsymbol{Y}$ 与 $F: \boldsymbol{Y} \to \boldsymbol{X}$,使得来自 $G(\boldsymbol{X})$ 的图像分布与目标域的分布 Y 无法区分。具体地,该网络由两个生成器 G 和 F 与对应的两个判别器 D_X 和 D_Y 组成,图像 X 经过生成器 G 生成伪分布 $G(\boldsymbol{X})$,判别器 D_Y 可以区分 $\boldsymbol{Y}$ 与 $G(\boldsymbol{X})$;同样,判别器 D_X 可以区分图像 X 与伪图像 $G(\boldsymbol{Y})$。模型的训练目标函数分为两个对抗性损失与一个循环一致性损失,总体表示为:

$$\mathcal{L}(G, F, D_X, D_Y) = \mathcal{L}_{\text{GAN}}(G, D_Y, \boldsymbol{X}, \boldsymbol{Y}) + \mathcal{L}_{\text{GAN}}(F, D_X, \boldsymbol{Y}, \boldsymbol{X}) + \alpha\, \mathcal{L}_{\text{cyc}}(G, F) \tag{4-26}$$

其中,第一项是由映射函数 G 与其对应的判别器 D_Y 组成的对抗性损失函数,具体表示为:

$$\mathcal{L}_{\text{GAN}}(G, D_Y, \boldsymbol{X}, \boldsymbol{Y}) = E_{y \sim P_{\text{data}}(y)}\big[\log(D_Y(\boldsymbol{y}))\big] + E_{x \sim P_{\text{data}}(x)}\big[\log(1 - D_Y(G(\boldsymbol{x})))\big] \tag{4-27}$$

模型的主要思想是学习到的映射函数应具有循环一致性,故而对于来自源域的每个图像 x 经过循环后还可回到原始图像,即 $x \to G(x) \to F(G(x)) \approx x$,同样对目标域也要满足,故而第三项函数可表示为:

$$\mathcal{L}_{\text{cyc}}(G, F) = E_{x \sim P_{\text{data}}(x)}\big[\|F(G(\boldsymbol{x})) - \boldsymbol{x}\|_1\big] + E_{y \sim P_{\text{data}}(y)}\big[\|G(F(\boldsymbol{y})) - \boldsymbol{y}\|_1\big] \tag{4-28}$$

CycleGAN 有诸多优点。

(1) 结构简单有效,不必使用成对的样本也可以进行图像映射。

(2) 不需要提供从源域到目标域的配对转换样本就可以训练。

(3) 输入的两张图像可以是任意无配对的,并且可以让两个不同域的图像互相转化。

(4) 相比 pix2pix,CycleGAN 的用途更广泛。

利用 CycleGAN 可以做出更多有趣的应用。Michael Zotov 等提出了一种利用周期一致性的潜变量深层生成模型消除以云穿透带中的信息为条件的 Sentinel-2 多云观测。具体地,为了推断隐式模型的参数,该方法采用增强周期一致的 GAN,即两个生成器-判别器对,其中生成器分别学习映射 $X \times Z_y \to \hat{Y}$ 和 $Y \times Z_x \to X$,然后将频谱归一化加入网络结构的卷积层中。实验表明,该方法可以为遥感影像应用生成更干净的数据。

4.7.5 WGAN

WGAN 即 Wasserstein GAN,Wasserstein 距离又称 Earth-Mover(EM)距离,度量两

个概率分布之间距离的定义如下：

$$W(P_r, P_g) = \inf_{\gamma \in \Pi(P_r, P_g)} E_{(x,y) \sim \gamma} \big[\| x - y \| \big] \tag{4-29}$$

对比原始 GAN 的二分类判别器，WGAN 中的判别器是去近似 Wasserstein 距离，由此二分类问题变成了回归任务，所以需要去掉最后的激活函数。由于 Wasserstein 距离可以具体量化为真实分布和生成分布之间的距离，所以在 WGAN 中，该距离便作为训练进程的判别标准，其值越小，则表示 GAN 训练得越好，生成器产生的图像质量越高。

总体来说，WGAN 主要贡献如下。

(1) 彻底解决了 GAN 训练不稳定的问题，不再需要平衡生成器和判别器的训练程度。

(2) 基本解决了生成单一性样本问题，确保了生成样本的多样性。

(3) 训练过程中通过一个类似交叉熵的指标指示训练的进程。

(4) 不需要精心设计网络架构。

(5) WGAN 彻底解决了训练不稳定问题，同时基本解决了崩溃模式现象。

近年来，特征提取作为高光谱影像处理领域中最为关键的研究方向，由于基于有监督深度学习的有限元方法限制了特征提取在高光谱处理中的应用，Mingyang Zhang 等提出了一种改进的 WGAN，在无监督的情况下训练基于深度学习的特征提取网络。其中，生成器用于学习数据集的真实概率分布，判别器用于提取具有优良不变性的空间光谱特征，同时使用 Wasserstein 距离来替代原本的 JS 散度，减轻了 GAN 网络训练的难度和不稳定性。该方法的目标函数表示为：

$$\min_{G} \max_{D} V(G, D) = E_{\boldsymbol{X} \sim P_{\mathrm{data}}(\boldsymbol{X})} \big[D(\boldsymbol{X}) \big] + E_{\boldsymbol{Z} \sim P_{\boldsymbol{Z}}(\boldsymbol{Z})} \big[D(G(\boldsymbol{Z})) \big] \tag{4-30}$$

对应的判别器与生成器的目标函数分别表示为：

$$D_{\mathrm{loss}} = E_{\boldsymbol{Z} \sim P_{\boldsymbol{Z}}(\boldsymbol{Z})} \big[D(G(Z)) \big] - E_{\boldsymbol{X} \sim P_{\mathrm{data}}(\boldsymbol{X})} \big[D(\boldsymbol{X}) \big]$$

$$G_{\mathrm{loss}} = - E_{\boldsymbol{Z} \sim P_{\boldsymbol{Z}}(\boldsymbol{Z})} \big[D(G(Z)) \big] \tag{4-31}$$

相比基于有监督深度学习的有限元方法，该方法更能显著减少标记样本的需求，并且保持良好的特征质量。相比基于卷积的特征提取方法，该方法具有更高不变性的高阶光谱空间特征，更有利于后续的高光谱影像分类任务。

4.7.6 遥感领域中的应用

由于遥感数据很难收集，而且缺乏样本多样性，Dongjun Zhu 等提出了一种多分支 CGAN(MCGAN) 用于增强光学遥感中目标检测数据。对应的生成器与判别器的目标函数表示为：

$$\mathrm{Loss}(G) = \mathrm{loss}_{bc}(D_1(G(z, y)), \mathrm{zeros}) + \mathrm{loss}_{bc}(D_2(G(z, y)), \mathrm{zeros}) +$$

$$\mathrm{loss}_{bc}(D_3(G(z, y)), \mathrm{zeros}) + \mathrm{loss}_c(C(G(z, y)), \mathrm{cls})$$

$$\mathrm{Loss}(D) = \mathrm{loss}_{bc}(D_1(G(z, y)), \mathrm{zeros}) + \mathrm{loss}_{bc}(D_2(G(z, y)), \mathrm{zeros}) +$$

$$\text{loss}_{bc}\left(D_3\left(G(z,y)\right),\text{zeros}\right)+\text{loss}_c\left(C(G(z,y)),\text{cls}\right)+\text{loss}_{bc}\left(D_1\left(G(z,y)\right),\text{ones}\right)+$$

$$\text{loss}_{bc}\left(D_2\left(G(z,y)\right),\text{ones}\right)+\text{loss}_{bc}\left(D_3\left(G(z,y)\right),\text{ones}\right)+\text{loss}_c\left(C(G(z,y)),\text{cls}\right)$$

$$(4\text{-}32)$$

具体地，MCGAN 采用多分支扩张卷积和分类分支使生成器生成各种高质量的遥感影像，同时提出一种基于 Faster-RCNN 的自适应样本选择策略，从 MCGAN 生成的样本中选择用于数据增强的样本，以保证新的训练集质量，并改善了样本多样性。

在 SAR 自动目标识别领域中，大多数方法是有监督的，对影像标签有很强的依赖性，Gao Fei 等提出了一种基于标准的 DCGAN 的半监督方法 MO-DCGAN，具体地，使用 DCGAN 的两个判别器进行联合训练，并且引入噪声数据学习理论，以减少错误的标记样本对网络产生的负面影响。其损失函数表示为：

$$L=-\boldsymbol{E}_{\boldsymbol{x},\boldsymbol{y}\sim P_{\text{data}}(\boldsymbol{x},\boldsymbol{y})}\{D(\boldsymbol{y}\mid\boldsymbol{x},\boldsymbol{y}<k+1)\}+\boldsymbol{E}_{\boldsymbol{z}\sim G(\boldsymbol{z})}\{D(\boldsymbol{y}\mid G(\boldsymbol{z}),\boldsymbol{y}=k+1)\}\quad(4\text{-}33)$$

在训练过程中，MO-DCGAN 的两个判别器共享相同的生成器，在计算生成器的损失函数时取平均值，从而提高该网络的训练稳定性。该方法在 MSTAR 数据集上取得了很好的结果，同时在少量标记样本的情况下，使用生成的影像训练网络，提高了 SAR 目标识别精度。

在遥感影像变化检测算法中，Christopher 等基于 CycleGAN，提出一种生成真实样本的普遍更改算法，其目标函数表示为：

$$L_{\text{GAN}}(G,D_Y,X,Y)=\boldsymbol{E}_{\boldsymbol{y}\sim P_{\text{data}}(\boldsymbol{y})}\big[\log(D_Y(\boldsymbol{y}))\big]+\boldsymbol{E}_{\boldsymbol{x}\sim P_{\text{data}}(\boldsymbol{x})}\big[1-\log(D_Y(G(\boldsymbol{x})))\big]$$

$$(4\text{-}34)$$

其中，判别函数表示为：

$$L_{\text{GAN}}(G,D_Y,X,Y)=\boldsymbol{E}_{\boldsymbol{y}\sim P_{\text{data}}(\boldsymbol{y})}\big[\log(D_Y(\boldsymbol{y}))\big]+\boldsymbol{E}_{\boldsymbol{x}\sim P_{\text{data}}(\boldsymbol{x})}\big[1-\log(D_Y(G(\boldsymbol{x})))\big]$$

$$(4\text{-}35)$$

周期一致性损失表示为：

$$L_{\text{cyc}}(G,F)=\boldsymbol{E}_{\boldsymbol{x}\sim P_{\text{data}}(\boldsymbol{x})}\big[\parallel F(G(x))-x\parallel_1\big]+\boldsymbol{E}_{\boldsymbol{y}\sim P_{\text{data}}(\boldsymbol{y})}\big[\parallel G(F(\boldsymbol{y}))-\boldsymbol{y}\parallel_1\big]$$

$$(4\text{-}36)$$

该方法证明了 GAN 在生成合成数据以测试遥感变化检测算法方面的价值，尽管 CycleGAN 框架生成了具有高感知质量的合成影像，但仍需要进一步的工作来真正评估影像的统计性质。

从发展应用 GAN 的角度，如何根据简单随机的输入，生成多样的、能够与人类交互的数据，是近期的一个应用发展方向。如何彻底解决崩溃模式并继续优化训练过程是 GAN 的一个研究方向。另外，关于 GAN 收敛性和均衡点存在性的理论推断也是未来的一个重要研究课题。同时，在 GAN 与其他方法交叉融合的角度，如何将 GAN 与特征学习、模仿学习、强化学习等技术更好地融合，开发新的人工智能应用或者促进这些方法的发展，是很有意义的发展方向。从长远来看,如何利用 GAN 推动人工智能的发展与应用,提升人工智能理解世界的能力,甚至激发人工智能的创造力,这是值得研究者思考的问题。

4.8　胶囊网络

4.8.1　胶囊网络原理

现代神经解剖学对大脑的研究,发现大脑皮层中存在诸多皮层微柱,其内部不仅包含上百个神经元,更有内部分层。这表明大脑中的每一层并不是单纯类似目前神经网络中的一层结构,其更复杂。受神经解剖学这一发现的启发,Hinton 首先提出胶囊的概念,但是随着 CNN 的研究逐渐步入瓶颈期,以神经元为单元构建网络层结构,实现层之间的参数传递的方式使神经元无法描述特征之间的位置关系,且大量的池化层使得珍贵的特征空间和层级关系信息丢失。为了克服 CNN 的如上缺陷,Hinton 重启了对胶囊网络的研究,并于 2017 年首次提出全新的深度学习网络——胶囊网络,其核心思想是用胶囊代替 CNN 中的神经元,网络得以保存目标间位置和空间层级关系。

胶囊网络的基本单元是胶囊,其包含一组神经元,每个神经元表示图像中存在的物体或物体局部等特定实体的不同属性,包括如姿势(位置、大小、方向)、速度、形变、纹理等不同类型的实例化参数。胶囊的输出向量就是神经元的输出,其模长代表图像中某种类型的物体的存在,数值表示胶囊所代表的实体在当前输入中存在的概率。因此采用非线性挤压函数(squash function)确保胶囊的模长为 0~1,该挤压函数为胶囊网络的激活函数:

$$\boldsymbol{v}_j = \frac{\parallel \boldsymbol{s}_j \parallel^2}{1 + \parallel \boldsymbol{s}_j \parallel^2} \frac{\boldsymbol{s}_j}{\parallel \boldsymbol{s}_j \parallel} \tag{4-37}$$

其中,$\boldsymbol{s}_j$ 是胶囊 j 的总输入;$\boldsymbol{v}_j$ 是其向量输出。

胶囊网络的输出为向量使它可以使用强大的动态路由机制确保低层胶囊的输出发送到合适的父级高层胶囊中,用相邻两层胶囊之间的耦合系数表征其合适程度。最初,胶囊的输出被路由到所有高层胶囊,但其所有耦合系数的和为 1。受计算机图像学启发,对于每个可能的父级胶囊,低层胶囊的输出与一个权重矩阵相乘,计算一个预测向量,如果预测向量与可能的父级输出有很大的标量积,则会有自上而下的反馈增强与该父级间的耦合系数,降低与其他父级间的耦合系数,进而加强底层胶囊与父级间的标量积。

所有低层胶囊对其预测向量的和得到高层胶囊的总输入,通过 squash 函数得到输出。如果高层胶囊输出与低层胶囊的预测之间内积大,则存在自上而下的反馈,增加高层胶囊与低层胶囊之间的耦合系数。CNN 中的最大池化机制只保留低层局部最活跃的特征检测器输出,相比之下这种动态路由机制利用了低层所有的胶囊输出,通过自上而下的反馈,使得每个低层胶囊更多地输入到合适的高层胶囊中。

除了第一层胶囊层外,胶囊的总输入 s_j 是所有低层胶囊的预测向量 $u_{j|i}$ 的加权和,预测向量 $u_{j|i}$ 由低层胶囊的输出 u_i 与权重矩阵 W_{ij} 相乘得到:

$$s_j = \sum_i c_{ij} \hat{u}_{j|i}, \quad \hat{u}_{j|i} = W_{ij} u_i \tag{4-38}$$

其中,c_{ij} 是由迭代动态路由过程决定的耦合系数。胶囊 i 和高一层的所有胶囊间的耦合系数总和为 1,由路由 softmax 函数决定:

$$c_{ij} = \frac{e^{b_{ij}}}{\sum_k e^{b_{ik}}} \tag{4-39}$$

其中,b_{ij} 是对数先验概率,初始值设为 0,与其他权重参数同时学习。之后的更新由当前层的输出胶囊向量 v_j 与前一层预测向量 $u_{j|i}$ 的一致性来决定:

$$b_{ij} \leftarrow b_{ij} + \hat{u}_{j|i} \cdot v_j \tag{4-40}$$

即这个一致性由这两层胶囊向量的标量积来决定,在计算两层胶囊层的耦合系数之前先更新这个对数先验概率的值。路由更新的次数即为 b 更新的次数。

路由算法:

1: 对所有的 l 层胶囊 i 和 $l+1$ 层胶囊 j:$b_{ij} \leftarrow 0$

2: for r 次迭代:

3:     对 l 层所有的胶囊 i:$c_i \leftarrow \text{softmax}(b_i)$

4:     对 $l+1$ 层所有的胶囊 j:$s_j \leftarrow \sum_i c_{ij} \hat{u}_{j|i}$

5:     对 $l+1$ 层所有的胶囊 j:$v_j = \text{squash}(s_j)$

6:     对所有 l 层的胶囊 i 和 $l+1$ 层 j:$b_{ij} \leftarrow b_{ij} + \hat{u}_{j|i} \cdot v_j$

返回 v_j

胶囊网络架构如图 4.33 所示,网络有三层,首先是标准的卷积层。使用卷积层而不是直接使用胶囊,是因为胶囊的向量是用作描述某个物体的实例,并且越高级的胶囊能够表征更高级的实例。而使用胶囊直接获取图像的特征,并不理想,因为浅层 CNN 更擅长获取低级特征。因此胶囊网络的第一层是 CNN。第一层的卷积层获得图像的局部低级特征,然后将其作为第一层胶囊层的输入。第二层是胶囊网络的第一个初级胶囊(primary cap),包含 $32 \times 6 \times 6$ 个胶囊,每个胶囊有 8 个向量,每个在 6×6 的特征图上的胶囊都是权重共享的。初级胶囊是多维实体的最低层级,以反图形的角度看,初级胶囊的激活等同反转呈现过程,这种计算正是胶囊网络的独特之处。

最后一层是数字胶囊,每个数字类用一个胶囊表示,其中每个胶囊含有 16 个向量。这层的胶囊与前一层所有的胶囊都有连接,这两层胶囊之间采用动态路由算法来更新。

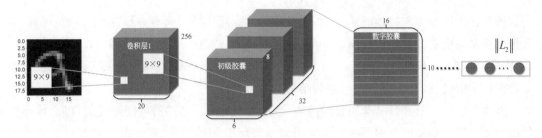

图 4.33　胶囊网络架构

(https://kns.cnki.net/kcms/detail/detail.aspx?dbcode=CMFD&dbname=CMFD201902&filename=1019914058.nh&v=xLm1Dsmh%25mmd2FZI7ow5EKGF65cFaAhd3a7LzUlqF%25mmd2F6f1NqGLHbld3o0jv50mB0ffy%25mmd2B2T)

4.8.2　矩阵胶囊网络

一个胶囊是一组神经元,其输出代表同一个实物的不同属性。胶囊网络的每层包括多个胶囊。使用 EM 路由的矩阵胶囊网络中,每个胶囊都有一个逻辑单元表示一个实物是否出现,并使用一个 4×4 的矩阵学习表示实例和视角(姿态)之间的关系,如图 4.34 所示。

模型的结构一般如图 4.35 所示,一层中的胶囊将其自己的姿势矩阵乘以可学习表示局部整体关系的可训练视点不变变换矩阵,投票支持上一层中许多不同胶囊的姿势矩阵。这些投票中的每个都由分配系数加权。使用 Expectation-Maximization 算法为每个图像迭代更新这些系数,使每个胶囊的输出路由到接收相似投票群集

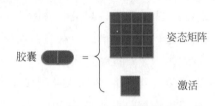

图 4.34　胶囊结构图

(https://openreview.net/pdf?id=HJWLfGWRb)

的上一层中的胶囊。通过反向传播对相邻胶囊层之间的 EM 展开迭代来区别地训练变换矩阵。

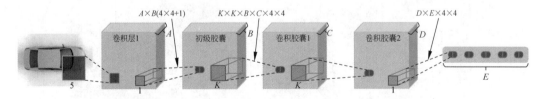

图 4.35　矩阵胶囊的模型结构

(https://openreview.net/pdf?id=HJWLfGWRb)

4.8.3　堆叠胶囊自编码器

物体可以看作一组相互关联的几何组成部分,神经系统可以学习推理物体之间的转换,它们的一部分或者视角的不同,但是每种转换都可能需要用不同的方式表示。一个明确利

用这些几何关系来识别物体的系统,在应对视角的变化上理应具有鲁棒性,因为物体内在的几何关系是不会有变化的。Sara Sabour 联合 Geoffrey Hinton 提出最新版的胶囊网络——堆叠式胶囊自动编码器(Stacked Capsule AutoEncoders,SCAE),该胶囊网络可以无监督地学习图像中的特征,并取得了最先进的结果。

SCAE 是一个无监督版本的胶囊网络,通过可查看所有部件的神经编码器,进而推断物体胶囊的位置与姿势。该编码器通过解码器进行反向传播训练,通过混合式姿势预测方案预测已发现部件的姿势。同样是使用神经编码器,通过推断部件及其仿射变换,可以直接从图像中发现具体的部件。换句话说,每个相应的解码器图像像素建模,都是仿射变换部分做出的混合预测结果,通过未标记的数据习得物体及其部分胶囊,然后再对物体胶囊的存在向量进行聚类。

如图 4.36 所示,SCAE 有两个阶段。第一阶段是零件胶囊自动编码器(PCAE),将图像分割为组成部分,推断其姿势,并通过适当安排仿射变换的部分模板来重建图像。第二阶段是对象胶囊自动编码器(OCAE),尝试将发现的零件及其姿势组织成较小的一组对象,然后,这些对象尝试使用每个零件的单独预测混合来重建零件姿态。每个物体胶囊通过将姿势-对象-视图-关系乘以相关的物体-部件-关系为这些混合物提供组件。SCAE 在未经标记的数据上进行训练时借此捕获整个物体及其部件之间的空间关系。

该工作的主要贡献是提出了一种全新的表示学习方法,其中高度结构化的解码器可以用来训练编码器网络,将图像分割成相应的部件及其姿势,而另一个编码器网络则可以将这些部件组成连贯的整体。尽管训练目标不涉及分类/聚类,但 SCAE 依然是唯一一种在无监督对象分类任务中不依赖于互信息中也能获得有竞争力结果的方法。

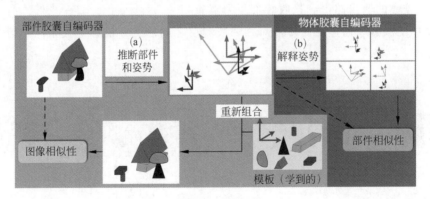

图 4.36　SCAE

(https://arxiv.org/pdf/1906.06818.pdf)

4.8.4　遥感领域中的应用

胶囊网络结合了 CNN 和计算机图形学中变换矩阵的思想,结合动态路由算法,展现了比 CNN 更好的泛化能力以及小样本学习能力。此外,特征的精确位置关系也能够较好地保留。在特征提取阶段保持精确的位置关系是非常重要的。适用于在遥感影像分类、影像分割、目标识别、目标检测等问题中,并已在自然光学图像中取得了很好的效果,展示了胶囊网络相较于 CNN 强大的特征表示能力,胶囊网络为深度学习开辟了一个新的研究方向。

2019 年提出了一种用于从高分辨率遥感影像中检测车辆的卷积胶囊网络。网络首先将测试影像分割成超像素,以生成有意义的和非冗余的色块。然后将这些色块输入到卷积胶囊网络,以将其标记为车辆或背景。最后采用非最大抑制来消除重复检测。

图 4.37 展示了卷积胶囊网络的架构,该网络包含一个常规的卷积层、一个初级胶囊(PrimCap)、两个卷积胶囊(ConvCap1 和 ConvCap2)、一个胶囊最大池化层(max-pooling)和两个完全连接胶囊(FullCap1 和 FullCap2)。卷积层用于从输入影像中提取低级特征。这些特征被进一步编码到胶囊中以表示不同级别的实体。卷积层采用广泛使用的 ReLU 作为激活函数,对输入进行非线性变换。

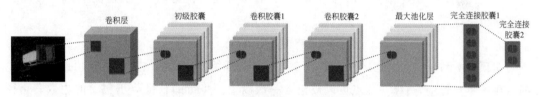

图 4.37　卷积胶囊网络的架构
(https://ieeexplore.ieee.org/stamp/stamp.jsp?tp=&arnumber=8709752)

2020 年提出了一种胶囊特征金字塔网络(CapFPN),用于从航空影像中提取建筑足迹。利用胶囊的特性并融合不同级别的胶囊特征,CapFPN 可以提取高分辨率的、固有的和语义上强的特征,有效地提高了像素级建筑物覆盖区的提取精度。通过使用有符号的距离图作为标签,CapFPN 可以提取没有微小孔洞的实体建筑区域。

2020 年提出了一种结合八度卷积(Octave Convolution,OctConv)和胶囊网络的新分类算法,分层提取输入数据的鲁棒和判别性特征,称为 OctConv-CapsNet。在这个方法中,CapsNet 捕获数据的空间信息,OctConv 分别处理高低频特征。OctConv 嵌入在 CapsNet 的主胶囊层中,因此所提出的方法可以同时充分利用空间信息以及高频和低频信息。

4.9　图卷积神经网络

4.9.1　图的基本定义

图 $G = \langle V, E, W \rangle$ 是由顶点 V 和边 E 组成,W 表示权重邻接矩阵,$(i, j) \in E$ 表示由 i 连接到 j 的边;图分为有向图和无向图,在无向图中,$(i, j) = (j, i)$,但是在有向图中并不满足这条性质。这里重点介绍无向图。

W_{ij} 表示顶点 i、j 之间的边 (i,j) 的权重。如果 $W_{ij}=0$ 表示在顶点 i 和 j 之间没有边，即 $(i,j)\notin E$。W 中的元素一般为实数，并且由 $(i,j)=(j,i)$ 可以得到：W 是一个实对称矩阵。定义 W 最常用的方法就是使用阈值高斯核权重函数：

$$W_{ij}=\begin{cases}\exp\left(-\dfrac{\left[\operatorname{dist}(i,j)^2\right]}{2\theta^2}\right), & \operatorname{dist}(i,j)\leqslant k\\ 0, & \text{其他}\end{cases} \tag{4-41}$$

其中，$\operatorname{dist}(i,j)$ 可以是顶点 i 和 j 之间的物理距离，也可以是它们特征之间的距离。最简单的 W 就是通常介绍的邻接矩阵 A，矩阵 A 只是 W 的一种特殊情况。A 中每一个元素 $A_{ij}\in\{0,1\}$，即

$$A_{ij}=\begin{cases}0, & (i,j)\in E\\ 1, & (i.j)\notin E\end{cases} \tag{4-42}$$

无向图中，N_i 表示节点 i 的邻域节点，它有多种定义的方法，一般情况下，某个顶点 i 的邻域由路径定义：

$$N_i=\{j\in V,\operatorname{path}(i,j)\leqslant k\} \tag{4-43}$$

在顶点 i 和顶点 j 之间的行走是一个从顶点 i 开始到顶点 j 结束的边和顶点的连接序列。在一个步行中，边缘和顶点可以被包含一次以上。步行的长度等于包含的边数。路径是一种特殊的行走，每个顶点只能包含一次。路径的长度等于路径中包含的边数。

4.9.2　图信号处理

图信号处理是将数字信号处理中离散傅里叶变换和滤波器的基本运算扩展到图信号。这些操作可以有效地从图结构数据中提取信息，为 GCN 奠定了坚实的数学基础。以图结构中一个节点作为示例，连续域中的经典傅里叶变换定义为：

$$\hat{f}(w)=<f,\mathrm{e}^{2\pi iwt}>=\int_R f(t)\mathrm{e}^{-2\pi iwt}\,\mathrm{d}t \tag{4-44}$$

拉普拉斯算子 Δ 满足：

$$-\Delta(\mathrm{e}^{2\pi iwt})=-\frac{\partial^2}{\partial t^2}\mathrm{e}^{2\pi iwt}=(2\pi w)^2\mathrm{e}^{2\pi iwt} \tag{4-45}$$

因此，$\mathrm{e}^{2\pi iwt}$ 可看作连续域的拉普拉斯算子的特征函数。

无向图的拉普拉斯矩阵定义为：

$$L=D-W \tag{4-46}$$

其中，度矩阵 D 为对角矩阵并且满足：

$$D_{mm}=\sum_n W_{mn} \tag{4-47}$$

归一化拉普拉斯矩阵为：

$$L_N = D^{1/2}(D - W)D^{1/2} \tag{4-48}$$

L_N 为实对称半正定矩阵，可以通过傅里叶基 $U = [u_0, u_1, \cdots, u_{N-1}] \in \mathbb{R}^{N \times N}$ 进行对角化：

$$L = U\Lambda U^{T} \tag{4-49}$$

其中，N 为节点数量。拉普拉斯矩阵 L 是实对称矩阵，可知它的特征值 $\{\lambda_l\}_{l=0,1,\cdots,N-1}$ 都为非负实数，对应的特征向量为 $\{u_l\}_{l=0,1,\cdots,N-1}$ 满足：

$$Lu_l = \lambda_l u_l \tag{4-50}$$

离散傅里叶变换公式为：

$$\hat{f}(\lambda_l) = <f, u_l> = \sum_{i=0}^{N-1} f(i)u_l^*(i) = \sum_{i=0}^{N-1} f(n)e^{-jl\frac{2\pi}{N}i} \tag{4-51}$$

其中，$u_l \in C^N$，$u_l(i) = e^{-jl\frac{2\pi}{N}i}$，$0 \leqslant i \leqslant N-1$。

通过离散域和连续域的类比可以得到定义在图上的一个节点向量的离散傅里叶变换：

$$\hat{f}(\lambda_l) = <f, u_l> = \sum_{i=0}^{N-1} f(i)u_l^*(i) \tag{4-52}$$

其中，$u_l^*(i)$ 为特征向量 $u_l(i)$ 的共轭转置。同时，离散域的逆傅里叶变换为：

$$f(i) = \sum_{i=0}^{N-1} \hat{f}(\lambda_l)u_l(i) \tag{4-53}$$

将图中一个节点向量的离散傅里叶变换和逆傅里叶变换扩展到整个图信号，则图信号 $\hat{f}$ 的傅里叶变换可表示为：

$$\hat{f} = \begin{bmatrix} \hat{f}(1) \\ \vdots \\ \hat{f}(i) \\ \vdots \\ \hat{f}(N) \end{bmatrix} = U^T f, \quad i \in 1,2,\cdots,N \tag{4-54}$$

$\hat{f}$ 的逆傅里叶变换可以表示为：

$$f = U\hat{f} \tag{4-55}$$

4.9.3 GCN

在信号处理过程中，系统的冲击响应为 h。信号 f_{in} 经过系统后的输出 f_{out} 为：

$$f_{out} = (f_{in} * h) \tag{4-56}$$

其中，$*$ 表示卷积运算。变换到频域得到：

$$\hat{f}_{out} = \hat{f}_{in} \odot \hat{h} \tag{4-57}$$

其中,⊙表示逐元素相乘。将式(4-55)和式(4-56)代入式(4-57)得到:

$$\boldsymbol{f}_{\text{out}} = \boldsymbol{U}(\boldsymbol{U}^{\text{T}}h \odot \boldsymbol{U}^{\text{T}}\boldsymbol{f}_{\text{in}}) = \hat{h}(L)\boldsymbol{f}_{\text{in}} \tag{4-58}$$

其中

$$\hat{h}(L) = \boldsymbol{U}\hat{h}(\Lambda)\boldsymbol{U}^{\text{T}} = \boldsymbol{U}\begin{bmatrix} \hat{h}(\lambda_0) & 0 & \cdots & 0 \\ 0 & \hat{h}(\lambda_1) & \cdots & 0 \\ \vdots & \vdots & \ddots & \vdots \\ 0 & 0 & \cdots & \hat{h}(\lambda_{N-1}) \end{bmatrix}\boldsymbol{U}^{\text{T}}$$

当频域滤波器是一个 $K(K \leqslant N-1)$ 阶多项式时,

$$\hat{h}(\lambda_l) \approx \sum_{k=0}^{K} h(k)\lambda_l^k \tag{4-59}$$

将式(4-59)代入式(4-58),得到:

$$f_{\text{out}}(i) = \sum_{l=0}^{N-1} \boldsymbol{u}_l(i)\hat{h}(\lambda_l)\hat{f}_{\text{in}}(\lambda_l) = \sum_{j=1}^{N} f_{\text{in}}(j)\sum_{k=0}^{K} h(k)\sum_{l=0}^{N-1} \lambda_l^k \boldsymbol{u}_l^*(j)\boldsymbol{u}_l(i) \tag{4-60}$$

由 $\boldsymbol{L} = \lambda\boldsymbol{U}\boldsymbol{U}^{\text{T}}$,得到:

$$(L^k)_{ij} = \sum_{l=0}^{N-1} \lambda_l^k \boldsymbol{u}_l^*(j)\boldsymbol{u}_l(i) \tag{4-61}$$

将式(4-59)代入式(4-60),得到:

$$f_{\text{out}}(i) = \sum_{j=1}^{N} f_{\text{in}}(j)\sum_{k=0}^{K} h(k)(L^k)_{ij} \tag{4-62}$$

因此,对于整个图信号而言:

$$\boldsymbol{f}_{\text{out}} = \sum_{k=0}^{K} h(k)\boldsymbol{L}^k\boldsymbol{f}_{\text{in}} \tag{4-63}$$

由 $\boldsymbol{L}$ 矩阵的性质可知,在图中,当顶点 i 和 j 之间的最短路径大于 k 时,$(L^k)_{ij} = 0$,这意味着当滤波器是取 k 阶多项式时,顶点 i 处的输出值,只与自身顶点的原来的值以及路径不大于 k 的顶点有关,即

$$f_{\text{out}}(i) = b_{ii}f_{\text{in}}(i) + \sum_{j \in N(i,K)} b_{ij}f_{\text{in}}(j) \tag{4-64}$$

其中

$$b_{ij} = \sum_{k=0}^{K} h(k)(L^k)_{ij}$$

1. 第一代 GCN

对比卷积操作,从式(4-63)中可以看出,$\displaystyle\sum_{k=0}^{K} h(k)\boldsymbol{L}^k$ 就是需要的卷积核,训练参数为

$[h(0),h(1),\cdots,h(K)]$。当输入信号有多个通道时,得到卷积公式:

$$f_{m+1,j} = \sum_{i=1}^{D_m} F_{m,i,j} f_{m,i} \tag{4-65}$$

其中,m 表示第 m 层卷积层;N_m 表示顶点数目;D_m 表示特征维数;$f_{m,i} \in \mathbb{R}^{N_m \times D_m}$ 表示输入信号 f_m 的第 i 个特征;$F_{m,i,j} = \sum_{k=0}^{K} h_{m,i,j}(k) \boldsymbol{L}^k$ 表示第 j 个卷积核对第 i 特征做卷积的卷积核。

卷积之后需要进行非线性激活和池化操作,得到:

$$f_{m+1,j} = P_m h \Big(\sum_{i=1}^{D_m} F_{m,i,j} f_{m,i} \Big) \tag{4-66}$$

其中,$h()$ 表示非线性激活函数;P_m 表示池化操作。式(4-66)表示图在顶点域中的卷积过程。

相应顶点域的卷积公式可以由式(4-58)得到:

$$f_{m+1,j} = \boldsymbol{U} \sum_{i=1}^{D_m} (\boldsymbol{U}^\mathrm{T} h_{m,i,j} \odot \boldsymbol{U}^\mathrm{T} f_{m,i}) = U \sum_{i=1}^{D_m} \hat{h}_{m,i,j}(\boldsymbol{\Lambda}) \boldsymbol{U}^\mathrm{T} f_{m,i} = \sum_{i=1}^{D_m} \hat{h}_{m,i,j}(L) f_{m,i} \tag{4-67}$$

其中,$\hat{h}(\boldsymbol{\Lambda})$ 是对角矩阵,同时是需要训练的卷积核,训练参数为 $[\hat{h}(\lambda_0), \hat{h}(\lambda_1), \cdots, \hat{h}(\lambda_{N-1})]$。

2. 第二代 GCN

从式(4-67)可以知道,训练参数数目巨大,没有实现参数共享,需要计算 L 矩阵的特征向量,计算复杂度高,所以在第二代的 GCN 中,引入切比雪夫多项式,避免了对特征矩阵的求解,来降低计算复杂度。

切比雪夫多项式的递推关系为:

$$T_k(x) = 2x T_{k-1}(x) - T_{k-2}(x) \tag{4-68}$$

其中,$T_0 = 1, T_1 = x$。且切比雪夫多项式 $\{T_n(x)\}$ 在 $L^2([-1,1], \mathrm{d}y/\sqrt{1-y^2})$ 为正交基,即

$$\int_{-1}^{1} T_n(x) T_m(x) \frac{1}{\sqrt{1-x^2}} \mathrm{d}x = \begin{cases} 0, & n \neq m \\ \pi, & n = m = 0 \\ \pi/2, & n = m \neq 0 \end{cases} \tag{4-69}$$

从式(4-69)中可以知道 $x \in [-1,1]$,所以需要把 L 的特征值规范化到 $[-1,1]$,所以:

$$\hat{\boldsymbol{\Lambda}} = 2\boldsymbol{\Lambda}/\lambda_{\max} - I_n \tag{4-70}$$

将式(4-70)代入式(4-63)得到:

$$f_{\mathrm{out}} = \sum_{k=0}^{K} h(k) \widetilde{\boldsymbol{L}}^k f_{\mathrm{in}} \tag{4-71}$$

其中, $\widetilde{L} = U\hat{\Lambda}U^{\mathrm{T}}$。

结合式(4-71)和式(4-69),令

$$T_0(\widetilde{L}) = I_N, \quad T_1(\widetilde{L}) = \widetilde{L}, \quad \bar{f}_k = 2\widetilde{L}T_{k-1}(\widetilde{L}) - T_{k-2}(\widetilde{L})$$

化简为切比雪夫 K 阶多项式,有:

$$\sum_{k=0}^{K} h(k)\widetilde{L}^k = \sum_{k=0}^{K} \theta(k)T_k(\widetilde{L})f_{\text{out}} = \sum_{k=0}^{K} \theta(k)T_k(\widetilde{L})f_{\text{in}} \tag{4-72}$$

式(4-72)是式(4-64)顶点域卷积对应的频域表示,训练参数为 $[\theta(0),\theta(1),\cdots,\theta(K)]$,因为在推导过程中利用了式(4-59)进行近似。表示顶点处的输出值,只与自身顶点的原来的值以及路径不大于 k 的顶点有关,在计算节点 i 的邻域节点时,只计算 $d_g(i,j) \leqslant K$ 的节点作为邻域进行卷积。

当信号 f_{in} 为多通道信号时,式(4-72)变为:

$$f_{m+1,j} = \sum_{i=1}^{D_m} [\bar{f}_{m,i,0}, \bar{f}_{m,i,1}, \cdots, \bar{f}_{m,i,K}], \quad \theta_{i,j} \in \boldsymbol{R}^n \tag{4-73}$$

其中, m 表示第 m 层卷积层; $f_{m,i}$ 表示输入的第 i 个特征; $f_{m+1,j}$ 表示输出的第 j 个特征; D_m 表示输入特征的维度; $\theta_{i,j} \in \boldsymbol{R}^{K+1}$ 为卷积核参数; $\bar{f}_{m,i,k} = T_k(\widetilde{L})f_{m,i}$。

3. 第三代 GCN

在第二代的卷积中,虽然避免了对特征矩阵的求解,但是每次对图进行卷积运算时,都需要求 L^k,存在大量的矩阵乘法,第三代 GCN 通过对第二代 GCN 模型进行简化,避免了每次都需要求解 L^k,同时规范神经网络模型的逐层传播规则。从式(4-72)中得到,当 $K = 1$ 时:

$$f_{\text{out}} = \theta(0)T_0(\widetilde{L}_{\text{norm}})f_{\text{in}} + \theta(1)T_1(\widetilde{L}_{\text{norm}})f_{\text{in}} = \theta(0)f_{\text{in}} + \theta(1)\widetilde{L}_{\text{norm}}f_{\text{in}}$$
$$= \theta(0)f_{\text{in}} + \theta(1)\left(\frac{2}{\lambda_{\max}}L_{\text{norm}} - I_N\right)f_{\text{in}} \tag{4-74}$$

其中,

$$\widetilde{L}_{\text{norm}} = \left(\frac{2}{\lambda_{\max}}L_{\text{norm}} - I_N\right)$$

其特征值的范围为 $[-1,1]$。

$$L_{\text{norm}} = \boldsymbol{D}^{-\frac{1}{2}}\boldsymbol{L}\boldsymbol{D}^{-\frac{1}{2}} = I_N - \boldsymbol{D}^{-\frac{1}{2}}\boldsymbol{W}\boldsymbol{D}^{-\frac{1}{2}}$$

为组合拉普拉斯矩阵归一化后的矩阵,称为归一化拉普拉斯矩阵,它的特征值在 $[0,1]$ 中。

将 $\lambda_{\max} \approx 2$ 代入式(4-74)得到:

$$f_{\text{out}} \approx \theta(0)f_{\text{in}} + \theta(1)(L_{\text{norm}} - I_N)f_{\text{in}} = \theta(0)f_{\text{in}} - \theta(1)(\boldsymbol{D}^{-\frac{1}{2}}\boldsymbol{W}\boldsymbol{D}^{-\frac{1}{2}})f_{\text{in}} \tag{4-75}$$

由于 $\theta(0)$、$\theta(1)$ 是训练参数,是可调整的,使得 $\theta(0) = -\theta(1) = \theta$,那么:

$$f_{\text{out}} \approx \theta(\boldsymbol{I}_N + \boldsymbol{D}^{-\frac{1}{2}}\boldsymbol{W}\boldsymbol{D}^{-\frac{1}{2}})x \qquad (4\text{-}76)$$

其中，$\boldsymbol{I}_N + \boldsymbol{D}^{-\frac{1}{2}}\boldsymbol{W}\boldsymbol{D}^{-\frac{1}{2}}$ 的特征值范围为 $[0,2]$，可能会导致梯度消失和梯度爆炸的问题，所以需要将 $\boldsymbol{I}_N + \boldsymbol{D}^{-\frac{1}{2}}\boldsymbol{W}\boldsymbol{D}^{-\frac{1}{2}}$ 进行归一化为 $\widetilde{\boldsymbol{D}}^{-\frac{1}{2}}\widetilde{\boldsymbol{W}}\widetilde{\boldsymbol{D}}^{-\frac{1}{2}}$，其中，$\widetilde{\boldsymbol{W}} = \boldsymbol{W} + \boldsymbol{I}_N$，$\widetilde{\boldsymbol{D}}_{ii} = \sum\limits_j \widetilde{\boldsymbol{W}}_{ij}$，可以有效避免梯度消失和梯度爆炸的问题，同时由于 θ 为一个常数，可以放到等式的最后面，得到：

$$f_{\text{out}} \approx (\widetilde{\boldsymbol{D}}^{-\frac{1}{2}}\widetilde{\boldsymbol{W}}\widetilde{\boldsymbol{D}}^{-\frac{1}{2}})f_{\text{in}}\theta \qquad (4\text{-}77)$$

当 f_{in} 为多通道特征时，得到：

$$f_{m+1} = (\widetilde{\boldsymbol{D}}^{-\frac{1}{2}}\widetilde{\boldsymbol{A}}\widetilde{\boldsymbol{D}}^{-\frac{1}{2}})f_m\boldsymbol{\Theta} \qquad (4\text{-}78)$$

其中，$f_{m+1} \in \boldsymbol{R}^{N \times F}$ 表示第 m 层的输出信号；F 表示输出信号的特征维度；$f_m \in \boldsymbol{R}^{N \times C}$ 表示第 m 层的输入信号；C 表示输入信号的特征维度；$\boldsymbol{\Theta} \in \boldsymbol{R}^{C \times F}$ 表示卷积核参数，是需要训练的参数。

通过式(4-78)可以得到 GCN 多层传播的公式：

$$\boldsymbol{H}^{(m+1)} = \text{ReLU}(\hat{\boldsymbol{A}}\boldsymbol{H}^{(m)}\boldsymbol{\Theta}^{(m)}) \qquad (4\text{-}79)$$

其中，$\boldsymbol{H}^{(0)} = f_m$，则式(4-79)为目前所用的 GCN 的卷积公式。

Ruoyu Li 等认为，图的拓扑结构是固有的，它仅仅表示物理连接，不能充分表达出针对特定任务的所有有意义的拓扑结构，并且欧氏距离已不再是度量顶点相似性的好的度量指标，所以提出了 SGC-LL 层，设计了可学习的残差图拉普拉斯矩阵来调整原始的拉普拉斯矩阵，使得新的拉普拉斯矩阵包含那些无法直接在原始的图上学习到的由虚拟顶点连接组成的子结构。它利用马氏距离作为节点之间距离的度量，并利用该距离计算高斯核函数，归一化后得到残差邻接矩阵 $\boldsymbol{A}^{\text{reg}}$。

$$\boldsymbol{A}_{ij}^{\text{reg}} = \text{normal}\left(\exp\left(-\frac{\sqrt{(\boldsymbol{x}_i - \boldsymbol{x}_j)^{\text{T}}\boldsymbol{W}_d\boldsymbol{W}_d^{\text{T}}(\boldsymbol{x}_i - \boldsymbol{x}_j)}}{2\sigma^2}\right)\right) \qquad (4\text{-}80)$$

其中，$\boldsymbol{W}_d \in \boldsymbol{R}^{d \times d}$ 为训练参数；$\boldsymbol{W}_d\boldsymbol{W}_d^{\text{T}}$ 为了保证 $\boldsymbol{A}_{ij}^{\text{reg}}$ 为对称矩阵。

最后利用 $\boldsymbol{A}^{\text{reg}}$ 计算得到残差拉普拉斯矩阵 $\boldsymbol{L}^{\text{reg}}$，由于原始拉普拉斯矩阵包含了大量有用的图结构信息，并且为了加速训练和提高学习到的拓扑结构的稳定性，所以将残差图拉普拉斯矩阵 $\boldsymbol{L}^{\text{reg}}$ 以加权系数的方式与原始的拉普拉斯矩阵 $\boldsymbol{L}$ 相加，得到最终的拉普拉斯矩阵 $\hat{\boldsymbol{L}}$。

$$\hat{\boldsymbol{L}} = \boldsymbol{L} + \alpha\boldsymbol{L}^{\text{reg}} \qquad (4\text{-}81)$$

由于 $\boldsymbol{L}^{\text{reg}}$ 中含有训练参数 $\boldsymbol{W}_d$，使得在每一个 SGC-LL 层的图结构都有所不同，且可调整以适应相应的任务要求。

Bo Jiang 等认为,在使用图卷积时需要提供固有的或者人工的图结构,当提供人工的图结构时,无法确定人工得到的图结构对于目标任务来说是否是最优的,所以,作者提出 GLCN 模型,通过将图学习和图卷积同时集成在统一的网络体系结构中,以半监督的学习形式学习,得到最适合图卷积的最优图表示。

它将节点之间的差值 $|\boldsymbol{x}_i - \boldsymbol{x}_j|$ 送入一个单层网络,对单层网络的输出利用 softmax 函数进行归一化,得到可学习的最优图结构矩阵 $\boldsymbol{S}$:

$$S_{ij} = g(\boldsymbol{x}_i, \boldsymbol{x}_j) = \frac{\boldsymbol{A}_{ij} \exp(\mathrm{ReLU}(\boldsymbol{a}^{\mathrm{T}} \mid \boldsymbol{x}_i - \boldsymbol{x}_j \mid))}{\sum_{j=1}^{n} \boldsymbol{A}_{ij} \exp(\mathrm{ReLU}(\boldsymbol{a}^{\mathrm{T}} \mid \boldsymbol{x}_i - \boldsymbol{x}_j \mid))} \tag{4-82}$$

其中,可学习参数在为单层网络中的 $\boldsymbol{a}^{\mathrm{T}} \in \boldsymbol{R}^C$,$C$ 为节点的通道数。

将可学习图结构矩阵 $\boldsymbol{S}$ 作为图卷积的邻接矩阵 $\hat{\boldsymbol{A}}$ 进行图卷积,并定义了 GLCN 模型的损失函数:

$$L_{\mathrm{semi\text{-}GLCN}} = -\sum_{i \in L}\sum_{j=1}^{c} Y_{ij} \ln(Z_{ij}) + \lambda \sum_{i,j=1}^{n} \parallel \boldsymbol{x}_i - \boldsymbol{x}_j \parallel_2^2 S_{ij} + \gamma \parallel \boldsymbol{S} \parallel_F^2 + \beta \parallel \boldsymbol{S} - \boldsymbol{A} \parallel_F^2$$

$$\tag{4-83}$$

其中,$-\sum_{i \in L}\sum_{j=1}^{c} Y_{ij} \ln(Z_{ij})$ 表示节点分类的交叉熵损失;

$$\lambda \sum_{i,j=1}^{n} \parallel \boldsymbol{x}_i - \boldsymbol{x}_j \parallel_2^2 S_{ij} + \gamma \parallel \boldsymbol{S} \parallel_F^2 + \beta \parallel \boldsymbol{S} - \boldsymbol{A} \parallel_F^2$$

为训练图结构定义的损失。当图卷积层数为 K 层时,训练参数 $\boldsymbol{\Theta} = \{a, \boldsymbol{W}^0, \boldsymbol{W}^1, \cdots, \boldsymbol{W}^{K-1}\}$。

4.9.4　遥感领域中的应用

随着图卷积神经网络的理论突破以及它在人工智能某些领域的适用性和专业性,遥感影像解译任务中也有越来越多的相关工作出现。Wan 等提出了多尺度动态 GCN (MDGCN),与常用的在固定图形上工作的 GCN 模型不同,该算法在图形卷积过程中实现了图形的动态更新,从而逐步产生判别性的嵌入特征和精细的图形。此外,为全面部署高光谱图像所固有的多尺度信息,建立了多个不同邻域尺度的输入图,可以广泛地利用多尺度下多样化的光谱-空间相关性。

Mou 等提出了一种新型的基于图的半监督网络,称为非局部图卷积网络(Non-local GCN),可用于高光谱图像分类。现有的 CNN 和 RNN 接收高光谱图像的像素或图像块作为输入,而 Non-local GCN 的输入则为整幅高光谱图像(包括标记数据和未标记数据)。更具体地,网络首先将整个高光谱图像表示为一个非局部图,其中图中的每个顶点表示图像中的一个像素。给定图表示,通过应用图卷积来提取特征,以推理整幅图像的分类图。而且提出的 Non-local GCN 是可以进行端到端训练的。

　　Wang 等提出了一种新型图注意力卷积网络(GAC)用于点云分割任务,其内核可以动态地刻画成特定的形状,以适应对象的结构。具体来说,GAC 通过结合不同邻点的位置和特征属性,给不同的相邻点分配适当的注意力权重,有选择地关注其中最相关的部分。随着学习到的注意力权重分布,卷积核的形状动态地刻画成特定的形状,以适应点云对象的结构。

参考文献

[1] Xie W,Yang J,Lei J,et al. SRUN：Spectral regularized unsupervised networks for hyperspectral target detection[J]. IEEE Transactions on Geoscience and Remote Sensing,2019,58(2)：1463-1474.

[2] Arima Y,Hirose A. Millimeter-wave coherent imaging of moving targets by using complex-valued self-organizing map and auto-encoder[J]. IEEE Journal of Selected Topics in Applied Earth Observations and Remote Sensing,2020,13：1784-1797.

[3] Kingma D P,Welling M. Auto-encoding variational bayes[EB/OL]. https://arxiv. org/abs/ 1312.6114.

[4] Belwalkar A,Nath A,Dikshit O. Spectral classification of hyperspectral remote sensing images using variational autoencoder and convolution neural network[J]. International Archives of the Photogrammetry,Remote Sensing and Spatial Information Sciences,2018.

[5] Priya S,Ghosh R,Bhattacharya B. Non-linear autoencoder based algorithm for dimensionality reduction of airborne hyperspectral data[J]. International Archives of the Photogrammetry,Remote Sensing and Spatial Information Sciences,2019,42(3/W6)：593-598.

[6] Su Y,Li J,Plaza A,et al. DAEN：Deep autoencoder networks for hyperspectral unmixing[J]. IEEE Transactions on Geoscience and Remote Sensing,2019,57(7)：4309-4321.

[7] Schmitt M,Hughes L,Körner M,et al. Colorizing sentinel-1 sar images using a variational autoencoder conditioned on sentinel-2 imagery[J]. International Archives of the Photogrammetry,Remote Sensing and Spatial Information Sciences,2018,42：1045-1051.

[8] Shao Z,Wang L,Wang Z,et al. Remote sensing image super-resolution using sparse representation and coupled sparse autoencoder[J]. IEEE Journal of Selected Topics in Applied Earth Observations and Remote Sensing,2019,12(8)：2663-2674.

[9] Shi Y,Li J,Yin Y,et al. Hyperspectral target detection with macro-micro feature extracted by 3-D residual autoencoder[J]. IEEE Journal of Selected Topics in Applied Earth Observations and Remote Sensing,2019,12(12)：4907-4919.

[10] Fan J,Lin K,Han M. A novel joint change detection approach based on weight-clustering sparse autoencoders[J]. IEEE Journal of Selected Topics in Applied Earth Observations and Remote Sensing,2019,12(2)：685-699.

[11] Li Y,Zhou L,Peng C,et al. Spatial fuzzy clustering and deep auto-encoder for unsupervised change detection in synthetic aperture radar images[C]//IEEE International Geoscience and Remote Sensing Symposium,2018.

[12] Berg R,Kipf T N,Welling M. Graph convolutional matrix completion[EB/OL]. https://arxiv. org/

abs/1706.02263.

[13] Chen Y,Jiao L,Li Y,et al. Multilayer projective dictionary pair learning and sparse autoencoder for PolSAR image classification[J]. IEEE Transactions on Geoscience and Remote Sensing,2017,55 (12):6683-6694.

[14] Wang J,Hou B,Jiao L,et al. POL-SAR image classification based on modified stacked autoencoder network and data distribution[J]. IEEE Transactions on Geoscience and Remote Sensing,2019, 58(3):1678-1695.

[15] Zhang X,Liang Y,Li C,et al. Recursive autoencoders-based unsupervised feature learning for hyperspectral image classification[J]. IEEE Geoscience and Remote Sensing Letters,2017,14(11): 1928-1932.

[16] Xie W,Jiao L,Hou B,et al. POLSAR image classification via Wishart-AE model or Wishart-CAE model[J]. IEEE Journal of Selected Topics in Applied Earth Observations and Remote Sensing, 2017,10(8):3604-3615.

[17] Divya S,Gaurav H. Associating field components in heterogeneous handwritten form images using Graph Autoencoder [C]//International Conference on Document Analysis and Recognition Workshops,2019.

[18] Lee H,Grosse R,Ranganath R,et al. Convolutional deep belief networks for scalable unsupervised learning of hierarchical representations[C]//Proceedings of the 26th Annual International Conference on Machine Learning,2009.

[19] 王海波.基于限制玻尔兹曼机的深度学习模型改进及应用[D].哈尔滨:哈尔滨工程大学,2019.

[20] Zhao Z,Jiao L,Zhao J,et al. Discriminant deep belief network for high-resolution SAR image classification[J]. Pattern Recognition,2017,61:686-701.

[21] Chen Y,Zhao X,Jia X. Spectral-spatial classification of hyperspectral data based on deep belief network[J]. IEEE Journal of Selected Topics in Applied Earth Observations and Remote Sensing, 2015,8(6):2381-2392.

[22] Bengio Y. Learning deep architectures for AI[M]. Now publishers inc,2009.

[23] Krizhevsky A,Sutskever I,Hinton G E. Imagenet classification with deep convolutional neural networks[J]. Advances in Neural Information Processing Systems,2012,25:1097-1105.

[24] Lecun Y,Bottou L. Gradient-based learning applied to document recognition[J]. Proceedings of the IEEE,1998,86(11):2278-2324.

[25] Zeiler M D,Fergus R. Visualizing and understanding convolutional networks [C]//European Conference on Computer Vision,2014.

[26] Long J,Shelhamer E,Darrell T. Fully convolutional networks for semantic segmentation [C]// Proceedings of IEEE Conference on Computer Vision and Pattern Recognition,2015.

[27] Ronneberger O,Fischer P,Brox T. U-net:Convolutional networks for biomedical image segmentation[C]//International Conference on Medical Image Computing and Computer-assisted Intervention,2015.

[28] Badrinarayanan V,Kendall A,Cipolla R. Segnet:A deep convolutional encoder-decoder architecture for image segmentation[J]. IEEE Transactions on Pattern Analysis and Machine Intelligence,2017, 39(12):2481-2495.

[29] Simonyan K,Zisserman A. Very deep convolutional networks for large-scale image recognition[EB/ OL]. https://arxiv.org/abs/1409.1556v6.

[30] Szegedy C,Liu W,Jia Y,et al. Going deeper with convolutions [C]//Proceedings of the IEEE Conference on Computer Vision and Pattern Recognition,2015.

[31] Ioffe S,Szegedy C. Batch normalization：Accelerating deep network training by reducing internal covariate shift[C]//International Conference on Machine Learning,2015.

[32] Sun M,Farhadi A,Seitz S. Ranking domain-specific highlights by analyzing edited videos [C]// European Conference on Computer Vision,2014.

[33] Szegedy C,Ioffe S,Vanhoucke V,et al. Inception-v4,inception-resnet and the impact of residual connections on learning[C]//Proceedings of the AAAI conference on Artificial Intelligence,2017.

[34] He K,Zhang X,Ren S,et al. Deep residual learning for image recognition[C]//Proceedings of the IEEE Conference on Computer Vision and Pattern Recognition,2016.

[35] Huang G,Liu Z,Van Der Maaten L,et al. Densely connected convolutional networks [C]// Proceedings of the IEEE Conference on Computer Vision and Pattern Recognition,2017.

[36] Xie S,Girshick R,Dollár P,et al. Aggregated residual transformations for deep neural networks [C]//Proceedings of the IEEE Conference on Computer Vision and Pattern Recognition,2015.

[37] Chen Y,Li J,Xiao H,et al. Dual path networks[EB/OL]. https://arxiv.org/abs/1707.01629.

[38] Fu Z,Zhang F,Yin Q,et al. Small sample learning optimization for ResNet based SAR target recognition[C]//IEEE International Geoscience and Remote Sensing Symposium,2018.

[39] Peng B,Li Y,Fan K,et al. New network based on D-Linknet and Densenet for high resolution satellite imagery road extraction [C]//IEEE International Geoscience and Remote Sensing Symposium,2019.

[40] Wang A,Wang M,Jiang K,et al. A novel lidar data classification algorithm combined densenet with STN[C]//IEEE International Geoscience and Remote Sensing Symposium,2019.

[41] Bai Y,Zhang Q,Lu Z,et al. SSDC-DenseNet：a cost-effective end-to-end spectral-spatial dual-channel dense network for hyperspectral image classification[J]. IEEE access,2019,7：84876-84889.

[42] Ruiz D,Bacca B,Caicedo E. Hyperspectral images classification based on inception network and kernel PCA[J]. IEEE Latin America Transactions,2019,17(12)：1995-2004.

[43] Mou L,Ghamisi P,Zhu X X. Deep recurrent neural networks for hyperspectral image classification [J]. IEEE Transactions on Geoscience and Remote Sensing,2017,55(7)：3639-3655.

[44] Ruwali A,Kumar A J S,Prakash K B,et al. Implementation of Hybrid Deep Learning Model (LSTM-CNN) for Ionospheric TEC Forecasting Using GPS Data[J]. IEEE Geoscience and Remote Sensing Letters,2020.

[45] Hang R,Liu Q,Hong D,et al. Cascaded recurrent neural networks for hyperspectral image classification[J]. IEEE Transactions on Geoscience and Remote Sensing,2019,57(8)：5384-5394.

[46] Wang Q,Liu S,Chanussot J,et al. Scene classification with recurrent attention of VHR remote sensing images[J]. IEEE Transactions on Geoscience and Remote Sensing,2018,57(2)：1155-1167.

[47] Li X,Sun Q,Li L,et al. Pixel Dag-recurrent neural network for spectral-spatial hyperspectral image classification[C]//IEEE International Geoscience and Remote Sensing Symposium,2019.

[48] Cruz G,Bernardino A. Learning temporal features for detection on maritime airborne video sequences using convolutional LSTM[J]. IEEE Transactions on Geoscience and Remote Sensing,2019,57(9)：6565-6576.

[49] Pan E,Ma Y,Dai X,et al. GRU with spatial prior for hyperspectral image classification[C]//IEEE International Geoscience and Remote Sensing Symposium,2019.

[50] Goodfellow I J,Pouget-Abadie J,Mirza M,et al. Generative Adversarial Networks[J]. Advances in Neural Information Processing Systems,2014,3：2672-2680.

[51] 王坤峰,苟超,段艳杰,等.生成式对抗网络 GAN 的研究进展与展望[J].自动化学报,2017,43(003)：321-332.

[52] Mirza M,Osindero S. Conditional generative adversarial nets ［J］. Computer Science，2014：2672-2680.

[53] Merkle N,Auer S,Müller R,et al. Exploring the potential of conditional adversarial networks for optical and SAR image matching[J]. IEEE Journal of Selected Topics in Applied Earth Observations and Remote Sensing,2018,11(6)：1811-1820.

[54] Wen Z,Wu Q,Liu Z,et al. Polar-Spatial Feature Fusion Learning With Variational Generative-Discriminative Network for PolSAR Classification[J]. IEEE Transactions on Geoscience and Remote Sensing,2019,57(11)：8914-8927.

[55] Wang G,Ren P. Delving Into Classifying Hyperspectral Images via Graphical Adversarial Learning [J]. IEEE Journal of Selected Topics in Applied Earth Observations and Remote Sensing,2020,13：2019-2031.

[56] Li J,Cui R,Li B,et al. Hyperspectral image super-resolution by band attention through adversarial learning[J]. IEEE Transactions on Geoscience and Remote Sensing,2020,58(6)：4304-4318.

[57] Wang H,Tao C,Qi J,et al. Semi-supervised variational generative adversarial networks for hyperspectral image classification ［C］//IEEE International Geoscience and Remote Sensing Symposium,2019.

[58] Ren Z,Hou B,Wu Q,et al. A distribution and structure match generative adversarial network for SAR image classification[J]. IEEE Transactions on Geoscience and Remote Sensing,2020,58(6)：3864-3880.

[59] Zhu L,Chen Y,Ghamisi P,et al. Generative adversarial networks for hyperspectral image classification[J]. IEEE Transactions on Geoscience and Remote Sensing,2018,56(9)：5046-5063.

[60] Fei G,Yue Y,Jun W,et al. A Deep Convolutional Generative Adversarial Networks (DCGANs)-Based Semi-Supervised Method for Object Recognition in Synthetic Aperture Radar (SAR) Images [J]. Remote Sensing,2018,10(6)：846.

[61] Dong J,Yin R,Sun X,et al. Inpainting of remote sensing SST images with deep convolutional generative adversarial network[J]. IEEE Geoscience and Remote Sensing Letters,2018,16(2)：173-177.

[62] Ren C X,Ziemann A,Theiler J,et al. Cycle-consistent adversarial networks for realistic pervasive change generation in remote sensing imagery[C]//IEEE Southwest Symposium on Image Analysis and Interpretation,2020.

[63] Zhang M,Gong M,Mao Y,et al. Unsupervised feature extraction in hyperspectral images based on wasserstein generative adversarial network ［J］. IEEE Transactions on Geoscience and Remote Sensing,2018,57(5)：2669-2688.

[64] Zhu D,Xia S,Zhao J,et al. Diverse sample generation with multi-branch conditional generative adversarial network for remote sensing objects detection[J]. Neurocomputing,2020,381：40-51.

[65] Sabour S,Frosst N,Hinton G E. Dynamic routing between capsules［EB/OL］. https：//arxiv. org/abs/1710.09829.

[66] Hinton G E,Sabour S,Frosst N. Matrix capsules with EM routing[C]//International Conference on

Learning Representations,2018.

[67] Kosiorek A R,Sabour S,Teh Y W,et al. Stacked capsule autoencoders[EB/OL]. https://arxiv. org/abs/1906. 06818.

[68] Yu Y,Gu T,Guan H,et al. Vehicle detection from high-resolution remote sensing imagery using convolutional capsule networks[J]. IEEE Geoscience and Remote Sensing Letters,2019,16(12):1894-1898.

[69] Yu Y,Ren Y,Guan H,et al. Capsule feature pyramid network for building footprint extraction from high-resolution aerial imagery[J]. IEEE Geoscience and Remote Sensing Letters,2020.

[70] Wu H,Cao M,Wang A,et al. Classification of LiDAR data combined octave convolution with capsule network[J]. IEEE Access,2020,8:16155-16165.

[71] 郑强. 基于光滑 L_0 范数的受限玻尔兹曼机及其应用研究[D]. 西安:长安大学,2019.

[72] 周朦. 部分连接的受限玻尔兹曼机研究[D]. 武汉:华中科技大学,2018.

[73] 邱锡鹏. 神经网络与深度学习[J]. 中文信息学报,2020,7:1.

[74] 王海波. 基于限制玻尔兹曼机的深度学习模型改进及应用[D]. 哈尔滨:哈尔滨工程大学,2019.

[75] 朱凯强. 基于深度胶囊网络的高光谱及高空间分辨率遥感图像分类[D]. 哈尔滨:哈尔滨工业大学,2019.

[76] 陆春燕. 胶囊网络的改进及其在图像生成中的应用[D]. 成都:西南大学,2019.

[77] Shuman D I,Narang S K,Frossard P,et al. The emerging field of signal processing on graphs:extending high-dimensional data analysis to networks and other irregular domains[J]. IEEE Signal Processing Magazine,2013,30(3):83-98.

[78] Stanković L,Daković M,Sejdić E. Vertex-frequency analysis of graph signals[M]. Berlin:Springer,Cham,2019:3-108.

[79] Bruna J,Zaremba W,Szlam A,et al. Spectral networks and locally connected networks on graphs[EB/OL]. https://arxiv. org/abs/1312. 6203.

[80] Defferrard M,Bresson X,Vandergheynst P. Convolutional neural networks on graphs with fast localized spectral filtering[EB/OL]. https://arxiv. org/abs/1606. 09375.

[81] Kipf T N,Welling M. Semi-supervised classification with graph convolutional networks[C]//International Conference on Learning Representations,2017.

[82] Li R,Wang S,Zhu F,et al. Adaptive graph convolutional neural networks[C]//Proceedings of the AAAI Conference on Artificial Intelligence. 2018.

[83] Jiang B,Zhang Z,Lin D,et al. Graph learning-convolutional networks[EB/OL]. https://arxiv. org/abs/1811. 09971.

[84] Wan S,Gong C,Zhong P,et al. Multiscale dynamic graph convolutional network for hyperspectral image classification[J]. IEEE Transactions on Geoscience and Remote Sensing,2019,58(5):3162-3177.

[85] Hong D,Gao L,Yao J,et al. Graph convolutional networks for hyperspectral image classification[J]. IEEE Transactions on Geoscience and Remote Sensing,2020.

[86] Wang L,Huang Y,Hou Y,et al. Graph attention convolution for point cloud semantic segmentation[C]//Proceedings of IEEE/CVF Conference on Computer Vision and Pattern Recognition,2019.

[87] 伍宇. 基于注意力机制的 CNN 与稀疏 ELM 的高光谱图像分类[D]. 武汉:中国地质大学,2019.

[88] Li H C,Hu W S,Li W,et al. A^3CLNN:Spatial,spectral and multiscale attention ConvLSTM neural network for multisource remote sensing data classification[J]. IEEE Transactions on Neural

Networks and Learning Systems,2020.

[89] Zhang X,Li Z,Gao X,et al. Channel attention in LiDAR-camera fusion for lane line segmentation [J]. Pattern Recognition,2021,118：108020.

[90] 梁莹.基于深度半监督学习的极化 SAR 图像地物分类方法[D].西安:西安电子科技大学,2019.

[91] 庞立新,高凡,何大海,等.一种基于注意力机制 RetinaNet 的小目标检测方法[J].制导与引信,2019 (4)：11-16.

[92] 李红艳,李春庚,安居白,等.注意力机制改进卷积神经网络的遥感图像目标检测[J].中国图象图形学报,2019(8):1400-1408.

[93] Liangchunjiang. 详解 CNN 卷积神经网络[EB/OL]. https://blog. csdn. net/liangchunjiang/article/details/79030681.

[94] CDA 数据分析师. 深度学习之卷积神经网络经典模型 [EB/OL]. https:∥baijiahao. baidu. com/s?id ＝1636567480736287260.

[95] 程序员大本营. 多尺度目标识别（FPN 金字塔）的发展历程 [EB/OL]. https://www. pianshen. com/article/99491079035/.

[96] Mantch. 贝叶斯网络,看完这篇我终于理解了（附代码）[EGB/OL]. https:∥zhuanlan. zhihu. com/ p/73415944.

[97] SIGAI. 目标检测算法综述之 FPN 优化篇[EB/OL]. https:∥zhuanlan. zhihu. com/p/62975854.

第 5 章

脑与自然启发的学习优化

5.1 多尺度学习

5.1.1 多尺度学习原理

多尺度的本质其实是对信号的不同粒度采样,通常可以在不同的尺度下提取不同的特征,据此完成不同的任务。为了获得更有效的特征表达,科研人员在传统图像处理算法中,往往依附于图像金字塔和高斯金字塔这一概念。

多尺度技术被广泛应用于目标检测领域。目标检测作为计算机视觉领域的核心问题之一,其目的是找出图像中的感兴趣区域,同时检测目标的位置和类别作为输出信息。随着 2012 年 ImageNet 的兴起,目标测算法所使用的特征也从传统算法的手工特征向深度神经网络的深度特征过渡。在网络结构的设计上,从两阶段到一阶段,从单一尺度网络到多尺度特征提取,学者们在网络的各个环节(特征提取、损失函数、框生成、IoU 设计等)角度出发分析短板,不断提高检测器的性能。

在目标检测中,识别不同尺寸目标(尤其是小目标)一直是难点,而构造多尺度特征金字塔可以很好地解决多尺度目标检测这一问题。

图 5.1(a)所示是一个特征图像金字塔。首先对原始图像构造金字塔,然后所在金字塔的每一层提取不同的特征,最后进行对应的预测。这种方法具有明显缺点:计算量大、内存耗费大,但可以获得较好的检测精度。计算量通常会成为整个算法的性能瓶颈,因此,当前很少有神经网络中使用这种算法。

图 5.1(b)所示是一种改进的思路。学者们发现可以利用卷积网络本身所具有的特性,即通过对原始图像进行卷积和池化操作,可以获得不同尺寸的特征图,这种操作类似于在图像的特征空间中进行金字塔构建。实验表明,浅层网络往往更关注细节信息,而高层网络则更关注语义信息,因此充分利用高层的语义信息,可以准确地检测出目标。综上,可以利用最后一个卷积层的特征图进行预测。这种方法广泛应用在大多数现有深度网络中(如

VGG、ResNet、Inception 等），即使用深度网络的最后一层特征实现分类。

上述方法需要内存少且运算速度快。但其也具有明显缺点：仅仅关注深层网络的最后一层特征，会忽略其他层的特征。由于其他层的细节信息在一定程度上也可以提升检测的精度，因此产生了如图 5.1(c)所示的架构。其设计思想就是同时利用低层特征与高层特征，在不同的层中分别进行预测。简单而言，一幅图像中往往具有多个不同大小的目标，仅仅使用浅层的特征就可以检测简单目标，而利用复杂的特征可以检测复杂目标。概述整体过程就是在原始图像上应用深度卷积的基础上，再分别在不同的特征层上预测。其优点是在不同的层上可以输出对应的目标，因为不需要经过所有的层才能输出对应的目标(即对于某些目标来说，可省略多余的前向操作)。据此，神经网络在一定程度上得以加速，同时算法的检测性能也得到保障。但是，该结构也具有明显缺点：其获得的特征不鲁棒，基本都是一些弱特征(大多是从较浅的层获得的)。

为改善这一问题，提出了 FPN，其架构如图 5.1(d)所示。首先，对输入的图像进行深度卷积，然后对第二层的特征进行降维操作(添加一层尺寸为 1×1 的卷积层)，接着对第四层上的特征进行上采样，使其具有相应的尺寸，再对处理后的第二层和处理后的第四层执行加法操作(对应元素相加)，获得结果作为第五层的输入。使用 FPN 可以获得一个强语义信息，从而可以提高检测性能。

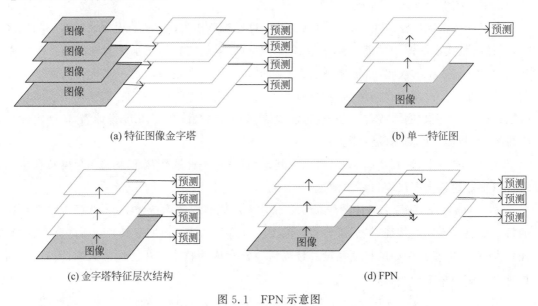

(a) 特征图像金字塔 (b) 单一特征图

(c) 金字塔特征层次结构 (d) FPN

图 5.1　FPN 示意图

(https://blog.csdn.net/u013010889/article/details/78658135)

值得注意的是，使用更深的层来构造特征金字塔，可以使信息更加鲁棒。另外，因为多次的降采样和上采样操作会使深层网络的定位出现偏差，而低层特征往往可以提供较准确的位置，因此可以将处理过的低层特征和高层特征累加，构建一个更深的特征金字塔，同时融合多层特征信息,并在不同的特征层进行输出。

5.1.2　SSD网络

分析 FPN 的结构发展和由来可知,第三、四种结构明显优于前两种,故而也被广泛应用。在图像检测领域,One-stage SSD 就采用了图 5.1(c)金字塔形的功能层次结构,即使用分层特征预测目标,使得不同层的特征来学习同样的语义信息。

单方向的特征金字塔结构首先是在 SSD 中提出的,其主要思想是:利用图像提取的不同尺度特征构建特征金字塔,在不同的特征尺度进行预测,最后将结果进行融合。这个过程中,越深的特征具有越丰富的语义信息,且分辨率越高,从而充分提取大目标的语义信息,较浅的特征则对小目标比较友好。

SSD 以不同大小步幅的特征图作为检测层,分别检测出不同尺度的目标,用户可依据任务制定目标尺度方案。一般情况下,低层特征图步幅较小,尺寸较大,感受野较小,可以检测到小目标。高层特征图步幅较大,尺寸较小,感受野较大,可以检测到大目标。

该方式在尺度处理上简单有效,但也存在一些缺陷。

(1) 低层特征一般用于检测小目标,但低层的感受野小,且上下文信息缺乏,易造成误检。

(2) 高层虽然具有较大的感受野,但多次降采样操作可能会造成大目标的语义信息丢失。

(3) 多层特征结构,是非连续的尺度表达,即是非最优的结果。

5.1.3　FPNet

FPNet 提出了一种不同分辨率特征融合方式,既每个分辨率得到的特征图和上采样的低分辨率特征以元素的方式相加,实现不同层次的特征增强。由于此方式只在网络基础上增加了两步操作:跨层连接和元素形式相加,增加的计算量很少,对网络性能的改善卓越,故成了目标检测领域的标配。

FPNet 包括自下向上的连接、自上而下的连接和侧面连接三部分。

(1) 自下向上的连接:分层级计算出不同的分辨率特征。采用 ResNet 作为基础网络,分别提取 5 个分层特征$\{C_1, C_2, C_3, C_4, C_5\}$。由于 C_1 占用内存较大,故不考虑,只取$\{C_2, C_3, C_4, C_5\}$构成特征金字塔,相对于图像的分辨率下采样为$\{4, 8, 16, 32\}$。

(2) 自上而下的连接:从 C_5 开始,通过最近邻方法把特征图上采样 2 倍得到 C_5',C_4 通过 1×1 卷积调整通道数得到 C_4',C_5' 和 C_4' 具有相同的分辨率,可以直接进行逐元素相加操作。据此迭代实现 C_3、C_2 的特征融合,该过程可以逐步增强小目标信息。

(3) 侧面连接:计算得到每个相加的特征图,再次使用 3×3 的卷积对其处理,得到最终的特征图$\{P_2, P_3, P_4, P_5\}$。

FPNet 构架了一个端到端训练的特征金字塔,通过神经网络的层级结构,实现了高效的强特征计算。通过结合自下而上与自上而下的方法来获取较强的语义特征,大幅提高了目标检测和实例分割在各数据集上的性能表现。同时,该结构灵活易推广。

Fast R-CNN 是一种基于区域的物体检测器,使用感兴趣区域池(Region-of-Interest, RoI)提取特征。Fast R-CNN 通常在单尺度特征地图上执行。为了在 FPNet 中使用它,需要将不同尺度的 RoI 分配给金字塔级别。

因为特征金字塔是从一个图像金字塔中产生的,所以当基于区域的探测器在图像金字塔上运行时,可以调整它们的分配策略。在形式上,将宽度为 w、高度为 h 的 RoI 分配给的特征金字塔的 P_k 层:

$$k = \left\lfloor k_0 + \log_2\left(\frac{\sqrt{wh}}{224}\right)\right\rfloor \tag{5-1}$$

自从 2016 年提出 FPNet 网络后,目前很多视觉任务均采用 FPNet 作为进一步研究的基础网络。FPNet 通过更为轻量的最近邻插值结合侧向连接,实现了将高层的语义信息逐渐传输到低层的功能,从而使得尺度信息更为平滑。虽然 FPNet 看似完美,但其仍然有一些明显缺陷。

(1) FPNet 在上采样过程中使用了比较粗糙的最近邻插值,导致高层的语义信息不一定得到有效传播。

(2) 通过多次下采样,FPNet 的最高层的感受野虽然丰富,但可能也丢失了小目标的语义信息。

(3) FPNet 的构建过程中,只使用了基础的 4 层输出,其输出的多尺度信息不一定足够。

(4) FPNet 中虽然可以传播强语义信息给其他层,但因为其本身就提取了不同 backbone 的输出,因此对于不同尺度的表达能力可能仍然存在区别。

为了解决上述问题,科研人员提出了很多变体,简述如下。

5.1.4　PANet

PANet 是由中国香港中文大学和腾讯优图联合提出的一种实例分割框架。在该框架中,核心内容是增强 FPN 的多尺度融合信息。PANet 因为其卓越性能,在 COCO2017 挑战赛中的实例分割任务中取得了第一名的成绩,在目标检测任务中取得了第二名的成绩。

PANet 的目标检测和实例分割采用共享的网络架构如图 5.2 所示,在该框架下,两者性能均有提升。

由于 FPN 的高层级特征与低层级别之间的特征连接路径较长,如图 5.2 中虚线①所示,故而增加了访问准确定位信息时的难度。因此,在 FPN 基础上,PANet 创建了自下而上的路径增强方式,通过缩短特征信息的连接路径,PANet 利用低层级的较准确的定位信息增强特征金字塔的性能。

PANet 创建了自适应特征池化(adaptive feature pooling),恢复每个候选区域和所有特征层次之间被原先的较长连接所破坏的信息路径,并聚合每个特征层的每个候选区域。

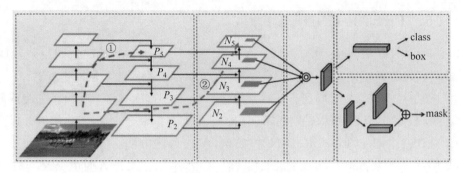

图 5.2　PANet 示意图

(https://blog.csdn.net/weixin_37993251/article/details/88245006)

5.1.5　ThunderNet

ThunderNet 是旷视提出的一种轻量型目标检测框架,有效地实现了 ARM 平台上的实时检测。ThunderNet 的整体结构如图 5.3 所示。与 FPN 相比,ThunderNet 对 FPN 结构进行了简化,只使用 C_4/C_5 层,并引入池化操作,C_4 分辨率大小的累加特征作为最终的输出。

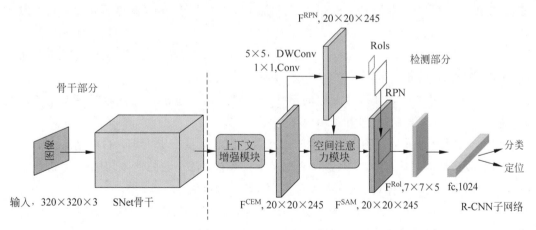

图 5.3　ThunderNet 示意图

(https://blog.csdn.net/qiu931110/article/details/88903724/)

ThunderNet 使用 320×320 像素作为网络的输入分辨率。其整体网络结构分为两部分:骨干部分和检测部分。网络骨干部分采用的是 SNet(ShuffleNetV2 修改版)。网络检测部分采用的是压缩的 RPN 网络,即利用上下文增强模块(Context Enhancement Module, CEM)整合局部和全局特征,从而增强网络的特征表达能力。同时,ThunderNet 提出了空间注意力模块,引入来自 RPN 的前后景信息优化特征分布。

5.1.6 Libra R-CNN

Libra R-CNN 是由浙江大学、香港中文大学等联合提出的一种新颖的目标检测模型。就目标检测领域而言,无论是一阶段的还是两阶段的,都涉及候选区域的选择、特征的提取与融合、损失是否收敛等多个问题。针对目标检测的三个阶段,有学者提出了三个问题:采样的候选区域是否具有很好的代表性,不同层特征如何有效融合,损失函数如何得到更好的收敛。针对这三个问题,Libra R-CNN 中给出了三个改进方向:IoU-balanced Sampling、Balanced Feature Pyramid、Balanced L1 Loss。其中,第二个改进方向由 FPN 改造而来。为了更高效地利用 FPN 特征,对其进行重新调节、整合、提炼与加强。将 $\{C_2, C_3, C_5\}$ 的多层特征均调节到 C_4 尺寸,并进行加权求平均值。将得到的特征再重新调整返回到 $\{C_2, C_3, C_5\}$ 特征分辨率。同时,使用高斯非局部注意力机制增强特征。

5.1.7 遥感领域中的应用

随着对地观测技术和高分辨率光学遥感平台的逐步发展,过大的图像尺寸、复杂的图像背景、不均的训练样本以及光照和阴影等问题使目标检测与位置识别更具挑战。

在目标检测领域,现有的基于神经网络的自然影像目标检测成果显著,但对遥感影像而言,高精度、高效率的目标检测目前仍相当困难。与自然影像相比,遥感影像检测具有以下特点。

(1)观测视角的不同:遥感影像通常是由自上而下的视角获取的,而自然图像是从不同的视角获取的,因此物体在影像上的渲染方式有很大不同。

(2)影像尺寸的区别:遥感影像的尺寸及其覆盖范围通常均比自然影像大得多。同时,遥感影像的处理更耗时,且其占用内存更大。

(3)类别的不平衡:这种不平衡主要体现在类别数量及目标大小。自然场景中的待检测物体一般都是均匀分布的,同时这些影像通常只含有有限个数的物体,但是遥感影像往往包含一个物体或几个物体,且这些物体的尺寸可能差异巨大。

(4)其他因素:与自然图像相比,光照条件、图像分辨率、遮挡、阴影、背景和边界锐度等都会极大地影响遥感影像目标检测的效果。

在 2019 年,有学者提出了一种可以同时充分利用语义特征和空间分辨率特征的双多尺度特征金字塔网络(Double Multi-scale Feature Pyramid Network,DM-FPN)。该框架可以充分利用弱空间分辨率、强语义特征和高空间分辨率、弱语义的特征。

另外,为解决遥感影像尺寸过大、背景过于复杂、训练样本大小及其数量分布不均匀等问题,还有学者提出了多尺度训练、预测和自适应类别非极大值抑制策略。通过多尺度训练和预测策略可以大幅提升检测性能。由于遥感影像的尺寸特点,在深层次的卷积中往往会丢失大量语义信息,尤其是小目标的。因此,可以将遥感影像放大 2 倍、缩小 0.5 倍,放大后的遥感影像可以增强小目标的空间分辨率特征,同时缩小后的遥感影像可以使大目标被完整地分割到单个图像块中实现训练。另外,为了增强训练样本的多样性,训练过程中可以采用多尺度的图块。在进行预测时,通过变形图像检测尽可能多的目标,变形处理包括放大、缩小、水平翻转及垂直翻转。整个过程就是先对每一幅待测试图像均进行多尺度处理,然后根据影像大小信息,将其分割成具有拥有一定重叠度的图像块,并对其进行检测,最后通过自适应类别非极大值抑制获得最终结果。

5.2　注意力学习

5.2.1　注意力学习原理

注意力机制(attention mechanism)是机器学习中的一种数据处理方法。在人工智能领域,随着神经网络在深度学习方面的进展,注意力已成为神经网络结构的重要组成部分,并在自然语言处理、统计学习、语音和计算机视觉等领域有着大量的应用。

注意力机制之所以受到广泛关注,主要是因为人们对影响人类生活的应用程序中的学习模型公平性、问责制和透明度越来越感兴趣(神经网络之前常常被视为黑盒模型),而注意力机制利用人类视觉机制进行直观解释,可以提高神经网络的可解释性。

最早使用注意力机制的神经网络是 RNN 结构,作为 RNN 的编码器-解码器框架的一部分对长的输入语句进行编码,基于 RNN 的注意力模型如图 5.4 所示。

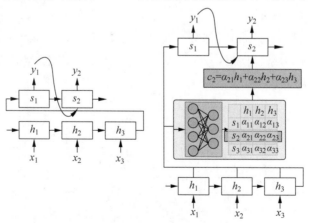

图 5.4　基于 RNN 的注意力模型

(https://arxiv.org/abs/1904.02874)

近几年来,随着注意力机制的变体越来越多,也逐渐向计算机视觉领域渗透。很多深度学习与视觉注意力机制结合的研究工作被证明是有效的。计算机视觉中注意力机制的基本思想是让模型学会专注,把注意力集中在重要的信息上而忽视不重要的信息。下面分别从空间域、通道域介绍计算机视觉中的经典的注意力机制模型。此处需要注意,由于神经网络通过梯度反向传播来学习注意力的权重,因此计算机视觉中的注意力多为可微的软注意力。

空间域的注意力机制的基本原理是将图像中的空间域信息进行对应的空间变换,从而能将关键的信息提取出来。对于 CNN 来说,每一层都会输出一个 $C \times H \times W$ 的特征图,C 表示通道维度,同时也代表卷积核的数量,H 和 W 就是原始图像经过压缩后的图的高度和宽度。针对 CNN 的空间注意力就是对于所有的通道,在二维平面上,对 $H \times W$ 尺寸的特征图中的每个像素都学习到一个权重。

下面重点介绍空间域的注意力机制模型。

5.2.2 STN

空间变换网络(Spatial Transformer Networks,STN)模型利用注意力机制,将原始图像中的空间信息变换到另一个空间中并保留了关键信息。

STN 针对 CNN 中缺乏对输入数据空间不变性的局限性,提出一种基于注意力的空间变换动态机制,主动通过为每个图像生成适当的变换来对图像(或特征图)进行空间变换输入样本,实现了包括缩放、修剪、旋转以及非刚性变形等空间不变性,空间变换遵循:

$$\begin{pmatrix} x_i^s \\ y_i^s \end{pmatrix} = \tau_\theta(G_i) = A_\theta \begin{pmatrix} x_i^t \\ y_i^t \\ 1 \end{pmatrix} = \begin{bmatrix} \theta_{11} & \theta_{12} & \theta_{13} \\ \theta_{21} & \theta_{22} & \theta_{23} \end{bmatrix} \begin{pmatrix} x_i^t \\ y_i^t \\ 1 \end{pmatrix} \tag{5-2}$$

空间变换模块的结构如图 5.5 所示,包括定位网络(localisation net)、网格生成(grid generator)和采样机制(sampler)三部分。输入特征 U 传递给定位网络用于回归转换参数 θ。通过网格生成转换为采样网格,$\tau(G)$ 应用于输入特征 U 产生输出特征图 V。定位网络和采样机制共同构成空间转换器。

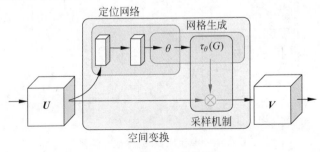

图 5.5　STN 结构图

(https://arxiv.org/abs/1506.02025)

空间变换器模块不仅可以选择图像中最相关的区域(注意力),而且还可以将这些区域转换为规范的预期姿势以简化识别接下来的几层。

5.2.3　SENet

与上述空间域的注意力机制不同,基于通道的注意力的核心思想是通过网络学习通道域上的特征权重,训练模型中有效的特征图权重大,无效或效果小的特征图权重小,从而在任务中达到更好的效果。具体来说,就是通过学习的方式自动获取每个特征通道的重要程度,然后依照这个重要程度增强有用的特征并抑制对当前任务用处不大的特征。

通常,单纯的基于通道的注意力在空间维度上权重相同,即对每一个通道内的信息直接全局平均池化,而忽略通道内的局部信息。

SENet 提出了针对特征图通道中关系的网络结构单元:SE(Squeeze-and-Excitation)模块。SENet 利用能够让网络模型对特征进行校准的门机制,使网络从全局信息出发选择性放大有价值的特征通道,并且抑制无用的特征通道,通过精确建模卷积特征各个通道之间的作用关系,学习通道之间的相关性,改善网络模型的表达能力。

SENet 模块结构如图 5.6 所示,对于任意给定的特征图块 $\boldsymbol{X} \in \boldsymbol{R}^{W' \times H' \times C'}$,进行转换操作

$$F_{\mathrm{tr}}: \boldsymbol{X} \rightarrow \boldsymbol{U}, \quad \boldsymbol{U} \in \boldsymbol{R}^{W \times H \times C}$$

其中,F_{tr} 表示标准的卷积操作,将转换后的特征记作 $\boldsymbol{U}$,送入 SENet 模块分别进行挤压(squeeze)和激励(excitation)操作。

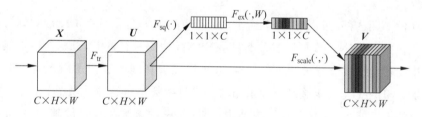

图 5.6　SENet 模块结构

(1) 挤压:全局信息嵌入(global information embedding)。由于每个学习好的卷积核都是以局部感受野的方式进行卷积,因此在经过 SE 模块转换之后的特征 U 的各个数据单元不能利用数据单元以外的纹理信息。为了解决通道之间的依赖关系问题,首先考虑在输出特征组图中各个通道的信号量本身的问题,这个问题在感受野还很小的较浅网络层中最为严重。为了解决这个问题,将特征 U 挤压全局空间信息成为一个通道描述器,挤压过程通过一个简单的全局平均池化层(global average pooling)实现,产生通道的统计信息 $z \in \boldsymbol{R}^C$。此处 z 的第 c 个元素计算过程如下:

$$z_c = F_{sq}(u_c) = \frac{1}{W \times H} \sum_{i=1}^{W} \sum_{j=1}^{H} u_c(i,j) \tag{5-3}$$

特征 U 可以看作一组局部描述器集合对整幅通道图的描述信息，为了简化运算，使用了简单的全局平均池化。

（2）激励：自适应校准（adaptive recalibration）。在挤压操作获得的信息 $z \in R^C$ 的基础上，进行第二步激励操作以捕捉通道的依赖关系。为了达到期望，第二步的函数应该满足两个标准：能够捕捉通道之间的非线性相互作用的关系；能够在多个通道在经过多次激活函数情况下学习多个通道之间非互斥的关系。因此激励模块借助激活函数 Sigmoid，使用简单的门机制进行操作，对数据的具体运算如下：

$$s = F_{ex}(z, w) = \sigma[g(z, w)] = \sigma[w_2 \delta(w_1 z)] \tag{5-4}$$

其中，δ 是进行线性激活函数操作，$w_1 \in R^{\frac{C}{r} \times C}$ 以及 $w_2 \in R^{\frac{C}{r} \times C}$。为了防止模型变得复杂并且考虑到泛化因素，设置了两层全连接层作为瓶颈对门机制进行参数化。最终整个网络模块的输出经过尺度变换操作，具体操作为：

$$\tilde{x}_c = F_{scale}(u_c, s_c) = s_c \cdot u_c \tag{5-5}$$

其中，$\tilde{X} = [\tilde{x}_1, \tilde{x}_2, \cdots, \tilde{x}_c]$；$F_{scale}(u_c, s_c)$ 表示特征图 $u_c \in R^{W \times H}$ 和 s_c 的通道域的乘积。

因为输出是由所有通道之和产生的，通道之间的依赖关系隐藏在 v_c 中，但这些依赖关系也和卷积核捕捉的特征图组空间关系相纠缠。因此应确保网络能够利用增加网络本身对有价值信息的敏感性，使这些有价值的信息在之后的网络层中能得到利用，而无用的特征信息则被舍弃。

SENet 的单元内部结构如图 5.7 所示，其易于实现，并且很容易可以加载到现有的网络模型框架中。整个 SENet 模型通过不断堆叠 SENet 模块进行构造，SENet 模块能够在一个网络模型中的任意深度位置进行插入替换，并可以随着在网络层任意插入而自动适应网络模型的需求。SENet 模块能够以一种未知的方式对特征组进行权重奖惩，加强了所在位置的特征图组的表达能力，在整个网络模型中，特征组图的调整的优点能够通过 SENet 模块不断地累计。

5.2.4　SKNet

SKNet(Selective Kernel Networks)是 SENet 的加强版，它采用与 SE 类似的 SK 模块，并可以自适应调节自身的感受野模块。SK 模块核心思想是用多尺度特征汇总的信息在通道域智能地指导如何分配，侧重使用哪个核的表征。该模块对超分辨率任务有一定的提升，并且实验证实了在分类任务上有很好的表现。

SKNet 启发自皮质神经元根据不同的刺激可动态调节其自身的感受野的原理，结合 SENet 中的挤压和激励操作，合并与运行映射(merge-and-run mappings)操作，以及注意力

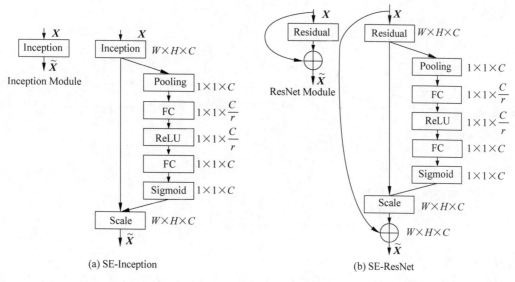

图 5.7　SENet 单元内部结构

初始块(attention on inception block)思想,对所有的卷积核大于 1 的 Kernel 进行 SK
(selective kernel)操作,充分利用组卷积/深度卷积带来的较小的理论参数和触发器的优
势,使增加多路与动态选择的设计也不会带来很大的负担。这样的设计使任何网络进行
SK 操作变得非常容易,网络整体结构如图 5.8 所示。

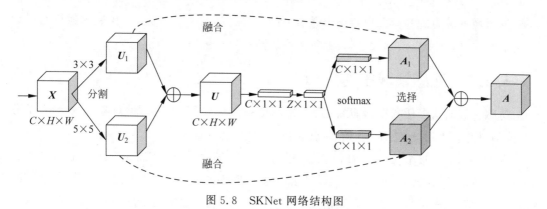

图 5.8　SKNet 网络结构图

(https://arxiv.org/pdf/1903.06586.pdf)

　　SKNet 的结构使得它可以简单便捷地移植到多分支网络中。以三分支为例,图 5.9 给
出了网络为三分支时的 SKNet 模型(分支数量也是 SK 模块的一个可选参数)。

　　原始特征图 X 经过不同尺度的卷积核后得到 U_1、U_2、U_3 三个特征图,然后相加得到了
U,U 中融合了多个感受野的信息。得到的 U 是维度为 $C \times H \times W$ 的特征图,沿着 H 和 W
维度求平均值,最终得到的是与通道信息相关的 $C \times 1 \times 1$ 的一维向量,代表各个通道的信

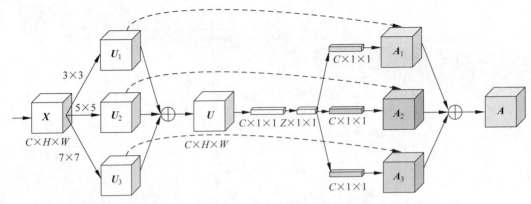

图 5.9　三分支 SKNet 结构图

(https://www.163.com/dy/article/G36IT8BJ0531D9VR.html)

息的重要程度。

之后再用了一个线性变换,将原来的 C 维映射成 Z 维的信息,然后分别使用了 3 个线性变换,从 Z 维变为原来的 C,这样完成了针对通道维度的信息提取,然后使用 softmax 进行归一化,此时每个通道对应一个分数,代表其通道的重要程度,这相当于一个掩膜(mask)。将 3 个得到的 Selective Kernel 分别乘以对应的 U_1、U_2、U_3,得到 A_1、A_2、A_3。然后 3 个模块相加,进行信息融合,得到最终模块 A,相比于最初的 X,模块 A 经过了信息的提炼,融合了多个感受野的信息。

通道域注意力的基本思想给每个通道上的信号都增加一个权重,来代表该通道与关键信息的相关度,这个权重越大,则表示相关度越高。

5.2.5　遥感领域中的应用

遥感领域的众多任务中,运用注意力机制增强目标特征或感兴趣区域,有效解决了分类、分割、检测等多种遥感任务中的痛点问题。

举例来说,在极化 SAR 图像分类任务中,基于注意力机制的 Attention Ladder Network(ALN),在梯形网络中分别设计了注意力编码器和注意力解码器,使模型在学习的过程中自动筛选出对当前任务有用信息,从而提取有注意力感知的特征,提高模型的学习效率。在高光谱图像分类任务中,传统 CNN 难以提取高光谱图像局部特征,为了加强对高光谱图像的空间域和光谱域中局部关键性特征的学习,引入基于空间-光谱注意力的高光谱图像特征提取方法,提高了高光谱图像特征的表征能力。在雷达点云数据分类任务中,基于时间空间多尺度注意力神经网络,利用双通道空间、光谱和多尺度注意卷积,学习频谱和空间增强的特征表示,并表示不同类的多尺度信息,在雷达数据集上实现更具竞争力的分类性能。

注意力机制同样成功应用于遥感图像处理的核心问题——遥感检测中。遥感图像目标检测旨在定位并识别遥感图像中的感兴趣目标。针对遥感影像小目标难以检测的问题,为了增加网络的辨识能力,更多地关注网络中提取的高频特征,在目标检测网络 Faster-RCNN、RetinaNet 等基础上,引入空间-通道注意力机制网络,在特征提取网络中加入注意力机制模块可以获取更多需要关注目标的信息,抑制其他无用信息,以适应遥感图像视野范围大导致的背景复杂和小目标问题,提高检测器性能。使用旋转锚点框实现任意方向目标的检测,改善了自然图像检测网络对小目标检测准确度低的问题,解决了遥感影像中密集分布、任意方向的小目标检测识别问题。

5.3 Siamese 协同学习

5.3.1 Siamese 协同学习原理

在单输入网络分类中,不同类别的样本不均衡会导致对样本较少的类别无法充分训练。为解决这个问题,Chopra 等提出了 Siamese 网络,神经网络的"孪生(Siamese)"是通过共享权重实现的,如图 5.10 所示。

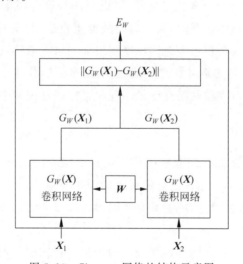

图 5.10 Siamese 网络的结构示意图
(https://blog.csdn.net/sxf1061926959/article/details/54836696)

Siamese 网络的目的是从数据中去学习一个相似性度量,然后用这个学习的度量去比较和匹配新的未知类别的样本。这个方法可应用于类别数多或者整个训练样本无法用于之前方法训练的分类问题。以图像处理任务为例,Siamese 网络的输入样本(x_1, x_2, x_3)由一对图像和一个标签组成。输入数据是一对图像(x_1, x_2),输入标签 y 为 0 或 1,0 代表输入数据为同一类,1 代表输入数据为不同类。输入图像 x_1、x_2 分别送入双支路网络得到输出

$G(\boldsymbol{x}_1)$ 和 $G(\boldsymbol{x}_2)$。损失函数定义为：

$$L(\boldsymbol{w}) = \sum_{i=1}^{P} l(\boldsymbol{w}, (\boldsymbol{y}, \boldsymbol{x}_1, \boldsymbol{x}_2)^i)$$

$$l(\boldsymbol{w}, \boldsymbol{y}, \boldsymbol{x}_1, \boldsymbol{x}_2) = (1-\boldsymbol{y}) - L_G(E_W) + YL_1(E_W) = (1-\boldsymbol{y})\frac{2}{Q}(E_W)^2 + (Y)2Qe^{\frac{2.77}{Q}E_W}$$

$$E_W(\boldsymbol{x}_1, \boldsymbol{x}_2) = \| G_W(\boldsymbol{x}_1) - G_W(\boldsymbol{x}_2) \| \tag{5-6}$$

其中，L_G 计算相同类别的图像对的损失函数，L_1 计算不同类别的图像对的损失函数。P 为训练的样本数，Q 为常数，w 为双支路网络的共享参数。最后对损失函数进行梯度反向传播以更新网络共享的权重 $\boldsymbol{w}$。

Siamese 网络与单输入网络的主要区别如下。

(1) 输入不再是单个样本，而是一对样本，不再给单个的样本确切的标签，而且给定一对样本是否来自同一个类的标签，如果是则为 0，否则为 1。

(2) 设计了两个一模一样的网络并且网络共享权重，对输出进行了距离度量。

(3) 针对输入的样本对是否来自同一个类别设计了损失函数，损失函数形式类似交叉熵损失。

Siamese 网络主要的优点是淡化了标签，可以对那些没有训练过的类别进行分类，使网络具有很好的扩展性。而且对一些小数据量的数据集也适用，变相地增加了整个数据集的大小，使数据量相对较小的数据集也能用深度网络训练出不错的效果。

Siamese 网络奠定了双支路网络的基础，越来越多的工作将双支路网络应用于图像处理领域，接下来分别介绍双支路网络在图像匹配和目标跟踪任务中的应用。

5.3.2 MatchNet

Siamese 协同学习在图像匹配领域应用广泛。图像匹配(image matching)旨在将两幅图像中具有相似属性的内容或结构进行像素上的识别与对齐。一般而言，待匹配的图像通常取自相同或相似的场景或目标，或者具有相同形状或语义信息的其他类型图像对，从而具有一定的可匹配性。

MatchNet 作为深度学习在图像匹配应用的鼻祖，由特征提取网络和度量网络组成，其具体结构和网络参数如图 5.11 所示。

其中特征提取网络由图 5.11(a)的深度卷积网络完成，每个 patch 输入卷积网络，生成一个固定维度的特征。用于特征比对的度量网络由图 5.11(b)的三层全连接层组成。图 5.11(c)为 MatchNet 的训练架构，在训练阶段，首先对图像块进行采样平均，特征网络组成了与 Siamese 网络相似的双支路网络(之间共享参数)，采样后的图像块分别输入双支路特征网络进行特征提取；将双支路网络的输出串联在一起作为度量网络的输入进行相似度学习；最后，对特征和度量网络进行联合训练，利用 SGD 算法优化下面的交叉熵损失函数：

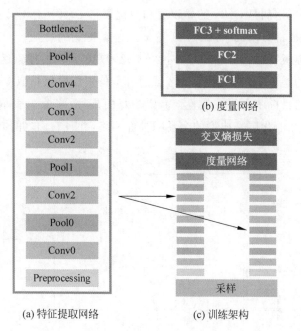

图 5.11 MatchNet 结构

(https://ieeexplore.ieee.org/document/7298948)

$$E = -\frac{1}{n} \sum_{i=1}^{n} \left[y_i \log(\hat{\boldsymbol{y}}_i) + (1 - y_i) \log(1 - \hat{\boldsymbol{y}}_i) \right] \tag{5-7}$$

其中，y_i 表示输入图像 x_i 的标签，$y_i \in \{0, 1\}$，1 代表匹配，否则为 0。$\hat{\boldsymbol{y}}_i$ 表示损失函数中预测标签为 1 的概率，其计算公式如下：

$$\hat{\boldsymbol{y}}_i = \frac{e^{v_1(x_i)}}{e^{v_0(x_i)} + e^{v_1(x_i)}} \tag{5-8}$$

其中，$v_0(x_i)$ 和 $v_1(x_i)$ 是全连接层 FC3 的两个输出值，这两个值非负且和为 1，表示两个图像块匹配或者不匹配的可能性。

在目标跟踪任务中，视频的第一帧给定模板，算法将后续帧的候选框与模板进行相似度匹配，以确定每帧的目标所在位置。

5.3.3　Siamese FC 网络

将一个全卷积 Siamese 网络嵌入跟踪算法中，通过相似性学习解决搜索区域与目标模板的匹配问题。它采用离线学习的 CNN 克服了深度学习在跟踪任务中时效性差的缺点，开辟了利用 CNN 进行目标跟踪的新篇章。

Siamese FC 网络的框架如图 5.12 所示。其中，z 代表模板图像，算法中使用的是第一帧的真实标签；x 为待跟踪帧中的候选框搜索区域；ϕ 代表特征映射操作，即将原始图像映射到特征空间(一般采用的是 CNN 的卷积层和池化层);$6 \times 6 \times 128$ 代表 z 经过 ϕ 得到 128 通道 6×6 大小的特征,同理,$22 \times 22 \times 128$ 是 x 经过 ϕ 得到的特征;$*$ 代表相关操作,具体是将 $6 \times 6 \times 128$ 的模板特征当做卷积核,对 $22 \times 22 \times 128$ 大小的搜索区域特征图进行卷积操作,得到 17×17 的响应图,它表示搜索区域的各个位置与模板相似度值,图上最大值对应的点就是算法认为的目标中心所在位置。需要注意的是,由两个 ϕ 表示的网络结构是一样的,是只包含卷积层和池化层是典型的全卷积神经网络,并且它们之间共享权重。

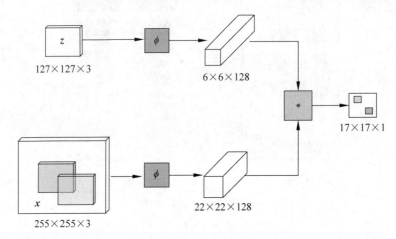

图 5.12　Siamese FC 网络框架
(https://arxiv.org/abs/1606.09549)

为了构造损失函数,算法对搜索区域的位置点进行了正负样本的区分,即目标一定范围内的点作为正样本,这个范围外的点作为负样本。采用 Logistic loss 计算响应图(score map)中的每个点的损失,具体的损失函数为:

$$\ell(y, v) = \log[1 + \exp(-\, \boldsymbol{y}\boldsymbol{v}\,)] \tag{5-9}$$

其中,$\boldsymbol{v}$ 为响应图中每个点的真实值,$y \in \{+1, -1\}$ 代表这个点所对应的标签,正样本的标签为 1,负样本的标签为 -1。这样,当 $\boldsymbol{v}$ 较大且 $y = 1$ 时,认为跟踪正确,损失函数 ℓ 很小,相反,当 $\boldsymbol{v}$ 较大且 $y = -1$ 时,表示跟踪到了错误的位置,此时 ℓ 很大。利用 SGD 算法最小化损失函数,训练得到最优的网络参数。

5.3.4　CFNet

Siamese FC 网络的速度很快,但是全卷积结构缺少特定目标的判别性信息,因此精度不太好。为解决这个问题,在 Siamese FC 的结构上加入了相关滤波器(Correlation Filter, CF)层,得到了 CFNet。相关滤波器判别性比较好,可以求解岭回归(ridge regression)问题;同时利用循环矩阵的性质提高了傅里叶域计算,可以实现在线跟踪。CFNet 首次将相关滤波融入深度神经网络的架构,可以端到端的训练,比 SiamFC 使用的网络更浅但不降低精度。CFNet 网络结构如图 5.13 所示。

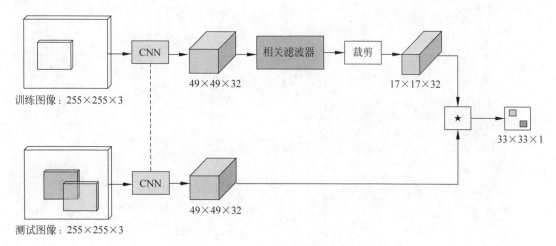

图 5.13　CFNet 网络结构

(https://arxiv.org/abs/1704.06036)

对比 Siamese FC 网络的结构图,CFNet 在 Siamese 卷积网提取的特征后增加了 CF 层,核心就是将相关滤波器可微,把其作为网络的一层,使之可以反向传播,以至于整个网络可以端到端训练。跟踪任务可建模为:

$$\arg \min_{\boldsymbol{w}} \frac{1}{2n} \parallel \boldsymbol{w} \star \boldsymbol{x} - \boldsymbol{y} \parallel^2 + \frac{\lambda}{2} \parallel \boldsymbol{w} \parallel^2 \tag{5-10}$$

其中,$\boldsymbol{w}$ 是相关滤波器;$\boldsymbol{y}$ 是 $\boldsymbol{x}$ 位置的高斯响应;★代表互相关。推导过程将式(5-10)转化为拉格朗日对偶问题,再进行微分,从而使 CF 层可以通过反向传播优化。

5.3.5　Siamese RPN

Siamese RPN 也是在 Siamese FC 的基础上进一步改进,将 Siamese FC 中的全连接层改为区域候选网络(Region Proposal Network,RPN)层,RPN 来自目标检测算法 Faster R-CNN。RPN 的多尺度锚点(anchor)让算法更适应目标的尺寸变化,同时 RPN 的坐标回归可以让跟踪框更加准确。Siamese RPN 网络结构如图 5.14 所示。

Siamese RPN 的双支路网络和 Siamese FC 一样,都是先通过权重共享的 Siamese 全卷积网络对模板和检测帧分别进行特征提取。但 Siamese RPN 将特征输入 RPN 结构。与 Siamese FC 一样,★代表相关操作。

RPN 有 2 个分支:分类和回归。如果设置 k 个锚点 RPN 网络需要为分类分支输出通道数为 $2k$ 的特征图,为回归分支输出通道数为 $4k$ 的特征图。因此在进行相关操作前,算法需要提升通道数。

对分类和回归分支进行相关操作后,损失函数的设置与 Faster R-CNN 一样,为分类损

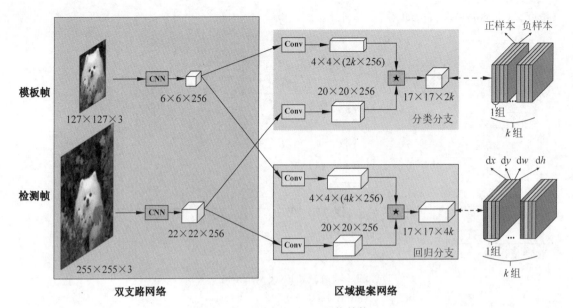

图 5.14   Siamese RPN 网络结构

（https://openaccess.thecvf.com/content_cvpr_2018/papers/Li_High_Performance_Visual_CVPR_2018_paper.pdf）

失和回归损失两部分。分类损失用到的是交叉熵,回归损失则为带归一化的平滑 L_1 损失。

5.3.6   遥感领域中的应用

在遥感领域,许多工作采用了 Siamese 结构进行图像处理任务。例如,Siam-CRNN 网络将 Siamese 卷积网络和 RNN 结合用于多时相 VHR 图像中的变化检测任务。它由三个子网组成:深度 Siamese 卷积神经网络(Deep Siamese Convolutional Neural Networks, DSCNN)、多层 RNN(MRNN)和全连接层。其中 DSCNN 用于从同质或异质 VHR 图像块中提取空间光谱特征。由 LSTM 单元堆叠的 MRNN 负责将 DSCNN 提取的空间光谱特征映射到新的特征空间,并挖掘它们之间的变化信息。此外,Siam-CRNN 的全连接层用于预测变化概率。

Liu 等提出了 Siamese AM-Net 框架,在双支路网络中引入了注意力机制,用于地面摄像机图像和无人驾驶航空器(UAV)三维模型渲染图像的匹配任务,是一种间接建立二维空间和三维空间之间空间关系的方法。它将带有注意力机制的自动编码器嵌入到双支路网络中。

Fang 等提出了基于 GAN 的 Siamese 框架 GSF,用于滑坡清单制图等变化探测任务。GSF 包括两个级联模块:域适应和滑坡检测。域适应模块采用对抗性学习,对滑坡前和滑坡后图像之间进行跨域映射,然后将配对图像转换为同一域,以抑制双时空遥感影像的域差异。滑坡检测模块利用双支路网络进行像素级滑坡检测,此方法不仅能有效区分滑坡与未变化区域,还能有效区分其他变化区域。

最新的工作将图卷积网络融入双支路框架,对空间和语义进行相似性学习用于遥感影像任务。例如,Tian 等提出了一种新型的连体图嵌入网络,利用空间和语义信息共同提取高层次特征表示对遥感高分辨图像进行物体检测。具体地,首先从空间依赖性和语义对应性方面设计了一种新型的对比损失,用于图相似度量学习;然后通过训练新型的对比损失函数,采用 SGEN 架构进行空间和语义相似度学习;最后这些提取的具有高空间和语义辨识度的特征被用于提高物体检测的性能。

Chaudhuri 等提出了新型连体图卷积网络(SGCN)用于极高分辨率遥感图像检索(CBIR)任务。它从局部区域的角度论证了基于区域邻接图的图像表征对极高分辨率遥感场景的有效性。然而,标准 GCN 特征缺乏对细粒度类的判别性能,这些特征可能不是 CBIR 任务的最佳选择。为克服这个问题,给定 RAG 表示,SGCN 架构的目的是学习一个嵌入空间,将语义上一致的图像拉近,同时将不一致的样本推远,利用对比损失函数进行训练,从而评估一对图形之间的相似性。

5.4 强化学习

5.4.1 强化学习原理

深度强化学习(Deep Reinforcement Learning,DRL)是深度学习与强化学习相结合的产物,它集成了深度学习在视觉等感知问题上强大的理解能力以及强化学习的决策能力,实现了端到端学习。DRL 的出现使强化学习技术真正走向实用,可以解决现实场景中的复杂问题。

在遥感领域,利用 DRL,遥感数据可以设定每个像素都有自己的状态和动作,并且可以基于与环境的交互修改其动作,设计奖励功能,探索数据信息,进行更准确的任务结果。

强化学习是一类特殊的机器学习算法,借鉴于行为主义心理学。与有监督学习和无监督学习的目标不同,算法要解决的问题是智能体(agent)即运行强化学习算法的实体,在环境中怎样执行动作以获得最大的累计奖励。

$< A, S, R, P >$是强化学习中经典的四元组,A 代表的是智能体的所有动作;S 是智能体所能感知的世界的状态;R 是一个实数值,代表奖励或惩罚;P 则是智能体所交互世界,也被称为模型。具体来说,策略是指智能体则是在状态 S 时,所要做出动作的选择。奖励信号定义了智能体学习的目标。价值函数定义的是评判一次交互中的回报好坏。模型是对真实世界的模拟,模型建模的是智能体采样后环境的反应。

5.4.2 面向值函数的深度强化学习

Q-learning 是强化学习的经典算法,但它是一种表格方法,只是根据过去出现的状态统

计和迭代 Q 值。为了使 Q-learning 能够带有预测能力,2013 年 DeepMind 提出了深度 Q 网络(Deep Q-Network,DQN),DQN 使用 CNN 作为价值函数拟合 Q-learning 中的动作价值,这是第一个直接从原始像素中成功学习控制策略的 DRL 算法。DQN 模型的核心就是 CNN,使用 Q-learning 训练,其输入为原始像素,输出为价值函数。在不改变模型的架构和参数的情况下,DQN 在 7 个 Atari2600 游戏中击败了之前所有的算法,并在其中 3 个游戏中击败了人类最佳水平。2015 年,DeepMind 针对上述 2013 年模型添加目标网络并改进了 DQN 的学习性能。

1. Q-learning

Q-learning 算法的核心是贝尔曼(Bellman)最优化方程,即更新 Q 的函数为:

$$Q_*(s,a) = E[R_{t+1} + \gamma \max_{a'} Q(s_{t+1}, a') \mid S_t = s, A_t = a] \qquad (5\text{-}11)$$

其中,γ 为学习速率。显然,γ 越大,保留之前学习的结果越少。

Q-learning 的过程是不断更新的。首先,给定参数 γ 和奖励矩阵 $\boldsymbol{R}$;将 Q 初始化为 0。随机选择一个初始状态 s。若未达到目标状态,则执行以下几步:在当前状态 s 的所有行为中选取一个行为 a;利用选定的行为 a,得到下一个状态 S';按照式(5-11)计算 $Q(s,a)$;令 $s:=S'$,直到状态 s 终止。

在 Q-learning 中,需要维护 Q 值表,表的维数为:状态数 $S \times$ 动作数 A,表中每个数代表在当前状态 s 下可以采用动作 a 可以获得的未来收益的折现和。不断迭代 Q 值表使其最终收敛,根据 Q 值表就可以在每个状态下选取一个最优策略。

2. DQN

在 DQN 出现之前,当用神经网络逼近强化学习中的动作值函数时,会出现不稳定甚至不收敛的问题。为了解决此问题,DQN 使用了两个技术:经验回放机制和目标网络。DQN 训练过程如图 5.15 所示。

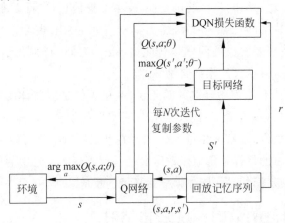

图 5.15　DQN 训练过程

(http://cjc.ict.ac.cn/online/onlinepaper/42-6-15-201968180907.pdf)

DQN 对 Q-Learning 的修改主要有两方面：利用 DCNN 逼近值函数；利用经验回放训练强化学习的学习过程。在训练神经网络时，一般假设训练数据是独立同分布的，但如果采取当前参数的网络获得的样本更新当前的网络参数，那么这些顺序数据之间存在很强的关联性，网络的训练会很不稳定。DQN 利用经验回放的方法，在更新当前时刻参数时会随机用到不同时刻参数下获得的样本，样本之间的关联性相对来说比较小。直接训练 Q-Network 的好处是，只要 Q 值收敛了，则每个状态对应的最大动作也就确定了，也就是确定性的策略已经确定了。

5.4.3 面向策略梯度的深度强化学习

DQN 适用范围还是在低维、离散动作空间。DQN 是求每个离散动作的 $\max_a Q(s,a)$，在连续空间就不适用了。于是引入了策略梯度方法解决连续动作空间问题。基于策略梯度的 DRL 分为深度确定性策略梯度（Deep Deterministic Policy Gradient，DDPG）、信赖域策略优化（Trust Region Policy Optimization，TRPO）和异步优势行动者-评价者（Asynchronous Advantage Actor Critic，A3C）等三类方法。

1. 策略梯度和 actor-critic 算法

策略梯度方法中，参数化策略 π 为 π_θ，然后计算得到动作上策略梯度，沿着梯度方法，一点点地调整动作，逐渐得到最优策略。

随机性 actor-critic 算法中，策略网络由行动者（actor）网络和输出动作网络组成。价值网络是评价者（critic），可以评价行动者网络所选动作的好坏，并生成 TD_error 信号并指导行动者网络评价者网络的更新。图 5.16 为 actor-critic 算法架构图。

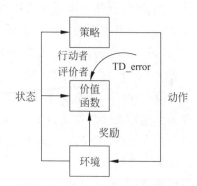

图 5.16 actor-critic 算法架构图
(http://cjc.ict.ac.cn/online/onlinepaper/42-6-15-201968180907.pdf)

2. DDPG

DDPG 结合了 DQN 和 DPG，把 DRL 推向了连续动作空间控制。DDPG 借鉴 DQN 技术，采用经验回放机制和单独的目标网络，减少数据之间的相关性，增加算法的稳定性和鲁棒性。虽然 DDPG 借鉴了 DQN 的思想，但要直接将 Q-learning 应用到连续动作空间是不可能的，因此 DDPG 采用的是基于 DPG 算法的 actor-critic 方法。DDPG 采用的经验回放机制和 DQN 完全相同，但目标网络的更新方式和 DQN 相比略有差异。DDPG 中的行动者网络和评价者网络的两个目标网络以小步长滞后更新，而非隔 C 步更新。

DQN 的目标网络是隔 N 步和 Q 网络同步一次，DDPG 中行动者和评价者各自的目标网络参数 θ^- 和 ω^- 则是通过变化较慢的方式更新，而不是直接复制参数，以此进一步增加学习过程的稳定性：

$$\theta^- = \tau\theta + (1-\tau)\theta^- \tag{5-12}$$

$$\omega^- = \tau\omega + (1-\tau)\omega^- \tag{5-13}$$

但都是为了解决模型训练稳定性问题。同时，在连续动作空间中学习的主要挑战是有效地实现冒险探索，考虑到 DDPG 是离策略算法。DDPG 中通过在动作基础上增加噪声(noise)的方式解决这个问题：

$$\mu'(s_t) = \mu(s \mid \theta) + \mathcal{N} \tag{5-14}$$

和 DQN 相比，DDPG 的网络结构除值网络之外还多了一个策略网络。同时 DQN 输入仅是视频帧而不需要额外输入动作，每个离散动作都有一个单独的输出单元，其价值网络的输出是每个动作所对应的 Q 值。而 DDPG 的值网络则是输入视频帧后再通过 CNN 得到特征，再输入动作 a，最后输出 Q 值。

5.4.4 遥感领域中的应用

在强化学习通过 agent 进行一系列观察，其中动作和相应的奖励与环境交互，完成任务。在遥感领域，强化学习通过与环境的互动，通过最大化累积特征奖励决定顺序动作。

尤其是当只有很少的标记像素可用时，强化学习还可以无须使用任何标记的训练数据集，可以获得比较高的精度。这很适合数据量较少的遥感任务，如在 SPRL 中，利用基于强化学习方法用于极化 SAR 数据分类。将像素按照强化学习设置状态和动作，通过与环境的交互来修改其动作。从本地邻域设计空间极化奖励功能，以探索空间和极化信息，进行更准确的分类。这样就可以得到自演化和无模型的分类器，它具有简单的原理，对数据中存在的斑点噪声具有鲁棒性。通过与环境的互动，当只有很少的标记像素可用时，SPRL 网络可以获得很高的分类精度。

同样地，对于少样本的遥感数据，Schulman John 提出了一种用于 PolSAR 图像分类的改进的 DQN 方法，该方法可以通过使用 ε-贪心策略与 agent 进行交互生成大量有效数据。在网络中，多层特征图像和分类动作分别表示为环境状态和 agent 动作。模型预测结果以一些标准给出了奖励。使用带有注释的样本集来反馈 agent 所做的操作。如果 agent 预测与标记值一致，则将奖励标记为 1；否则，将奖励标记为 -1。在 DQN 算法中，网络使用学习值 Q 更新具有随机梯度的权重，并使用经验重播机制缓解相关数据和非平稳分布的问题。

除了对数据进行扩充和加强，为了解决遥感影像背景复杂以及船舶密集的泊车场景检测任务困难问题。Mnih Volodymyr 提出了一种基于特征融合金字塔网络的深度强化学习(FFPN-RL)的船舶旋转检测模型，将深度强化学习应用于倾斜的船舶检测任务。通过操作集的三个操作：行动 1、行动 2 和行动 3 完成角度预测。通过在动作集中使用不同的旋转角度，可以实现更高的预测精度并减少决策动作的数量。奖励功能通过选定的动作来鼓励或惩罚角度预测代理。agent 积累了以上奖励的经验,从中学习并最终在每个决定中选择适当的行动。使得该检测网络可以有效地生成用于船舶的倾斜矩形箱。

深度强化学习可以根据环境需要,设计动作、状态和奖励机制,使得模型结果趋于期望结果。并且,强化学习在小样本量和环境复杂的情况下,会有比较优秀的性能,这使得强化学习在遥感领域十分具有前景。

5.5　迁移学习

深度学习在各个领域取得了优异的成绩,深度迁移学习应运而生。利用深度神经网络进行有效的知识迁移成了研究热点,即深度迁移学习。在介绍深度迁移学习之前,首先介绍传统的迁移学习(Transfer Learning,TL)。

5.5.1　迁移学习原理

在机器学习中,迁移学习已成为研究热点之一。机器学习中表现优异的监督学习,往往需要大量的标注数据。然而,在实际进行标注数据时需要花费大量的人力、物力与财力。而迁移学习可以很好地解决这一问题,人们可以在使用部分标注数据的前提下,对监督学习的机器学习方法进行训练,减少了对大量标注数据的依赖。当前迁移学习发展的主要趋势是使用大量的标记分类数据对基准网络进行预训练,然后使用少量带注释的检测数据微调网络进行检测。迁移学习是一种重要的机器学习方法,它主要将解决一个问题时获得的知识应用于另一个不同但存在一定联系的问题中去。传统的机器学习在训练不同任务且不同域的模型时,需要分别使用标记数据对模型 A 和模型 B 分别训练,以达到期望的效果,其学习模式如图 5.17 所示。

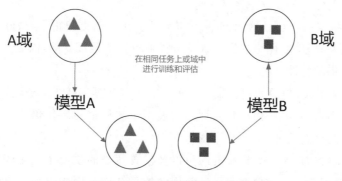

图 5.17　传统的机器学习模式

(https://my.oschina.net/u/876354/blog/1614883)

在实际应用中,由于模型继承了训练数据的偏差,不能直接进行新数据集测试,常常会出现性能下降或崩溃的情况。因为任务(甚至标签)不同,导致能直接利用现有模型。然而,迁移学习可以利用一些相关任务或域的已有标记数据处理这些场景,如图 5.18 所示。

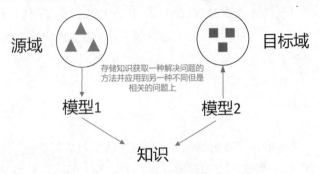

图 5.18 迁移学习模式

(https://my.oschina.net/u/876354/blog/1614883)

使用迁移学习的益处有以下 3 点。

(1) 微调前,源模型的初始性能比不使用迁移学习到的模型更高。

(2) 在训练的过程中,源模型学习效果提升的速率比不使用迁移学习更快。

(3) 训练得到的模型的收敛性能比不使用迁移学习更好。

在使用迁移学习时,需要注意新数据集的大小以及与原始数据集的相似性。迁移学习中应遵循以下常见经验规则。

(1) 新数据集较小,与原始数据集相似。数据集过小会造成过拟合问题,此时微调网络是存在问题的。同时,由于数据与原始数据相似,希望 ConvNet 中的高级特性也与此数据集相关。因此,最好的办法是在 CNN 上训练一个线性分类器。

(2) 新数据集很大,与原始数据集相似。当数据集较大时,可以对整个网络进行微调,不会存在过拟合问题。

(3) 新数据集很小,但与原始数据集差异较大。由于数据集很小,最好只训练一个线性分类器。数据集差异较大,网络的顶部训练分类器可能不是最好的,因为网络的顶部包含了更多特定于数据集的特性。

(4) 新数据集很大,与原始数据集差异较大。由于数据集较大,从头开始训练 ConvNet 的代价较大。然而,在实践中使用预先训练的模型中的权重初始化仍然非常有益。可以通过微调达到较好的模型性能。

在进行迁移学习时,预训练模型的约束以及设置适当的学习率是比较重要的。若使用预先训练的网络,可能会在新数据集可以使用的体系结构方面受限制。与计算新数据集的新线性分类器的(随机初始化)权重相比,通常对正在微调的卷积网络权重使用较小的学习速率。利用源域数据可以训练得到一个效果良好的分类器。但是,因源域和目标域数据之间存在细微差异,源域模型无法很好地对目标域数据进行分类。常用的一种方法就是将目标域和源域数据的特征分布对齐,利用源域数据训练得到的模型就可以对目标域数据进行分类。

在迁移学习中,当源域和目标域的数据分布不同但两个任务相同时,这种特殊的迁移学习叫作域适应(domain adaptation)。域适应目前是迁移学习的一大研究热点,它的任务是学习一个能将源域和目标域映射到一个共同特征空间的映射,同时再学习一个对共同特征空间的映射,使得复合映射可以拟合只在源域学到的映射,并且非常靠近只在目标域学到的映射。图 5.19 便是迁移学习中常用到的域适应模型。

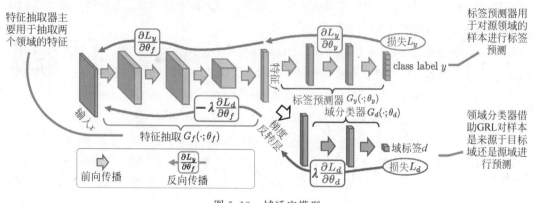

图 5.19 域适应模型

(https://arxiv.org/abs/1505.07818)

5.5.2 迁移学习分类

随着深度神经网络在各个领域的广泛应用,大量的深度迁移学习方法被提出。基于深度迁移学习的技术,本节主要将介绍 4 类深度迁移学习:基于实例的深度迁移学习、基于映射的深度迁移学习、基于网络的深度迁移学习和基于对抗的深度迁移学习。

1. 基于实例的深度迁移学习

基于实例的深度迁移学习是指采用一种特定的权重调整策略,从源域中选择部分实例作为目标域训练集的补充,并为这些选择的实例分配适当的权重。它主要是基于"两个域之间存在差异,但源域中的部分实例可以被具有适当权重的目标域利用"的假设。在训练数据集中,排除源域与目标域含义不一致的实例。同时,在具有适当权重的训练数据集中,包含了与目标域含义相似的源域实例。

TrAdaBoost 使用基于插件的技术过滤出与源域中的目标域不同的情况。在源域中重新加权实例,组成类似于目标域的分布。最后,通过使用来自源域和来自目标域的重新加权实例训练模型。该算法在保证算法性能的前提下,减小了不同分布域的加权训练误差。TaskTrAdaBoost 是一种快速算法,可以促进对新目标的快速再训练。TrAdaBoost 主要是为分类问题而设计的,而 R2(ExpBoost. R2 和 TrAdaBoost. R2)是为解决回归问题而提出的。双权域自适应算法(BIW)则可以将两个域的特征空间对齐到公共坐标系中,然后为源域的实例分配适当的权重。

2. 基于映射的深度迁移学习

基于映射的深度迁移学习是指将实例从源域和目标域映射到新的数据空间。在这个新的数据空间中,来自两个域的实例是相似的,适合于联合深度神经网络。它基于"两个源域之间即使存在差异,但它们在一个复杂的新数据空间中可能更相似"的假设。基于实例的深度迁移学习提出,来自源域和目标域的实例映射到一个新的数据空间,其中将新数据空间中的所有实例视为神经网络的训练集。

迁移成分分析(Transfer Component Analysis,TCA)在传统迁移学习的许多应用中得到了广泛的应用。将 TCA 方法推广到深度神经网络是一种自然的思路。将最大平均偏差(Maximum Mean Deviation,MMD)扩展到比较深度神经网络中的分布,通过引入适应层和额外的域混淆损失来学习语义上有意义和域不变的表示。该工作中使用了多核 MMD 距离代替 MMD 距离。将 CNN 中与学习任务相关的隐藏层映射到重构核希尔伯特空间(Reproducing Kernel Hilbert Space,RKHS)中,利用多核优化方法最小化不同域之间的距离。联合最大平均偏差(Joint Maximum Mean Deviation,JMMD)度量联合分布的关系。利用 JMMD 方法对 DNN 的传输学习能力进行推广,以适应不同领域的数据分布,并对已有的工作进行改进。还可以应用 Wasserstein 距离作为一种新的域距离度量方法寻找更好的映射。

3. 基于网络的深度迁移学习

基于网络的深度迁移学习是指将源领域中预先训练好的部分网络,包括其网络结构和连接参数,重新利用,将其转换为用于目标领域的深度神经网络的一部分。基于"神经网络类似于人脑的处理机制,是一个迭代的、连续的抽象过程"的假设,该网络的前端层可以看作一个特征提取器,所提取的特征是通用的。在学习过程中,首先利用大规模训练数据集对网络进行源域训练。其次,将对源域进行预处理的部分网络迁移到为目标域设计的新网络中。最后,可以对所传输的子网络进行微调策略的更新。

将网络分为两部分,第一部分是语言无关的特征变换,第二部分是语言相关分类器。语言无关的特征变换可以在多种语言之间进行转换。在 ImageNet 数据集上重用 CNN 训练的前层来计算其他数据集中图像的中间图像表示,CNN 被训练来学习图像表示,这些图像表示可以在有限的训练数据下有效地迁移到其他视觉识别任务中。

联合学习源域标记数据和目标域未标记数据的自适应分类器和可迁移特征,通过将多个层次插入到深度网络中,参照目标分类器显式学习残差函数。学习域自适应和深度哈希特性是在 DNN 中同时存在的一种新的多尺度卷积稀疏编码方法。该方法能在不同尺度下自动学习滤波器组,并与学习模式的强制尺度特异性相结合,为学习可迁移的基础知识并针对目标任务进行微调提供了一种无监督的解决方案。在无监督聚类方法中,DNN 可以作为优秀的特征提取器。它在不使用任何标记实例的情况下,根据形态学特征识别新类。

另一个非常值得注意的是网络结构和可迁移性之间的关系。结果表明,某些模块可能不会影响域内的精度,但会影响可移植性。Yosinski 等明确了深层网络中哪些特征是可迁移的,哪些类型的网络更适合迁移。同时,他们得出结论:LeNet、AlexNet、VGG、Inception、ResNet 是基于网络的深度迁移学习的较好选择。

4. 基于对抗的深度迁移学习

基于对抗性的深度迁移学习是指在 GAN 的启发下,引入对抗性技术,寻找既适用于源域又适用于目标域的可迁移表达。它基于假设:为了有效地迁移,良好的表征应该是对主要学习任务的区别性,以及对源域和目标域的不加区分。

近两年,研究者将对抗思想引入了迁移学习,提出了域对抗神经网络(DANN)。DANN将"域适应"嵌入特征表示的学习过程中。同时,在 DANN 优化特征映射参数时采取最小化标签分类器的损失函数 L_y,最大化域分类器的损失函数 L_d。这样使得最终训练得到的模型可以提取出具有区分力的特征,同时可以提取出对域变换具有不变性的特征。在源域为大规模数据集的训练过程中,将网络的前端层作为特征提取器。它从两个域中提取特征并将其送到对抗层,然后在对抗层区别特征的来源。如果对抗网络的性能较差,则意味着这两类特征之间的差异较小,可迁移性较好,反之亦然。在接下来的训练过程中,将考虑对抗性层的性能,迫使迁移网络发现更具有可迁移性的一般特征。

5.5.3 遥感领域中的应用

迁移学习的目的是通过迁移在不同但相关的源域中的知识来提高目标学习者在目标域上的学习表现。这样可以减少对大量目标域数据的依赖,构建目标学习者。由于其广泛的应用前景,迁移学习已经成为机器学习中一个热门和有发展前景的领域。在实际应用中,因为不需要大量完备的标注数据,所以迁移学习使得深度学习的落地应用变得简单。吴恩达在 NIPS 2016 教程也提出迁移学习将成为下一个机器学习商业成功的驱动者。

目前,将迁移学习与遥感数据结合的相关研究也较多。发展中国家缺乏可靠的数据是可持续发展、粮食安全和救灾的主要障碍。遥感数据是高度非结构化的,目前还没有技术能够自动提取有用的信息,同时遥感训练数据非常稀少,使得很难应用 CNN 等现代技术。Xie Michael 等提出使用迁移学习方法丰富夜间光强度数据,并训练一个完全卷积的 CNN模型预测白天图像中的夜间灯光,同时学习对贫困预测有用的特征。Chen Zhong 等主要利用迁移学习解决遥感影像中的飞机检测问题,采用单一的 DCNN 和有限的训练样本实现端到端的可训练飞机检测,在一定程度上提高了遥感数据中飞机检测的精度。Begüm Demir提出了一种基于变化检测驱动的迁移学习方法,通过对同一区域不同时间(即图像时间序列)的遥感影像进行分类来更新土地覆盖图。该方法旨在利用源域的已有知识,为目标域定义一个可靠的训练集,这是通过对目标域和源域应用无监督的变化检测方法,并将检测到的未更改训练样本的类标签从源域迁移到目标域来初始化目标域训练集来实现的。Yuan Yuan 等提出了一种利用自然图像知识提高高光谱图像分辨率的新框架。该框架利用 DCNN 学习低分辨率和高分辨率图像之间的映射,并借鉴迁移学习的思想将其转化为高光谱图像。有限标记的 SAR 目标数据成为训练深层 CNN 的障碍,为了解决这个问题,有学者提出了一种基于传递学习的方法,从足够多的未标记 SAR 场景图像中学习到的知识可以传递给标记的 SAR 目标数据。实验结果表明,在标记训练数据较少的情况下,迁移学习能获得较好的学习效果。

针对遥感数据,首先从拍摄上来讲并不容易获得,因拍摄设备限制以及存在各种干扰,因此数据源质量和数量都无法得到较好的保证。其次,针对遥感数据标注,因为遥感数据不同于普通的自然场景,所以在标注时需要良好的专业知识以及丰富的标注经验,所以大量遥感数据标注存在较多的困难。如果仅使用少量标注数据,就能够借助监督学习进行训练学习,可以给遥感数据研究工作带来一定的便利。

从以上研究工作中可以看出,迁移学习能够有效缓解遥感数据稀缺问题,并减少标记工作量。对于自然场景的深度学习模型,研究者通过域适应将自然数据特征与遥感数据特征对齐,然后进行遥感数据任务。

5.6　联邦学习

2016 年,谷歌提出了联邦学习(Federated Learning,FL),这是一种新的机器学习技术,主要在多个分散的边缘设备或服务器上进行训练算法。联邦学习在一定程度上保证了数据隐私以及数据传输安全。而隐私与安全对一些需要高度保密的行业具有十分重要的作用,如国防、医药、互联网等,因此联邦学习的研究源源不断。

5.6.1　联邦学习原理

传统的做法是将所有数据上传至一台服务器上并进行训练学习,而联邦学习是在多个设备或服务器上保存数据样本,并且它们之间并不进行数据交换操作。用通俗的话来说,我们可以使用联邦学习调用多个参与者的数据进行训练学习,但是并不共享这些数据。这在一定程度上保证了数据隐私以及限制数据访问权限等问题。在物理层面上,联邦学习系统一般由数据持有方和中心服务器组成。具体的客户端-服务器架构的联邦学习框架如图 5.20 所示。具体的学习流程如下。

(1) 系统初始化。首先由中心服务器发送建模任务,寻求参与客户端。客户端数据持有方根据自身需求,提出联合建模设想。在与其他合作数据持有方达成协议后,联合建模设想被确立,各数据持有方进入联合建模过程。由中心服务器向各数据持有方发布初始参数。

（2）局部计算。联合建模任务开启并初始化系统参数后,各数据持有方将被要求首先在本地根据己方数据进行局部计算,计算完成后,将本地局部计算所得梯度脱敏后进行上传,以用于全局模型的一次更新。

（3）中心聚合。在收到来自多个数据持有方的计算结果后,中心服务器对这些计算值进行聚合操作,在聚合的过程中需要同时考虑效率、安全、隐私等多方面问题。

（4）模型更新。中心服务器根据聚合后的结果对全局模型进行一次更新,并将更新后的模型返回给参与建模的数据持有方。数据持有方更新本地模型,并开启下一次局部计算,同时评估更新后的模型性能,当性能足够好时,训练终止,联合建模结束。建立好的全局模型将会被保留在中心服务器端,以进行后续的预测或分类工作。

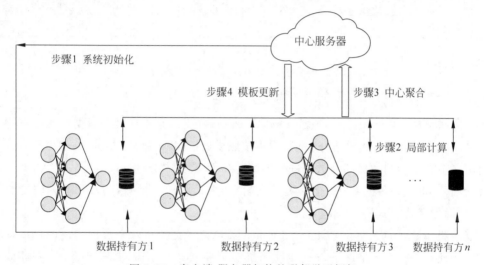

图 5.20　客户端-服务器架构的联邦学习框架

（http://www.infocomm-journal.com/bdr/article/2020/2096-0271/2096-0271-6-6-00064.shtml）

联邦学习的学习过程主要有：服务器向客户端发送公钥→客户端间交换中间的训练结果→加密汇总后的梯度与损失数据→更新模型。联邦迁移学习是指在两个数据集的用户与用户特征重叠都较少的情况下,不对数据进行切分,而是利用迁移学习克服数据或标签不足的情况。如何能够在不交换数据的前提下进行迁移学习,这是联邦迁移学习解决的问题。其学习过程分为 4 个步骤：双方交换公钥→双方分别计算加密和交换中间训练结果→双方计算加密后的梯度,加上混淆码发给对方→双方解密梯度并交换,反混淆并更新本地的模型。它有效地解决了数据隐私问题,同时能够充分利用现有算力,所以得到了广泛的应用。

5.6.2　联邦学习分类

联邦学习的孤岛数据有不同的分布特征。对于每一个参与方来说,自己所拥有的数据可以用一个矩阵来表示。现有的联邦学习主要可以根据数据集分布情况与根据场景进行分类。

首先,联邦学习可以按照训练数据在不同参与方之间的数据特征空间和样本 ID 空间的分布情况进行划分为 3 类:横向联邦学习、纵向联邦学习与联邦迁移学习。以上 3 类学习按照特征维度与用户维度的划分如图 5.21 所示。

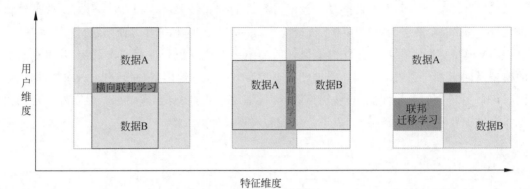

图 5.21 横向联邦学习、纵向联邦学习与联邦迁移学习
(https://www.cnblogs.com/wt869054461/p/12375011.html)

横向联邦学习(Horizontal Federated Learning,HFL)是指在两个数据集的用户特征重叠较多而用户重叠较少的情况下,把数据集按照横向(即特征维度)切分,并取出双方特征相同而用户不完全相同的那部分数据进行训练。简而言之,横向联邦学习是指将训练数据进行横向划分,也就是数据矩阵或者表格的按行(横向)划分。不同行的数据有相同的数据特征,即数据特征是对齐的。

纵向联邦学习(Vertical Federated Learning,VFL)是指在两个数据集的用户重叠较多而用户特征重叠较少的情况下,按照用户维度对数据集进行切分,并取出双方用户相同而用户特征不完全相同的那部分数据进行训练。简而言之,纵向联邦学习是指将训练数据"纵向划分",也就是数据矩阵或者表格的按列(纵向)划分。不同列的数据有相同的样本 ID,即训练样本是对齐的。

联邦迁移学习(Federated Transfer Learning,FTL)适用于参与方的数据样本和数据特征重叠都很少的情况。目前大部分的研究是基于横向联邦学习和纵向联邦学习的,联邦迁移学习领域的研究相对较少。

除了上述按照数据集分布进行分类,联邦学习还可以按照场景进行分类,主要分为跨设备(cross-device)和跨孤岛(cross-silo)。其中,跨设备类型着重于整合大量移动端和边缘设备应用程序,例如,Google 的 Gboard 移动键盘,Apple 在 iOS 13 中使用跨设备用于 QuickType 键盘和"Hey Siri"的人声分类器等。跨孤岛类型可能只涉及少量相对可靠的客户端应用程序(如多个组织合作训练一个模型),常见的跨孤岛实例包括再保险的财务风险预测、药物发现、电子健康记录挖掘、医疗数据细分和智能制造等。两种类型间的差异如表 5.1 所示。

表 5.1　"跨设备"和"跨孤岛"两者差异对比

比 较 项	跨 设 备	跨 孤 岛
实例	手机端应用	医疗机构
节点数量	$1\sim10^{10}$	$1\sim100$
节点状态	大部分节点不在线	节点几乎稳定运行
主要瓶颈	Wi-Fi 速度,设备不在线	计算瓶颈和通信瓶颈
按数据类型分类	横向	横向/纵向

5.6.3　联邦学习与神经网络学习之间的差异

针对目前的深度神经网络来说,可以通过局部训练数据样本,然后将局部模型以一定的频率交换参数,最终生成全局模型。虽然已有的分布式学习也是在多台服务器上训练同一个模型,但其与联邦学习存在的差异在于:①分布式学习主张获得并行计算力;联邦学习主张在异构数据上进行训练;②在分布式学习中假设的本地数据集分布相同,大小基本相同;在联邦学习中的数据集通常是异构的,其大小差异较大。

深度学习训练主要依赖于 SGD 的变量,其中梯度是在整个数据集的随机子集上计算的,然后用于梯度下降。在使用联邦学习方法进行深度学习训练时,服务器根据每个节点上的训练样本数按比例平均梯度,并用于进行梯度下降操作。

联邦学习在一定程度上给深度学习的训练带来了便利,但是其存在一定的技术限制与挑战。在联邦学习中,虽然不需要进行数据通信,但多台服务器之间需要进行频繁的通信来交换学习模型的参数。这对于本地计算力和内存都有着一定的要求,高宽带连接是必要的。联邦方法进行机器学习的主要优点是确保数据隐私或数据保密。在本地不进行数据存储,而且所有的数据会被切割,这样使入侵获得所有数据存在一定的困难。联邦学习只交换机器学习参数,它适用于在多任务学习框架中同时生成两个模型。

5.6.4　联邦学习与分布式学习之间的差异

联邦学习并不只是使用分布式的方式解决优化问题。联邦学习和分布式学习均是在多个计算节点上进行模型运算,其主要区别如表 5.2 所示。

表 5.2　联邦学习与分布式学习差异

比较项	联邦学习	分布式学习
数据分布	分散存储且固定,数据无法互通、可能存在数据的非独立同分布(Non-IID)	集中存储不固定,可以任意打乱并平衡地分配给所有客户端
节点数量	$1\sim1010$	$1\sim100$
节点状态	节点可能不在线	所有节点稳定运行

联邦学习是面向隐私保护的机器学习框架,原始数据分散保存在各个设备上并进行训

练,节点间数量较多且质量严重不均,服务器聚合各个本地计算的模型更新。分布式学习利用多个计算节点进行机器学习或者深度学习的算法和系统,旨在提高性能,并可扩展至更大规模的训练数据和更大的模型。各节点间数据共享,任务由服务器统一分配,各节点比较均衡。数据集中式分布式学习与跨孤岛/跨设备联邦学习的综合对比如表 5.3 所示。

表 5.3 数据集中式分布式学习与跨孤岛/跨设备联邦学习的综合对比

	数据集中式的分布式学习	跨孤岛的联邦学习	跨设备的联邦学习
设置	在大型但"扁平"的数据集上训练模型。客户端是单个群集或数据中心中的计算节点	在数据孤岛上训练模型。客户端是不同的组织(如医疗或金融)或地理分布的数据中心	客户端是大量的移动或物联网设备
数据分布	数据被集中存储,可以在客户端之间进行混洗和平衡。任何客户端都可以读取数据集的任何部分	数据在本地生成,并保持分散化。每个客户端都存储自己的数据,无法读取其他客户端的数据。数据不是独立或相同分布的	数据在本地生成,并保持分散化。每个客户端都存储自己的数据,无法读取其他客户端的数据。数据不是独立或相同分布的
编排方式	中央式编排	中央编排服务器/服务负责组织培训,但从未看到原始数据	中央编排服务器/服务负责组织培训,但从未看到原始数据
广域通信	无(在一个数据中心/群集中完全连接客户端)	中心辐射型拓扑,中心代表协调服务提供商(通常不包含数据),分支连接到客户端	中心辐射型拓扑,中心代表协调服务提供商(通常不包含数据),分支连接到客户端
数据可用性	所有客户端都是可用的	所有客户端都可用	在任何时候,只有部分客户可用,通常会有日间或其他变化
数据分布范围	通常 1~1000 个客户端	通常 2~1000 个客户端	大规模并行,最多 10^{10} 个客户端
主要瓶颈	假设在网络非常快的情况下,计算通常是数据中心的瓶颈	可能是计算和通信量	通信是主要的瓶颈,尽管这取决于任务。通常跨设备联邦学习使用 Wi-Fi 或更慢的连接
可解决性	每个客户端都有一个标识或名称,该标识或名称允许系统专门访问它	每个客户端都有一个标识或名称,该标识或名称允许系统专门访问它	无法直接为客户建立索引(即不对用户进行标记)
客户状态	有状态的——每个客户都可以参与到计算的每一轮中,不断地传递状态	有状态的——每个客户都可以参与到计算的每一轮中,不断地传递状态	高度不可靠,预计有 5% 或更多客户端参与一轮计算会失败或退出(例如,由于违反了电池、网络或闲置的要求而导致设备无法使用)

续表

	数据集中式的分布式学习	跨孤岛的联邦学习	跨设备的联邦学习
客户可靠性	相对较少的失败次数	相对较少的失败次数	无状态的——每个客户在一个任务中可能只参与一次,因此通常假定在每轮计算中都有一个从未见过的客户的新样本
数据分区轴	数据可以在客户端之间任意分区/重新分区	固定分区。能够根据样本分区(横向)或者特征分区(纵向)	根据样本固定分区(横向)

5.6.5 遥感领域中的应用

联邦学习应用领域广泛。Google 的研究人员致力于在 Gboard 应用程序上从用户生成的数据增强语言建模。其他人发现联邦学习非常适合医疗保健领域,可以通过在医院保留患者数据来平衡患者隐私和机器学习。物联网设备也在联邦学习上获得了关注。此外,联邦学习也进入了许多其他领域,如边缘计算、网络、机器人、网格、联邦学习增强、推荐系统、网络安全、在线零售商、无线通信和电动汽车等。本节主要介绍了遥感领域中联邦学习的应用。

针对深度学习中数据源稀缺或者有限这一挑战,联邦学习就可以很好地解决这一问题。遥感数据因获取难度高,获取到的数据质量无法保证而稀缺,以及较多数据涉及国防安全等,因此存在一定的数据壁垒问题。联邦学习在遥感数据学习过程中,可以对一些保密数据加以利用和扩展。在不接触保密的原数据源的条件下,依旧可以学习到自己的参数,在后续的实际应用使用。当然,联邦学习可以实现某种意义上的数据共享,成为打破数据壁垒的突破口。

参考文献

[1] Wang F, Tax D M J. Survey on the attention based RNN model and its applications in computer vision [EB/OL]. https://arxiv.org/abs/1601.06823v.

[2] Jaderberg M, Simonyan K, Zisserman A, et al. Spatial transformer networks[EB/OL]. https://arxiv.org/abs/1506.02025.

[3] Hu J, Shen L, Sun G. Squeeze-and-excitation networks[C]//IEEE Conference on Computer Vision and Pattern Recognition, 2018.

[4] Li X, Wang W, Hu X, et al. Selective kernel networks[C]//IEEE Conference on Computer Vision and Pattern Recognition, 2019.

[5] Itti L, Koch C. Computational modelling of visual attention[J]. Nature Reviews Neuroscience, 2001, 2(3): 194-203.

[6] Lin T Y,Dollár P,Girshick R,et al. Feature pyramid networks for object detection［C］//IEEE Conference on Computer Vision and Pattern Recognition,2017.

[7] Liu W,Anguelov D,Erhan D,et al. Ssd: Single shot multibox detector[C]//European Conference on Computer Vision,2016.

[8] Liu S,Qi L,Qin H,et al. Path aggregation network for instance segmentation[C]//IEEE Conference on Computer Vision and Pattern Recognition,2018.

[9] Qin Z,Li Z,Zhang Z,et al. Thundernet: towards real-time generic object detection on mobile devices ［C］//IEEE/CVF International Conference on Computer Vision,2019.

[10] Pang J,Chen K,Shi J,et al. Libra r-cnn: towards balanced learning for object detection[C]//IEEE/CVF Conference on Computer Vision and Pattern Recognition. 2019.

[11] Seferbekov S,Iglovikov V,Buslaev A,et al. Feature pyramid network for multi-class land segmentation[C]//IEEE Conference on Computer Vision and Pattern Recognition,2018.

[12] Chopra S,Hadsell R,LeCun Y. Learning a similarity metric discriminatively,with application to face verification[C]//IEEE Conference on Computer Vision and Pattern Recognition, 2005.

[13] Norouzi M,Fleet D,Salakhutdinov R,et al. Hamming distance metric learning［J］. Advances in Neural Information Processing Systems,2012,2: 1061-1069.

[14] Chen H,Wu C,Du B,et al. Change detection in multisource VHR images via deep Siamese convolutional multiple-layers recurrent neural network［J］. IEEE Transactions on Geoscience and Remote Sensing,2019,58(4): 2848-2864.

[15] Liu W,Wang C,Bian X,et al. Learning to match ground camera image and uav 3-d model-rendered image based on siamese network with attention mechanism[J]. IEEE Geoscience and Remote Sensing Letters,2019,17(9): 1608-1612.

[16] Fang B,Chen G,Pan L,et al. GAN-based siamese framework for landslide inventory mapping using Bi-temporal optical remote sensing images[J]. IEEE Geoscience and Remote Sensing Letters,2020.

[17] Tian S,Kang L,Xing X,et al. Siamese graph embedding network for object detection in remote sensing images[J]. IEEE Geoscience and Remote Sensing Letters,2020.

[18] Chaudhuri U,Banerjee B,Bhattacharya A. Siamese graph convolutional network for content based remote sensing image retrieval[J]. Computer Vision and Image Understanding,2019,184: 22-30.

[19] Wang M,Wang Z,Yang C,et al. Polarimetric SAR data classification via reinforcement learning[J]. IEEE Access,2019,7: 137629-137637.

[20] Huang K,Nie W,Luo N. Fully polarized SAR imagery classification based on deep reinforcement learning method using multiple polarimetric features[J]. IEEE Journal of Selected Topics in Applied Earth Observations and Remote Sensing,2019,12(10): 3719-3730.

[21] Fu K,Li Y,Sun H,et al. A ship rotation detection model in remote sensing images based on feature fusion pyramid network and deep reinforcement learning[J]. Remote Sensing,2018,10(12): 1922.

[22] Mnih V,Kavukcuoglu K,Silver D,et al. Human-level control through deep reinforcement learning ［J］. Nature,2015,518(7540): 529-533.

[23] Lillicrap T P,Hunt J J,Pritzel A,et al. Continuous control with deep reinforcement learning［EB/OL］. https://arxiv. org/abs/1509. 02971.

[24] Schulman J,Levine S,Abbeel P,et al. Trust region policy optimization[C]//International Conference on Machine Learning,2015.

[25] Mnih V,Badia A P,Mirza M,et al. Asynchronous methods for deep reinforcement learning［C］//

International Conference on MachineLearning,2016.

[26] 刘建伟,高峰,罗雄麟. 基于值函数和策略梯度的深度强化学习综述[J]. 计算机学报,2019,42(6)：
1406-1438.

[27] Xie M,Jean N,Burke M,et al. Transfer learning from deep features for remote sensing and poverty
mapping[C]//Proceedings of the AAAI Conference on Artificial Intelligence,2016.

[28] Chen Z,Zhang T,Ouyang C. End-to-end airplane detection using transfer learning in remote sensing
images[J]. Remote Sensing,2018,10(1)：139.

[29] Demir B,Bovolo F,Bruzzone L. Updating land-cover maps by classification of image time series：A
novel change-detection-driven transfer learning approach[J]. IEEE Transactions on Geoscience and
Remote Sensing,2012,51(1)：300-312.

[30] Demir B,Bovolo F,Bruzzone L. Updating land-cover maps by classification of image time series：A
novel change-detection-driven transfer learning approach[J]. IEEE Transactions on Geoscience and
Remote Sensing,2012,51(1)：300-312.

[31] Huang Z,Pan Z,Lei B. Transfer learning with deep convolutional neural network for SAR target
classification with limited labeled data[J]. Remote Sensing,2017,9(9)：907.

[32] Persello C,Bruzzone L. Kernel-based domain-invariant feature selection in hyperspectral images for
transfer learning[J]. IEEE Transactions on Geoscience and Remote Sensing, 2015, 54 (5)：
2615-2626.

[33] Li T,Sahu A K,Talwalkar A,et al. Federated learning：Challenges,methods,and future directions
[J]. IEEE Signal Processing Magazine,2020,37(3)：50-60.

[34] Konečný J,McMahan B,Ramage D. Federated optimization：Distributed optimization beyond the
datacenter[J]. arXiv preprint arXiv：1511.03575,2015.

[35] Pan S J,Yang Q. A survey on transfer learning[J]. IEEE Transactions on Knowledge and Data
Engineering,2009,22(10)：1345-1359.

[36] heu 御林军. 深度迁移学习综述[EB/OL]. https://zhuanlan.zhihu.com/p/89951541.

[37] cheerful090. 联邦学习分类及前景应用[EB/OL]. https://blog.csdn.net/cheerful090/article/
details/113180606.

第 6 章

遥感影像重建

压缩感知是一种新的采样理论,它将采样和压缩与信号的稀疏性相结合,能够在很低的采样率下准确地重构信号。近年来,压缩感知受到了学者们的广泛关注,发展迅速,应用于医学图像处理、信息理论、雷达成像、模式识别等多个领域。压缩感知研究稀疏信号的重构,从数学上归结为欠定线性方程的求解。当线性方程的系数矩阵(测量矩阵)满足一定的性质时,可以通过一种有效的算法重构信号。重构算法是压缩感知理论的重要组成部分,直接关系到压缩感知理论的应用。

6.1　基于边缘信息指导的压缩感知影像重建

这里探讨如何将图像的小波系数的尺度内和尺度间的相关结构模型应用于小波域基于多尺度压缩感知方法的压缩感知重构问题,以从更少的测量获得更高的重构质量。除了能够将反映小波系数间相关性的多变量统计相关模型和小波树结构模型用作图像压缩感知重构问题的先验模型,我们是否能够从有限的测量中挖掘图像的其他有用的先验信息,用其辅助重构算法提高图像的重构质量。

边缘信息正是存在于将要被重构的图像中的一种重要的先验知识。众所周知,在小波变换下,小波系数的低频部分集中了图像的主要能量,高频部分呈现出显著的稀疏性,也就是说,对应于图像边缘的小波系数显著地不为零。因此在压缩感知重构问题中,图像的边缘正与那些需要被重构的非零的小波系数相对应。如果能够挖掘出将要被重构的图像的边缘信息,那么就可以获得那些非零小波系数的位置信息,从而在这种信息的指导下我们有望提高图像的重构质量。当前在压缩感知重构领域已出现了一种傅里叶域的边缘指导的磁共振成像恢复算法,该算法通过执行迭代重复加权的 TV 范数最小化获得良好的重构结果,其中权重是依赖于边缘信息设计的。

本章的目标是对小波域基于多尺度压缩感知方法的图像重构问题,研究从测量中提取图像边缘信息的方法,设计基于提取的图像边缘信息的快速的贪婪重构算法。本章的工作分为两部分。首先提出一种从压缩感知测量中提取图像边缘信息的方法,在第一部分工作中,将提取的边缘信息应用于 MP 算法,提出基于边缘信息指导的 MP(Edge-based MP,EMP)算法,并通过实验验证边缘信息指导在提高 MP 算法重构质量中的作用。在第二部分工作中,将边缘信息指导的思想与多变量压缩感知的思想相结合,提出基于边缘信息指导的多变量追踪算法。实验表明边缘信息与多变量形式的联合稀疏重构相结构,能够显著提高具有高稀疏度和强边缘特性的图像的重构精度。

6.1.1　边缘信息的提取方法

首先对使用的概念和符号进行定义与说明。在小波域的多尺度压缩感知框架下,用 $N \times N$ 维矩阵 C 表示图像的位于某个方向子带的小波系数矩阵,使用多变量压缩感知采样,将矩阵 C 重新排列成 $N' \times Q$ 维的系数矩阵 X。利用 $M \times N'$ 维的观测矩阵 Φ,可得到多变量形式的 $M \times Q$ 维的多测量矩阵 Y,即 $Y = \Phi X$。当 $Q = 1$ 时,矩阵 X 和 Y 分别缩减为 $N' \times 1$ 和 $M \times 1$ 维的向量 x 和 y,对应基于单变量模型的传统压缩感知的系数向量和测量向量。$\widetilde{C}$ 和 $\widetilde{X}$ 分别表示重构的小波系数矩阵和多变量形式的系数矩阵(或系数向量)。对于位于不同方向子带的系数矩阵(向量)和测量矩阵(向量),通过加入下标 LH、HL 和 HH 进行区分,例如,C_{LH}、C_{HL} 和 C_{HH} 分别为位于三个方向子带的高频小波系数矩阵,X_{LH}、X_{HL} 和 X_{HH} 为相应的多变量形式的系数矩阵,Y_{LH}、Y_{HL} 和 Y_{HH} 为相应的多测量矩阵。小写且加入了下标的向量 x 和 y 为单变量形式下的位于不同方向子带的系数向量与测量向量。此外,用 C_{LL} 表示图像的低频小波系数矩阵。

在小波变换的某个高频子带中,将对应于图像边缘的那些小波系数称为边缘系数,相反地,将那些幅值等于零或非常小的系数称为非边缘系数。在多变量压缩感知情况下,小波高频子带中包含边缘系数的小邻域被称为边缘邻域。那些不包含边缘系数的邻域被称为非边缘邻域,用 EN 表示边缘邻域的标识集,第 n 个边缘邻域中的边缘系数的标识集用 EC_n 表示,相应的非边缘系数的标识集被表示为 EC_n^C,且 $EC_n^C = \{1, 2, \cdots, Q\}/EC_n$。

本章提出的小波域基于边缘信息指导的压缩感知重构由两个基本的步骤构成:提取边缘信息和重构图像系数。使用这种方法从压缩感知测量中重构一幅图像的基本流程如图 6.1 所示。本节给出提取边缘信息的具体方法和步骤。后面章节分别讨论与提取的边缘信息相结合的不同算法的构成,以及算法的性能测试与分析。

在多尺度压缩感知框架下,对图像进行小波分解,低频系数被直接保留,高频系数被压缩地采样。显然,在被完整保留的低频部分存在许多可利用的图像信息。借助完整的低频系数提取图像的粗略的边缘信息,以此获得图像非零小波系数的位置信息的具体过程,如图 6.1 的第一步所示。

(1) 重构初始图像:将三个方向子带的小波系数的初始值设定为零,即 $\widetilde{C}_{LH} = \widetilde{C}_{HL} = \widetilde{C}_{HH} = 0$,利用完整的低频系数 C_{LL},通过逆小波变换可得到一个初始图像 I_0。

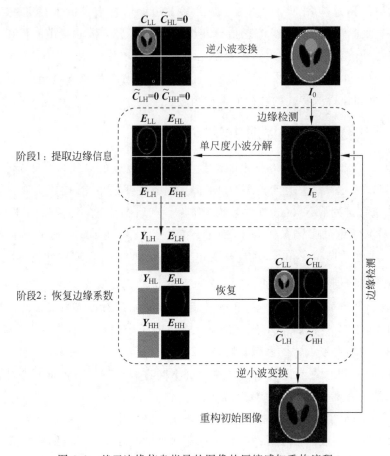

图 6.1 基于边缘信息指导的图像的压缩感知重构流程

（2）边缘检测：利用边缘检测方法，其他的检测方法也可以使用对初始图像 I_0 进行边缘检测，并提取边缘图像。

（3）提取边缘信息：对边缘图像做一层小波分解，得到三个高频子带的系数矩阵 E_{LH}、E_{HL} 和 E_{HH}。系数矩阵中的非零系数对应位置即为图像的边缘在三个高频子带上分布的位置。

（4）定位边缘邻域/恢复边缘系数：根据第（3）步获得的边缘图像在三个高频小波子带上的系数矩阵，在多变量压缩感知情况下，能够利用其对将要被重构的图像在高频小波子带中的边缘邻域进行定位；在基于单变量形式的传统压缩感知情况下，对图像在高频小波子带中的边缘系数进行定位。由于对三个高频子带的小波系数的重构过程相同，因此忽略表示不同子带的下标，以获得简洁的表述。用 E 表示边缘图像 I_E 在某个方向子带中的系数矩阵，则根据 E 可得到边缘邻域的标识集，$EN = \{e_1, e_2, \cdots, e_{N_e}\}, e_n \in \{1, 2, \cdots, N'\} (n = 1,$

$2,\cdots,N_e)$，N'是总的邻域个数，N_e是边缘邻域的个数，那么e_n就表示边缘邻域所处的位置。当$Q=1$时，小邻域缩减为一个系数，这时即为单变量情况下非零小波系数的位置的标识集。

6.1.2　基于边缘信息指导的 MP 算法

MP 算法是一种计算形式简单且有效的迭代贪婪算法，最早出现在从冗余字典寻找稀疏逼近的工作中，目前已被应用于压缩感知重构问题。作为一种贪婪算法，MP 算法将小波系数看成是相互独立的，并且以从大到小的残差相关性对系数迭代的重构。但是残差相关性的大小只反映了小波系数与压缩感知测量之间的相关程度，并不能表明具有大的残差相关性的系数一定为具有大幅值的非零系数，而这些具有大幅值的系数正是我们想要重构的重要系数，因此，与 MP 类似的一类贪婪算法都具有不能正确识别图像的非零小波系数位置的问题。

EMP 算法对 MP 算法进行改进，可以克服 MP 的上述不足。EMP 利用提取的边缘信息（即 6.1.1 节确定的标识集 EN）指导追踪过程。从测量向量 y 重构稀疏向量 x 的过程见 EMP 算法流程。与 MP 算法相比，EMP 算法主要改进的地方在 step2。在第 n 次迭代时，MP 算法要选择对应于最大残差相关性的观测矩阵的列向量，并将在下一步中对相应的系数进行更新。这里，选择的列向量是通过计算所有可能系数对应的残差相关性得到的。但在 EMP 算法中，仅检查与提取的边缘系数的位置相对应的那些系数对应的残差相关性，说明每次迭代中算法的搜索范围被缩小了。

基于边缘信息指导的方法能够很容易地与其他的贪婪算法相结合，例如 StOMP 算法等。将得到的基于边缘信息指导的 StOMP 算法（Edge-based StOMP，EStOMP）进行实验比较，可以显示边缘信息对算法重构性能的影响。

EMP 算法流程具体如下。

(1) step1：$n=0$，初始化 $\tilde{x}=\mathbf{0}$，$r_0=y$。

(2) step2：选择对应于最大残差相关的 $\boldsymbol{\Phi}$ 的第 s_n 个列向量

$$s_n=\underset{i\in\mathrm{EN}}{\arg\max}\,|\langle r_{n-1},\varphi_i\rangle| \tag{6-1}$$

(3) step3：对选择的列向量更像残差，估计相应的系数

$$r_n=r_{n-1}-\langle r_{n-1},\varphi_{s_n}\rangle\varphi_{s_n}$$

$$\tilde{x}_{s_n}=\tilde{x}_{s_{n-1}}+\langle r_{n-1},\varphi_{s_n}\rangle \tag{6-2}$$

(4) step4：如果 $\|r_n\|_2<\varepsilon\|y\|_2$，算法停止；否则，$n=n+1$，返回(2)。

6.1.3　实验结果与分析

本节实验将 EMP 和 EStOMP 算法对图 6.2(a)所示的稀疏人造图像 Shepp-Logan 和

图 6.2(b)所示的医学图像 Stomach CT 的重构性能与 BP、MP 和 StOMP 算法进行了比较。使用图像的大小为 512×512。重构结果是 5 次实验的平均结果。对每次实验,为了提高重构速度,使用基于多尺度压缩感知方法的分块采样重构方法,其中分块的大小为 32×32。观测矩阵 O 为其行被正交化的高斯随机矩阵。实验中使用 9/7 小波对图像做小波分解。使用重构的 PSNR 和重构时间对算法的重构性能进行比较。

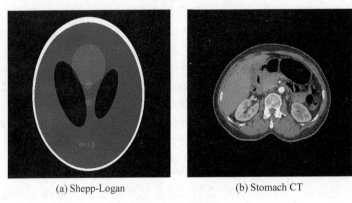

(a) Shepp-Logan (b) Stomach CT

图 6.2　测试图像

(https://xueshu.baidu.com/usercenter/paper/show?paperid=06017e45e6ce0ba379d7ee1c1258be4f&site=xueshu_se&hitarticle=1)

图 6.3 和图 6.4 分别给出了不同测量率(30%~70%)下算法的平均重构的 PSNR 和平均重构时间。对图像 Shepp-Logan,图 6.3(a)为重构的 PSNR 随测量率的变化趋势图。可以看到,EMP 和 EStOMP 的重构精度都高于 BP 和 MP 算法,在测量率小于 70%时,EMP

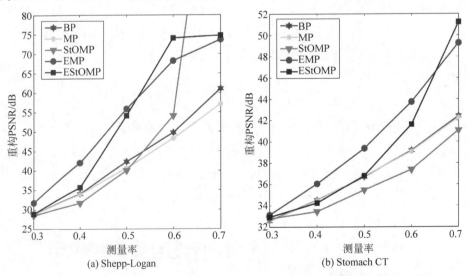

(a) Shepp-Logan (b) Stomach CT

图 6.3　平均重构的 PSNR 随测量率的变化趋势图

(https://xueshu.baidu.com/usercenter/paper/show?paperid=06017e45e6ce0ba379d7ee1c1258be4f&site=xueshu_se&hitarticle=1)

和 EStOMP 优于 StOMP。图 6.3(b)为图像 Stomach CT 的重构结果。医学图像的稀疏性要远低于人造稀疏图像。在这种情况下，StOMP 的重构精度要低于 BP 和 MP。在所有的测量率下，EStOMP 都优于 StOMP，当测量率超过 50%时，重构的 PSNR 有显著的提高。在所有测量率下，EMP 都优于 BP、MP 和 StOMP，当测量率小于 70%时，优于 EStOMPO图 6.4(a)和图 6.4(b)为重构时间的比较。StOMP 的重构速度最快，BP 的重构时间与 MP很接近。对 MP 和 EMP、StOMP 和 EStOMP，在相同的参数设置下，对图像 Shepp-Logan，EStOMP 在测量率超过 40%时略快于 StOMP，EMP 有类似的情况，在测量率超过 40%时略快于 MP。对图像 Stomach CT，EStOMP 略慢于 StOMP，当测量率超过 40%时，EMP 要慢于 MP，这可能是因为边缘信息的引入导致每次迭代中 EMP 的残差下降的速度减慢，而算法是以残差的大小作为停止条件的。

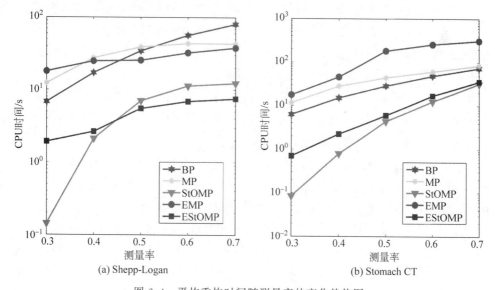

图 6.4　平均重构时间随测量率的变化趋势图

(https://xueshu.baidu.com/usercenter/paper/show?paperid=06017e45e6ce0ba379d7ee1c1258be4f&site=xueshu_se&hitarticle=1)

　　总的来说，从上述的实验结果可以看到，对稀疏性较强的图像，加入边缘信息的指导能够使重构精度有较大的提高。

6.2　基于进化正交匹配追踪的压缩感知影像重构

　　压缩感知为信号获取技术提供了崭新的视角，它通过开发信号的稀疏特性，使信号可以在远小于奈奎斯特采样频率的条件下，利用信号的随机采样，通过优化算法对信号无损地重构。对于给定的信号，假设存在一组基，能够用极少数原子的线性组合表示该信号，那么称该信号在这组基下是稀疏的。基于稀疏性假设，压缩感知信号重构可以用 l_0 范数最小化来建模,求解该模型属于组合优化中的 NP-hard 问题。存在的非凸求解方法大体分为两类:以 IST 为代表的迭代收缩方法以及以 OMP 为代表的贪婪搜索方法。迭代收缩方法的问题是鲁棒性较差,对噪声比较敏感;而贪婪搜索方法对噪声的鲁棒性较强,但是时间代价相对较大。本节给出的方法主要针对压缩感知的贪婪搜索方法展开研究。

虽然贪婪搜索类方法具有高效、灵活、易于改进等优点,但是算法设计的原则过分依赖于相关性的大小,即使某些改进算法有回溯的能力,但也是以相关性为基础来设计的评判准则。所以,贪婪搜索方法只确保当前迭代中残差沿着最快方向下降,却不能保证算法收敛到全局最优解。此外,受到有限等距性质的约束,不同的 MP 算法对于传感矩阵的观测维数也有着极为苛刻的要求。综合以上因素,当信号的采样率较低时,上述方法很容易陷入局部最优解。针对上述问题,本节提出了基于 EOMP 的压缩感知信号重构算法。在该算法中,该方法削弱了相关性在选择原子中起到的主导作用,不再将相关性作为原子选择的硬性指标,而是将它作为一种启发式信息,让相关性较小的原子也有被选择的机会。众所周知,进化计算作为一种种群搜索的随机优化方法,在解决组合优化问题上有天然的优势。结合进化计算种群优化的特点,利用相关性作为指导信息,设计出个体之间具有交互功能的交叉、变异算子,使得搜索过程不但受到相关性的启发,而且还具有一定随机性,从而有能力让算法跳出局部最优解。通过对一维仿真信号和二维图像信号的重构实验,对比传统的贪婪搜索方法,本方法具有更高的重构概率和更小的重构误差。

传统的 MP 算法将相关性作为原子的可靠性度量,选择那些相关性较大的原子作为候选原子。当采样率较大时,大多数 MP 算法都能获得精准的重构效果。但是,当采样率降低时,由于观测矩阵 RIP 性质的限制,相关性并不能准确反映出信号与原子的匹配程度,所以很容易陷入局部最优解。针对这一问题,本节提出了 EOMP 算法,在进化计算的框架下解决原子选择的问题。其中,每个个体代表一种原子组合,该算法将相关性引入交叉和变异操作中,使得整个进化呈现出一种随机的、弱贪婪的搜索过程。再结合进化计算种群优化的优势,所提出的算法比传统 MP 算法具备更好的全局优化能力。

6.2.1 编码与解码

在提出的算法中,每个个体表示一种原子组合,用二进制码进行编码。第 i 个个体的编码定义如下:

$$\boldsymbol{p}^i = [p_1^i, p_2^i, \cdots, p_N^i], \quad p_j^i \in \{0,1\} \tag{6-3}$$

其中,p_j^i 表示第 i 个个体的第 j 个基因位,取值为 0 或者 1。个体的长度与字典中原子的个数相等,每一个基因位分别对应一个原子;若基因位取值为 1,表示对应位置的原子被选择;若基因位取值为 0,则表示对应原子没有被选择。每一种编码都可以计算出唯一的一个系数向量,在本算法中称为个体的解码,个体 $\boldsymbol{p}^i$ 的解码定义为 $\Delta(\boldsymbol{p}^i)$。解码向量与编码向量的长度相等,如果个体的基因位编码为 0,那么它的解码系数也为 0;如果基因位编码为 1,

那么对应的解码系数采用最小二乘法进行求解：

$$\Delta \hat{\pmb{p}}^i = \underset{\beta}{\arg\min} \parallel \pmb{y} - \hat{\pmb{M}}_{cs}\beta \parallel_2^2 \tag{6-4}$$

其中，$\Delta \hat{\pmb{p}}^i$ 表示解码向量 $\Delta(\pmb{p}^i)$ 对应的非 0 基因位构成的子向量。

6.2.2　进化正交匹配策略

适应度函数用来评估个体优劣的程度，在压缩感知信号重构问题中，重构信号与原始信号的误差越小，说明个体越优秀。但是，实际应用中往往得不到原始信号，只能获得原始信号的观测向量，所以用观测误差的倒数来定义适应度函数：

$$f(\pmb{p}^i) = \frac{1}{\parallel \pmb{y} - \hat{\pmb{M}}_{cs}\Delta(\pmb{p}^i) \parallel_2^2} \tag{6-5}$$

其中，$\hat{\pmb{M}}_{cs}$ 为压缩感知矩阵。适应度越大，说明个体获得的观测误差越小，适应性越强。

对于一个长度为 N 的个体，它的编码有 2^N 种可能性，解空间大小为 2^N。若信号的稀疏度为 K，那么解空间缩小到 C_N^K。假设 $N=64$，$K=8$，解空间大约有 1.84×10^{19} 种可能性，而稀疏度为 8 的有效解空间仅有大约 4.43×10^9 种可能性。由于冗余的解空间会使算法效率极为低下，因此，采用传统 MP 算法逐个选择原子的策略，让初始种群中的每个个体只选择一个原子，通过交叉和变异算子来逐步增加原子个数。

对于包含 S 个个体的种群 $\pmb{P} = \{\pmb{p}_1, \pmb{p}_2, \cdots, \pmb{p}_S\}$ 进行初始化，使 $\pmb{p}^i = 0$，$1 \leqslant i \leqslant S$。计算原子与观测向量的相关性，记录前 S 个相关性最大值原子索引 $\pmb{\Omega} = \{\pmb{o}_1, \pmb{o}_2, \cdots, \pmb{o}_S\}$。最后将每个个体 $\pmb{o}_i$ 位基因赋值为 1，其他基因位都是 0，即每个个体的稀疏度是 1。

交叉算子通过置换两个个体对应位置的基因片段，达到种群中信息交互的目的。在本节所提出的算法中，个体是稀疏的二进制编码，只有极少数基因位的值是 1。所以，传统的交叉算子会导致大部分基因位的置换是无效的，即大部分基因位的值保持 0 不变。而且，还有可能在基因重组后，获得的新个体与原个体完全相同，从而使交叉操作毫无意义。针对上述问题，设计了一种单点交叉算子，只允许基因的置换发生在两个个体基因值不同的位置上。并且，为了确保整个种群进化过程的稳定性，交叉过程只发生在一个基因位上。为了清楚地描述交叉规则，该方法定义了基因活性的概念，基因活性以贪婪搜索中的相关性为基础，它反映了基因位对应的原子被选择的概率，第 i 个个体的第 j 位基因活性用数学公式表示为：

$$b_j^i = \frac{1}{C} \mid \langle m_j, \pmb{y} - \hat{\pmb{M}}_{cs}\Delta(\pmb{p}^i) \rangle \mid \tag{6-6}$$

其中，$C = \sum\limits_{j=1}^{N} \mid \langle m_j, \pmb{y} - \hat{\pmb{M}}_{cs}\Delta(\pmb{p}^i) \rangle \mid$ 是归一化常数，使得所有基因位的基因活性值之和为

1,即 $\sum_{j=1}^{N} b_j^i = 1$。b_j^i 实质上计算的是第 j 个原子与当前残差的归一化相关性。根据基因活性,在交叉中计算每个个体每一位基因的活性值,并找出两个待交叉个体对应基因活性最大的基因位,比较两个基因活性并交换最大基因活性位置的基因值。

根据交叉操作规则,两个个体交叉的基因位对应活性值最大的基因。交叉产生的新个体中,一个稀疏度增加 1,另一个稀疏度减少 1。此外,由于当前残差向量与已选择原子是正交的,所以已选择原子对应基因位的活性值是 0,即该原子被再次选择的概率为 0,从而避免了重复选择的问题。

变异操作发生在单个个体中,它将个体某个基因位的值逻辑取反。当基因位从 0 变为 1 时,个体的稀疏度增加 1;反之,个体的稀疏度减少 1。在介绍变异算子之前,该方法定义了稀疏度和种群基因活性的概念。稀疏度即为个体中基因位为 1 的个数,第 i 个个体的稀疏度可以通过式(6-7)计算:

$$v^i = \sum_{j=1}^{N} p_j^i \tag{6-7}$$

若个体稀疏度大于种群的平均稀疏度,将对应种群基因活性最小的基因位,令 $p_0^i = 0$;否则将对应基因活性最大的基因位 $p_0^i = 1$。变异操作会使个体的稀疏度趋近于种群的平均稀疏度,从而减小个体稀疏度之间的差异,有利于种群的稳定性。变异算子另外一个重要的特性是,当进化迭代刚开始时,表现出来的是强贪婪性;当进化到后期阶段时,表现出弱贪婪的选择性,有利于整个种群避免陷入局部最优解。

经过交叉和变异操作后,父代种群会产生一个与其规模相同的子代种群。虽然交叉和变异操作都是相关性驱动的算子,但是并不能保证子代种群优于父代种群。所以,该方法采用子代与父代竞争的选择方式,在子代与父代的集合中选择适应度最大的个体,组成新的父代种群。既能挑选出优秀的子代个体,又能保留适应度高的父代个体。

算法由初始化种群开始,通过对种群不断地进行交叉、变异、选择操作,使得个体的适应度逐渐提升。当满足迭代停止条件时,算法输出整个种群的最佳个体,该个体的解码就是所求得的稀疏系数向量。迭代停止条件有多种选择,在已知信号稀疏度的情况下,可以选择个体稀疏度是否达到信号稀疏度作为停止条件。在信号稀疏度未知时,也可以设定误差阈值,当观测误差低于该阈值时,停止迭代。另外一种折中的方法是合理地设定固定的迭代次数,使最终结果的稀疏度接近于原始信号的稀疏度,同时,在陷入局部最优时又不会产生过多的迭代。

6.2.3　实验结果与分析

为了验证算法的信号重构能力,该方法将提出算法与其他 4 种经典的 MP 算法在一维仿真信号和二维图像信号重构上进行了对比实验,检验了各种算法精确重构的概率和图像重建的能力。

　　由于在真实应用场景中,信号的稀疏度往往是未知的,所以,EOMP 采用了误差门限的迭代停止准则。在实验中,设定误差阈值 $\varepsilon = 10^{-8}$,当残差向量 l_2 范数平方和小于阈值时,停止迭代。算法的收敛性是在一维仿真信号上所做的分析实验,字典矩阵 $\boldsymbol{\Psi}$ 采用了常用的 DCT 字典,观测矩阵 $\boldsymbol{\Phi}$ 中每一个元素由高斯分布 $N(0, 1/N)$ 随机产生。对于一个仿真一维信号 x,首先生成一个 K 稀疏的系数向量 a,非零系数由正态分布随机产生,原始一维信号由 $x = \boldsymbol{\Psi} a$ 生成。在重构的过程中,已知信号的观测向量 $y = \boldsymbol{\Phi} x$,要先从 y 中求出稀疏系数向量 $\tilde{a}$,再由 $\tilde{x} = \boldsymbol{\Psi} \tilde{a}$ 获得重构信号。图 6.5 中给出了在观测维数为 $M = 100$ 时,重构一个长度为 $N = 256$、稀疏度为 $K = 36$ 的随机生成的信号过程中,每次迭代种群所有个体的平均误差和最佳个体的重构误差。可以看出,最佳个体的误差始终小于种群的平均误差,但是二者的差距随着迭代的进行越来越小,说明种群进化的有效性。当迭代次数达到 35 次时,误差已经降到最低点,说明种群得到的稀疏系数向量的稀疏度已经达到 36,在之后的迭代中,误差一直处于最低点,说明稀疏度没有发生变化。从侧面印证了算法的稳定性,即使在不以稀疏度为迭代停止准则的条件下,依然能够准确地逼近信号的稀疏度。

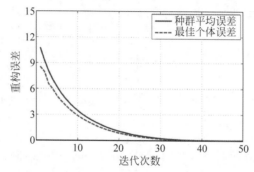

图 6.5　种群平均误差与最佳个体误差随迭代次数变化曲线

(http://cdmd.cnki.com.cn/Article/CDMD-10701-1018086961.htm)

　　由于所提出的算法采用的是误差门限作为迭代停止准则,所以不能精确地控制迭代次数。为了观察算法在满足迭代停止条件时所需要的迭代次数,该方法在不同的观测维数下,改变信号的稀疏度,记录信号被精确重构后所需要的迭代次数。图 6.6 给出了在观测维数分别为 100、110、120 时,信号的稀疏度由 0 递增到 40,重构信号所需要的迭代次数。从图 6.6 中可以看出,重构信号所需要的迭代次数与观测维数 M 没有关系,与稀疏度 K 呈线性关系。需要注意的是,该结论是在信号被准确重构的条件下得出的。

　　信号精确重构的概率与信号的观测维数和稀疏度密切相关,为了探索三者之间的关系,该方法设计了一组实验,在不同稀疏度下,改变信号的观测维数,观察信号的重构概率,每种稀疏度和观测情况独立重复 50 次实验。图 6.7 展示了每种情况的重构概率曲线,可以看出,在同一稀疏度下,观测维数越大,重构概率越高;在观测维数相同时,信号的稀疏度越小,被精确重构的概率越高。这个结论与传统 MP 算法相吻合。

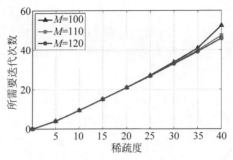

图 6.6　不同观测维数下,稀疏度对迭代次数的影响

(http://cdmd.cnki.com.cn/Article/CDMD-10701-1018086961.htm)

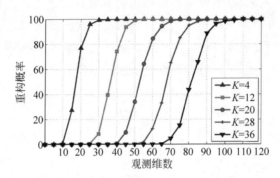

图 6.7　不同观测维数下,重构概率随观测维数的变化曲线

(http://cdmd.cnki.com.cn/Article/CDMD-10701-1018086961.htm)

　　为了验证 EOMP 在实际应用中的有效性,该方法将算法应用到图像信号的压缩感知重构当中。实验采用分块压缩感知框架,将图像分割成尺寸为 8×8 不重叠的图像块,每个图像块被拉成一个 $N=64$ 维的列向量,用采样率 50% 的高斯随机观测矩阵对图像块进行模拟采样,即 $M=N\times50\%=32$,字典 $\boldsymbol{\Psi}$ 采用 64×64 的 DCT 基。算法将从每个图像块的观测向量中重构出该图像块的列向量形式,再把列向量转变为 8×8 的图像块,所有的重构图像块拼接成最终的重构图像。需要注意的是,为了防止算法重构出的结果稀疏度过大,同时让所有算法在短时间内得到结果,该方法统一设置所有算法的迭代次数为 16。图 6.8 给出了实验所用到的图像,前一幅图像的大小为 512×512,最后一幅图像的大小为 256×256。实验采用了两种常用的评价指标:峰值信噪比(PSNR)和结构相似性(SSIM)。

　　表 6.1 和表 6.2 分别给出了 7 种算法对 4 幅图像重构的 PSNR 和 SSIM。由于各图像块的稀疏度是未知的,ROMP 和 CoSaMP 是依赖稀疏度的两种算法,所以它们获得了较差的重构结果。虽然基于回溯思想的 StOMP 和 SP 在一维信号上的表现要好于 MP 和 OMP,但是在图像信号上后者的表现要优于前者。EOMP 无论是在 PSNR 还是在 SSIM 评价指标上都优于其他算法。其中,EOMP 在 4 幅图像上的 PSNR 要比 OMP 的结果平均高

(a) Lena　　　　　(b) Barbara　　　　(c) Pepper　　　　(d) House

图 6.8　图像数据

(http://cdmd.cnki.com.cn/Article/CDMD-10701-1018086961.htm)

出 1.49dB,SSIM 值比 OMP 平均高出 0.04。

表 6.1　各算法对 4 幅图像重构的 PSNR(dB)对比

图像名称	算　　法						
	MP	OMP	ROMP	CoSaMP	StOMP	SP	EOMP
Lena	29.52	29.90	11.89	6.36	19.91	24.96	31.30
Barbara	26.55	26.47	11.52	6.20	18.04	22.42	27.76
Pepper	29.22	29.61	12.03	6.20	19.77	24.67	31.11
House	29.26	29.94	11.32	6.57	19.95	23.89	31.70

表 6.2　各算法对 4 幅图像重构的 SSIM 对比

图像名称	算　　法						
	MP	OMP	ROMP	CoSaMP	StOMP	SP	EOMP
Lena	0.86	0.85	0.18	0.01	0.54	0.71	0.88
Barbara	0.84	0.83	0.17	0.01	0.52	0.66	0.87
Pepper	0.83	0.81	0.17	0.01	0.49	0.68	0.84
House	0.86	0.85	0.19	0.01	0.57	0.72	0.88

图 6.9 和图 6.10 分别给出了算法 MP、OMP、ROMP、StOMP、SP 和 EOMP 对于图像 Lena 和 Pepper 的重构结果。从图中可以看出,ROMP 的重构结果最差,存在着大量重构误差较大的图像块,StOMP 中也存在着一些错误重构的图像块,严重影响了视觉效果。MP 和 SP 的重构图像中有不同程度的块效应,SP 的块效应尤其明显,而 MP 的块效应大多存在于轮廓处。OMP 和 EOMP 获得了比较好的视觉效果,但仔细观察会发现,OMP 在帽子的边缘、眼睛、蔬菜的轮廓等细节之处产生了一些噪声,而 EOMP 产生的噪声明显要小得多。

图 6.11 和图 6.12 给出了各算法对图像 Lena 和 Pepper 重构的误差图,图像中越亮的区域说明误差越大。从图中可以看出,ROMP 几乎所有图像块都存在着很大的重构误差,StOMP 对于复杂细节信息的重构也存在着比较大的误差。SP 和 MP 在轮廓处存在着比较

(a) EOMP (b) MP (c) OMP

(d) ROMP (e) StOMP (f) SP

图 6.9　各算法对 Lena 图像的重构结果

(http://cdmd.cnki.com.cn/Article/CDMD-10701-1018086961.htm)

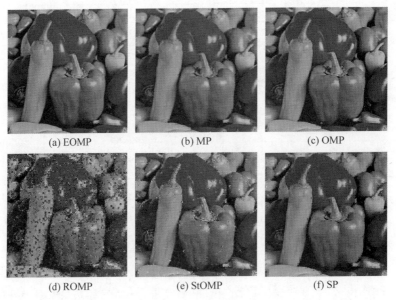

(a) EOMP (b) MP (c) OMP

(d) ROMP (e) StOMP (f) SP

图 6.10　各算法对 Pepper 图像的重构结果

(http://cdmd.cnki.com.cn/Article/CDMD-10701-1018086961.htm)

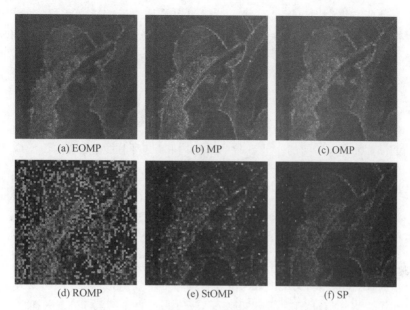

图 6.11 各算法对 Lena 图像的重构误差图

（http://cdmd.cnki.com.cn/Article/CDMD-10701-1018086961.htm）

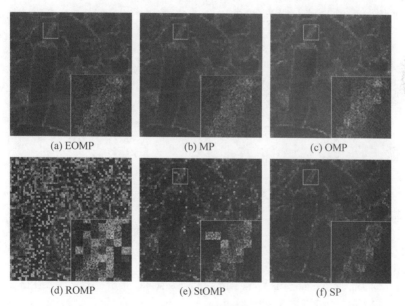

图 6.12 各算法对 Pepper 图像的重构误差图

（http://cdmd.cnki.com.cn/Article/CDMD-10701-1018086961.htm）

明显的误差，说明它们对带有边缘信息的图像块重构能力有限。OMP 的误差要明显小于上面提到的 4 种算法，但是在帽子的边缘和头发处误差依然比较明显。相比之下，提出的算法产生的误差是所有算法中幅度最小的。对于图像信号的压缩感知重构实验表明,提出的算法无论是在数值评价指标上,还是在重构图像的视觉效果上,都优于上面提到的 6 种传统的 MP 算法,进一步验证了 EOMP 算法的有效性。

6.3　本章小结

6.1 节讨论了如何将图像的小波系数的尺度内和尺度间的相关结构模型应用于小波域基于多尺度压缩感知方法的压缩感知重构问题,以从更少的测量获得更高的重构质量。作者的实验目标是对小波域基于多尺度压缩感知方法的图像重构问题,研究从测量中提取图像边缘信息的方法,设计基于提取的图像边缘信息的快速的贪婪重构算法。实验结果表明,对稀疏性较强的图像,加入边缘信息的指导能够使重构精度有较大的提高。

6.2 节提出了 EMOP 算法,用于压缩感知信号重构。针对传统 MP 算法过分依赖于原子与残差的相关性,搜索过程过于贪婪,容易陷入局部最优解的问题,提出的算法将原子与残差的相关性作为指导信息,引入交叉和变异算子中,使整个搜索呈现出一种弱贪婪的原子选择过程,再结合进化计算群体优化的优势,有效地改善了传统算法容易陷入局部最优的缺点,增加了信号精确重构的概率。本章对算法的收敛性和参数选择从实验的角度做了详细的分析,并通过对仿真一维信号和二维图像信号的重构实验,验证了提出算法的可行性和有效性。实验结果表明,提出的算法对于自然图像获得了更加值得信赖的重构结果。虽然 EOMP 比传统方法获得了更高的重构概率与精度,但其本质还是利用相关性作为相似性度量来指导原子的选择,无疑会受到 RIP 的制约,寻找其他更为有效的相似性度量是值得探索的方向。

参考文献

[1]　武娇.基于 Bayesian 学习和结构先验模型的压缩感知图像重建算法研究[D].西安:西安电子科技大学,2012.
[2]　张思博.基于稀疏优化学习的图像建模方法[D].西安:西安电子科技大学,2017.
[3]　Chen S S,Donoho D L,Saunders M A. Atomic decomposition by basis pursuit[J]. SIAM Review, 2001,43(1):129-159.
[4]　Mallat S G,Zhang Z. Matching pursuits with time-frequency dictionaries[J]. IEEE Transactions on Signal Processing,1993,41(12):3397-3415.
[5]　Baraniuk R G,Cevher V,Duarte M F,et al. Model-based compressive sensing[J]. IEEE Transactions on Information Theory,2010,56(4):1982-2001.
[6]　杨真真,杨震,孙林慧.信号压缩重构的正交匹配追踪类算法综述[J].信号处理,2013,29(4):486-496.
[7]　焦李成,杨淑媛,刘芳,等.压缩感知回顾与展望[J].电子学报,2011,39(7):1651-1662.

［8］ 公茂果,焦李成,杨咚咚,等.进化多目标优化算法研究［J］.软件学报,2009,20(2)：271-289.

［9］ 焦李成,谭山.图像的多尺度几何分析：回顾和展望［J］.电子学报,2003,31(S1)：1975-1981.

［10］ Jiao L,Zhang S,Li L,et al. A novel image representation framework based on Gaussian model and evolutionary optimization［J］. IEEE Transactions on Evolutionary Computation,2016,21（2）：265-280.

［11］ Zhang S,Jiao L,Liu F,et al. Global low-rank image restoration with Gaussian mixture model［J］. IEEE Transactions on Cybernetics,2017,48(6)：1827-1838.

［12］ Xue B,Zhang M,Browne W N,et al. A survey on evolutionary computation approaches to feature selection［J］. IEEE Transactions on Evolutionary Computation,2015,20(4)：606-626.

［13］ Barat C,Ducottet C. String representations and distances in deep convolutional neural networks for image classification［J］. Pattern Recognition,2016,54：104-115.

［14］ Yang W,Jin L,Tao D,et al. DropSample：A new training method to enhance deep convolutional neural networks for large-scale unconstrained handwritten Chinese character recognition［J］. Pattern Recognition,2016,58：190-203.

［15］ Wu J,Liu F,Jiao L C,et al. Compressive sensing SAR image reconstruction based on Bayesian framework and evolutionary computation［J］. IEEE Transactions on Image Processing,2011,20(7)：1904-1911.

［16］ Wu J,Liu F,Jiao L C,et al. Multivariate compressive sensing for image reconstruction in the wavelet domain：Using scale mixture models［J］. IEEE Transactions on Image Processing,2011,20(12)：3483-3494.

［17］ Dong C,Loy C C,He K,et al. Image super-resolution using deep convolutional networks［J］. IEEE Transactions on Pattern Analysis and Machine Intelligence,2015,38(2)：295-307.

第 7 章

遥感影像配准

遥感成像技术的飞速发展,使采集到的影像具有更大的尺寸、更高的分辨率和更复杂的结构,超出了传统的人工特征匹配的范围。遥感影像匹配是影像融合、变化检测、环境监测、测绘科学和影像拼接等广泛应用中的关键一步。从同一场景带匹配的两幅影像,称为参考影像和浮动影像,是在不同的时间、不同的视角或由不同的传感器拍摄的,由于这些遥感影像信息互补,是各类遥感应用中不可缺少的部分,因此获得准确的配准结果至关重要。遥感影像匹配的目的是将不同来源的影像数据转换到同一坐标系中。

尽管在过去的几十年中已经提出了许多用于自动影像配准的方法,但是由于遥感影像几何形变(平移,旋转和比例失真,视点变化和地面起伏变化)和辐射度差异(照度变化和光谱含量差异)的存在,自动化的遥感影像配准仍然是一个具有挑战性的问题。

7.1 基于深度特征表示的遥感影像配准

7.1.1 特征表示匹配网络模型

为了使配准算法在遥感影像中具有普适性,需要使用表达能力更强的特征。在目前的影像处理任务中,深度特征比手工制作的特征能更好地表征影像。手工特征,比如 SIFT、HOG、LBP 和 BINBOOST,依赖于影像局部梯度信息的统计,鲁棒性较差。而深度特征表征能力更强,鲁棒性更好,所以使用深度特征进行影像对的匹配会大大提高匹配的鲁棒性和精度。从过去的研究中可以发现,差异较大的影像使用深层特征更容易被匹配。因此,在影像特征层上执行影像之间的初始匹配,可以获得影像之间的近似变换矩阵。之后,结合局部特征,可以有效提高配准的精度。

本节介绍卷积神经网络模型、权重微调、区域匹配、位置调整、近似变换矩阵计算和基于空间关系的局部特征匹配策略。该方法的流程如图 7.1 所示。

(1) 网络模型如图 7.2 所示,引入了深卷积神经网络(VGG-16)提取影像特征。训练良好的 VGG-16 模型具有较强的特征提取能力,该模型在 ImageNet 数据集上进行训练,然后

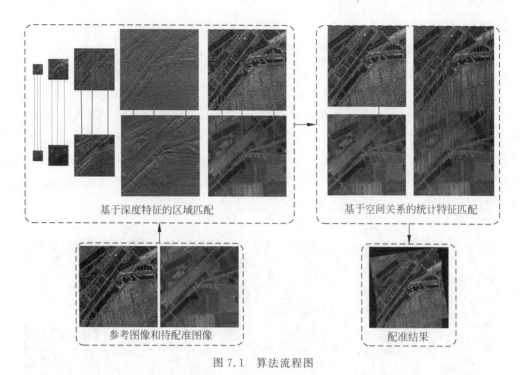

基于深度特征的区域匹配　　　　　基于空间关系的统计特征匹配

参考图像和待配准图像　　　　　　配准结果

图 7.1　算法流程图

（https：//kns. cnki. net/kcms/detail/detail. aspx?dbcode＝CDFD&dbname＝CDFDLAST2020&filename＝1020000592. nh&v＝GIymSxAsMY％25mmd2FsOKlpwQyCsQLcaGsOA％25mmd2F2oRA％25mmd2FZPzjZaGva8s1Z1NHmpCV4ApTopip3）

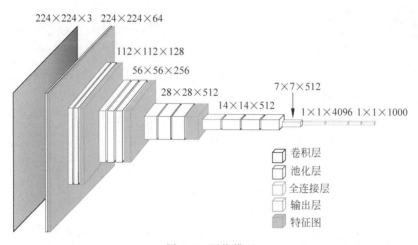

图 7.2　网络模型

在遥感数据集上进行微调。此外，这里只使用部分卷积层提取影像的特征。

（2）权重微调。在预先训练好的网络基础上，制作了一个特定的数据集，并对网络进行了微调。选取了 10 幅已经配准过的遥感影像，包括 SAR、光学影像和激光雷达影像等，从数据集中选取了 1000 对大小为 224×224 的不相交影像对。每个影像对代表一个自己的类别,然后通过一系列随机变换扩展该类别的样本。构建了带有 1000 个类别的自定义标记数据集,每个类包含 400 个样本。在微调过程中,使用预先训练的 VGG-16 模型初始化权重。

(3) 区域匹配。当卷积神经网络模型用于目标识别任务时,它会自动学习独特的影像表示方法,使目标语义信息变得越来越清晰。网络越深,能够提取的特征表达能力越强,适用度就越高。从图 7.3 中可以看出,多模态的遥感影像经过网络特征提取后,相似区域的强度值会越来越接近。由于最大池化层的影响,高层特征映射的尺度较小,也能够降低匹配的复杂度。最后一层特征图每个对应位置不同通道的特征值构成了该区域的特征向量。通过最近邻算法匹配对应的特征向量,能够得到影像近似的位置关系。

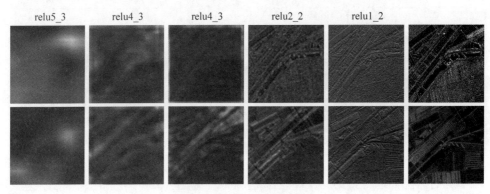

图 7.3　多模态影像特征图

(4) 位置调整。为了减小匹配误差,提出了一种对匹配结果进行位置调整的方法。该方法利用 Conv1、Conv2、Conv3 和 Con4 等不同尺度的卷积层调整匹配块的位置,Conv3 中的特征图边长是 Conv4 的两倍。同样,Conv2 中的特征图边长是 Conv3 的两倍。Conv1 中的特征图边长是 Conv2 的两倍。经过三次调整后,匹配点的位置更加精确。对区域匹配结果进行调整后,可以得到一组对应关系。大多数匹配对是近似匹配点对。但也存在一些错误的匹配。为了提高配准的准确性,这里采用 RANSAC 方法在一个相对合适的误差阈值内去除明显的错误匹配。

7.1.2　基于空间关系的局部特征匹配策略

经典的 NNDR 方法在尽可能多地寻找最佳匹配点方面有一定的局限性。因此,本节设计了一种新的匹配策略匹配 SIFT 点。通过这种方法,将前 10 个最近邻中位于符合区域半径的最佳匹配添加到匹配对中,增加了正确的匹配点对,提高了匹配点对的正确率。

当得到近似变换矩阵后,使用局部特征方法提高匹配精度。传统的 SIFT 描述符采用 NNDR 进行匹配后,会出现大量的错误匹配结果。对于参考影像中的一个点,由于特征表示的局限性,待配准影像中的最佳匹配点可能不是最近邻,它可以是第二个、第三个或其他次序的最近邻居。本方法在前 10 个最近的邻居中找到最佳匹配。这些邻居按欧氏距离由远到近排列。当其邻居出现在半径 R 的圆内时,认定它是某一点的最佳匹配。这种基于空间关系的策略不仅可以增加内点,而且可以去除离群点,该方法可以嵌入大多数基于局部特征的配准算法中。

7.1.3　实验结果与分析

如前所述,为了验证深度特征与局部特征结合的鲁棒性、准确性和优越性,本节选择的对比算法分别为 SURF、SIFT、RSCJ、PSO-SIFT、SAR-SIFT。SIFT、SURF、PSO-SIFT 和 SAR-SIFT 是非常有效的局部特征表示算法。RSCJ 是一种鲁棒的抽样算法。由于 RANSAC 对单应矩阵估计的有效性,因此所有算法的最后都使用 RANSAC 估计最后的变换矩阵。

多模态影像之间存在明显的非线性辐射差异,用类 SIFT 方法大多无法得到配准结果。但是,本方法可以利用 CNN 的深层特征和基于空间关系的匹配策略来解决这一问题。对图 7.4 所示的多模态数据集,该方法的处理结果如表 7.1～表 7.4 所示。注意,表中"＊"表示得到的结果不适合比较或对应算法与正确结果相差较大。

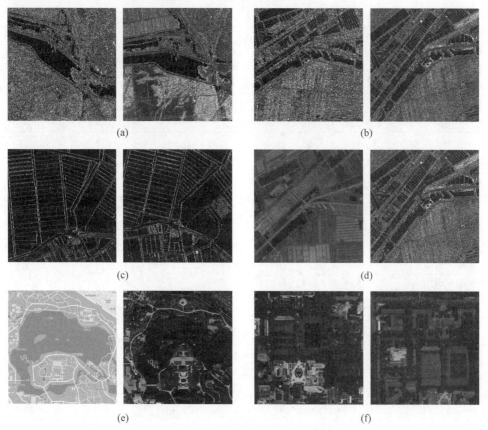

图 7.4　多模态数据集

表 7.1　图 7.4(a)实验结果

方　　法	RMSE	NOCC	MI	ROCC	RT/s
Manual	2.382	30	0.4523	*	*
SURF	0.6804	18	0.5066	0.019	15.61
SIFT	0.6514	10	0.5098	0.03	1.28
RSCJ	0.6701	14	0.5254	0.043	14.45
PSO-SIFT	0.6441	21	0.5165	0.1419	13.13
SAR-SIFT	0.6725	59	0.5389	0.2172	110.92
Proposed＋SURF	0.6015	55	0.5341	0.125	24.14
Proposed＋SIFT	**0.5880**	50	**0.5419**	**0.276**	19.16
Proposed＋SAR-SIFT	0.6306	**72**	0.5350	0.26	117.72

表 7.2　图 7.4(b)实验结果

方　　法	RMSE	NOCC	MI	ROCC	RT/s
Manual	1.784	30	0.5791	*	*
SURF	0.6440	6	0.5622	0.012	2.46
SIFT	0.6793	13	0.5934	0.051	1.78
RSCJ	0.6448	14	0.6118	0.055	9.13
PSO-SIFT	0.6304	21	0.6101	0.136	7.35
SAR-SIFT	0.7150	29	0.6127	0.209	74.78
Proposed＋SURF	**0.6114**	**43**	**0.6453**	0.132	19.89
Proposed＋SIFT	0.6377	39	0.6379	**0.255**	17.64
Proposed＋SAR-SIFT	0.6291	40	0.6263	0.266	87.38

表 7.3　图 7.4(c)实验结果

方　　法	RMSE	NOCC	MI	ROCC	RT/s
Manual	2.031	30	0.5028	*	*
SURF	0.6482	6	0.4415	0.008	2.51
SIFT	0.6378	18	0.7788	0.065	1.54
RSCJ	0.6902	15	0.7637	0.055	8.7
PSO-SIFT	0.6489	36	0.7579	0.18	5.74
SAR-SIFT	0.6628	40	0.7637	0.2062	119.67
Proposed＋SURF	0.6415	58	0.7895	0.141	20.01
Proposed＋SIFT	**0.5944**	61	0.7970	**0.399**	17.87
Proposed＋SAR-SIFT	0.6029	**72**	**0.7980**	0.314	133.22

表 7.4　图 7.4(d)～图 7.4(f)实验结果

方　　法	RMSE	NOCC	MI	ROCC	RT/s
Manual	2.4695	30	0.4237	*	*
SIFT-like	*	*	*	*	*
Proposed＋SIFT	**1.2878**	**44**	**0.4871**	**0.306**	**18.62**
Manual	2.5718	30	0.5472	*	*

续表

方　　法	RMSE	NOCC	MI	ROCC	RT/s
SIFT-like	＊	＊	＊	＊	＊
Proposed＋SIFT	**1. 3657**	**41**	**0. 6315**	**0. 283**	**21. 42**
Manual	1. 9863	30	0. 8003	＊	＊
SIFT-like	＊	＊	＊	＊	＊
Proposed＋SIFT	**1. 2340**	**89**	**0. 9063**	**0. 61**	**20. 69**

数据集中的匹配结果如图 7.5 所示。

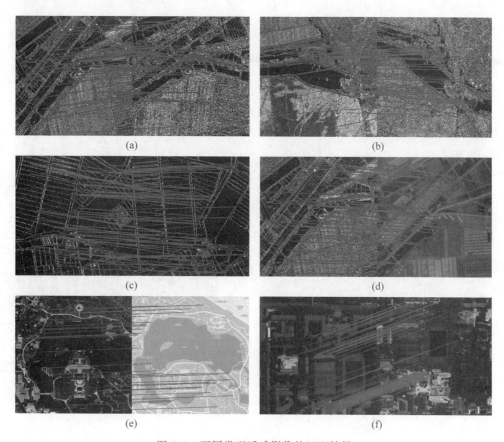

图 7.5　不同类型遥感影像的匹配结果

7.2　基于双支路的卷积深度置信网的遥感影像匹配

7.2.1　自适应领域的样本选择策略

首先应该获得充足的正样本和负样本。考虑到网络的特点和遥感影像的性质,本节设计了一种样本提取方法,如图7.6(a)所示,每个样本的尺寸由其各自的特征尺度决定,而不是固定尺寸。具体步骤如下。

(1) 有效的正负样本被提取。先在差分高斯尺度空间检测出极值点,称作关键点,然后以这些点为中心提取样本图块。

(2) 检测关键点所在的纹理结构。纹理结构的尺寸可以根据 s-LoG 在极值点的位置求出。这里,用差分高斯(DoG)函数代替 s-LoG 函数。DoG 和 s-LoG 曲线的横切面如图7.6(a)所示。DoG 曲线的尺寸等于这两个零交叉点之间的欧氏距离,并表示为 D,当 DoG 方程的响应等于 0 时,D 可以定义为:

$$D = 2\sqrt{x^2 + y^2} \tag{7-1}$$

依据曲线的空间关系,可得:

$$D = \sqrt{\frac{16k^2\sigma_1^2\ln k}{k^2-1}} \tag{7-2}$$

因此,对于一个在 DoG 尺度空间的关键点,它所在的纹理结构得尺寸可以由它的当前尺度所决定。图7.6(b)中可视化了一些关键点的分布,以便进行更直观的验证。

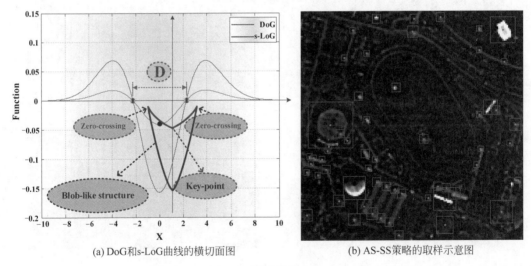

(a) DoG和s-LoG曲线的横切面图   (b) AS-SS策略的取样示意图

图7.6 样本提取方法

(https://kns.cnki.net/KCMS/detail/detail.aspx?filename=1020000592.nh&dbname=CDFDTEMP)

(3) 确定图块的最终尺寸。将原有的图块尺寸放大两倍,即所选择的图块尺寸 $S = 2D = 2\times4.75\sigma_1$。为了使网络得到有效的训练,将所有图块的 4 种情况分为 3 个固定的尺寸:

$$S = \begin{cases} S_1 & 2D \leqslant S_1 \\ S_2 & S_1 < 2D < S_2 \\ S_3 & S_2 < 2D < S_3 \\ \widetilde{S}_3 & 2D > S_3 \end{cases} \tag{7-3}$$

其中，S_1、S_2 和 S_3 是阈值常数，$\widetilde{S}_3$ 表示尺寸为 $2D$ 的图块应调整为 S_3，而不是直接选取 S_3 大小的图块，以保证结构信息的完整性。

（4）将具有各自尺寸大小的训练样本作为双支路网络的输入，进行特征提取和匹配。

7.2.2 双支路卷积深度置信网络框架

具体的双支路卷积深度置信网的网络框架如图 7.7 所示。在匹配网络中，使用多层感知器（MLP）和 ReLU 激活函数模拟特征之间的相似性，如图 7.7(d) 所示。将两个支路的特征经过空间金字塔池化（Spatial Pyramid Pooling，SPP）层后，以级联的方式融合成一个特征向量，这个特征向量作为匹配网络的输入。从 F_4 层输出一个二维向量，其值范围为 $[0,1]$，它们是非负的且和为 1。它们可以解释为网络的概率估计，即分别是这两个支路的图块匹配的概率和不匹配概率。这里使用交叉熵误差作为最终损失函数。

误差函数应通过更新网络参数收敛到最小值，其中 SGD 算法用于训练匹配网络，并对这个网络进行微调。

在遥感影像匹配中还需要解决两个问题，即如何提升匹配效率和提高匹配精度，以下给出了两种相应的解决策略。

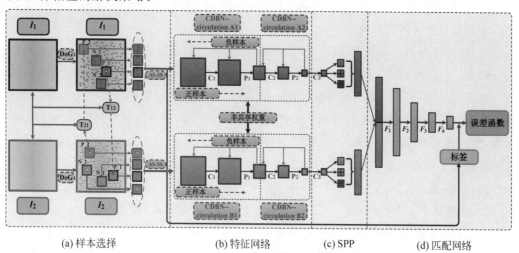

(a) 样本选择　　　　　(b) 特征网络　　　　(c) SPP　　　　(d) 匹配网络

图 7.7 双支路卷积深度置信网的网络框架

1. 难题 1

第一个难题是匹配池太大,导致匹配效率非常低。由于遥感数据并没有给定待预测的图块对,对于参考影像中的每一个图块,都需要在浮动影像中的所有候选图块中找到它所匹配图块,即该图块应与所有候选图块配对进入网络,由网络判定它的匹配图块。这是低效的,同时也会受冗余候选图块影响而降低最终匹配精度。为此,提出一个基于超像素的样本分级策略(Sp-SGS):在关键点形成图块进入网络之前,先对其进行分级和筛选,一些突出的关键点优先进入匹配池。在此引入超像素的算法为依据,用以判定关键点是否突出。

此处使用经典的简单线性迭代聚类(Simple Linear Iterative Clustering,SLIC)超像素算法,评估并计算超像素的显著性得分,具体过程如下。

(1) 利用 SLIC 超像素算法对两幅待匹配影像进行分割。

(2) 计算两幅影像的梯度图。这里引入指数加权平均值(Roewa)计算梯度。与差分梯度相比,Roewa 具有统计特性,在高反射率或低反射率的均匀区域都能保持恒定的误报警率(False Alarm Rate,FAR)。

(3) 超像素 O 的显著性得分定义和计算如下:

$$S\_score(\boldsymbol{O}) = \frac{\sum_{j=1}^{n\_nei} \left| (\bar{d}_O - \bar{d}_j) \times \alpha + (1-\alpha) \times \left(\frac{\boldsymbol{A}_O}{\boldsymbol{A}_j} - 1 \right) \right|}{n\_nei} \tag{7-4}$$

其中,α 是一个范围在$[0,1]$的权重常数,n_nei 表示与超像素 O 相邻的超像素数目。$\bar{d}_O$ 和 $\bar{d}_j$ 分别表示超像素 O 和其相邻超像素 j 的平均 Roewa 梯度,$\boldsymbol{A}_O$ 和 $\boldsymbol{A}_j$ 分别表示超像素 O 和其相邻超像素 j 的区域面积。

因此,对于来自一个影像源的所有关键点,将根据它们各自的超像素显著性得分对它们进行排序,并选择排名前 $H\%$ 的关键点,首先进入匹配池,从两个影像中选择的图块应随机配对进入网络中,这里遵循文献中使用的一个策略,即将特征网络和匹配网络分开,以避免重复的特征提取。该方法先通过训练后的特征网络和 SPP 层为所有选择的图块生成特征向量,然后再对特征向量进行配对,最后通过匹配网络推导出匹配概率。完成匹配过程后,再次从其余关键点中选择排名前 $H\%$ 的关键点,进入下一个匹配过程的匹配池,直到所有样本都参与匹配或找到足够多的匹配对。

2. 难题 2

仅仅依靠匹配概率来确定匹配对并不绝对可靠。对于参考影像中的某个图块,在浮动影像中可能存在一些非常接近的邻域候选图块。这些候选图块可能具有非常相似的影像信息,并且所有相应的匹配概率都大于 0.5。此外,网络中的卷积运算污染了图块的边缘信息,因此最大的匹配概率值可能并不是真实匹配的图块。当从基于图块的匹配定位到基于点的精确匹配时,可能会出现不准确的点匹配对。可能不是真实的对应补丁。

为此,提出一个基于超像素的有序空间匹配策略(Sp-OSM)。该策略将超像素理论嵌入到空间关系中,并结合匹配概率确定最终匹配矩阵。假设 N_1 和 N_2 分别是从两个影像中选择的图块数,如图 7.8 所示。目标是计算一个大小为 $N_1 \times N_2$ 的匹配矩阵。

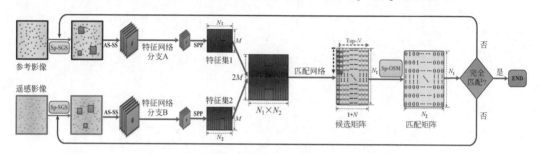

图 7.8　利用网络完成遥感影像匹配的流程

(https://kns.cnki.net/KCMS/detail/detail.aspx?filename=1020000592.nh&dbname=CDFDTEMP)

图 7.8 所示是 Sp-OSM 中候选关键点的空间限制示意。由于 L_2^1 不在 S_p^T 的区域内被剔除,L_2^2 和 L_2^3 则保留,之后通过计算做进一步的断定和筛选。

图 7.8 表示利用网络完成遥感影像匹配的整体流程。首先,采用 Sp-SGS 对关键点进行分级和筛选,显著性得分较高的样本优先进入特征网络和 SPP 层,然后将两个支路的 M 维的输出特征级联,作为输入进入匹配网络。对于参考影像中的每个图块,将排名前 N 个的候选点保留在候选矩阵中,并结合 Sp-OSM 确定最终的匹配矩阵。在循环匹配之后,更多的样本进入匹配池以检测它们的对应匹配对,直到找到充足的匹配对或循环终止。

7.2.3　实验结果与分析

本节将双支路卷积深度置信网与三种方法进行比较,即 RSCJ、RSOC 和 MatchNet。

由于 RSCJ 和 RSOC 都使用 SIFT 算法检测手工特征点,属于传统的没有网络训练过程的方法。因此这两种方法直接从表 7.5 的测试影像对中提取特征,然后进行匹配。对于 MatchNet 和所提的双支路卷积深度置信网,实验随机选择 20 个具有相同场景的影像对提取训练样本。为了保证所提出方法的足够可变性,对不同的随机训练样每组运行代码 10 次,并将平均结果作为每个度量的最终结果。MatchNet 中的图块大小固定为 44×44 像素,而双支路卷积深度置信网的图块大小由 AS-SS 策略决定。MatchNet 中每层的滤波器大小和步幅双支路卷积深度置信网相同。这两个网络的其他超参数如下:初始学习率为 0.001,权重衰减为 0.0005,批量大小为 50,迭代次数为 60000。

表 7.5　几种方法实验结果的定量比较

数据集	方　　法	N_{red}	RMS_{all}	RMS_{LOO}	p_{quad}	BPP(1.0)	S_{kew}	S_{cat}	ϕ	Time/s
Canada 1	RSCJ	66	1.2754	1.4174	0.9847	0.3939	0.0435	1.0000	0.7059	29.2499
	RSOC	88	11.5044	12.2135	0.8750	0.8750	0.4560	1.0000	3.4746	85.9333
	MatchNet+Sp-OSM	338	1.6636	1.6734	0.4257	0.4257	0.0084	1.0000	0.7817	477.8140
	Proposed-Net +Sp-OSM	393	0.7750	0.7805	0.2316	0.2316	0.1149	1.0000	0.5391	455.4732
	Proposed Method	383	0.7454	0.7509	0.2141	0.2141	0.0927	1.0000	0.5141	173.9573
Canada 2	RSCJ	34	1.1054	1.2156	0.9857	0.4118	0.1762	1.0000	0.6802	22.1458
	RSOC	96	11.7852	12.1144	0.2285	0.9375	0.1590	0.7769	3.3371	223.3446
	MatchNet+Sp-OSM	305	1.4204	1.4292	0.9963	0.6058	0.0840	1.0000	0.7598	1012.1243
	Proposed-Net +Sp-OSM	307	0.9386	0.9477	0.9999	0.3746	0.3746	1.0000	0.6048	1048.0054
	Proposed Method	295	0.8538	0.8626	0.9848	0.2915	0.0987	1.0000	0.5662	367.1501
Yellow River1	RSCJ	40	1.3608	1.4760	0.8787	0.5750	0.4417	0.7251	0.7453	27.2191
	RSOC	143	12.8716	13.2209	0.1094	0.9301	0.1505	0.9999	3.6314	1443.8720
	MatchNet+Sp-OSM	176	1.4470	1.4633	0.9559	0.4122	0.0719	1.0000	0.7293	1181.7251
	Proposed-Net +Sp-OSM	195	0.7557	0.7677	0.9544	0.1538	0.1216	1.0000	0.5186	1201.5876
	Proposed Method	192	0.7411	0.7532	0.9402	0.1354	0.0898	1.0000	0.5061	391.8735
Yellow River2	RSCJ	23	1.1585	1.3032	0.8908	0.4783	0.0255	1.0000	0.6819	24.6848
	RSOC	107	13.4220	13.8715	0.7112	0.9159	0.0400	1.0000	3.8452	2058.8397
	MatchNet+Sp-OSM	133	1.5845	1.6068	0.9504	0.4449	0.1205	1.0000	0.7758	1360.0832
	Proposed-Net +Sp-OSM	168	0.7591	0.7740	0.9796	0.1845	0.0856	1.0000	0.5238	1391.5341
	Proposed Method	163	0.7212	0.7353	0.9932	0.1718	0.1612	1.0000	0.5233	556.8148

续表

数据集	方　　法	N_{red}	RMS_{all}	RMS_{LOO}	p_{quad}	BPP(1.0)	S_{kew}	S_{cat}	ϕ	Time/s
MS_Canada 1	RSCJ	46	0.9683	1.098	0.6719	0.1739	0.1364	1.0000	0.5640	14.5424
	RSOC	109	6.6189	6.8271	0.8075	0.7739	0.1033	1.0000	2.0999	127.6120
	MatchNet+Sp-OSM	172	1.5352	1.5639	0.9999	0.3954	0.1995	1.0000	0.7720	117.8743
	Proposed-Net+Sp-OSM	211	0.7277	0.7390	0.7661	0.1754	0.0505	1.0000	0.4826	123.4202
	Proposed Method	205	0.6958	0.7068	0.7728	0.1415	0.0335	1.0000	0.4676	51.3742
MS_Canada 1	RSCJ	27	0.9417	1.1627	0.9977	0.2963	0.5080	1.0000	0.6827	10.4434
	RSOC	153	5.1921	5.2512	0.9948	0.6340	0.7766	1.0000	1.8027	32.8971
	MatchNet+Sp-OSM	143	1.4256	1.4596	0.8928	0.4056	0.0697	1.0000	0.7178	50.8745
	Proposed-Net+Sp-OSM	160	0.7396	0.7545	0.9724	0.1688	0.0883	1.0000	0.5158	51.4283
	Proposed Method	157	0.7278	0.7426	0.9206	0.1656	0.0517	1.0000	0.5013	22.7846

为了公平地比较网络在遥感影像匹配任务中的结果,本节在 MatchNet 模型中也加入 Sp-OSM 策略。在 Sp-SGS 中,关键点分为两批依次进入匹配池,第一批是显著性得分排序前 30% 的关键点,第二批是剩余的显著性得分排序前 70% 的关键点。

从表 7.5 列出的这些方法的定量结果可以看出,本节所设计的方法框架在保持最高精度(RMS_{all} 和 RMS_{LOO})的同时,获得了最低的 ϕ 值、最低的坏点比例 BPP(1.0) 和相对较多数量的匹配对(N_{red})。但保留的关键点在整个影像中分布不均匀(S_{cat}),它在象限中的点分布也不好(p_{quad}),X 轴上的残差和 Y 轴上的残差有一定的相关性(S_{kew}),这说明最终关键点的分布并非呈现很好的分布,这当然也与影像自身的信息有关。

RSCJ 是一种快速的特征匹配方法,但它只能找到少量的匹配对,而且通常难以达到亚像素精度。太少的 N_{red} 值也会使得 RMS_{all} 和 RMS_{LOO} 的值变得不太可靠。RSOC 是一种基于 K-最近邻的以平均距离为约束条件的图转变匹配(GTM)算法,与 RSCJ 相比,RSOC 有更大的 N_{red} 值。但是由于 RSOC 并没有考虑匹配对的微小位移,从而导致 RSOC 的 ϕ 结果是最差的。此外,RSOC 算法比 RSCJ 有更高的计算复杂度。

MatchNet+Sp-OSM 和 Proposed-Net+Sp-OSM 被用来比较,分析不同的样本选择策略和不同的网络对结果的影响。虽然 MatchNet 比传统方法获得了更大的 N_{red} 值,但其精度并没有达到亚像素级。另外,MatchNet 是一个端到端的权重共享训练模型,使得两个支路在特征提取过程中相互影响。在影像中处理一对具有相似且稳定邻域信息的输入图块时,这种权重共享策略可以有效地减少训练参数。但在处理具有更复杂邻域信息的遥感影像时,这种策略并不理想。所提出的双支路卷积深度置信网采用两阶段的方式来训练网络,使得每个支路能够提取各自支路上更纯粹和更显著的特征表示。综上,Proposed-Net＋Sp-OSM 具有较好的效果。

最后,用 Proposed-Net＋Sp-OSM 和 Proposed Method 来验证 Sp-SGS 在匹配效率方面的优势。在表 7.5 中,与 Proposed-Net＋Sp-OSM 相比,Proposed Method 的运行时间减少了 2.5～3 倍的时间,并保证了接近甚至更高的匹配指标。由于 Sp-SGS 倾向于选择具有高显著性得分的图块,因此它减少了匹配池中要匹配图块的数量。同时,由于在匹配池中可能无法选择某些干扰图块,也增加了找到正确匹配对的机会,从而略微提高了匹配精度。Canada1 数据的定性匹配结果如图 7.9 所示。

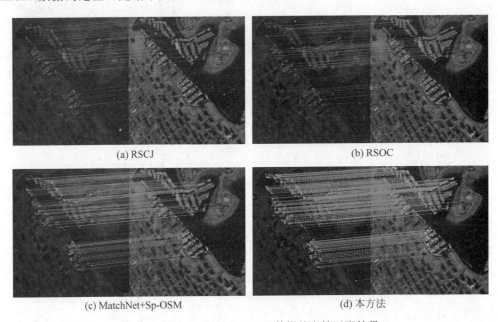

(a) RSCJ

(b) RSOC

(c) MatchNet+Sp-OSM

(d) 本方法

图 7.9　Canada1(1000×1000)数据的定性匹配结果

(https://kns.cnki.net/KCMS/detail/detail.aspx?filename=1020000592.nh&dbname=CDFDTEMP)

图 7.10 显示了 Canada2、Yellow2、MS_Canada1 和 MS_Canada2 的匹配结果。

(a) Canada2数据集

(b) Yellow2数据集

图 7.10　Proposed Method 的结果示意图

(https://kns.cnki.net/KCMS/detail/detail.aspx?filename=1020000592.nh&dbname=CDFDTEMP)

(c) MS Canada1数据集　　　　　　　　　(d) MS Canada2数据集

图7.10　（续）

7.3　本章小结

本章针对遥感影像配准提出了两种方法：基于深度特征的区域匹配方法和基于空间关系的匹配策略；基于双支路的卷积深度置信网的匹配方法。

对于第一种方法，由于卷积神经网络的强大特征提取能力，区域匹配方法对于大多数配准任务都是稳定且高效的。局部统计特征的匹配充分利用了影像之间的空间关系，匹配结果鲁棒性更好，精度更高。实验结果表明，与最新的配准方法相比，该方法在数据集上的表现更好。第一种方法的两步配准方法充分利用了影像的深度特征和局部统计特征。但是同时算法的复杂度也随之增加。对于所提出的方法，这两种特征在某种程度上是冗余的。

对于第二种方法，实验表明，该网络更适合于处理遥感影像的复杂特征。两阶段训练模式使各支路网络保持自身支路上的纯净的特征表示，有利于提高互续特征匹配的准确性。此外，所提出的 AS-SS 保留了大遥感场景中每个图块的纹理完整性，为特征提取提供了合适的邻域信息，从而提高了特征表示的可靠性。在网络的匹配阶段，第二种方法设计了两种策略（即 SP-SGS 和 SP-OSM）降低计算复杂度和提高最终匹配精度。

探索降低两种算法复杂度的工作将成为未来工作的一部分，对提升算法的性能具有重要意义。进一步改进网络，可以减少训练阶段样本的邻域信息丢失，从而使预测的匹配概率更加可靠。减少检测关键点的分布不均匀也是今后的研究的方向。

参考文献

[1]　朱浩.双支路深度神经网络下的遥感图像配准及多分辨率融合分类[D].西安:西安电子科技大学,2019.

[2]　Zhang L,Zhang L,Du B. Deep learning for remote sensing data: A technical tutorial on the state of the art[J]. IEEE Geoscience and Remote Sensing Magazine,2016,4(2): 22-40.

[3]　Zhao Z,Jiao L,Zhao J,et al. Discriminant deep belief network for high-resolution SAR image

classification[J]. Pattern Recognition,2017,61: 686-701.

[4] Zhao W,Jiao L,Ma W,et al. Superpixel-based multiple local CNN for panchromatic and multispectral image classification [J]. IEEE Transactions on Geoscience and Remote Sensing, 2017, 55 (7): 4141-4156.

[5] Liu F,Jiao L,Hou B,et al. POL-SAR image classification based on Wishart DBN and local spatial information[J]. IEEE Transactions on Geoscience and Remote Sensing,2016,54(6): 3292-3308.

[6] Liu F,Jiao L,Tang X,et al. Local restricted convolutional neural network for change detection in polarimetric SAR images[J]. IEEE Transactions on Neural Networks and Learning Systems,2018,30 (3): 818-833.

[7] Romero A,Gatta C,Camps-Valls G. Unsupervised deep feature extraction for remote sensing image classification[J]. IEEE Transactions on Geoscience and Remote Sensing,2015,54(3): 1349-1362.

[8] Gong M,Zhao J,Liu J,et al. Change detection in synthetic aperture radar images based on deep neural networks[J]. IEEE Transactions on Neural Networks and Learning Systems,2015,27(1): 125-138.

[9] Zhu H,Jiao L,Ma W,et al. A novel neural network for remote sensing image matching[J]. IEEE Transactions on Neural Networks and Learning Systems,2019,30(9): 2853-2865.

[10] Zhu H,Ma W,Hou B,et al. SAR image registration based on multifeature detection and arborescence network matching[J]. IEEE Geoscience and Remote Sensing Letters,2016,13(5): 706-710.

[11] Duan Y,Liu F,Jiao L,et al. SAR Image segmentation based on convolutional-wavelet neural network and markov random field[J]. Pattern Recognition,2017,64: 255-267.

[12] Mikolajczyk K. Detection of local features invariant to affines transformations[D]. Grenoble: Institut national polytechnique de grenoble ,2002.

[13] Zhang J,Ma W,Wu Y,et al. Multimodal remote sensing image registration based on image transfer and local features[J]. IEEE Geoscience and Remote Sensing Letters,2019,16(8): 1210-1214.

[14] Ma W,Zhang J,Wu Y,et al. A novel two-step registration method for remote sensing images based on deep and local features[J]. IEEE Transactions on Geoscience and Remote Sensing,2019,57(7): 4834-4843.

[15] Lowe D G. Distinctive image features from scale-invariant keypoints [J]. International Journal of Computer Vision,2004,60(2): 91-110.

[16] Jia Y,Shelhamer E,Donahue J,et al. Caffe: Convolutional architecture for fast feature embedding [C]//Proceedings of ACM International Conference on Multimedia,2014.

[17] Hinton G E,Osindero S,Teh Y W. A fast learning algorithm for deep belief nets [J]. Neural Computation,2006,18(7): 1527-1554.

[18] Lee H,Grosse R,Ranganath R,et al. Convolutional deep belief networks for scalable unsupervised learning of hierarchical representations [C]//Proceedings of Annual International Conference on Machine Learning,2009.

[19] He K,Zhang X,Ren S,et al. Spatial pyramid pooling in deep convolutional networks for visual recognition[J]. IEEE Transactions on Pattern Analysis and Machine Intelligence,2015,37(9): 1904-1916.

[20] Achanta R,Shaji A,Smith K,et al. SLIC superpixels compared to state-of-the-art superpixel methods[J]. IEEE Transactions on Pattern Analysis and Machine Intelligence, 2012, 34 (11): 2274-2282.

[21] Han X,Leung T,Jia Y,et al. Matchnet: Unifying feature and metric learning for patch-based matching[C]//Proceedings of the IEEE Conference on Computer Vision and Pattern Recognition. 2015: 3279-3286.

[22] Brennan R L,Prediger D J. Coefficient kappa: Some uses,misuses,and alternatives[J]. Educational and Psychological Measurement,1981,41(3): 687-699.

[23] Li B,Ye H. RSCJ: Robust sample consensus judging algorithm for remote sensing image registration[J]. IEEE Geoscience and Remote Sensing Letters,2012,9(4): 574-578.

[24] Liu Z,An J,Jing Y. A simple and robust feature point matching algorithm based on restricted spatial order constraints for aerial image registration[J]. IEEE Transactions on Geoscience and Remote Sensing,2011,50(2): 514-527.

第 8 章

遥感影像分割

图像分割是图像处理中一项基本和至关重要的任务,它是后续分类、识别、检测、理解和解译的基础。尽管图像分割已经被研究了好多年,但是以前的研究着重自然图像和光学遥感影像的分割,SAR 图像新的特性为图像分割注入了新鲜的血液。SAR 成像系统具有和光学完全不同的机理,因此 SAR 图像具有和光学图像不同的特性,这些给 SAR 图像的分割带来了很多挑战,比如相干斑噪声、阴影、异构、缺少训练样本等。本章介绍两种基于压缩感知的 SAR 图像分割方法。

8.1 基于稀疏结构表示的 SAR 影像素描模型

8.1.1 初始素描模型

20 世纪 80 年代,来自美国 MIT 人工智能实验室的 D. Marr 教授提出了视觉计算的理论框架。Marr 指出视觉研究不仅仅要讨论如何从外部环境中获取表示信息,还要分析表示信息内部存在的相关性。按照这种设想,Marr 将从影像中获得场景物体信息的过程分为如下三个阶段。

(1) 初始素描图。这一阶段是视觉计算的第一阶段,通过检测影像的变化获取关于影像二维性质的表示信息,如影像中的亮度变化、局部的几何结构等,本质上是对影像中边、脊和点特征的检测过程。经过这一阶段,原始影像被抽象成为初始素描图。

(2) $2\frac{1}{2}$ 维素描图。这一阶段是建立在第一阶段的基础之上,通过对初始素描图的一系列操作(如体视分析、运动分析、遮挡、轮廓等),推导出关于影像场景中物体表面的几何特征信息,如影像中物体的表面朝向、深度、物体与观察者的距离等。

(3) 三维素描图。这一阶段主要是分析场景中物体的三维组织结构,获得三维坐标系下场景物体的结构表示信息以及物体表面的描述信息。

上述三个阶段之间的关系可以通过图 8.1 进一步说明。

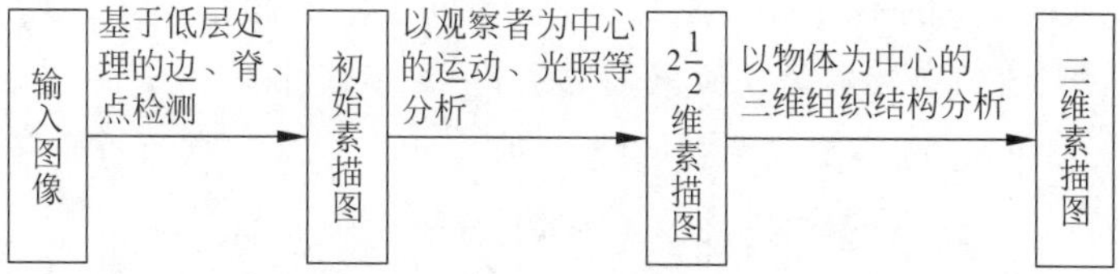

图 8.1 Marr 提出的从影像中获得场景物体信息的过程

(https://xueshu.baidu.com/usercenter/paper/show?paperid=b5c52015c658d0ffbd45b9878b6d1f1a&site=xueshu_se)

后来,众多学者沿着 Marr 所提出的视觉计算理论研究影像中初始素描图的提取方法。有学者通过分析基于稀疏编码(sparse coding)的理论,给出了初始素描的数学理论模型和基于稀疏编码理论的影像生成模型。这种影像生成模型对于包含影像的结构信息的低信息熵区域具有很好的表示能力,而基于马尔可夫随机场(Markov Random Field,MRF)理论的描述模型则对具有高信息熵的纹理区域具有很好的表示能力。

通过将影像分为可素描部分和不可素描部分,并对每一部分采用不同的模型建模可以实现更好的影像内容表达:

$$I = I_{sk} \bigcup I_{nsk} \tag{8-1}$$

其中,I 表示原影像,I_{sk} 表示影像的可素描区域,I_{nsk} 表示影像的不可素描区域。对于影像的可素描区域 I_{sk} 是选择基于稀疏编码理论的生成模型进行表示的,即

$$I_{sk} \sim p(I_{sk}; B, \alpha) \tag{8-2}$$

其中,B 和 α 分别表示影像表示的基原子和相应的系数。而对于不可素描区域 I_{nsk},则是以获得的可素描区域 I_{sk} 作为条件,选择基于 MRF 理论的描述模型表示:

$$I_{nsk} \sim p(I_{nsk} \mid I_{sk}; F, \beta) \tag{8-3}$$

其中,F 和 β 分别表示基于 MRF 影像表示模型的滤波器组和相应的系数值。同时,为了提升基于稀疏编码模型对影像结构信息的表示能力,格式塔场(Gestalt field)作为先验引入初始素描模型中,通过建立二维属性图 $G = (V, E)$ 来描述基原子间的相关性,即

$$p(B, \alpha) \sim \text{eps} \left\{ -\lambda_0 K_B - \sum_{e_j \in E} \Psi_{l_j}(s_j, t_j) \right\} \tag{8-4}$$

其中,$E = \{e_j = (l_j, s_j, t_j): s_j, t_j \in V, j = 1, 2, \cdots, N\}$ 表示图 G 中邻域对 (s, t) 在关系 l 下的连接;λ_0 为惩罚系数;K_B 表示基于稀疏编码模型所选择的基原子个数;$\Psi_l(s, t)$ 表示邻域对 (s, t) 在关系 l 下的势能函数。

基于以上,整体初始素描模型的数学表达式为:

$$p(I; B, \alpha, F, \beta) = p(B, \alpha) p(I_{sk}; B, \alpha) p(I_{nsk} \mid I_{sk}; F, \beta) \tag{8-5}$$

8.1.2 初始素描图提取方法

初始素描模型由两部分组成:第一部分是基于稀疏编码理论的可素描区域的表示;第

二部分是基于 MRF 理论的不可素描区域表示。针对初始素描模型中初始素描图的提取算法，提出一种近似有效的自然影像初始素描算法，主要步骤如下。

（1）基于边、脊、点检测的素描图初始化。利用如图 8.2(a)所示的具有多尺度多方向特性的滤波器组实现边、脊、点的检测，分别获取边-脊响应图和点响应图。对于边-脊响应图，利用非极大值抑制和双阈值连边提取边-脊草图，并用直线段逼近表示边-脊草图中每一条曲线，获得边-脊草图的建议素描图；对于点响应图，则采用非极大值抑制确定点状特征的位置和尺度。

（2）基于假设检验方法计算建议素描图中每条素描线的编码长度，利用贪婪 MP 算法获得素描图。这里所采用的矛盾性假设的定义如下：

$$H_0: I(x,y) = \mu + N(0, \sigma^2) \tag{8-6}$$

$$H_1: I(x,y) = B(x,y \mid \vartheta) + N(0, \sigma^2) \tag{8-7}$$

其中，$N(0, \sigma^2)$ 表示零均值、方差为 σ^2 的高斯噪声，假设 H_0 表示该可素描区域可以表示成平滑区域（均值为 μ）和高斯噪声的叠加，假设 H_1 表示该可素描区域可以表示成边-脊-点模型 $B(x,y|\vartheta)$ 与高斯噪声的叠加。利用式(8-7)可得到编码长度增益的计算公式：

$$\Delta L(B) = \sum \left[(I(x,y) - \mu)^2 - (I(x,y) - B(x,y \mid \vartheta))^2 \right] \tag{8-8}$$

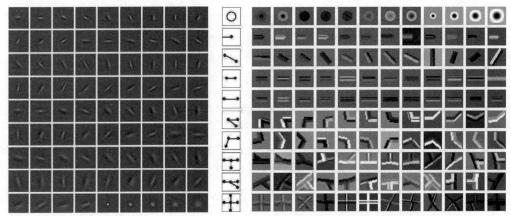

(a) 边、脊、点检测算子 (b) 不同形态素描基元的光学影像表示

图 8.2　边、脊、点检测算子及不同形态素描基元的光学影像表示

(https://xueshu.baidu.com/usercenter/paper/show?paperid=b5c52015c658d0ffbd45b9878b6d1f1a&site=xueshu_se)

（3）采用贪婪方式修正素描图中素描线段的空间排列组合，以更好地满足 Gestalt 准则，目标函数为：

$$L(\boldsymbol{S}_{sk}) = \sum_{i=1}^{n} \Delta L(B_i) - \sum_{d=0}^{4} \lambda_d \mid V_d \mid \tag{8-9}$$

其中，$|V_d|$ 表示素描图 $\boldsymbol{S}_{sk}$ 中连通度为 d 的节点的个数，λ_d 表示相应的惩罚系数。

8.1.3 SAR 影像素描模型

众所周知,SAR 通过主动发射的电磁波并接收后向散射电磁波获得关于目标场景的影像。由于场景目标之间存在表面粗糙度、材质和介电常数等方面的差异性,雷达接收到的关于场景目标后向散射电磁波的强弱也呈现出差异性。与此同时,反向传播的电磁波之间的相干作用和雷达所采用的侧视成像方式也会导致回波信号的强度存在差异性。本质上来说,这些差异性都与场景中目标的物理特性以及目标与目标之间的几何空间关系相关。它体现在 SAR 影像中就是一些灰度亮暗的变化特性。从这一点上来说,SAR 影像具有与自然影像相似或相近的物理属性,即影像中的明暗变化与现实世界的物理变化存在着对应关系。因此,Marr 所提出的视觉计算理论对于 SAR 影像的处理与解译同样具有很好的指导意义。

鉴于素描图对影像几何特征的表征特性,有学者提出如式(8-7)定义的 SAR 影像的初始素描模型,给出了 SAR 影像的素描模型。需要说明的是,该模型是针对 SAR 影像中亮度变化可辨识的区域(可素描区域)提出的。这一点与 Marr 提出的初始素描理论是相一致的,即初始素描模型是对影像中亮度变化可辨识区域的描述。通过最大化公式可以获得 SAR 影像的素描模型:

$$p(\boldsymbol{I}_{sk}, \boldsymbol{S}) = \frac{1}{z} \exp\left\{ \sum_i^n \sum_{(x,y) \in I_{sk,i}} \ln p\left[I(x,y) \mid B_i(x,y \mid \vartheta) \right] - \gamma_{sk}(\boldsymbol{I}_{sk}) \right\} \quad (8\text{-}10)$$

其中,$\boldsymbol{I}_{sk}$ 表示 SAR 影像的可素描区域;$\boldsymbol{S}$ 表示提取的 SAR 影像素描图;$p(\cdot \mid \cdot)$ 表示基于 SAR 影像统计分布函数的编码增益;$B_i(x,y \mid \vartheta)$ 表示对边、线的编码函数;ϑ_i 表示该编码函数的几何参数;$\gamma_{sk}(\cdot)$ 表示基于 SAR 影像素描图的正则约束项。

8.1.4 SAR 影像素描图提取方法

有学者所设计的初始素描图提取方法,基于式(8-10)提出的 SAR 影像素描模型,通过设计适用于 SAR 影像边-线检测算子和基于统计分布的假设检测,设计实现了 SAR 影像素描图的提取方法。

1. SAR 影像的边-线检测

考虑到检测算子的可操作性和检测性能,选择 RoA 算子和基于互相关的算子作为提取 SAR 影像素描图的检测方法。与此同时,借鉴 Guo 等提出的初始素描算法,将相应的线检测算子也引入算法中,检测 SAR 影像中所包含的边-线特征。本质上来说,线模型可以看作由两条距离很近且具有共同区域的边模型来组成,如图 8.3(b)所示。因此,基于 RoA 算子的边和线的响应值分别定义为式(8-11)和式(8-12),而基于互相关的边和线的响应值分别定义为式(8-13)和式(8-14)。

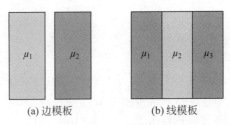

(a) 边模板   (b) 线模板

图 8.3 边(线)检测中模板的区域划分

(https://xueshu.baidu.com/usercenter/paper/show?paperid=b5c52015c658d0ffbd45b9878b6d1f1a&site=xueshu_se)

2. 基于 RoA 的边-线检测算子

基于 RoA 的边-线检测算子为：

$$R_{\text{edge}(i,j)} = 1 - \min\left(\frac{\mu_i}{\mu_j}, \frac{\mu_j}{\mu_i}\right) \tag{8-11}$$

$$R_{\text{line}(i,j,q)} = \min\{R_{\text{edge}(i,j)}, R_{\text{edge}(j,q)}\} \tag{8-12}$$

其中，μ_i、μ_j 分别表示模板中第 i 和 j 个区域所估计的均值，$R_{\text{edge}(i,j)}$ 表示基于 RoA 的边检测响应值，$R_{\text{line}(i,j,q)}$ 表示基于 RoA 的线检测响应值。从定义中可以看出基于 RoA 算子的边(线)响应值的取值范围为[0,1]，并且响应值越大表示该点属于边(线)的概率越大。

3. 基于互相关的边-线检测算子

基于互相关的边-线检测算子为：

$$C_{\text{edge}(i,j)} = \sqrt{\cfrac{1}{1 + (N_i + N_j)\cfrac{N_i\sigma_i^2 + N_j\sigma_j^2}{N_iN_j(\mu_i - \mu_j)^2}}} \tag{8-13}$$

$$R_{\text{line}(i,j,q)} = \min\{R_{\text{edge}(i,j)}, R_{\text{edge}(j,q)}\} \tag{8-14}$$

其中，N_i 和 σ_i 分别表示模板中第 i 个区域的像素个数和标准差，$R_{\text{edge}(i,j)}$ 表示基于互相关的边检测响应值，$R_{\text{line}(i,j,q)}$ 表示基于互相关的线检测响应值。从式(8-14)可以看出基于互相关的检测算子是利用模板中不同区域间的统计相似性来进行边缘检测。

由于影像中边-线特征的方向信息具有多样性，需要设计具有多方向特性的检测算子来准确检测影像中的边-线特征。并且，考虑到 SAR 影像通常是对地观察所成的像，其场景信息具有内容复杂和尺度不一的特点。因此设计了如图 8.4(a)所示的具有多尺度多方向的边、线模板。另外，通过引入加权机制可以有效提高检测算子对于复杂边-线特征的检测精度。这里，考虑到高斯函数的可控性和易变性，设计了具有不同尺度、不同方向的各向异性高斯函数计算边线检测中的加权系数。其计算方法如下：

$$W_{\text{G}}(x,y,x_0,y_0,\theta,\delta,\lambda) = \frac{1}{2\pi\sigma^2}\exp\left\{\frac{[f_1(x,y,x_0,y_0,\theta)/l]^2 + [f_2(x,y,x_0,y_0,\theta)/l]^2}{2\sigma^2}\right\}$$

$$\tag{8-15}$$

其中，(x,y)表示以(x_0,y_0)为中心的邻域像素；σ表示高斯函数的标准方差(尺度因子)；l表示高斯函数的延长因子,则有:

$$f_1(x,y,x_0,y_0,\theta)=(y-y_0)\sin\theta+(x-x_0)\cos\theta \tag{8-16}$$

$$f_2(x,y,x_0,y_0,\theta)=(y-y_0)\cos\theta+(x-x_0)\sin\theta \tag{8-17}$$

 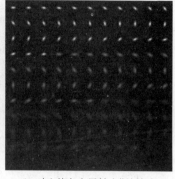

(a) 边、线检测模板　　　　　　(b) 对应的各向异性高斯加权核

图 8.4　算法中采用的边、线检测模板,以及相应的各向异性高斯加权核

(https://xueshu.baidu.com/usercenter/paper/show?paperid=b5c52015c658d0ffbd45b9878b6d1f1a&site=xueshu_se)

通过改变σ的取值得到一组与多尺度模板相对应的高斯核函数。需要说明的是,在实验中,将l设为2。由于高斯加权归一化操作的引入,式(8-11)和式(8-13)分别转变为:

$$R_{\text{edge}(i,j)}=1-\min\left(\frac{\tilde{\mu}_i}{\tilde{\mu}_j},\frac{\tilde{\mu}_j}{\tilde{\mu}_i}\right) \tag{8-18}$$

$$C_{\text{edge}(i,j)}=\sqrt{\cfrac{1}{1+2\cfrac{\tilde{\sigma}_i^2+\tilde{\sigma}_j^2}{(\tilde{\mu}_i-\tilde{\mu}_j)^2}}} \tag{8-19}$$

其中,σ_k和μ_k分别表示模板中第k个区域采用加权方式计算得到的标准方差和均值。

从上述算子的定义中,可以看出基于RoA的检测算子和基于互相关的检测算子具有相同的取值范围和变化趋势,且对于SAR影像都具有CFAR特性。因此,选择式(8-20)对这两种算子进行融合:

$$f=\sqrt{\frac{R^2+C^2}{2}} \tag{8-20}$$

其中,f表示两个算子的融合值,R和C分别表示基于RoA和互相关的边或线的检测响应值。即式(8-20)所定义的融合操作是针对每一个模板进行的。由于采用加权归一化的方式计算不同尺度、不同方向下边和线模板的响应值,因此,在不同方向、不同尺度的边和线模板之间,只保留最大的响应值及其对应模板的方向信息来构造具有CFAR特性的响应图和方向图。

此外,对于真实的边-线特征来说,其局部梯度值应该具有较大的响应值,因此,SAR 影像的梯度图对于边-线特征的检测也具有一定的判别性信息。

为了获得具有最大判别性的边-线响应图,将基于差分的梯度算子引入到算法当中。对于影像中的每一个像素,利用具有 CFAR 特性检测算子所选择的模板,其相应的梯度响应值也被计算并形成基于梯度的响应图。考虑到具有 CFAR 特性的响应图与梯度响应图之间的差异性,选择具有相干特性的融合公式对两个响应图进行融合:

$$\varphi(x,y) = \frac{xy}{1-x-y+2xy}, \quad x,y \in [0,1] \tag{8-21}$$

其中,x 和 y 分别表示具有 CFAR 特性的响应值和基于梯度的响应值,$\varphi(x,y)$ 表示融合后的强度值。当被融合的值都大于(或小于)0.5 时,得到的融合值也会大小(或小于)0.5;当被融合的值一个大于 0.5,另一个小于 0.5 时,得到的融合值是位于 0.5 附近的折中值。因此,分别将具有 CFAR 特性的响应图和基于梯度的响应图的数值归一化到 [0,1],并对归一化的响应图进行偏移操作。其目的是充分利用 0.5 位置处的融合特性,提升融合后强度图的判别性。

将处理后的响应图代入到式(8-21)中,就可以得到最终融合后的强度图。为了更好地对边缘像素进行定位和抑制由噪声引起的虚警响应,选择 Canny 检测算子中所采用的非极大值抑制操作和双阈值连接操作,从融合后的强度图中获得关于 SAR 影像的边-线图。

4. 基于假设检验的素描线选择

按照 Marr 提出的素描理论,初始素描图是从原始影像中获取的关于影像结构信息的一种素描表示,并且每一条素描线是由一个或多个直线段组合而成的。因此选择直线段逼近的方式将边-线图中的每一条曲线素描化,并基于逼近表示的直线段来实现对每一条素描线进行评价以获得真正描述 SAR 影像结构信息的素描图。从本质来说,边缘检测的目的是提取影像中真正意义上表示变化的边界信息,因此建立如下两个相互矛盾的假设,并依据所构建的一对矛盾性假设(H_0 和 H_1)对提取的每一条素描线计算其编码长度增益。其中,矛盾性假设的含义如下。

(1) H_0:提取的曲线不能作为构成素描图的素描线。

(2) H_1:提取的曲线可以作为构成素描图的素描线。

借鉴 Guo 等所设计的假设检验方法,利用 SAR 影像的乘性相干斑模型,给出了上述矛盾性假设的数学表达形式:

$$H_0: I(x,y) = \mu \times Z \tag{8-22}$$

$$H_1: I(x,y) = B(x,y \mid \vartheta) \times Z \tag{8-23}$$

其中,Z 表示 SAR 影像中的乘性相干斑,μ 表示当前素描线所在区域的均值,$B(x,y \mid \vartheta)$ 表示边-线模型。利用所建立的矛盾性假设,对所提取的每一条素描线计算其编码长度增益。

通过上述过程,就可以对每一条素描线计算其编码长度增益。需要说明的是,在 H_0 假设下,所提取的素描线属于虚警响应,其局部邻域属于同质区域,因此,利用该邻域内所有像素的平均值作为该区域内像素的估计值;对于 H_1 假设,考虑到边-线特征具有很强的几何方向特性,利用分解得到的每一条直线段,沿素描线段方向对该区域内的像素值进行估计。这样就可以得到在不同假设前提下的估计值,进而实现对每条素描线的显著性的计算。对于强度 SAR 影像来说,同样也可以使用上述方法得到相应的显著性测度。

综上所述,SAR 影像的素描图提取方法可以描述如下。

(1) 设计具有多尺度和多方向的边、线模板,采用基于 RoA、互相关和梯度的检测算子,计算具有 CFAR 特性的响应图和基于梯度的响应图以获得最终的强度图。

(2) 采用非极大值抑制操作和双阈值连边操作,从强度图中提取边-线图。

(3) 以直线段逼近方式将边-线图中的每一条曲线素描化,并利用边-线模型计算每一条素描线的编码长度增益,通过素描追踪的方法获得 SAR 影像的素描图。

(4) 利用素描线编码长度增益和操作算子修剪素描图中的素描线段。

8.2　基于素描模型和高阶邻域 MRF 的 SAR 影像分割

8.2.1　SAR 影像素描模型

前面给出了 SAR 影像的素描模型的基本原理,本节用影像直观地展示素描模型的提取过程。图 8.5 给出了一幅自然影像的素描图,可以看到素描图给出了图像中几乎所有的边和脊特征,这说明素描图述影像的结构变化是非常有效。图 8.6 展示了 SAR 影像素描的生成过程。图 8.6(b)、图 8.6(c)和图 8.6(d)分别是边线强度图、方向图和素描图。可以看到素描图表示了 SAR 影像上几乎所有的结构。素描图由素描线组成,每条素描线的方向表示了影像中结构变化的方向。

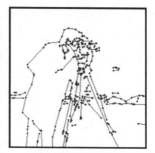

(a) 自然影像　　　　　　　(b) 自然影像的素描图

图 8.5　自然影像及其素描图

(https://xueshu.baidu.com/usercenter/paper/show?paperid=1q5q0080ep2v0jn03p1k0640um794709&site=xueshu_se)

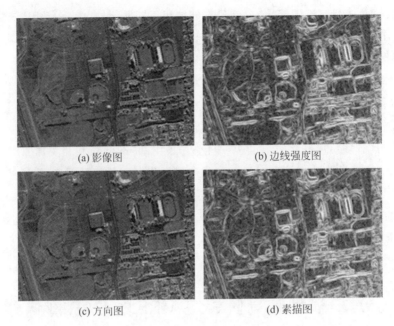

(a) 影像图　　　　　　　　　(b) 边线强度图

(c) 方向图　　　　　　　　　(d) 素描图

图 8.6　SAR 影像素描的生成过程

(https://xueshu.baidu.com/usercenter/paper/show?paperid=1q5q0080ep2v0jn03p1k0640um794709&.site=xueshu_se)

8.2.2　基于 MRF 模型的影像分割

MRF 模型是一种基本的概率图生成模型,它将影像的特征、上下文信息用概率的形式表示,将影像的分割问题转化为概率求解的问题。具体来说,它通过建模影像的观测和相应类别的联合概率来实现。根据贝叶斯规则,联合概率可以写成观测数据的似然概率和类标的先验概率的乘积。似然概率用来描述观测数据的特性,它总是假设成符合数据特性的各种的分布,比如高斯分布、Nakagami 分布、Gamma 分布和 G 分布等。先验概率用来描述类标之间的相互关系,通常假设为 Gibbs 分布。似然概率和先验概率创建后,影像的类标可以用最大后验准则(Maximum A Posteriori,MAP)估计,进而实现影像的分割。

8.2.3　基于素描模型和 MRF 的 SAR 影像分割架构

MRF 模型总是能捕获影像的上下文信息,因此在 SAR 影像分割中受到了广泛的关注。基于原始的 MRF 模型,研究者已经提出了层次 MRF 模型、三重 MRF 模型等,基本是从几何结构和复杂的空间上下文信息上进行改进。

SAR 是对地观测的有效工具,因此 SAR 影像中总是存在丰富的几何结构。而原始的 MRF 模型只能捕获各向同性的关系而忽略 SAR 影像中各项异性的关系,因此引进素描模型表示 SAR 影像的几何结构并用于 SAR 影像去噪。基于 SAR 影像素描图,将 SAR 影像划分为非结构区域和结构区域,对不同的区域设计不同的核函数进行去噪。因此可以在 MRF 的先验模型中嵌入 SAR 影像的素描模型用于捕获影像局部的结构信息。

在 MRF 模型中,先验分布的建立是基于邻域系统的。一般来说,MRF 模型采用 4 邻域和 8 邻域捕获影像的上下文信息。这种低阶的邻域限制了 MRF 模型捕获复杂上下文信息的能力,例如影像的几何结构。例如,图 8.7 中的矩形框内有明显的结构,而原始的低阶邻域不足以捕获这种结构,因此对 SAR 影像分割来说,高阶邻域是很必要的。基于上述考虑,提出了基于素描模型和高阶 MRF 的 SAR 影像分割方法。算法采用了模糊 C 均值

图 8.7 真实 SAR 影像中的结构

(Fuzzy C-Means,FCM)方法进行初始化。图 8.8 给出了算法的示意图。算法将原始的 MRF 模型扩展到高阶 MRF 模型;并用高阶邻域内的结构变化区分均质邻域和异质邻域,其中 SAR 影像的几何结构用 SAR 影像的素描模型表示;且在 MRF 的先验模型中嵌入 SAR 影像的几何结构。对均质邻域来说,先验模型用 Gibbs 分布描述;对异质邻域来说,先验模型根据 SAR 影像的局部几何结构自适应地描述。

基于 SAR 影像素描模型和 MRF 模型的 SAR 影像分割,采用高阶邻域系统捕获影像较大尺度的上下文信息,利用素描模型表示 SAR 影像的结构,同时,采用素描模型区分影像中的匀质邻域和异质邻域,还针对不同性质的邻域设计了不同的势能函数。

8.2.4 创建势能函数

不同于原始的 MRF 模型,该方法基于不同特性的高阶邻域创建新的势能函数。势能函数是先验模型中最重要的一部分,因此通过设计新的势能函数来提高先验模型的能力。在设计新的势能函数时,考虑到如下两个因素。

(1) 对均质邻域来说,势能函数应该保持均质区域的分割一致性。

(2) 对异质邻域来说,SAR 图像的局部几何结构应该被嵌入到势能函数中。

基于这两点考虑,新的势能函数被定义为:

$$u'(x_s) = (1 - d_s)u^0(x_s) + d_s u^1(x_s) \tag{8-24}$$

其中,u^0 和 u^1 分表代表均质邻域和异质邻域的势能函数。d_s 是邻域划分结果 D 的元素且 $d_s \in \{0,1\}$。

在高阶邻域内设计势能函数时,本质上是要考虑中心像素的类标和其邻域内像素类标的关系。假定中心像素的类标为 x_s,其邻域内像素的类标为 x_i,它们之间的关系用 $r(x_s,$

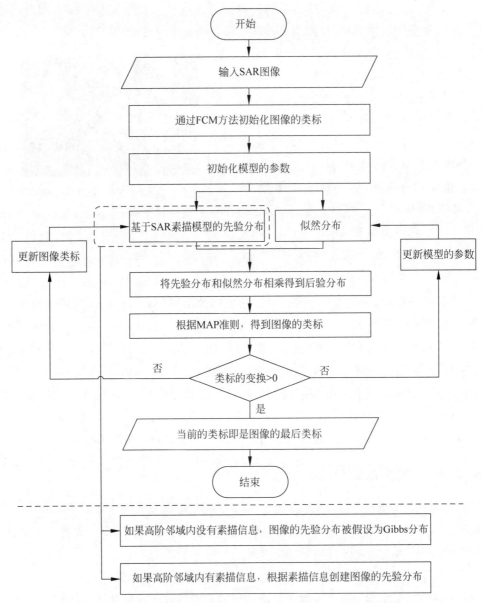

图 8.8　基于素描模型和高阶邻域 MRF 的 SAR 影像分割方法示意图

x_i)表示。$r(x_s,x_i)$ 有如下特性：如果 x_s 和 x_i 是相关的,那么 x_s 和 x_i 有相当大的机会属于同一类;否则,它们通常属于不同的类。

　　对匀质邻域来说,其中没有明显的结构,因此,中心像素和其邻域内的所有像素都是相关的,他们有很大的机会属于同一类。例如,图 8.9(b)展示了真实 SAR 图像中的匀质邻域。窗口①是 4 邻域,窗口②是高阶邻域。尽管 4 邻域可以捕获中心像素和周围像素的关系,但是低阶邻域对抑制 SAR 图像斑点噪声来说是不够的。区域一致性是匀质邻域的核心任务,因此,均质邻域的势能函数被定义为:

$$u^0(x_s) = -\beta_s \sum_{i \in \eta_s'} \left[2\delta(x_s, x_i) - 1 \right] \tag{8-25}$$

其中,η_s' 是 x_s 的高阶邻域。β_s 是模型参数。

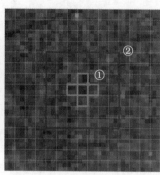
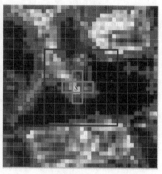

(a) 真实的SAR图像　　　　(b) 均质邻域内的结构　　　　(c) 异质邻域内的结构

图 8.9　均质邻域和异质邻域

对异质邻域来说,其中有明显的结构,亮区域和暗区域交替出现在异质邻域中,这种现象是由 SAR 图像特有的成像原理造成的。图 8.9(c)展示了真实 SAR 图像中的异质邻域。可以看到邻域中存在亮区域和暗区域,低阶的 4 邻域不足够去捕获这种复杂的结构,而高阶邻域可以较好地描述这种关系。对异质邻域来说,和中心像素相关的像素有很大的机会属于同一类,剩下的像素属于其他类。基于上述考虑,异质邻域的势能函数被定义为:

$$u^1(x_s) = -\beta_s \sum_{i \in \mathrm{hs}_s} \left[2\delta(x_s, x_i) - 1 \right] - \beta_s \sum_{i \in \mathrm{ls}_s} \left[1 - 2\delta(x_s, x_i) \right] \tag{8-26}$$

其中,hs_s 是和中心像素相关的像素的集合;ls_s 是和中心像素不相关的像素的集合。用基于比值的相似性测度来区分 hs_s 和 ls_s:

$$\mathrm{hs}_s = \{ t \mid Q(y_s, y_t) > T, t \in \eta_s \}$$
$$\mathrm{ls}_s = \{ t \mid t \notin \mathrm{hs}_s, t \in \eta_s \} \tag{8-27}$$

其中,T 用于区分高相似性和低相似性的相似性测度阈值,该阈值的选择由 OTSU 方法得到;$Q(\cdot)$ 是基于比值的相似性测度:

$$Q(y_s, y_t) = \frac{2^{2L} r^L}{(r+1)^{2L}} \tag{8-28}$$

其中,L 是 SAR 图像的等效视数;r 定义如下:

$$r = \min \left\{ \frac{y_s}{y_t}, \frac{y_t}{y_s} \right\}$$

基于上述策略,通过相关性和不相关性的判断,图像的局部几何结构以一种自然的方式嵌入 MRF 模型中。另外,算法考虑了中心像素和其相关像素之间的区域一致性。同时,考虑了中心像素和其不相关像素之间的区域不一致性。新的先验概率如下:

$$p'(x_s) = \frac{\exp[-u'(x_s)]}{\sum\limits_{x_s \in L} \exp[-u'(x_s)]} \tag{8-29}$$

用 Nakagami 分布描述似然模型。采用 Nakagami 分布的原因是算法主要侧重新的先验模型,而且 Nakagami 分布是一种基本的且有效的 SAR 图像统计分布,定义如下:

$$p(y_s \mid x_s; \mu_k, \alpha_k) = \frac{2}{\Gamma(\alpha_k)} \left(\frac{\alpha_k}{\mu_k}\right)^{\alpha_k} y_s^{2\alpha_k - 1} e^{\left(-\alpha_k \frac{y_s^2}{\mu_k}\right)} \tag{8-30}$$

其中,$\Gamma(\cdot)$ 是 Gamma 分布,α_k 和 μ_k 是分布的参数。

8.2.5 实验结果与分析

采用具有不同程度噪声的合成 SAR 图像测试算法的有效性。对比算法是原始的 MRF 模型和高阶邻域 MRF 模型。图 8.10 展示了合成 SAR 图像的分割结果。从图 8.10(b)中可以看到素描图较好地描述了 SAR 图像的几乎所有的结构。图 8.10(c)是原始 MRF 的分割结果,可以看到 MRF 总是产生过分割的结果,原因是原始的 MRF 邻域不足以捕获 SAR 图像丰富的上下文信息。图 8.10(d)给出了高阶邻域 MRF 的分割结果,可以看到高阶邻域 MRF 的分割结果具有较好的区域一致性,但是对细节的保持较差,原因是高阶邻域 MRF 虽然捕获了较大尺度内图像的上下文信息,但是并没有考虑高阶邻域内 SAR 图像的

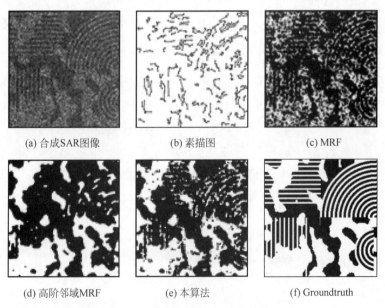

(a) 合成SAR图像　　　　(b) 素描图　　　　(c) MRF

(d) 高阶邻域MRF　　　　(e) 本算法　　　　(f) Groundtruth

图 8.10　合成 SAR 图像的分割结果

几何结构信息,造成了细节信息的丢失。图 8.10(e)给出了本算法的分割结果,可以看到分割结果具有较好的区域一致性,同时保持了图像的细节信息。

8.3 基于深度紧密神经网络和栅格地图的三维点云语义分割

在计算机视觉领域,PointNet 等一系列方法开辟了卷积神经网络直接应用到点云数据的先河。点云是在同一空间参考系下表达目标空间分布和目标表面特性的海量点集合。点云可以由不同的传感器获得,如激光雷达扫描仪、深度扫描仪、Kinect 等。

分割影像或者点云以区分出不同的分割物是计算机视觉中语义分割的主要任务。当使用语义分割时,它将影像或点云划分为语义上有意义的部分,然后在语义上将每个部分标记为预定义的类之一。识别出不同点云或影像数据内的物体,这在许多应用程序中非常有用。

影像或点云的语义分割应用领域非常广泛。例如,在机器人领域可以运用语义分割标记机器人所处环境中的物体。如果机器人需要找到特定的对象,就需要运用语义标注对其周围的对象进行分类和识别。自主驾驶中也用到了语义标签分割,对于一辆自动驾驶车来说,它需要知道周围有什么不同的物体;最重要的事情之一是道路是怎么样的,是否是可以行走的;还有就是要知道其他车辆的位置,在知道其他车辆的位置后可以根据不同的情况选择相应的速度。同样在三维地图中,语义标签用于可视化对象,例如建筑物、地形和道路等。语义标签可以展示一个更容易理解的三维地图。点云的语义分割另一个很有用的是三维点云的配准。在配准中,需要计算两组点之间的刚性变换以对齐两个点集。

在遥感影像领域,三维点云数据是记录物体的位置信息的一种重要载体。由于激光雷达能够快速、大范围地获取较高精度的三维点云数据,成为现在三维空间数据采集与更新的主要工具。对三维点云数据进行语义分类,是使用三维点云数据进行空间认知与分析的重要手段,具有较强的理论意义和应用价值。

传统的语义分割方法包括基于特征的方法和基于早期深度学习的方法。前者是基于点云特征直接分类的,虽然易于实现,但易受噪声影响,并且需要复杂的多特征选择策略。后者建立体素模型或将点云压缩成二维数据,可以有序地输入点云,但会导致点云信息的丢失。

在二维语义分割中,现在已经表明卷积神经网络可以给出了良好的实验结果。但在三维语义分割领域,语义分割任务的数据变成了点云而不再是二维的影像。这导致语义分割的算法与二维语义分割的方法有所不同。也有不同的方法可以解决三维点云分割的问题,其中使用随机森林分类器进行点云的语义分割是非常受欢迎的研究方法。还有使用条件随机场(Conditional Random Field,CRF)语义分割室内场景的点云。使用随机森林分类器的结果初始化 CRF 的一元势,然后从训练数据中学习成对势。比较主流的是基于深度学习的方法包括 PointNet、PointNet++ 和 PointSIFT 等。这些网络都可以直接输入点云数据进行分类,避免信息丢失。

本节实验背景为 IGARSS2019 数据融合竞赛中第四赛道为点云数据分割任务。竞赛中每个图块都有提供激光雷达点云数据,任务的最终目的是预测每个三维点云的语义标签,效果如图 8.11 所示,大赛的评价指标为平均交并比(mIoU)。

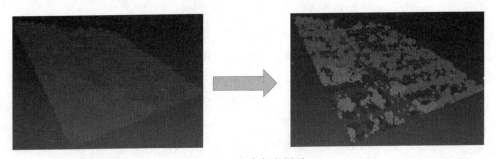

图 8.11　竞赛任务图示

(https://ieeexplore.ieee.org/document/9246669)

8.3.1　尺度不变特征变换的网络模块

使用类似尺度不变特征变换的网络模块的三维点云语义分割方法(PointSIFT)的基本模块如图 8.12 所示。该模块的输入为 $n \times d$ 的点云数据,输出为提取到的 $n \times d$ 特征。模块主要采用多个不同的方向编码卷积层堆叠而成,不同层都表示了不同的尺度,最后一层将前面所有方向编码卷积层的输出通过直连连在一起,再从中提取出最终的尺度不变的特征信息。

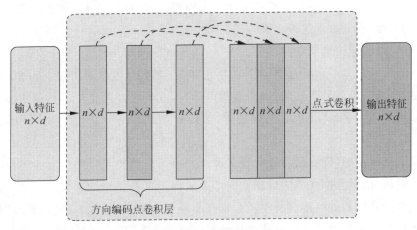

图 8.12　PointSIFT 基本模块

PointSIFT 网络的输入为包含 8192 个点的点云数据,维度为 x、y、z 再加上 RGB 信息,组成六维数据,经过多层感知器后维度变成 64。之后经过一个 PointSIFT 块,即进行两次方向编码卷积,用残差连接,输出维度不变。最后经过 PointNet++的集合抽象层,使用最远点采样算法将 8192 个点采样提取得到 1024 个点;1024 个点中的每个点使用 K-近邻搜索算法在 8192 个点中找到距离最近的 32 个点,形成 1024 组点集。每个点集包含 32 个点。最后经过最大池化后输出 1024 个点。

8.3.2 深度紧密 PointNet++ 网络

PointNet++及 PointSIFT 的出现推动了三维点云数据分割领域的发展,由于遥感三维点云数据具有场景规模大、点云数据分布不均匀以及类间差异不明显(如建筑与地面)等特性,上述网络的效果不佳。因此在 PointNet++及 PointSIFT 网络结构的基础上进行了改进,提出了深度紧密 PointNet++网络。

图 8.13 展现了带有 PointSIFT 模块的 PointNet++网络模型结构,此结构同样是编码器-解码器网络,为了有效地让浅层特征与深层特征相互结合,使用了跳跃连接。

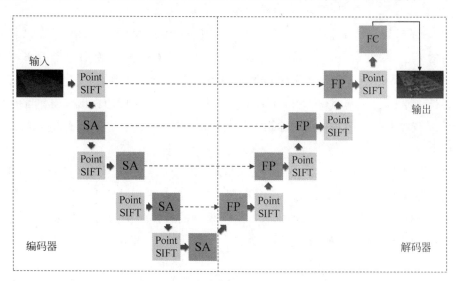

图 8.13 带有 PointSIFT 模块的 PointNet++网络模型结构

从图 8.14 可以看出通过跳跃连接操作连接了具有尺寸 $n \times d$ 的编码器特征和解码器特征,得到尺寸为 $n \times 2d$ 的特征,之后再将其通过一个卷积层,最终得到输出尺寸为 $n \times d$ 的特征图。在图 8.14 中,跳跃连接结合了点集聚合模块的浅层特征和相应的特征传播模块的深层特征。其直接将浅层特征与深层特征相结合,一定程度上能够帮助网络更好地学习点云特征并用于分类,但是会不可避免地面临语义鸿沟的问题。基于此,提出了深度紧密 PointNet++网络来减少跳跃连接所产生的语义鸿沟,提升遥感三维点云数据的分割性能。

深度紧密 PointNet++网络结构如图 8.15 所示,由于不论浅层特征还是深层特征都相

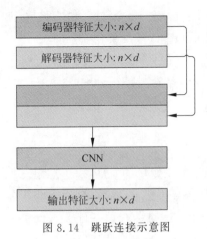

当重要,故不仅仅深层特征需要被上采样,同样的浅层也需要被上采样,所以可以发现深度紧密 PointNet++ 网络结构与 PointNet++ 网络最大的不同在于:特征传播(FP)模块被插入到每个点集聚合(SA)模块之后;通过使用一系列密集的、嵌套的、完整的、长短跳跃连接将 SA 模块和相应的各级 FP 模块连接起来,这有助于将前面的特征积累和集成到后面的特征中,能够减小语义鸿沟,网络模型也可以学习到点云的更多特征。在图 8.15 中,PointSIFT 模块表示添加的特征传播模型模块,虚线表示长短跳跃连接,FC 模块表示全连接层。网络模型各层的关系可表示为:

图 8.14　跳跃连接示意图

$$x^{i,j} = \begin{cases} D(x^{i-1,j}), & i>0, j=0 \\ \mathrm{mlp}([[x^{i,k}]_{k=0}^{j-1}, U(x^{i+1,j-1})]), & j>0 \end{cases} \tag{8-31}$$

其中,$x^{i,j}$ 表示模块 $x^{i,j}$ 的特征输出值,i 和 j 分别表示通过编码器的 SA 模块的索引和对应解码器的 FP 模块的索引,$x^{0,0}$ 即网络的输入数据。$D(\cdot)$ 表示使用一个 PointSIFT 模块搭配一个 SA 模块,mlp 表示多层感知器,U 表示使用一个 FP 模块,$[\cdot]$ 表示长短跳跃连接。在式(8-24)中,当 $i>0$ 且 $j=0$ 时,$x^{i,j}$ 仅从前一个下采样层的输出获得;当 $j>0$ 时,计算 $x^{i,j}$ 不仅需要一个上采样层的输出 $x^{i+1,j-1}$,还需要由 j 个和 $x^{i,j}$ 有相同 i 索引值的输出特征值。

该网络模型共有 4 路输出 $L^{0,1}$、$L^{0,2}$、$L^{0,3}$、$L^{0,4}$,对于各类的预测概率值为$(4\times8192,c)$,其中任何一路输出都可以单独作为语义分割任务的输出。模型总输出为这 4 路输出预测概率值的平均值$(8192,c)$,其中 c 为类别数。网络模型的总损失函数为 4 路输出的预测概率值的损失函数的平均值,其单个损失函数为:

$$L(Y,\hat{Y}) = -\frac{1}{N}\sum_{b}^{N} \boldsymbol{w} \cdot Y_b \cdot \log\hat{Y}_b + \frac{1}{N}\sum_{b}^{N} 1 - \frac{2 \cdot Y_b \cdot \hat{Y}_b}{Y_b + \hat{Y}_b} \tag{8-32}$$

$$\boldsymbol{w} = [w_1, w_2, \cdots, w_k], \quad w_k = \frac{1}{\log\left(1.2 + \dfrac{n_k}{\sum n_k}\right)} \tag{8-33}$$

其中,Y_b 表示第 b 个样本的真实值;$\hat{Y}_b$ 表示第 b 个样本的预测概率值;N 为批量的大小;w_k 表示第 k 类的权重,与第 k 类样本数量 n_k 相关。

深度紧密 PointNet++ 网络的一个批量输入是形状为$(8192,5)$的 5 维向量。在编码器部分,输入特征$(8192,5)$分别从 4 个连续的下采样层提取到不同尺寸特征。在解码器部分,最后一个 SA 模块的输出需要通过由 FP 模块和 PointSIFT 模块组成的 4 个连续的上采样层,而其他 SA 模块的输出需要通过由 FP 模块组成的一系列上采样层。FP 模块中包括长短跳跃连接,使下采样层和所有对应的上采样层相互连接。最后,由全连接层预测语义标签。图 8.15 中也显示了深度紧密 PointNet++ 网络的参数设置和每个模块的输出大小的细节。

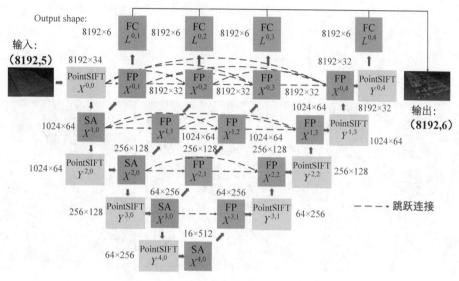

图 8.15　深度紧密 PointNet++ 网络结构

〈https://ieeexplore.ieee.org/document/9246669〉

8.3.3　实验结果与分析

使用 IGARSS2019 数据融合竞赛中第四赛道的点云数据集进行三维点云数据语义分割。实验分为两个部分:验证深度紧密 PointNet++ 网络的有效性;与 PointNet++、PointSIFT 等网络进行比较。评价指标为总体分类精度(OA)和 mIoU。

使用深度紧密 PointNet++ 网络模型、PointNet++ 和 PointSIFT 对 US 三维数据集进行训练。表 8.1 记录了每个模型在验证集上分割结果的 OA、mIoU 和每个类别的 IoU。可以看出,在对数据集进行语义分割时,深度紧密 PointNet++ 网络模型的性能优于以前的网络。在这个数据集中,样本数量是极其不平衡的,标记为水和高架桥的点云数量很少。类似 PointNet++ 这样的网络对这样的数据难以训练,难以辨别出这些小样本,而在这两个类别上,深度紧密 PointNet++ 网络收获了较好的性能,两类 IoU 值分别比 PointNet++ 网络预测增长了 16.61% 和 13.77%。且对于 Urban Semantic 3D 数据的总体分类精度比现有技术 PointNet++ 方法高出 1.15%,比现有技术 PointSIFT 方法高出 0.26%;mIoU 比现有技术 PointNet++ 方法高出 8.05%,比现有技术 PointSIFT 方法高出 1.60%。

表 8.1 三种网络在 US 三维验证集上的性能

方 法	IoU-地面	IoU-植被	IoU-建筑物	IoU-水	IoU-高架桥	OA	mIoU
PointNet++	96.48%	93.79%	88.48%	72.03%	69.74%	96.68%	84.10%
PointSIFT	97.53%	94.36%	90.77%	86.62%	78.49%	97.57%	89.55%
OurNet	**97.98%**	**94.22%**	**91.42%**	**88.64%**	**83.51%**	**97.83%**	**91.15%**

图 8.16 为 PointNet++、PointSIFT 和作者的方法的城市遥感点云数据分割可视化效果图,其中红色点表示地面,蓝色点表示建筑,绿色点表示植被,青色点表示高架桥。从图 8.16 种可以看出,深度紧密 PointNet++ 能够有效区分各个类别,各类间轮廓也清晰可见,分割效果很好。

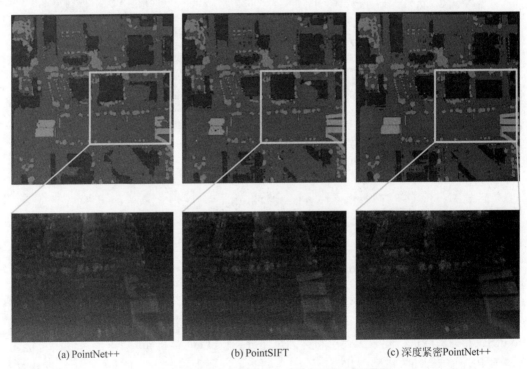

(a) PointNet++   (b) PointSIFT   (c) 深度紧密PointNet++

图 8.16 三种方法的遥感点云分割可视化效果图

8.4 基于注意力网络的三维点云分割方法

针对现有技术的不足和缺陷,本节提出一种利用全局上下文信息,精度更高的基于注意力网络的三维点云分割方法。该方法构建了基于注意力网络和多尺度模块的 PointSIFT-GPA 分割网络,并对训练集数据进行训练,最后用 PointSIFT-GPA 模型文件进行网络性能评估,用深度优先 K-近邻模块对结果优化,从而输出最终分割结果。

8.4.1　全局点注意力模块

在二维语义分割中,注意力机制具有成为中捕获上下文信息的模型的组成部分。特别是在注意力机制中,具有丰富语义信息的高级特征可以帮助低级特征细化分辨率细节。在语义分割网络中,较低层神经元捕捉的低层信息包含较精确的位置信息,语义信息较少;较高层神经元捕捉的高层信息包含较具的语义信息,但是包含的位置信息不精确,本节提出的注意力网络通过结合下采样层和上采样层的语义信息和位置信息,可以更好地捕获全局上下文信息,提高分割精度。网络中的全局注意力模块将三维点云数据的全局注意力应用于融合层次结构特征,并实现端到端可训练的框架,也称为 GPA 模块。

如图 8.17 所示,全局点注意力模块具有两个输入:低层特征 L 和高层特征 H。对于低层特征 L,通过两个 1×1 卷积转换为特征 A。对于高层特征 H 通过全局池化,生成全局特征 B。之后将特征 A 与特征 B 通过 Softmax 层计算得到 A 和 B 的转置之间的空间注意图 C:

$$C_{ij} = \frac{\exp(A_i \cdot B_j)}{\sum_{i=1}^{N} \exp(A_i \cdot B_j)} \tag{8-34}$$

其中,C_{ji} 表示特征图 A 的第 j 个位置的特征与特征图 B 的第 i 个位置特征的相关性。注意两个位置的 C_{ji} 值越大表示它们之间的相关性越大。然后将空间注意图 C 输入具有批处理归一化的卷积层以获得特征 D,D 与高层特征 H 相结合得到最终输出 E

$$E_i = H_i + D_i \tag{8-35}$$

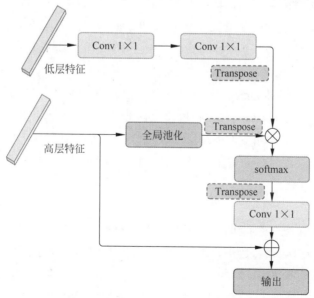

图 8.17　GPA 模块

　　GPA 模块在每个位置的输出都是该位置的加权特征总和与原始特征的相加。因此它包含更加丰富的全局上下文信息,并且提高了类内的紧凑性和语义一致性。

8.4.2　PointSIFT-GPA 网络

　　根据 GPA 模块,又提出了 PointSIFT-GPA 网络,如图 8.18 所示。PointSIFT-GPA 网络的输入是 8192 个点云集合的 5 维向量(x,y,z,i,r)。网络结构主要由下采样、上采样和 PointSIFT-GPA 结构组成。

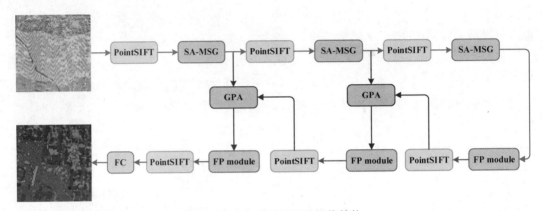

图 8.18　PointSIFT-GPA 网络结构

　　在下采样阶段,利用多层感知机对输入的点集进行特征提取,通过 3 个连续的下采样模块可将点集逐步缩小到 1024、256 或 64。在下采样阶段,结合特征提取模块和多尺度(MSG)模块用来捕获多尺度特征。

　　对于 FP 部分,FP 模块用于密集特征和预测。通过对点云集合进行 3 次上采样,点集逐步提升至 256、1024、8192 个点。将 PointSIFT 模块插入所有相邻的多尺度特征提取(SA-MSG)层和上下采样层之间。

　　PointSIFT 模块对三维点云在不同方向上的信息进行编码,具有尺度不变性。首先 8 个重要方向的信息通过方向编码单元提取。然后通过堆叠多个尺度的方向编码单元获得尺度不变性。GPA 模块位于相应的 SA-MSG 层和上采样层之间。GPA 的两个输入分别来自 SA-MSG 模块的低层特征和 PointSIFT 模块的高层特征。最后的全连接层用于语义标签预测。

1. 网络训练

　　在训练数据集中,每个类别的语义标签极为不平衡。具体来说,训练数据中地面数据高达 64.8%,高植被为 14.5%,建筑物为 13.2%,水为 1.6%,高架道路的 1.1%,所以需要在网络训练之前进行数据增强。

　　首先将每个场景分割为 512×512 大小的训练数据块,使每个数据块所包含的点云数目

不超过 65536。为了缓解类别的不平衡,判断每个区块是否满足:

$$P_c(\text{bridge}) + P_c(\text{water}) > 0.2 \tag{8-36}$$

对于满足的区块采用表达式:

$$
\begin{bmatrix} n_x \\ n_y \\ n_z \\ n_i \\ n_r \end{bmatrix}
=
\begin{bmatrix}
\cos\theta & -\sin\theta & 0 & 0 & 0 \\
\sin\theta & \cos\theta & 0 & 0 & 0 \\
0 & 0 & 1 & 0 & 0 \\
0 & 0 & 0 & 1 & 0 \\
0 & 0 & 0 & 0 & 1
\end{bmatrix}
\begin{bmatrix} x \\ y \\ z \\ i \\ r \end{bmatrix}
\tag{8-37}
$$

创建 8 个用于训练数据的新块。其中,$P_c(\,)$ 表示每个块不同类别数据所占的比例;θ 是一个随机数。同时,给出条件:

$$P_c(\text{ground}) > 0.8 \tag{8-38}$$

将所有不满足式(8-38)的块都丢弃,使训练数据更加平衡。

使用双向最大值交叉熵函数作为损失函数。假设数组 V 中的 V_i 代表第 i 个元素,则该元素的 softmax 值可以是写为:

$$y_i = \frac{e^{V_i}}{\sum e^{V_i}} \tag{8-39}$$

在 softmax 函数之后,使用交叉熵函数作为损失函数。在 PointSIFT 网络中,数量较多的样本被赋予较小的权重,数量较少的样本被赋予较大的权重。但是具有较大权重的少量样本,对难区分样本和错误分类不敏感。因此在这里使用推广原始交叉熵损失函数:

$$H_{y'}(y) = -\max(W_{y_i}, W_{y_{i'}}) \sum_i y'_i \log(y_i) \tag{8-40}$$

2. 深度优先搜索模块

网络进行分割之前,需要对每个场景进行切块处理,此时,某些类别在场景中占据的比例过大,切块处理会导致一种类别占据一块,导致此类和其他类别之间的空间关系丢失,容易错分成其他类别,所以先采用深度优先搜索模块对整个场景进行遍历纠错,对各种场景、各种类别的分割效果都比较好。

在训练和测试过程中,点云数据被剪切成尺寸为 512×512 的场景块,导致网络丢失局部空间上下文信息。进行网络预测后,先进行 K-最近邻搜索算法召回丢失的空间上下文信息。例如,建筑物的大型屋顶通常会部分被标记为错误标签,这是由于屋顶的中央部分缺乏上下文信息,造成边缘信息损失。为了解决这个问题,提出了 DF 模块(深度优先 K-最近邻搜索)。

(1) 搜索测试集样本中每个点,得到每点的 K-近邻点。使用 K-最近邻搜索方法统计测试集样本中每个点的 k 个近邻点 $\{n_m\}$,n 表示样本中的第 n 个点,n_m 表示第 n 个点的第 m 近邻,$m \in [1, k]$。

（2）遍历每点的 k 个近邻点，寻找符合条件点：对测试集样本中每个点，以每个被分类为建筑的点作为起始点，利用深度优先搜索方法对其 k 个近邻点进行搜索，搜索条件为 $(n_{m_z}-n_z)<\Delta z$，且点 n_m 也被分类为建筑，其中，n_{m_z} 表示 n_m 点的 z 值，n_z 表示 n 点的 z 值，Δz 是搜索过程中允许的两点的 z 值的差值。搜索完毕后，统计搜索过程中符合搜索条件的点的总数，记为 S，将这 S 个点的 n_g 值设置为 S，n_g 表示和该点空间高度差小于 Δz 的点的总数。

（3）遍历每点的 k 个近邻点，标记符合条件点：对测试集样本中每点，以每个被分为建筑且其 $n_g>T$ 的点作为起始点，对其近邻点进行搜索，搜索条件为 $(n_{m_z}-n_z)<\Delta z$。搜索完毕后，将搜索树上所有点的类别标记为建筑，其中，T 表示和该点空间高度差小于 Δz 的点的总数的最小值，$T=100$。

（4）遍历测试集样本中的 N 个类别，重复步骤（2）和（3），对每一个类别的点遍历其 k 个近邻点，寻找所有类别各自的符合条件的点并进行标记。

（5）得到三维点云数据最终的分割结果。

8.4.3　实验结果及分析

分别对 Point-SIFT、PointSIFT＋MSG、PointSIFT＋MSG＋GPA 和 PointSIFT＋MSG＋GPA＋DF 网络及模块进行实验，进行性能比较。如表 8.2 所示，PointSIFT-GPA 网络将 mIoU 从 0.9102 大致提高到 0.9454，平均精度从 0.9775 提高到 0.9862，并将该模型应用于 IGARSS2019 数据融合竞赛的第四赛道。

表 8.2　第四赛道测试集上的语义分割结果

网络结构	mIOU	OA
PointSIFT	0.9102	0.9755
PointSIFT＋MSG	0.9219	0.9799
PointSIFT＋MSG＋GPA	0.9354	0.9845
PointSIFT＋MSG＋GPA＋DF	0.9454	0.9862

表 8.3 中列出了 IGASS2019 参赛队伍的排名及相应的性能指标。PointSIFT-GPA 网络的各类精度分别为地面 0.9879，高植被 0.9632，建筑物 0.9362，水 0.9532，高架桥 0.8866，平均精度为 0.9862，mIoU 为 0.9454，各类的识别精度以及平均精度基本都高于参赛队伍的模型。

表 8.3　IGASS2019 参赛队伍性能数据

排名	mIoU	OA	地面	高植被	建筑物	水	高架桥
1	0.9455	0.9857	0.9874	0.9611	0.9331	0.9554	0.8904
2	0.9454	0.9862	0.9879	0.9632	0.9362	0.9532	0.8866

续表

排名	mIoU	OA	地面	高植被	建筑物	水	高架桥
3	0.9443	0.9833	0.9833	0.9833	0.9184	0.9605	0.8936
4	0.9428	0.9796	0.9784	0.9598	0.8969	0.9568	0.9221
5	0.9348	0.9820	0.9821	0.9597	0.9160	0.9392	0.8770
6	0.9302	0.9801	0.9805	0.9582	0.9048	0.9520	0.8555

图 8.19 展示了在 IGARSS2019 第四赛道测试集上的视觉改进效果图。从上到下依次为 PointSIFT、PointSIFT＋MSG、PointSIFT＋MSG＋GPA、PointSIFT＋MSG＋GPA＋DF 处理得到的结果。从左到右分别代表的地区为 JAX-213、JAX-119、JAX-327、OMA-272，从中可以区分出建筑物、高植被、水、高架桥等。

图 8.19 第四赛道测试集的视觉改进

（https://ieeexplore.ieee.org/document/9246669）

8.5　本章小结

SAR 影像中,除了边、线等具有显著几何特性的特征以外,还存在大量的受相干斑污染的纹理信息。同时,在高分辨率的 SAR 影像中,由于雷达回波间相干特性的变化,成像场景目标往往表现为一系列的点状散射。因此,如何有效地表示高分辨 SAR 影像中所包含的场景内容信息,并构建基于图像基元的 SAR 图像表示框架是一个非常值得研究的问题。这对基于区域划分的 SAR 图像降斑算法的研究,以及后续 SAR 影像的分割、分类和影像解译具有重要的意义。

在 8.1 节和 8.2 节中,利用 SAR 影像的素描图、区域图进行了 SAR 影像的分割与理解,但是并没有考虑 SAR 影像的形状信息,得到的区域图并不是完美的,虽然它在一定程度上能降低 SAR 影像异质性,使影像处在一个结构相对单一的空间,但是由于没有考虑形状信息,距离较近的不同内容的异质区域很容易分成一个区域,在用此区域图指导 SAR 影像处理后,会导致错误的结果。因此,考虑影像的形状信息,挖掘 SAR 影像更高层的语义是非常重要的。

真正的 SAR 解译希望可以像人眼一样,看到一幅 SAR 影像,可以告诉这幅影像中的信息,比如,这个区域是城区,另外一个区域是森林,这是一棵树等。可以考虑将 SAR 影像和相应的光学影像融合,获取更多的信息,为 SAR 影像解译提供更多的信息。尽管现在还做不到真正的解译,但是分割和理解是解译的必经之路,我们也一直试图去靠近这个目标,这是未来很长一段时间要走的路,希望有一天可以攻克这个难题。

在人工智能认知世界的过程中,对三维物体的认知是非常重要的一步。激光雷达是目前获取遥感三维点云数据的重要工具,对激光雷达获取到的三维点云遥感数据进行语义分割,有着广泛的应用场景。

在 8.3 节中,详细介绍了基于深度紧密神经网络的三维点云语义分割方法,该方法能有效地解决语义分割中的语义鸿沟、数据集中数据不平衡等问题,在 US3D 数据集上有着很好的表现。

在 8.4 节中,介绍了用于处理点云数据进行语义分割的 PointSIFT-GPA 网络。其中,设计了有效的 GPA 模块。它通过包含丰富语义信息的高级特征来指导低层特征,从而细化点云的分割细节。此外,当将整个场景切成小块时,可以回忆起在训练和测试过程中丢失的更多空间上下文信息,结合深度优先和 K-最近邻居搜索,称为 DF 模块的算法,并将其添加到 PointSIFT-GPA 网络中。实验结果表明,在 US3D 数据集上,此方法与其他现有方法相比,具有更高的分割精度。

参考文献

[1]　武杰.基于素描模型和可控核函数的 SAR 图像相干斑抑制[D].西安:西安电子科技大学,2015.

[2]　段一平.基于层次视觉计算和统计模型的 SAR 图像分割与理解[D].西安:西安电子科技大学,2017.

[3]　Sveinsson J R,Hilmarsson O,Benediktsson J A. Translation invariant wavelets for speckle reduction of SAR images[C]//IEEE International Geoscience and Remote Sensing. Symposium,1998.

[4]　Wu J,Liu F,Jiao L,et al. Local maximal homogeneous region search for SAR speckle reduction with sketch-based geometrical kernel function[J]. IEEE Transactions on Geoscience and Remote Sensing, 2014,52(9):5751-5764.

[5]　Liu F,Wu J,Li L,et al. A hybrid method of SAR speckle reduction based on geometric-structural block and adaptive neighborhood[J]. IEEE Tansactions on Geoscience and Remote Sensing,2017,56 (2):730-748.

[6]　Walessa M,Datcu M. Model-based despeckling and information extraction from SAR images[J]. IEEE Transactions on Geoscience and Remote Sensing,2000,38(5):2258-2269.

[7]　Lu B,Ku Y. Speckle reduction with multiresolution bilateral filtering for SAR image [C]// International Conference on Machine Vision and Human-Machine Interface,2010.

[8]　Bhuiyan M I H,Ahmad M O,Swamy M N S. Spatially adaptive wavelet-based method using the Cauchy prior for denoising the SAR images[J]. IEEE Transactions on Circuits and Systems for Video Technology,2007,17(4):500-507.

[9]　Argenti F,Bianchi T,Di Scarfizzi G M,et al. LMMSE and MAP estimators for reduction of multiplicative noise in the nonsubsampled contourlet domain[J]. Signal Processing,2009,89(10): 1891-1901.

[10]　Sun Q,Jiao L,Hou B. Synthetic aperture radar image despeckling via spatially adaptive shrinkage in the nonsubsampled contourlet transform domain [J]. Journal of Electronic Imaging, 2008, 17 (1):013013.

[11]　Guo C,Zhu S C,Wu Y N. Towards a mathematical theory of primal sketch and sketchability[C]// IEEE International Conference on Computer Vision,2003.

[12]　Guo C,Zhu S C,Wu Y N. Primal sketch:Integrating structure and texture[J]. Computer Vision and Image Understanding,2007,106(1):5-19.

[13]　Liu G,Zhong H. Nonlocal means filter for polarimetric SAR data despeckling based on discriminative similarity measure[J]. IEEE Geoscience and Remote Sensing Letters,2013,11(2):514-518.

[14]　Argenti F,Bianchi T,Alparone L. Multiresolution MAP despeckling of SAR images based on locally adaptive generalized Gaussian pdf modeling[J]. IEEE Transactions on Image Processing,2006,15 (11):3385-3399.

[15]　Liu F,Duan Y,Li L,et al. SAR image segmentation based on hierarchical visual semantic and adaptive neighborhood multinomial latent model[J]. IEEE Transactions on Geoscience and Remote Sensing,2016,54(7):4287-4301.

[16]　Duan Y,Liu F,Jiao L,et al. SAR image segmentation based on convolutional-wavelet neural network and Markov random field[J]. Pattern Recognition,2017,64:255-267.

[17]　Duan Y,Liu F,Jiao L. Sketching model and higher order neighborhood Markov random field-based

SAR image segmentation[J]. IEEE Geoscience and Remote Sensing Letters, 2016, 13 (11): 1686-1690.

[18] Berger M, Tagliasacchi A, Seversky L M, et al. A survey of surface reconstruction from point clouds [C]//Computer graphics forum. 2017, 36(1): 301-329.

[19] Dai A, Chang A X, Savva M, et al. Scannet: Richly-annotated 3d reconstructions of indoor scenes [C]//IEEE Conference on Computer Vision and Pattern Recognition, 2017.

[20] Armeni I, Sener O, Zamir A R, et al. 3d semantic parsing of large-scale indoor spaces[C]//IEEE Conference on Computer Vision and Pattern Recognition, 2016.

[21] Nguyen A, Le B. 3D point cloud segmentation: A survey[C]//IEEE Conference on Robotics, Automation and Mechatronics, 2013.

[22] Mitra N J, Nguyen A. Estimating surface normals in noisy point cloud data[C]//Proceedings of the Nineteenth Annual Symposium on Computational Geometry. 2003: 322-328.

[23] Danelljan M, Meneghetti G, Khan F S, et al. Aligning the dissimilar: A probabilistic method for feature-based point set registration[C]//IEEE International Conference on Pattern Recognition, 2016.

[24] Garcia-Garcia A, Orts-Escolano S, Oprea S, et al. A review on deep learning techniques applied to semantic segmentation[EB/OL]. https://arxiv. org/abs/1704. 06857.

[25] Sui C, Tian Y, Xu Y, et al. Unsupervised band selection by integrating the overall accuracy and redundancy[J]. IEEE Geoscience and Remote Sensing Letters, 2014, 12(1): 185-189.

[26] Demantké J, Mallet C, David N, et al. Dimensionality based scale selection in 3D lidar point clouds [C]//Laserscanning. 2011.

[27] Ghiasi G, Fowlkes C C. Laplacian reconstruction and refinement for semantic segmentation[EB/OL]. https://arxiv. org/abs/1605. 02264.

[28] Zheng S, Jayasumana S, Romera-Paredes B, et al. Conditional random fields as recurrent neural networks[C]//IEEE International Conference on Computer Vision, 2015.

[29] Zhou B, Zhao H, Puig X, et al. Semantic understanding of scenes through the ade20k dataset[J]. International Journal of Computer Vision, 2019, 127(3): 302-321.

[30] Szeliski R. Computer vision: algorithms and applications[M]. Berlin: Springer Science and Business Media, 2010.

[31] Thoma M. A survey of semantic segmentation[EB/OL]. https://arxiv. org/abs/1602. 06541.

[32] Breiman L. Random forests[J]. Machine Learning, 2001, 45(1): 5-32.

[33] Hackel T, Wegner J D, Schindler K. Fast semantic segmentation of 3D point clouds with strongly varying density[J]. ISPRS Annals of the Photogrammetry, Remote Sensing and Spatial Information Sciences, 2016, 3: 177-184.

[34] Qi C R, Su H, Mo K, et al. Pointnet: Deep learning on point sets for 3d classification and segmentation[C]//IEEE Conference on Computer Vision and Pattern Recognition, 2017.

[35] Qi C R, Yi L, Su H, et al. Pointnet++: Deep hierarchical feature learning on point sets in a metric space[EB/OL]. https://arxiv. org/abs/1706. 02413.

[36] Jiang M, Wu Y, Zhao T, et al. Pointsift: A sift-like network module for 3d point cloud semantic segmentation[EB/OL]. https://arxiv. org/abs/1807. 00652.

[37] Solaiman B, Debon R, Pipelier F, et al. Information fusion, application to data and model fusion for ultrasound image segmentation[J]. IEEE Transactions on Biomedical Engineering, 1999, 46(10): 1171-1175.

[38] Qi C R,Su H,Mo K,et al. Pointnet：Deep learning on point sets for 3d classification and segmentation[C]//IEEE Conference on Computer Vision and Pattern Recognition,2017.

[39] Li H,Xiong P,An J,et al. Pyramid attention network for semantic segmentation[EB/OL]. https://arxiv. org/abs/1805. 10180.

[40] Zhang H,Goodfellow I,Metaxas D,et al. Self-attention generative adversarial networks［C］//International Conference on Machine Learning,2019.

第 9 章

遥感影像分类

遥感技术,作为远距离目标物探测感知技术,具有探测范围广、数据采集速度快周期短、信息量大、不受地面环境约束等优势,尤其是对较微弱目标物信息的定性探测优势显著,并引起遥感界甚至其他(如医学、农业界)极大的兴趣,为农业管理、环境保护、医疗辅助以及军事利用等提供了丰富的信息依据。

高光谱影像(Hyper-Spectral Image,HSI)分类是模式识别在遥感领域中的具体应用,其关键目的是提取待识别目标的全局以及局部统计特征,并按照一定准则做出决策,从而对目标区域中的多种地物类进行区分。基于像元的多光谱遥感影像分类是根据各个像素点在不同的多光谱波段上的个性特征,使用某些算法或决策区分为不同类别。由于分类结果涉及了许多农业、自然环境和经济作物,从过去到现在以来,多光谱遥感分类一直是广大研究人员的重点对象。SAR 是一种重要的有源遥感设备,通过星载或机载平台对待遥测区域主动发射电磁波并接收该区域中的地物后向散射回波,采用合成孔径的方式模拟大孔径天线,并利用信号成像技术反演出遥测区域符合人眼观测的高分辨影像,即 SAR 影像。SAR 作为一种探测器,是人类模拟人眼基本功能的产物,并能够实现超视距的信息感知。专业决策者就可以通过对影像信息的分析与解译来指导相关的决策任务,实现从遥测到遥策的跨越。例如,在民用中利用 SAR 影像的地质研究、地物分类、绘制大面积地图、变化检测、农作物与海洋监测、自然灾害的预警与评估等;在国防需求上,SAR 可以用于侦查、自动检测与识别军事目标,进行战场态势感知与评估等。相比于其他被动式遥感设备,如多(高)光谱相机、红外相机等,SAR 可以不受天气、雨雪雾霾等恶劣气候的影响,同时能够在各种复杂环境下,全天候地进行工作,因此它已经成为军、民用遥测的重要信息感知的设备之一。

9.1 基于生成式模型的双层字典学习与影像分类

9.1.1 基于生成式模型的双层字典学习框架

影像分类是模式识别与机器学习领域中最重要的一个高级决策认知任务,旨在将影像划分到指定类标集合 Y 中的某一类。完成该任务通常需要三个独立步骤：影像样本的采集与预处理；特征提取与选择；分类决策函数，即分类器的构造。在这三个独立步骤中，影像的特征提取起到了至关重要的作用。如何同时表示并分离特征域内的类间相似性和类内差异性成为提高分类性能的另一个关键瓶颈。本节基于生成式模型，提出一个双层字典学习模型框架着重解决以上核心瓶颈问题。

1. 第一层：基于生成式模型的数据建模

给定一组从 C 类采样的训练样本：

$$\boldsymbol{X} = [\boldsymbol{X}_1, \boldsymbol{X}_2, \cdots, \boldsymbol{X}_C] \in \boldsymbol{R}^{n \times N}$$

其中，$\boldsymbol{X}_i \in \boldsymbol{R}^{n \times N_i}$ 为第 i 个样本矩阵，共包括 N_i 个该类样本，$N = \sum_{c=1}^{C} N_c$ 为总样本数目。

对于第 C 类样本矩阵，根据生成式模型，假设 $\boldsymbol{X}_c$ 能够由一组隐变量 $\boldsymbol{Z}_{c,V}$ 通过参数 $\boldsymbol{D}_{c,V} \in \boldsymbol{R}^{n \times Kv}$ 产生，则该模型的学习过程可以用如下的优化问题实现：

$$\min_{\boldsymbol{D}_{c,V}, \boldsymbol{Z}_{c,V}} \sum_{c=1}^{C} \frac{1}{2} \| \boldsymbol{X}_c - \boldsymbol{D}_{c,V} \bar{\boldsymbol{Z}}_{c,V} \|_F^2 + \lambda \Psi(\bar{\boldsymbol{Z}}_{c,V}), \quad \text{s. t. } \forall c = 1, 2, \cdots, C \quad (9\text{-}1)$$

其中，$\Psi(Z_{c,V})$ 为隐变量先验诱导的正则化函数；λ 是超参数；$\boldsymbol{D}$ 为对模型参数的正则约束集合，表示具有单位 l_2 范数原子的矩阵。将式(9-1)中各类的参数写成一个整体的矩阵形式表示全局字典，即

$$\boldsymbol{D}_V = [\boldsymbol{D}_{1,V}, \boldsymbol{D}_{2,V}, \cdots, \boldsymbol{D}_{C,V}]$$

其中，$\{\boldsymbol{D}_{c,V}\}_{c=1}^{C}$ 被称为类字典。则在这种条件下隐变量 $\boldsymbol{Z}_V = [\boldsymbol{Z}_{1,V}, \boldsymbol{Z}_{2,V}, \cdots, \boldsymbol{Z}_{C,V},]$ 相当于被施加了一个对角化的结构正则约束。于是式(9-1)改写为如下的优化问题：

$$\min_{\boldsymbol{D}_V, \boldsymbol{Z}_V} \sum_{c=1}^{C} \frac{1}{2} \| \boldsymbol{X} - \boldsymbol{D}_V \boldsymbol{Z}_V \|_F^2 + \lambda \sum_{c=1}^{C} \Psi(\bar{\boldsymbol{Z}}_{c,V}), \quad \text{s. t.} \bar{\boldsymbol{Z}}_V = \text{blkdiag}(\bar{\boldsymbol{Z}}_{1,V}, \bar{\boldsymbol{Z}}_{2,V}, \cdots, \bar{\boldsymbol{Z}}_{C,V}) \in \boldsymbol{B}$$

$$(9\text{-}2)$$

其中，blkdiag()表示块对角化算子，$\boldsymbol{B}$ 为对应的块对角矩阵约束集合。

类间字典的相关性问题主要来源于类间影像中原本就存在着许多全局类间相似性成分。如果利用式(9-2)对各类进行模型学习时，参数估计问题将对应于如下的正则化极大似然估计，即

$$\min_{\boldsymbol{D}_V} \sum_{c=1}^{C} \frac{1}{2} \| \boldsymbol{X} - \boldsymbol{D}_V \boldsymbol{Z}_V \|_F^2$$

当 $\boldsymbol{D}_V$ 为过完备字典时，该优化问题总能够收敛到多个不同的解，都能达到该似然函数的下界。这些类间的相似性成分总会共生于 $\boldsymbol{D}_{c,V}$ 的某些原子中来降低输入数据的表示误差。为了解决这个问题，假设输入样本矩阵能够分为独立的两部分：

$$\boldsymbol{X} = \boldsymbol{X}_V + \boldsymbol{X}_S$$

其中，$\boldsymbol{X}_V$ 和 $\boldsymbol{X}_S$ 分别代表类间差异性和类间相似性的成分，即 $\boldsymbol{X}$ 是通过类间相似和差异成

分生成。根据独立性假设,这三组变量的联合分布可以写为:

$$P(\boldsymbol{X},\boldsymbol{X}_V,\boldsymbol{X}_S)=P(\boldsymbol{X}\mid\boldsymbol{X}_V,\boldsymbol{X}_S)P(\boldsymbol{X}_S)P(\boldsymbol{X}_V)\tag{9-3}$$

于是对 $\boldsymbol{X}_V$ 和 $\boldsymbol{X}_S$ 的感知任务将变为设计合适的模型分别对 $P(\boldsymbol{X}_S)$、$P(\boldsymbol{X}_V)$ 进行建模。综合这些模型,对输入空间数据的生成式模型学习问题最终可以写为:

$$\min_{\boldsymbol{D}_{c,V},\boldsymbol{Z}_{c,V}}\sum_{c=1}^{C}\frac{1}{2}\parallel\boldsymbol{X}-\boldsymbol{D}_V\boldsymbol{Z}_V-\boldsymbol{D}_S\boldsymbol{Z}_S\parallel_F^2+\lambda\Psi(\bar{\boldsymbol{Z}}_{c,V})+\frac{\mu}{2}Q(\boldsymbol{D})$$

$$\mathrm{s.\,t.}\,\boldsymbol{Z}_V\in\boldsymbol{B},\quad\mathrm{rank}(\boldsymbol{Z}_S)\leqslant r$$

$$Q(D)=\sum_i\parallel\boldsymbol{D}_{i,V}^{\mathrm{T}}\boldsymbol{D}_{\bar{i},V}\parallel_F^2+\parallel\boldsymbol{D}_V^{\mathrm{T}}\boldsymbol{D}_S\parallel_F^2\tag{9-4}$$

其中,$\boldsymbol{D}_{\bar{i},V}$ 表示 $\boldsymbol{D}_V$ 中除去 $\boldsymbol{D}_{i,V}$ 的子矩阵,$\mu>0$ 为正则超参数控制字典间的相关性。

图 9.1 展示了第一层模型的示意图,其中不同的颜色块表示为不同类别的样本、字典以及 $\bar{\boldsymbol{Z}}_{c,V}$。

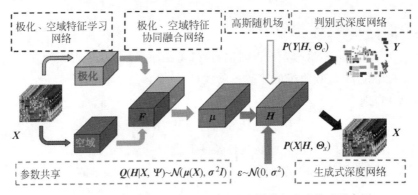

图 9.1　输入样本类间相似性与差异性建模的生成式模型示意图

2. 第二层:基于生成式模型的隐变量建模

在设计第一层生成式模型时,通过学习模型参数 $\boldsymbol{D}_S$ 和 $\boldsymbol{D}_V$,并对 $\boldsymbol{Z}_S$ 和 $\boldsymbol{Z}_V$ 分别施加了一个低秩诱导的先验正则和结构稀疏化先验正则,实现对类内相似性 $\boldsymbol{X}_S$ 和类间差异性 $\boldsymbol{X}_V$ 的感知任务,通过分析 $\boldsymbol{Z}_V$ 的稀疏模式就能够实现类别的区分。然而考虑到 $\boldsymbol{Z}_V$ 中每类原始隐特征表示 $\bar{\boldsymbol{Z}}_{c,V}$,在该模型中还没有考虑该变量的先验分布。在模型的构造中,期望同类特征向量能尽可能具有高子空间聚集性或低类内散度。在特征空间中,类内特征的差异性总会存在,这部分差异的特征无法从根本上消除或忽略。因此在对其建模过程中,就必须专门考虑这部分模型并试图将差异性从本征特征空间中分离。因此在第二层模型中将引入关于 $\bar{\boldsymbol{Z}}_{c,V}$ 分层模型,即再利用一个生成式模型 $P(\bar{\boldsymbol{Z}}_{c,V}\mid\bar{\boldsymbol{Z}}_{c,V_v},\bar{\boldsymbol{Z}}_{c,V_S})$ 来代替 $P(\bar{\boldsymbol{Z}}_{c,V})$,通过考虑第二层隐变量 $\bar{\boldsymbol{Z}}_{c,V_v}$ 和 $\bar{\boldsymbol{Z}}_{c,V_S}$ 的先验分布,使得模型能够更好地描述类内特征向量的性质。同第一层模型一样,假设 $\bar{\boldsymbol{Z}}_{c,V}=\bar{\boldsymbol{Z}}_{c,V_v}+\bar{\boldsymbol{Z}}_{c,V_S}$,对于 $\bar{\boldsymbol{Z}}_{c,V_S}$ 对应描述类内特征域的差异或异常分量,因此通过考虑稀疏先验来描述该隐变量的先验分布 $P(\bar{\boldsymbol{Z}}_{c,V_v})$。对于另外一项 $\bar{\boldsymbol{Z}}_{c,V_S}$,它用来对类内的本征特征空间进行描述,因此考虑采用低秩先验分布建模,得到如下的第二层非参数模型优化:

$$\min_{\bar{\boldsymbol{Z}}_{c,V_v},\bar{\boldsymbol{Z}}_{c,V_S}} \|\bar{\boldsymbol{Z}}_{c,V_v}\|_1 \quad \text{s.t.} \bar{\boldsymbol{Z}}_{c,V} = \bar{\boldsymbol{Z}}_{c,V_v} + \bar{\boldsymbol{Z}}_{c,V_S}, \quad \text{rank}(\bar{\boldsymbol{Z}}_{c,V_S}) \leqslant r_V \quad (9\text{-}5)$$

注意,如果 $\bar{\boldsymbol{Z}}_{c,V}$ 是已知给定的,并将 $\bar{\boldsymbol{Z}}_{c,V_S}$ 的低秩约束项松弛为核范数正则,则式(9-5)可以等价为 RPCA 模型。将式(9-5)代入式(9-4)中得到最终的 TL-LRa GS 框架为:

$$\min_{\boldsymbol{D}_V,\boldsymbol{Z}_V,\boldsymbol{D}_S,\boldsymbol{Z}_S,\bar{\boldsymbol{Z}}_{c,V_v},\bar{\boldsymbol{Z}}_{c,V_S}} \frac{1}{2}\|\boldsymbol{X} - \boldsymbol{D}_V\boldsymbol{Z}_V - \boldsymbol{D}_S\boldsymbol{Z}_S\|_F^2 + \lambda\sum_{c=1}^{C}\|\bar{\boldsymbol{F}}_{c,V_v}\|_1 + \frac{\mu}{2}Q(\boldsymbol{D})$$

$$\text{s.t.} \boldsymbol{F}_V \in \boldsymbol{B}, \quad \text{rank}(\boldsymbol{F}_S) \leqslant r, \quad \text{rank}(\boldsymbol{F}_{c,V_v}) \leqslant r_V, \quad \bar{\boldsymbol{F}}_{c,V} = \bar{\boldsymbol{F}}_{c,V_v} + \bar{\boldsymbol{F}}_{c,V_S} \quad (9\text{-}6)$$

TL-LRa GS 框架示意图如图 9.2 所示。

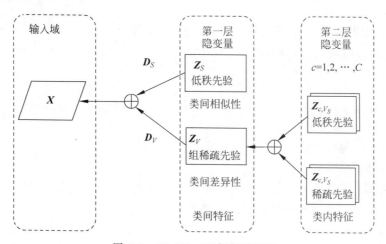

图 9.2　TL-LRa GS 框架示意图

3. 计算测试样本的特征向量

作为一个表示模型,TL-LRa GS 能够对给定的训练样本完成有监督特征学习。此处讨论如何将 TL-LRa GS 应用在分类问题上。即对于一个训练好的 TL-LRa GS 模型,如何估计一个测试样本的特征向量和类标。

对于一个测试输入向量 $\boldsymbol{x} \in \boldsymbol{X}$,根据本章提出的模型,该样本应该满足:

$$\boldsymbol{X} \leftarrow \boldsymbol{D}_V\boldsymbol{Z}_V + \boldsymbol{D}_S\boldsymbol{Z}_S = \boldsymbol{D}_V\boldsymbol{Z}_{V_v} + \boldsymbol{D}_S\boldsymbol{Z}_{V_S} + \boldsymbol{D}_S\boldsymbol{Z}_S \quad (9\text{-}7)$$

如果 $\boldsymbol{x}$ 属于第 c 类,则对应的隐变量 z_S 和 $z_{V,s}$ 应该满足 $z_S \in F_S, z_{V,s} \in F_{c,V}$。与此同时,$z_{V_v}$ 是一个分层组稀疏的特征向量,与 $z_{V,s}$ 具有同样的组稀疏模式,即 z_{V_v} 与 $z_{V,s}$ 对应的非零分量将集中在由 $\boldsymbol{D}_V$ 确定的同一组中,而且 z_{V_v} 在组内仍然是稀疏向量。为了满足这个约束条件,首先根据训练样本的隐特征向量 z_{c,V_s} 和 $\boldsymbol{Z}_S$ 来得到 $\boldsymbol{F}_{c,V}$ 和 $\boldsymbol{F}_S$ 的基,分别记

作 $U_{c,V}$ 和 U_S。于是 z_S 与 $z_{V,s}$ 在这两个基下能够分别表示为 $z_S = U_S \alpha_S$ 和 $z_{Vs} = U_V \alpha_V$。将所有的基矩阵 $U_{c,V}$ 级联起来得到 $U_V = [U_{1,V}, U_{2,V}, \cdots, U_{c,V}]$,这个矩阵同样是一个块对角矩阵,其中 $U_{c,V}^{[\boldsymbol{\Omega}_c]}$ 为非零子对角矩阵,其中上标表示行索引在 $\boldsymbol{\Omega}_c$ 中的子矩阵。于是有如下的关系:

$$
D_V z_{V_v} + D_V z_{V_S} = D_V z_{V_v} + D_V U_V \alpha_V = [\underbrace{D_{1,V}, D_{1,V} U_{1,V}^{[\boldsymbol{\Omega}_1]}}_{\boldsymbol{\Omega}_1'}, \cdots, \underbrace{D_{C,V}, D_{C,V} U_{C,V}^{[\boldsymbol{\Omega}_c]}}_{\boldsymbol{\Omega}_C'}] \begin{Bmatrix} f_{V_v}^{[\boldsymbol{\Omega}_1]} \\ \alpha_V^{[\boldsymbol{\Omega}_1]} \\ \vdots \\ f_{V_v}^{[\boldsymbol{\Omega}_C]} \\ \alpha_V^{[\boldsymbol{\Omega}_C]} \end{Bmatrix}
$$

$$(9-8)$$

其中,$\overline{D}_V$ 表示根据式(9-8)重新组合的字典。$\overline{z}_V$ 为关于 $\overline{D}_V$ 的分层稀疏特征向量,并保证 z_{V_v} 与 α_V 具有相同的组稀疏模式。对于测试样本 x 其对应的隐特征向量可以通过求解式(9-9)得到:

$$
\min_{\overline{z}_V, \alpha_S} \lambda \| \overline{z}_V \|_1 + \lambda_1 \sum_{c=1}^{C} \| \overline{z}_V^{[\boldsymbol{\Omega}_C']} \|_2 + \frac{1}{2} \| x - \overline{D}_V \overline{z}_V - D_S U_S \alpha_S \|_2^2 \qquad (9-9)
$$

其中,λ_1 为正则超参数,保证 $\overline{z}_V$ 为组稀疏度为 1 的向量。

4. 分类器的设计

测试样本对应的类标可以通过构造以下两种分类器来估计,即基于回归思想的极大似然分类器与基于判别式模型的最大后验分类器。

1)基于回归的分类器

根据回归的思想,每一个样本只能够被对应类参数进行最好的表示,因此这种方式可以得到如下的分类器模型:

$$
y = \arg \min_i \| x - D_i \hat{z}(\boldsymbol{\Omega}_i) \|_2, \quad \text{s. t. } \hat{z} = \arg \min_z \lambda \| z \|_q^q + \frac{1}{2} \| x - D_z \|_2^2 \qquad (9-10)
$$

其中,$D = [D_1, D_2, \cdots, D_C]$ 为各类字典的级联;$y \in \{1, 2, \cdots, C\}$ 表示测试样本 x 的类标变量。当 $q=1$ 时,该分类框架对应于文献提出的稀疏表示分类框架(Sparse Representation Classifier,SRC),当 $q=2$ 时,式(9-10)为协同表示分类框架(Collaborative Representation Classifier,CRC)。结合式(9-9),利用 TL-LRa GS 框架对测试样本 x 的决策类标为:

$$
y = \arg \min_c \| x - D_S U_S \alpha_S - \overline{D}_{c,V} z_V^{[g_c']} \|_2 \qquad (9-11)
$$

其中仅利用了类间与类内相似性对应的字典和特征进行分类,消除了类内特征差异性成分对分类器的干扰。

2) 基于特征的分类器

另外一类利用得到的特征向量和其类标直接去训练一个判别式模型,例如在 COPAR 中采用 SVM 分类器对场景影像进行分类。在本模型中将利用岭回归模型去对后验进行 MAP 采样,即

$$W^* = \arg \min_W \|Y - WZ\|_F^2 + \eta \|W\|_F^2 \tag{9-12}$$

其中,$Y \in R^{C \times N}$ 为训练样本的类标矩阵,$Y_{c,i} = 1$,如果第 i 列训练样本属于 C 类;否则为 0。η 为分类器模型的正则化参数来防止判别式分类器拟合。根据得到的分类器模型,对于测试样本 x 的估计的类标为:

$$y = \arg \min_i W_i^* \bar{z}_V \tag{9-13}$$

9.1.2 实验结果与分析

本节将设计仿真实验验证 TL-LRa GS 框架的有效性和优越性。首先通过可视化实验展示模型的有效性,即是否能够捕获到类内和类间的相似性与差异性。然后将 TL-LRa GS 与传统的字典学习分类算法在几种典型的影像基准数据库上进行测试,展示其在分类任务上的优越性。

1. 模型可视化

通过可视化字典原子和重构的影像来验证第一层模型的有效性。首先字典 $D_{c,V}$ 与 D_S 的原子的可视化影像展示在图 9.3 中。通过观察可视化影像图 9.4 可以看到图 9.3(a)中的类间差异性的原子能够清晰地捕获每个类别的观测域特征,然而在该数据库中,图 9.3 (b)中的类间相似性原子并没有明显的影像信息,这是由于手写体影像在观测域中类间相似性较弱,导致 D_S 中只能表示一些类似于噪声的相似性。在图 9.4 中可视化了部分重构影像,即 $X_{Vv} \leftarrow D_V Z_{Vv}, X_{Vs} \leftarrow D_S Z_{Vs}$。图 9.3(a)准确地捕捉到观测空间内类内差而其相似性影像在图 9.3(b)中显示。这个实验可视化结果验证了 TL-LRa GS 能够提取到输入空间的相似性和差异性。

2. 分类结果

TL-LRa GS 框架将与其余生成式字典学习分类模型在一些基准影像数据集上进行验证,包括 USPS 手写体影像数据库、Scene-15 的自然场景影像数据库以及 Caltech 101 物体影像数据库。所有实验结果将进行独立重复 10 次实验,然后展示平均结果。

1) 数字手写体影像识别

首先 USPS 手写体影像数据库由 7291 幅训练样本影像和 2007 幅测试样本,包括了手写体数字 0~9 的 10 类尺寸为 16×16 的图像。在这个数据库上,对比的算法将选择基准的稀疏表示分类框架(SRC)、有监督的字典学习(SDL)和重构性字典学习(REC)、DLSI、FDDL,任务驱动的字典学习(TDDL),COPAR 以及组稀疏正则的判别字典学习(DGSDL),其

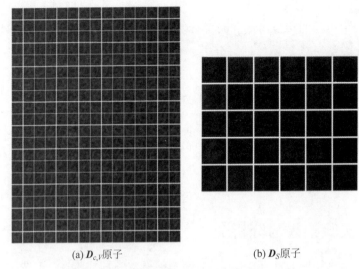

(a) $\boldsymbol{D}_{c,V}$原子   (b) $\boldsymbol{D}_S$原子

图 9.3　USPS 数据库字典原子可视化示意图

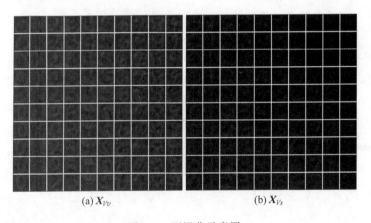

(a) $\boldsymbol{X}_{Vv}$ (b) $\boldsymbol{X}_{Vs}$

图 9.4　可视化示意图

中 SRC、FDDL、COPAR 和 DGSDL 采用了第一种基于回归的分类器,而 SDL、REC 和 TDDL 采用第二种分类器对特征向量进行分类。SDL 中采用了两种训练模型,生成式训练模型 SDL-G 和判别式训练模型 SDL-D。REC 中利用了线性分类器 REC-L 和双线性分类器 REC-BL。COPAR 中同样设计了两种分类的方式,基于全局字典 COPAR-GC 和基于局部字典 COPAR-LC。除此之外,输入样本直接利用经典的线性 SVM 分类器进行分类的结果也进行对比。在这组实验中,框架的参数设置如下: $K_V = K_S = 30, r = r_V = 1, \lambda = 0.01, \mu = 0.05$。各算法的分类准确率如表 9.1 所示,其中同种分类器下最高的结果加粗显示。

表 9.1 USPS 数据库分类准确率对比结果

算 法	准确率/%	算 法	准确率/%
SRC	93.95	REC-L(BL)	93.17(95.62)
DGSDL	96.41	SDL-G(D)	93.33(96.46)
FDDL	**97.11**	TDDL	**97.16**
COPAR(GC)	96.39(95.90)	SVM	95.8
TL-LRa GS	95.93	TL-FC	96.61

总体来说，TDDL 在 USPS 数据库上的识别率比所有比较算法都要高，但是它的分类方案也是最复杂的。在这个算法中，它利用"1 vs all"策略将对每一个类别的训练样本学一个字典和一个分类器，因此在这个算法中需要学习的原子数量将是 3000 个，而 TL-LRa GS 框架中的 TL-FC 只需要学习 330 个原子和一个统一的分类器即可实现分类，而分类准确率仅仅降低了 0.55%。除 TDDL 外，基于特征的分类器模型的表现略优于 REC 和 SDL，这表明了通过 TL-LRa GS 学习的特征向量的判别性提高了。接下来将检查基于重构的分类器的分类性能。可以看到 FDDL 优于其他的对比算法，但是它仍然需要学习 2000 个原子，而且在 FDDL 中集成了最近邻分类器才达到 97.11% 正确率。而 TL-LRa GS 在这种分类器下性能不佳，仅仅达到了 95.7% 的正确率。如果取消第二层模型且不考虑对 Z_S 低秩先验约束，COPAR 和 DGSDL 算法可以被看作是 TL-LRa GS 框架的两个特例，从这个角度分析，TL-LRa GS 至少可以达到与 COPAR 和 DGSDL 相同的性能。

由于第二个层次模型，TL-LRa GS 需要进一步确定每个类的特征子空间的 r_V。根据前文的分析对于这个不平衡数据库，使用统一的 r_V 值并不能好地描述每一类的特征空间，因此会降低模型的表示性能。与 SVM 相比，基于生成式字典学习的算法很明显能够获得更好的分类性能，这表明特征学习在分类中的有效性，总之 TL-LRa GS 可以在 USPS 数据库中获得有竞争力的性能。

2）自然场景图像分类

Scene-15 数据库收集了来自 15 类自然场景的影像，其中每类自然场景包含 200～400 张影像。

对于数据库中的每张影像样本，首先利用 4 层基于 SIFT 特征描述的空间金字塔得到初始的图像全局描述特征，然后利用 PCA 将该特征降维到 $n=3000$ 作为最终的输入样本。对于每类场景影像选择 100 张图像进行模型学习，剩余的图像将作为测试。相比之前的数据库，Scene-15 数据库的类内差异性和类间相似性会更复杂，而且其输入维度也相对增加很多。实验中选择 D-KSVD、LC-KSVD2、SRC 和 COPAR 作为对比算法。除此之外针对这个数据库的特有的分类算法，Sc SPM 和 SFSMR 的分类结果也进行对比。在实验中采用如下的设置：$K_V=30, r=r_V=1, \lambda=\mu=0.05$ 或 $\lambda=\mu=0.1$。对比结果如表 9.2 所示。从结果中可以看到相比于其他对比算法 TL-LRa GS 在该数据库上的分类正确率有了大幅度提高。

表 9.2　Scene-15 数据库分类准确率对比结果

算　法	识别率/%	算　法	识别率/%
D-KSVD	89.10	SRC	91.80
LC-KSVD2	92.90	COPAR-SVM	85.37
ScSPM	80.28	SFSMR	87.30
TL-LRa GS	**98.39**	TL-FC	**97.79**

3) 物体图像分类

最后一个实验是在 Caltech 101 数据库上进行物体目标影像分类的。该数据库包含 9144 幅 100 类物体与 1 类背景图像,每类图像包括 31~800 幅影像。根据相关文献的实验设置,每类选择 30 个影像进行训练,剩余的影像进行测试。除了一些字典学习的分类框架,还与 Sc SPM、KSPM 和 LLC 进行对比。具体实验设置如下：$K_V=K_S=20, r=1, r_V=3,$ $\lambda=0.01, \mu=1e^{-3}$。对比实验结果如表 9.3 所示。从比较结果来看,TL-LRa GS 在该数据库上的识别率优于其他方法。然而准确率并没有实现显著的提高,只达到 79.4%。猜测是由于不平衡样本导致使用相同的 r_V 不能更好地描述每类的本征特征空间。

表 9.3　Caltech 101 数据库识别准确率对比结果

算　法	识别率/%	算　法	识别率/%
D-KSVD	73.00	SRC	70.70
LC-KSVD	73.60	LLC	73.40
ScSPM	73.20	KSPM	64.60
TL-RC	76.66	TL-LRa GS	**79.37**

9.2　基于脊波卷积神经网络的高光谱影像分类

9.2.1　基于脊波卷积神经网络算法

高光谱影像可以提供大量的光谱信息,对不同地物的区分提供有力帮助,但高维数据也为分类问题带来了很大的困难。这个问题可以从两方面解决：特征选择和特征提取。特征选择通过从所有的波段特征中选择一个子集来减少计算复杂度,这些选择的特征应该具有可分性。很多学者在这方面做了很多的工作,包括有监督方法和无监督方法。特征提取也是很多工作关注的一个方面。神经网络是一种受欢迎的特征学习方法。神经网络可以利用好的初始值获得更好的分类结果和更快的逼近速率,而脊波能够更好地逼近影像的结构信息。基于 CNN 的框架,结合脊波函数的特性,本节提出了脊波卷积神经网络。基于该网络还提出了空-谱结合的高光谱影像分类算法。

1. 卷积神经网络的脊波初始化

脊波滤波器的构造首先考虑二维的连续脊波函数：

$$\varphi_\gamma(X) = a^{-1/2} \varphi\left(\frac{x_1\cos\theta + x_2\sin\theta - b}{a}\right) \tag{9-14}$$

其中，φ 是母函数；$\gamma(a,b,\theta)$ 是尺度空间；$a \in R^+$ 是尺度参数；$b \in R$ 是位移参数；$\theta \in [0, \pi]$ 是方向参数；$x_1,x_2 \in R$。脊波滤波器的构造是基于离散脊波变换的，即通过离散化脊波参数空间 $\gamma(a,b,\theta)$ 构造滤波器。采用高斯差分函数作为脊波函数的母函数，高斯差分函数的波形如图 9.5 所示，函数为：

$$\varphi(x) = e^{-x^2/2} - \frac{1}{2}e^{-x^2/8} \tag{9-15}$$

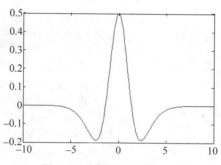

图 9.5　高斯差分函数波形

(https://cdmd.cnki.com.cn/Article/CDMD-10701-1016245832.htm)

当式(9-14)的参数选择为 $\gamma(a,b,\theta)=(1,0,0°)$ 时，脊波函数称为母脊波函数。给参数 γ 不同的值，可以得到脊波函数族。通过脊波函数族提取影像不同的方向、尺度、位移信息，就可以得到影像不同的特征。在滤波器的构造中，变量值 $x_1,x_2 \in [0,n]$，$x_1,x_2 \in N$，n 是滤波器的大小。按照 $n \times n$ 滤波器上的每个点的坐标 (x_1,x_2) 和参数值 (a,b,θ) 就可以得到一个脊波滤波器。

因为高斯母函数是紧支集的，并且滤波器的大小是有限的，所以参数空间的范围 $\gamma(a,b,\theta)$ 应该使得滤波器的能量值不为 0。参数的选择范围为：对于方向参数，它的范围是 $\theta \in [0,\pi/2]$；对于尺度参数，它的范围设置为 $\theta \in [0,3]$，尺度值越大，影像的能量值越小。对于位移参数，它的范围与尺度参数相关，当 $\theta \in [0,\pi/2]$ 时，$b \in [0,n \times (\sin\theta + \cos\theta)]$；否则，$b \in [n \times \sin\theta, n \times \cos\theta]$。

因为滤波器对方向参数更加敏感，而多方向性也是脊波函数优于小波函数的一个主要的特征。因此当卷积层的神经元小于 Num 时，为了保持更多的方向信息，仅仅离散化了方向参数，离散为 Num 个方向，尺度参数 a 设置为固定值 1，位移参数 b 设定为 0。如果卷积层神经元个数大于或等于 Num 时，参数的离散顺序是方向、尺度和位移参数，采样间隔为 $(\pi/6, 0.25, 1)$。因为角度间隔 $\pi/10$ 对于描述影像的方向信息是足够的，所以本章设置 Num 为 10。图 9.6 显示了 Pavia University 高光谱数据上不同层的脊波滤波器。

(a) 第一卷积层的初始化脊波滤波器

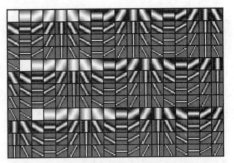

(b) 第二卷积层的初始化脊波滤波器

(c) 迭代200次后第一卷积层学习到的滤波器

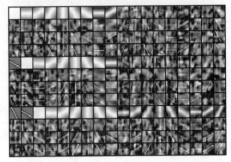

(d) 迭代200次后第二卷积层学习到的滤波器

图 9.6　不同层的脊被滤波器(假设卷积神经网络包含 2 个卷积层)

(https://cdmd.cnki.com.cn/Article/CDMD-10701-1016245832.htm)

2. 卷积层、全连接层和分类层学习

在脊波卷积神经网络中,网络的结构和学习方法都与标准 CNN 相似。但在高光谱影像分类问题中,网络结构中去掉了下采样层。换句话说,脊波卷积神经网络包括卷积层、全连接层以及分类层。与标准 CNN 结构相同,共享权重这一特点也仍然保留。

在高光谱影像分类问题中去掉下采样层的原因是:标准 CNN 中下采样层的目的是减少输出特征在位置上的敏感性。通过下采样层,该层特征的空间分辨率会降低。空间分辨率降低的同时特征也会减少,然而,这些减少的特征对分类仍然是有用的。标准 CNN 广泛应用于手写体识别和分类。图 9.7 显示了手写体影像和高光谱影像的最大下采样操作的过程。从图 9.7 可以很明显地看出对高光谱影像,在下采样过程中丢失了小目标信息。下采样操作是一个去相关性的过程。对于自然影像,邻域像素存在高相关性,所以下采样过程可以在下采样影像中较好地保持重要的信息。然而,对于高光谱影像,邻域像素的相关性较低,下采样造成过多的信息损失可能会导致分类精度的降低。因此,当脊波卷积神经网络用于高光谱影像分类问题时,网络结构中的下采样层被去掉了。

训练过程与标准 CNN 相似,通过梯度下降法最小化代价函数更新网络中的权重和偏置参数。代价函数定义为:

图 9.7 手写体影像和高光谱影像的最大下采样操作示意图
(https://cdmd.cnki.com.cn/Article/CDMD-10701-1016245832.htm)

$$E(\theta) = -\frac{1}{m}\left[\sum_{i=1}^{M}\sum_{j=1}^{K}I\{y^{(i)}=j\}\log-\frac{\mathrm{e}^{\gamma^{(i)}}}{\sum_{i=1}^{K}\mathrm{e}^{\gamma^{(i)}}}+\frac{\lambda}{2}\sum_{i=1}^{M}\sum_{j=1}^{K}\theta_{i,j}^{2}\right] \quad (9\text{-}16)$$

其中,第一项是误差项;第二项是权重衰减项。在式(9-16)中,M 是训练样本的个数;K 是输出的类别数;$y^{(i)}$ 是期望的类标;$\gamma^{(i)}$ 是输出的类标;N 的全连接层节点的个数;$\theta_{i,j}$ 是逻辑回归模型中的参数;$I\{y^{(i)}=j\}$ 表示如果 j 和期望的输出类标 $y^{(i)}$ 相同,那么它的值为 1,否则为 0。

3. 结合空谱信息的高光谱影像分类

不同的场景显示出不同的光谱特征,典型的高光谱影像分类方法都是基于光谱特征进行分类的。除此之外,空间信息也对分类有十分重要的作用。目前普遍的高光谱影像分类方法都是基于空谱结合的分类方法来增加分类精度。因此,本节提出基于空谱结合的高光谱影像分类方法。

(1) 提取光谱信息:对每一个样本像素,沿着光谱维数,取所有的光谱像素组成一个光谱列向量 f_{spc}。

(2) 提取空间信息:高光谱影像具有上百个谱段,因此在提取空间信息之前,首先用 PCA 减少高光谱影像的维数,保存前 M 个主分量。空间信息是从保存的主分量上面提取的。对每一个样本,设置一个大小为 $w\times w$ 的窗口提取空间信息。以该样本为中心,分别对每一个主分量提取的空间信息为 $f_{\mathrm{spa}}^{(i)},i=1,2,\cdots,m$。同一窗口内的空间邻域像素应该具有相似的结构和光谱信息,从而有利于分类,所以窗口 $w\times w$ 的值不能太大,以防止包含过多的异类信息。

(3) 结合空间和光谱信息:对每一个样本,将其空间和光谱信息重组为一个大小为 $H\times H$ 的正方形 f_{img},作为脊波卷积神经网络的输入影像。为了更简单地描述结合过程,假设选择 4 个主分量用来提取空间信息,如图 9.8 所示。在图 9.8(a)中,$f_{\mathrm{spa}}^{(1)}$、$f_{\mathrm{spa}}^{(2)}$、$f_{\mathrm{spa}}^{(3)}$ 和

$f_{\text{spa}}^{(4)}$ 是 4 个保持分量，f_{spa}' 是重新排列的光谱信息。结合过程如图 9.8(b)所示，其中的像素值表示空间或者光谱值。光谱向量 f_{spc} 重新排列成了灰色区域。因为光谱向量 f_{spc} 的长度也许不够组成一个矩形区域，就剩下了区域 R_3。区域 R_3 用已知的光谱向量 f_{spc} 的起始开始填充。为了构造一个正方形影像，空间信息部分可能会剩余 R_1 和 R_2 区域，这两个区域用已知的空间信息进行填补。因为第一和第二主分量具有更大的能量信息，所以用第一和第二主分量进行空白填补，如图 9.8(b)所示。图 9.9 显示了部分的 Pavia University。

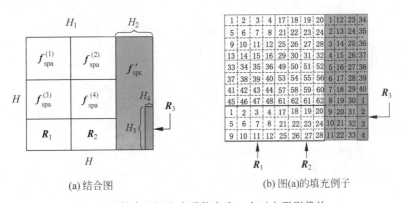

(a) 结合图　　　　　　　　　　(b) 图(a)的填充例子

图 9.8　结合空间和光谱信息为一个正方形影像块

(https://cdmd.cnki.com.cn/Article/CDMD-10701-1016245832.htm)

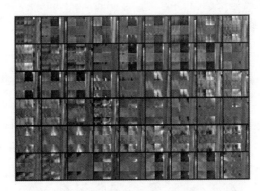

图 9.9　部分结合的 Pavia University 结合图

(https://cdmd.cnki.com.cn/Article/CDMD-10701-1016245832.htm)

影像 f_{img} 包含了每一个样本的空间和光谱信息，卷积神经网络可以从空间和光谱信息中学习深层的特征。如图 9.10 所示，脊波卷积神经网络包括一个输入层，两个卷积层，一个全连接层和一个 softmax 分类层。根据训练样本及其类标，可以得到训练好的网络参数并进行测试。

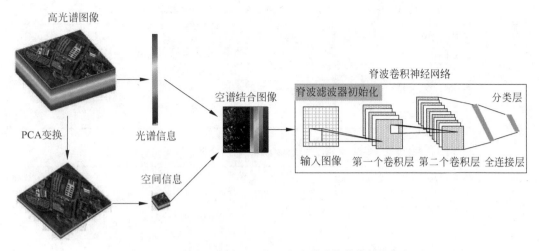

图 9.10 脊波卷积神经网络的高光谱影像分类算法框架
(https://cdmd.cnki.com.cn/Article/CDMD-10701-1016245832.htm)

9.2.2 实验结果与分析

1. 数据集

采用 Pavia University、Pavia Center Scene 和 Salinas 三个数据集验证提出算法的有效性。所有实验都进行了 10 次独立实验,分类精度的评价指标为总体精度(OA)、平均精度(AA)和 Kappa 系数。实验中,随机选择 10% 的标记样本进行训练,全部的标记样本用于测试。

2. 下采样层对高光谱影像分类精度的影响

本实验是为了分析下采样层对高光谱影像分类的影响。表 9.4~表 9.6 显示了包含下采样层和不包含下采层的脊波卷积神经网络的高光谱影像分类精度。分类精度由 OA、AA 和 Kappa 系数进行评价。表 9.4 显示了 Pavia University 的分类结果,表 9.5 显示了 Pavia Center Scene 的分类结果,表 9.6 显示了 Salinas 的分类结果。

表 9.4 Pavia University 的训练样本(10%)和测试样本(100%)数目

类别	地物名称	训练样本	测试样本	类别	地物名称	训练样本	测试样本
1	Asphalt	663	6631	6	Meta sheets	503	5029
2	Bare soil	1865	18649	7	Bricks	133	1330
3	Bitumen	210	2099	8	Shadow	368	682
4	Gravel	306	3064	9	Trees	95	947
5	Meadows	135	1345				

表 9.5　Pavia Center Scene 的训练样本(10%)和测试样本(100%)数目

类别	地物名称	训练样本	测试样本	类别	地物名称	训练样本	测试样本
1	Asphalt	6597	65971	6	Meta sheets	952	9248
2	Bare soil	760	7598	7	Bricks	729	7282
3	Bitumen	309	3090	8	Shadow	4283	42826
4	Gravel	269	2685	9	Trees	286	2863
5	Meadows	658	6584				

表 9.6　Salinas 的训练样本(10%)和测试样本(100%)数目

类别	地物名称	训练样本	测试样本	类别	地物名称	训练样本	测试样本
1	Weeds 1	201	2009	9	Corn	620	6203
2	Weeds 2	373	3726	10	Soybean-notill	328	3278
3	Fallow plow	198	1976	11	Lettuce 4wk	107	1068
4	Fallow smooth	139	1394	12	Lettuce 5wk	193	1927
5	Stubble	268	2678	13	Lettuce 6wk	92	916
6	Celery	396	3959	14	Lettuce 7wk	107	1070
7	Grapes untrained	358	3579	15	Vinyard untrained	727	7268
8	Soil	1127	11271	16	Vinyard trellis	181	1807

在实验中设计了不同的滤波器大小,使最后一层学到的特征个数基本相同。在实验中,网络训练的迭代次数为 100,PCA 分解高光谱影像后保留前 4 个主分量以便提取空间信息,提取窗口的大小为 7×7。不具有下采样层的脊波卷积神经网络的参数设置:Pavia University 和 Pavia Center Scene 的输入样本大小为 20×20,Salinas 的输入样本大小为 24×24。第一个卷积层包含 12 个滤波器,第二个卷积层包含 36 个滤波器,全连接层有 100 个单元,最后一层是 softmax 分类器。包含下采样层的脊波卷积神经网络的参数设置:第一个卷积层有 12 个滤波器,后面跟一个采样核为 2×2 的下采样层,第二个卷积层有 36 个滤波器,后面仍然跟一个采样核为 2×2 的下采样层。对具有下采样和非下采样的脊波卷积神经网络分别设定不同的滤波器参数进行分类,得到分类精度指标值。由表 9.7～表 9.9 可以看出,Pavia University 和 Pavia Center Scene 的滤波器大小为 10×10,Salinas 的滤波器的大小为 12×12 时,非下采样的脊波卷积神经网络得到了更好的分类精度。

表 9.7　基于下采样和非下采样的脊波卷积神经网络的 Pavia University 分类精度

	卷积神经网络结构	OA	AA	Kappa
下采样	第一卷积层滤波器大小 5×5	0.9440	0.9026	0.9239
	第二卷积层滤波器大小 5×5			
	第一卷积层滤波器大小 5×5	0.9471	0.9289	0.9017
	第二卷积层滤波器大小 7×7			
	第一卷积层滤波器大小 7×7	0.9392	0.9044	0.9178
	第二卷积层滤波器大小 4×4			
	第一卷积层滤波器大小 9×9	0.9579	0.9444	0.9578
	第二卷积层滤波器大小 5×5			

续表

卷积神经网络结构		OA	AA	Kappa
非下采样	第一卷积层滤波器大小 7×7	0.9613	0.9456	0.9485
	第二卷积层滤波器大小 7×7			
	第一卷积层滤波器大小 9×9	0.9641	0.9529	0.9522
	第二卷积层滤波器大小 9×9			
	第一卷积层滤波器大小 10×10	0.9681	0.9601	0.9577
	第二卷积层滤波器大小 10×10			

表 9.8　基于下采样和非下采样的脊波卷积神经网络的 Pavia Center Scene 分类精度

卷积神经网络结构		OA	AA	Kappa
下采样	第一卷积层滤波器大小 5×5	0.9842	0.9845	0.9916
	第二卷积层滤波器大小 5×5			
	第一卷积层滤波器大小 5×5	0.9950	0.9841	0.9932
	第二卷积层滤波器大小 7×7			
	第一卷积层滤波器大小 7×7	0.9938	0.9841	0.9932
	第二卷积层滤波器大小 4×4			
	第一卷积层滤波器大小 9×9	0.9938	0.9827	0.9911
	第二卷积层滤波器大小 5×5			
非下采样	第一卷积层滤波器大小 7×7	0.9957	0.9865	0.9939
	第二卷积层滤波器大小 7×7			
	第一卷积层滤波器大小 9×9	0.9965	0.9888	0.9949
	第二卷积层滤波器大小 9×9			
	第一卷积层滤波器大小 10×10	0.9958	0.9867	0.9941
	第二卷积层滤波器大小 10×10			

表 9.9　基于下采样和非下采样的脊波卷积神经网络的 Salinas 分类精度

卷积神经网络结构		OA	AA	Kappa
下采样	第一卷积层滤波器大小 5×5	0.9522	0.9789	0.9468
	第二卷积层滤波器大小 5×5			
	第一卷积层滤波器大小 5×5	0.9449	0.9708	0.9386
	第二卷积层滤波器大小 7×7			
	第一卷积层滤波器大小 7×7	0.9445	0.9712	0.9379
	第二卷积层滤波器大小 4×4			
	第一卷积层滤波器大小 9×9	0.9507	0.9774	0.94491
	第二卷积层滤波器大小 5×5			
非下采样	第一卷积层滤波器大小 7×7	0.9688	0.9844	0.9653
	第二卷积层滤波器大小 7×7			
	第一卷积层滤波器大小 9×9	0.9665	0.9833	0.9627
	第二卷积层滤波器大小 9×9			
	第一卷积层滤波器大小 10×10	0.9727	0.9862	0.9697
	第二卷积层滤波器大小 10×10			

3. 基于脊波卷积神经网络的高光谱影像分类

在本节中,空-谱结合的方法与仅使用空间信息和仅使用光谱信息的方法进行比较。在实验中,网络训练的迭代次数为 1000 次,空间信息是从 PCA 分解后的前 4 个主分量中提取的。对 Pavia University 和 Pavia Center Scene 分类时网络的参数设置为:输入影像的大小为 20×20。在脊波卷积神经网络中,第一个卷积层有 12 个滤波器,每个滤波器的大小为 10×10,第二个卷积层有 36 个滤波器,每个滤波器的大小为 10×10,全连阶层有 100 个节点,最后一层是 softmax 分类层。对 Salinas 分类时网络的参数设置为:输入影像的大小为 24×24,第一个卷积层有 12 个滤波器,每个滤波器的大小为 12×12,第二个卷积层有 36 个滤波器,每个滤波器的大小为 12×12,全连阶层有 100 个节点,最后一层是 softmax 分类层。表 9.10～表 9.12 给出了 3 种不同形式的分类精度评价值,从表中可以看出,空-谱结合的分类算法得到了最好的分类效果。

表 9.10　对 Pavia University 的空间、光谱、空谱结合的脊波卷积神经网络的分类结果

方法	空间	光谱	空谱
OA	0.9669	0.9487	0.9742
AA	0.9588	0.9338	0.9655
Kappa	0.9590	0.9321	0.9689

表 9.11　对 Pavia Center Scene 的空间、光谱、空谱结合的脊波卷积神经网络的分类结果

方法	空间	光谱	空谱
OA	0.9967	0.9922	0.9972
AA	0.9899	0.9771	0.9914
Kappa	0.9954	0.9892	0.9959

表 9.12　对 Salinas 的空间、光谱、空谱结合的脊波卷积神经网络的分类结果

方法	空间	光谱	空谱
OA	0.9775	0.9551	0.9782
AA	0.9889	0.9765	0.9897
Kappa	0.9748	0.9503	0.9756

9.3　基于全卷积网络空间分布预测的高光谱影像分类

9.3.1　基于 FCN-8s 的 HSI 空间分布预测

面对高度非线性分布以及非同质空间结构,浅层局部表观特征限制了分类任务的地物判别性表示能力,深度神经网络模型通过由浅及深的逐层特征组合与抽象,可以从复杂数据

中自动学习判别性特征。鉴于高光谱遥感空间成像与自然图像空间纹理之间具有潜在共性,以及高光谱标注数据对深度模型训练极度有限,本节迁移基于 VGG-16 的 FCN-8s 预训练网络参数用作深度空间特征提取。主要考虑 FCN-8s 模型的如下优势。

(1) 使用更小的 3×3 卷积核增加网络深度及宽度,使模型能够更好地拟合数据的非线性结构,提高模型的表达能力,并在保持整体拟合代价的同时降低计算复杂度。与传统 CNN 设置的较大感受野的卷积滤波器不同,VGG-16 通过堆叠两个或三个 3×3 卷积核代替更大的滤波器,使模型拥有更多的非线性变换,增强了模型对数据非线性结构特征的学习能力,并且更有利于局部信息提取。这些优势使得 VGG-16 更适用于具有高度复杂几何结构和空间模式的 HSI 数据。

(2) 结合浅层纹理信息和深层语义信息,实现多尺度信息融合,确保地物空间布局预测更加精准,尤其针对具有复杂空间结构的数据。与影像级分类相比,像素级分割除了需要提取深层特征更好地拟合图像高频信息,更需关注浅层网络对低频信息的学习以及对地物边界的精准定位,特别是在 HSI 中,局部纹理特征将相对全局结构信息提供更强的地物判别性。VGG-16 中,每一层特征图的感受野为

$$\boldsymbol{R}^{i+1}=\boldsymbol{R}^{i}+(w^{i+1}-1)\times\prod_{j=1}^{i}S_j \tag{9-17}$$

其中,$\boldsymbol{R}^i$ 为第 i 层感受野的大小,输入层 $\boldsymbol{R}^0=\boldsymbol{1}$;$w^i$ 为第 i 层卷积核大小;S_j 为滑动步长。图 9.11 显示了在 Salinas 数据集上分别通过 FCN-32s、FCN-16s 和 FCN-8s 提取的深层纹理特征,图中 21 个特征图对应最终预测层的 21 个神经元。不同目标在每个神经元产生不同的反应,而浅层特征的加入使得网络可以更好地提取局部细节信息,且呈现出更清晰的边界分布。因此,本节主要选择 FCN-8s 网络中学习的滤波器参数进行 HSI 空间分布特征预测。

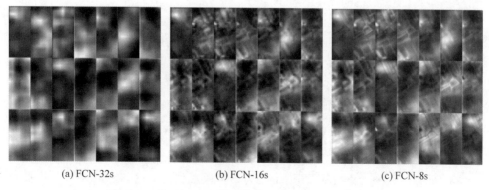

(a) FCN-32s (b) FCN-16s (c) FCN-8s

图 9.11 基于 FCN 三种网络模型的 HSI 空间分布预测

(https://d.wanfangdata.com.cn/thesis/D01708317)

(3) FCN-8s 是一个像素级端到端的特征学习模型,在空间结构感知上更加灵活。现有基于深度学习的 HSI 分类方法大多以目标点的邻域分块作为模型输入完成逐像素特征提取,输入块的大小设定限制了模型的多尺度感知范围。如为了确保训练数据的多样性,通常目标点的邻域大小设置在 25×25 以内,这极大限制了深层网络模型的长距离感受野。本节利用 FCN-8s 网络参数对整个 HSI 进行多尺度空间分布预测,每个像素点均可囊括从局部到全局的多尺度感知。

深度网络可以学习更具有判别性的语义特征,但缺乏足够的标注样本是 HSI 分类任务中网络参数训练所面临的一个严重问题。因此,本节将成功训练好的 FCN-8s 网络参数迁移,用以挖掘 HSI 的空间结构分布信息。首先在 ImageNet 上预训练 VGG-16 的网络参数,然后重新调整 VGG-16,将图像级分类网络转换为 FCN-8s。随后,在 PASCAL VOC 2011 数据集上微调训练 FCN-8s 网络参数。最后将已训练的 FCN-8s 网络参数迁移,用以提取 HSI 数据潜在的深层结构信息,并将 FCN-8s 网络中最后预测层的 21 个特征图视为 HSI 的空间分布预测。

高光谱数据可以同时提供地物的空间及光谱信息,即"图谱合一",其在空间维与一般图像相似,但一般的 RGB 图像包含极度有限的光谱信息,所以直接迁移自然图像数据集上预训练的 FCN-8s 网络参数用于 HSI 特征提取很难保留 HSI 数据的高分辨率频谱信息。因此,本节主要使用预训练的 FCN-8s 进行 HSI 的空间分布预测。首先通过 PCA 对原始 HSI 数据进行光谱降维处理,以尽可能地消除空间冗余。虽然此过程丢掉了部分光谱信息,但对空间信息的影响很小。然后 PCA 的前 3 个主成分作为 FCN-8s 的网络输入进行空间分布预测。

9.3.2 基于空谱特征的融合分类

虽然高分辨光谱信息对影像或影像区域的方向和尺度不敏感,但是包含了丰富的像素级物理特性,如果说人们肉眼可观测的可见光成像能获取物质的形状、尺寸等信息,那么高光谱特征则可以分辨物质内部的物理、化学组成,甚至分子和原子的结构差异。因此,结合光谱信息与空间特征将更加有利于提高 HSI 分类的准确率。本文通过简单的特征拼接进行空谱特征融合。针对光谱特征与上节所提取的空间分布特征具有不同的大小和数量级,本节采用权重因子和 z-score 标准化以消除数据指标维度以及量级的影响,同时尽可能地保留所有原始信息。

令 $\boldsymbol{X}_{\text{spe}} \in \boldsymbol{R}^{S_1 \times n}$ 为光谱特征,其谱维度为 S_1,像素数为 S_1;$\boldsymbol{X}_{\text{spa}} \in \boldsymbol{R}^{S_2 \times n}$ 为提取的空间分布特征,其维度为 $S_2 = 21$。则,融合特征可表示为

$$\boldsymbol{X} = \left[(1-\lambda)f(\boldsymbol{X}_{\text{spe}}); \lambda f(\boldsymbol{X}_{\text{spa}}) \right] \tag{9-18}$$

其中

$$f(\boldsymbol{X}) = \left(\frac{\boldsymbol{X} - \overline{X}_{(i)}}{\sigma_{(i)}}\right)_{(j)} \Bigg/ \left|\frac{\boldsymbol{X} - \overline{X}_{(i)}}{\sigma_{(i)}}\right|_{(j)}$$

$\overline{X}_{(i)}$ 和 $\sigma_{(i)}$ 分别表示 $\boldsymbol{X}$ 沿行坐标方向上的均值和方差；下标 (j) 表示沿着列方向计算。$f(\boldsymbol{X})$ 是消除两个特征间量级的标准化计算；式(9-18)中的 λ 为平衡空谱特征的参数。$\boldsymbol{X} \in \boldsymbol{R}^{(S_1+S_2)\times n}$ 为最终得到的判别特征，即本节所提的 MS³FE 方法得到的结果。

理想的 HIS 分类是提取具有判别性的特征，并通过一个简单的分类器完成高精度分类结果。因此，本节利用通用分类器对所提的空谱融合特征进行分类，得到最终的像素级分类结果。这里介绍三个常用的分类器：SVM、线性类标传播与稀疏表示。

1. SVM

SVM 的目标是确立一个最大限度的超平面，使各类间最近点之间的距离最大化。这里的距离称为边界，边界上的点为支持向量。给定训练数据集

$$D = \{(\boldsymbol{x}_1, \boldsymbol{y}_1), (\boldsymbol{x}_2, \boldsymbol{y}_2), \cdots, (\boldsymbol{x}_n, \boldsymbol{y}_n)\}$$

则可以通过式(9-10)优化模型搜索最大边缘

$$\min_{\boldsymbol{w}, b} \frac{1}{2}\|\boldsymbol{w}\|^2$$
$$\text{s.t.} \quad y_i(\boldsymbol{w}^{\mathrm{T}}\boldsymbol{x}_i + b) \geqslant 1, \quad i = 1, 2, \cdots, n \tag{9-19}$$

其中，$\boldsymbol{w}$ 为决定超平面方向的法向量。利用拉格朗日乘子法求解凸二次优化的对偶问题，得到目标函数的解：

$$\max_{\boldsymbol{\alpha}} \sum_{i=1}^{n} \boldsymbol{\alpha}_i - \frac{1}{2}\sum_{i=1}^{n}\sum_{j=1}^{n} \boldsymbol{\alpha}_i \boldsymbol{\alpha}_j \boldsymbol{y}_i \boldsymbol{y}_j \boldsymbol{x}_i^{\mathrm{T}} \boldsymbol{x}_j$$
$$\text{s.t.} \sum_{j=1}^{n} \boldsymbol{\alpha}_i \boldsymbol{y}_i = 0$$
$$\boldsymbol{\alpha} \geqslant 0, \quad i = 1, 2, \cdots, n \tag{9-20}$$

其中，$\boldsymbol{\alpha} = (\boldsymbol{\alpha}_1, \boldsymbol{\alpha}_2, \cdots, \boldsymbol{\alpha}_n)$ 为拉格朗日乘子。$\boldsymbol{x}$ 的类标可通过式(9-21)得到

$$f(\boldsymbol{x}) = \sum_{i=1}^{n} \boldsymbol{\alpha}_i \boldsymbol{y}_i \boldsymbol{x}_i^{\mathrm{T}} \boldsymbol{x} + b \tag{9-21}$$

2. LNP

LNP 是基于图模型的半监督学习方法。假定包含 c 目标类，类标集与无类标集分别为 L 和 $\overline{L}$，其对应的样本数分别为 n_l 和 $n_{\overline{l}}$。令 $\boldsymbol{Y} = [\boldsymbol{Y}_1, \boldsymbol{Y}_2, \cdots, \boldsymbol{Y}_{n_l}] \in \boldsymbol{R}^{n_l \times c}$ 为训练样本类标组成的矩阵，如果样本 $\boldsymbol{x}_i$ 的类标为 j，则有 $Y_{ij} = 1$；否则，$Y_{ij} = 0$。$\boldsymbol{F} = [\boldsymbol{F}_1, \boldsymbol{F}_2, \cdots, \boldsymbol{F}_n]^{\mathrm{T}} \in \boldsymbol{R}^{n \times c}$ 为所有样本的类标预测矩阵。根据上述假设，LNP 模型为：

$$J(\boldsymbol{F}) = \frac{1}{2}[\Psi(\boldsymbol{F}) + \mu\Omega(\boldsymbol{F})] \tag{9-22}$$

其中，

$$\Psi(\boldsymbol{F}) = \sum_{i \in L} \| \boldsymbol{F}_i - \boldsymbol{Y}_i \|_F^2 + \sum_{j \in \bar{L}} \| \boldsymbol{F}_j \|_F^2 \tag{9-23}$$

$$\Omega(\boldsymbol{F}) = \sum_{i,j=1}^{n} W_{ij} \left\| \frac{\boldsymbol{F}_i}{\sqrt{d_i}} - \frac{\boldsymbol{F}_j}{\sqrt{d_j}} \right\|_F^2 \tag{9-24}$$

这里，$\boldsymbol{W} \in \boldsymbol{R}^{n \times n}$ 为构造图的归一化稀疏权矩阵，用以捕捉邻域潜在的流形结构；μ 为权衡系数；$\Psi(\boldsymbol{F})$ 中的第一项用以约束训练样本的预测类标与给定类标之间的一致性，第二项为预测类标矩阵的稀疏性约束，以防止过拟合。算法优化中，可以通过补零类标矩阵 $\boldsymbol{Y} \in \boldsymbol{R}^{n \times c}$ 将该函数中的第二项合并到第一项中，简化计算过程。$\Omega(\boldsymbol{F})$ 为平滑正则项，约束处于同一低维流形结构中的样本具有相同的类标。目标函数(9-22)的最小化问题可通过梯度下降法优化求解

$$\frac{\partial J(\boldsymbol{F})}{\partial \boldsymbol{F}} = 2(\boldsymbol{I} - \boldsymbol{W})\boldsymbol{F} - 2\mu(\boldsymbol{F} - \boldsymbol{Y}) = 0 \tag{9-25}$$

基于 $\|\boldsymbol{W}\|_1 = 1$，根据简单迭代法，式(9-25)可由

$$\boldsymbol{F}^{k+1} = \alpha \boldsymbol{W} \boldsymbol{F}^k + (1-\alpha)\boldsymbol{Y} \tag{9-26}$$

以任意初始值得到收敛解，从而得到最终的类标预测结果。

3. SRC

SRC 模型基于假设同类像素近似位于相同字典原子张成的低维子空间中，表示为

$$\boldsymbol{x} = \boldsymbol{D}\boldsymbol{\alpha} \tag{9-27}$$

其中，$\boldsymbol{x} \in \boldsymbol{R}^S$ 表示特征维为 S 的测试样本，$\boldsymbol{D} = [\boldsymbol{D}_1, \boldsymbol{D}_2, \cdots, \boldsymbol{D}_c] \in \boldsymbol{R}^{s \times n_l}$ 为结构字典，$\boldsymbol{D}_c \in \boldsymbol{R}^{s \times n_c}$ 为由第 c 类中 n_c 个训练样本组成的子字典，稀疏系数 $\boldsymbol{\alpha} \in \boldsymbol{R}^{n_l}$ 可通过下式优化函数求解，

$$\hat{\boldsymbol{\alpha}} = \arc\min_{\boldsymbol{\alpha}} \| \boldsymbol{x} - \boldsymbol{D}\boldsymbol{\alpha} \|_2, \quad \text{s. t. } \| \boldsymbol{\alpha} \|_0 \leqslant K \tag{9-28}$$

其中，K 为稀疏度，控制字典中所选原子的最大数目。式(9-28)可通过 OMP 方法求解。得到稀疏系数 $\hat{\boldsymbol{\alpha}}$ 后，测试样本 $\boldsymbol{x}$ 的预测类标可通过其与各子字典下的最小表示误差确定，

$$f(\boldsymbol{x}) = \arc\min_i \| \boldsymbol{x} - \boldsymbol{D}_i \hat{\boldsymbol{\alpha}}_i \|_2, \quad i = 1, 2, \cdots, c \tag{9-29}$$

其中，$\hat{\boldsymbol{\alpha}}_i$ 为 $\hat{\boldsymbol{\alpha}}$ 中第 i 类子字典所对应的稀疏系数。

基于上述 3 个分类器的方法分别简称为 $MS^3FE\text{-}SVM$、$MS^3FE\text{-}LNP$ 与 $MS^3FE\text{-}SRC$。整个 $MS^3FE\text{-}X$ 算法总结如下。

(1) 输入 HSI 数据，在光谱维对整个 HSI 数据进行 PCA 降维，并只保留前 3 个主成分作为 FCN-8s 网络的输入。

(2) 利用已训练好的 FCN-8s 网络参数提取深度纹理特征进行 HSI 空间分布预测。

(3) 通过式(9-18)融合原有的光谱信息提取的空间分布信息。

(4) 以融合特征作为输入，利用通用分类器分别完成最终的 HSI 分类。

(5) 输出分类结果。

9.3.3　实验结果与分析

实验基于 Indian Pines 数据进行。由于目标类的不均匀分布,实验在每类标记样本中随机抽取大约 10% 作为训练样本,其余 90% 作为测试样本。图 9.12 展示了所有标记样本对应的预测分类图。可以观察到,仅利用光谱信息得到的分类图中存在较大噪点,SVM、LNP、SRC 均得到较差的分类结果,而所有空谱特征结合的方法均极大地提高了空间邻域一致性以及分类精度。而提出的 MS³FE 方法在空间特征提取方面避免了邻域窗口选择局限性的问题,并且多尺度空间特征的融合使得模型在小目标类识别上获得了更为优越性能。此外,由于是迁移已训练 FCN-8s 网络参数进行的整幅 HSI 空间分布预测,仅一次的推理过程使得空间分布预测所需的时间成本可以忽略不计,因此,MS³FE-X 方法所需的时间主要在最后分类器分类过程中。如表 9.13 所示,MS³FE-X 方法花费了与仅基于光谱特征下对应分类方法几乎相同的运行时间,这远远低于其他五个空谱对比方法,尤其是 MASR 方法需要在 7 个不同尺度邻域窗口进行特征提取,3D-CNN 方法则需要花费大量时间训练网络参数,逐像素完成监督与特征提取。

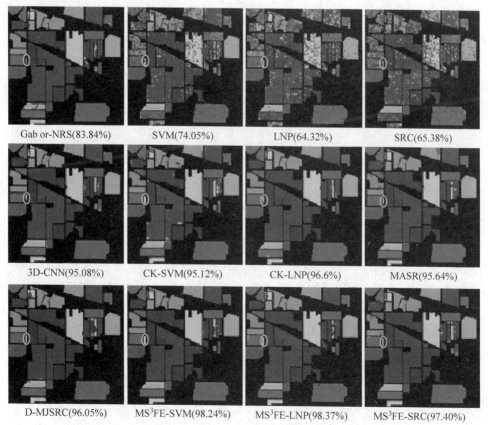

图 9.12　不同分类方法在 Indian Pines 数据上分类结果图对比(AA)

表 9.13 不同分类方法对 Indian Pine 数据分类的精度统计

(https://d.wanfangdata.com.cn/thesis/D01708317)

类别	样本个数		分类方法											
	训练	测试	Gabor-NRS	3D-CNN	D-MJSRC	SVM	CK-SVM	MS³FE-SVM	LNP	CK-LNP	MS³FE-LNP	SRC	MASR	MS³FE-SRC
1	5	41	68.54	92.68	92.93	57.32	93.91	98.29	40.18	98.32	98.29	48.29	91.89	98.29
2	143	1285	96.86	94.4	97.63	78.98	910.33	97.48	53.26	98.41	97.50	54.01	97.58	95.82
3	83	747	98.37	95.18	98.18	67.67	97.18	97.79	50.31	98.32	910.39	50.70	98.75	97.70
4	23	214	93.46	99.53	98.60	51.52	94.38	97.38	34.96	97.44	910.32	35.92	94.84	94.39
5	50	433	94.39	87.07	94.80	90.24	96.27	95.45	80.11	97.63	96.65	83.71	96.24	95.36
6	75	655	96.34	99.69	98.43	94.83	99.6	99.83	89.49	98.97	99.92	90.32	99.77	99.31
7	3	25	48.80	100	93.60	69.20	96.8	96.80	78.58	98	95.20	74.00	99.64	96.00
8	49	429	98.74	100	100	910.38	99.88	99.84	94.81	99.93	100	94.86	100	99.93
9	2	18	16.11	66.67	93.33	37.78	64.8	100	20.50	72.6	100	34.44	64.5	100
10	97	875	95.46	97.03	95.78	69.71	95.34	97.10	36.77	97.52	97.41	68.80	97.28	96.59
11	247	2208	99.78	99.23	98.85	74.6	97	98.78	72.43	99.19	98.97	70.77	98.93	98.73
12	61	532	95.26	91.35	93.74	64.71	95.33	97.71	42.45	97.36	97.80	42.91	97.3	94.79
13	21	184	80.82	100	94.35	96.32	99.89	98.80	92.69	97.52	99.62	89.50	98.79	97.88
14	129	1136	99.44	99.65	99.80	91.68	99.08	100	92.58	99.8	99.91	88.47	99.99	99.98
15	38	348	96.09	98.85	98.85	54.40	99.86	99.86	33.85	95.08	99.04	35.17	97.83	99.89
16	10	83	73.01	100	87.95	88.85	99.88	96.87	89.10	95.08	99.04	87.27	910.31	93.73
AA/%			84.74	95.08	96.05	74.05	95.12	98.24	64.32	96.6	98.37	65.38	95.64	97.40
OA/%			96.63	97.04	97.74	78.03	97.19	98.4	68.51	98.61	98.49	68.23	98.34	97.78
K			0.9600	0.9662	0.9743	0.7496	0.9679	0.9818	0.6398	0.9841	0.9828	0.6374	0.981	0.9747

9.4 基于多尺度自适应深度融合残差网的多光谱遥感影像分类

9.4.1 重要样本选择策略

对于深度学习方法,训练集的质量直接影响网络的性能。为了提高训练样本的质量,对随机选取策略进行改进:随机选取策略是首先确定样本数,然后从每个类别的影像块中随机选取样本。同时由多样性样本组成的训练集使网络更好地学习数据的特征。本节将具备多样性和代表性的样本定义为重要样本,考虑到像素特征和像素之间的关系,提出了重要样本选取策略来选取样本作为训练集。

选取的整个过程如下:首先生成遥感影像的超像素分割结果,然后计算遥感影像的梯度图,最后基于梯度信息和空间分布获得重要样本。

1．超像素生成

本节采用 SLIC 算法生成超像素。一个超像素中的像素是相似的,而且超像素中的大多数像素属于同一类别,因此从每个超像素中选择一些代表性像素,可以使选择的像素分布在遥感影像的各个区域。在这种情况下,超像素的数量很重要,因为它直接影响所选训练样本的数量。因此,设置合适的超像素初始大小以获得合适数量的超像素。超像素分割结果如图 9.13(b)所示。

2．梯度计算

影像中每个像素的梯度值反映其边缘信息的强度,它是描述影像结构的最基本特征之

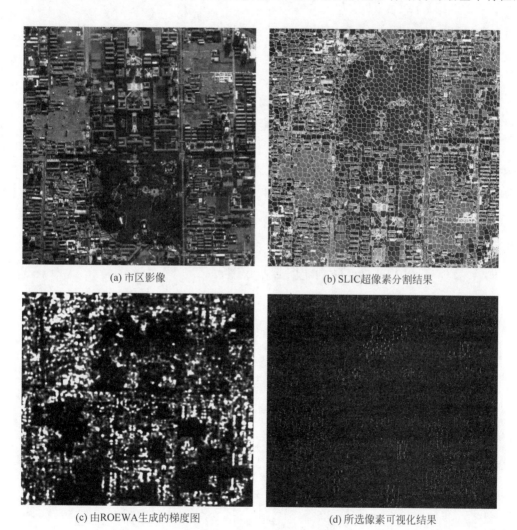

| (a) 市区影像 | (b) SLIC超像素分割结果 |
| (c) 由ROEWA生成的梯度图 | (d) 所选像素可视化结果 |

图 9.13　ISSS 过程相应影像

一。因此,梯度是从遥感影像中选取重要样本的良好参考。这里使用指数加权平均比率(ROEWA)获得遥感影像的梯度图,因为 ROEWA 具有简单快速计算、多边缘检测和良好抗噪性等优点,由 ROEWA 生成的梯度图如图 9.13(c)所示。

3. 选择策略

基于超像素分割结果和梯度图,首先从所有有类标的像素中选择像素,然后将以这些像素为中心的影像块用作训练样本,选择过程分为以下三个步骤。

(1) 确定每个类别的选择数量,为了保证测试结果的可信度,训练样本的比例不能太大,而且类别之间样本数量平衡的训练集对网络更好,因此,可以确定第 i 个类别的选取数量为

$$m_i = \min(sn, p \times M_i) \tag{9-30}$$

其中,sn 表示像素的初始选取数量;p 表示在所有有类标像素中训练像素的最大比例;M_i表示第 i 个类别的像素总数。

(2) 将每个类别的选择数量分配给每个超像素。

(3) 获取重要样本,在确定每个超像素的选择数量后,确定在每个超像素内选择哪些像素。为了选择可以代表这个超像素的像素,并使所选像素更加多样化,用距质心的距离和梯度值指导选择像素,其中一半像素根据距质心的距离选择,另一半像素根据梯度值选择。超像素中的所有像素分别根据距质心的距离和梯度值进行排序,将两种排序像素等分为与各自的选取数量相等的部分,然后每个部分随机选择一个像素,所选像素可视化结果如图 9.13(d)所示,以这些像素为中心的影像块是用于训练的重要样本。

9.4.2 多尺度自适应深度残差网络

多尺度自适应深度残差网络(AMDF-ResNet)由基础网络和融合网络组成,网络模型如图 9.14 所示,下面分别详细介绍基础网络和融合网络的结构。

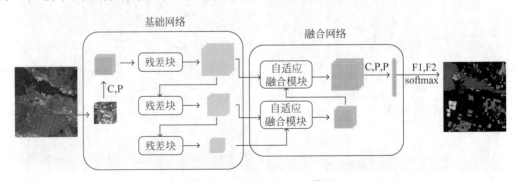

图 9.14　AMDF-ResNet 模型

1. 基础网络

首先,构建基础网络以生成多尺度多层次的特征。基础网络由卷积层、池化层和三个残差块组成,图 9.15 给出了残差块的示意图,每个残差块包含三个卷积层,在每个卷积层后有批量归一化层和 ReLU 激活层。

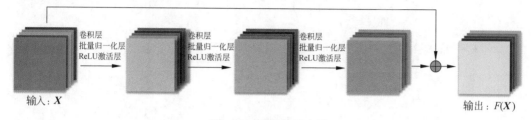

图 9.15　残差块示意图

设 $F(\boldsymbol{X})$ 是残差块要学习的基础函数,其中 $\boldsymbol{X}$ 表示残差块的第一层的输入,残差函数表示为 $R(\boldsymbol{X})=F(\boldsymbol{X})-\boldsymbol{X}$,并且 $F(\boldsymbol{X})$ 可以写为 $F(\boldsymbol{X})=R(\boldsymbol{X})+\boldsymbol{X}$,在卷积层中不使用偏差项,$R(\boldsymbol{X})$ 可以扩展为:

$$R(\boldsymbol{X}) = \delta\{\delta[\delta[(\boldsymbol{XW}_1)\boldsymbol{W}_2]\boldsymbol{W}_3\} \tag{9-31}$$

其中,$\boldsymbol{W}_1$、$\boldsymbol{W}_2$ 和 $\boldsymbol{W}_3$ 表示残差块的三个卷积层的卷积核;δ 指的是 ReLU 激活函数。对于基础网络中的后两个残差块,第一个卷积层的卷积核的步长为 2,在每个残差块之后特征尺寸减少一半。因此,基础网络生成 3 个尺度的特征图,其缩放步长为 2,这些特征通过融合网络融合。

2. 融合网络

如图 9.14 所示,基础网络输出的 3 个层次特征由两个自适应融合模块融合。在最大池化层、全局平均池化层、两个全连接层和 softmax 层之后,输出分类结果。基础网络输出的多尺度多层次特征具有从低到高的语义。浅层产生低分辨率、语义较弱的特征,可保留更多细节信息。深层产生高分辨率、语义较强的特征。由于融合特征结合了多层次特征,包含丰富的语义信息,对分类任务有利,所以可以融合多尺度多层次特征的融合方法。特征融合的一般方法是逐元素相加或连接,这意味着要融合的每个特征的重要程度相同。针对遥感图像复杂的特性,本节给出了一种融合多尺度多层次特征的自适应融合模块,使融合特征中的有利特征更加突出。自适应融合模块的结构如图 9.16 所示。

在对三个层次特征进行融合时,首先融合两个高层次的特征,然后融合低层次特征,自适应融合模块融合两个特征的过程分为以下三步。

第一步,为了使不同尺寸的两个特征可以逐像素相加,将低分辨率特征上采样到高分辨率特征的尺寸,使用双线性插值算法将空间分辨率上采样 2 倍,$\boldsymbol{A}_1$ 和 $\boldsymbol{A}_2$ 分别表示低层次和高层次特征,$\boldsymbol{A}_1'$ 表示 $\boldsymbol{A}_1$ 的上采样特征。

第二步,生成两个特征的权重,对于每个特征,使用全局平均池化生成全局特征,对于尺

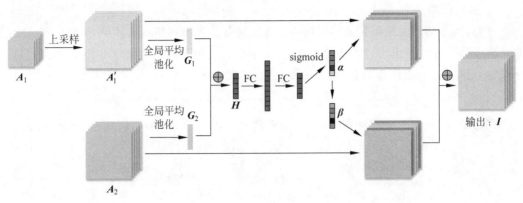

图 9.16　自适应融合模块结构

寸为 $H\times W\times C$ 的特征 $\boldsymbol{A}$，通过缩小空间尺寸 $H\times W$ 来生成尺寸为 $1\times 1\times C$ 的全局特征 $\boldsymbol{G}$，$\boldsymbol{G}$ 的第 c 个通道的计算公式为：

$$\boldsymbol{G}_c=\boldsymbol{F}_{gp}(\boldsymbol{A}_c)=\frac{1}{H\times W}\sum_{i=1}^{H}\sum_{j=1}^{W}\boldsymbol{A}_c(i,j) \tag{9-32}$$

其中，$\boldsymbol{A}_c$ 表示 $\boldsymbol{A}$ 的第 c 个通道；$\boldsymbol{G}_1$ 和 $\boldsymbol{G}_2$ 分别表示 $\boldsymbol{A}_1'$ 和 $\boldsymbol{A}_2$ 的全局特征，通过式(9-33)计算得到尺寸为 $1\times 1\times C$ 的两个权重 $\boldsymbol{\alpha}$ 和 $\boldsymbol{\beta}$：

$$\boldsymbol{H}=\boldsymbol{G}_1+\boldsymbol{G}_2 \tag{9-33}$$

$$\boldsymbol{\alpha}=\delta(f_c(f_c(\boldsymbol{H}))) \tag{9-34}$$

$$\boldsymbol{\beta}=1-\boldsymbol{\alpha} \tag{9-35}$$

其中，f_c 表示全连接函数，δ 表示 sigmoid 函数，输出 $\boldsymbol{G}$ 可以被解释为整个输入图像的描述符。通过全局池化保留了全局信息，相加操作组合了两个层次特征的信息，两个全连接层和 sigmoid 函数将两个特征的全局信息转换为权重，sigmoid 函数保证 $\boldsymbol{\alpha}$ 和 $\boldsymbol{\beta}$ 的每个元素在 $[0,1]$。$\boldsymbol{A}_1'$ 和 $\boldsymbol{A}_2$ 具有相同的尺寸，$\boldsymbol{\alpha}$ 和 $\boldsymbol{\beta}$ 中的每个元素代表相应通道的重要性。

第三步，融合特征 $\boldsymbol{I}$ 由下式计算：

$$\boldsymbol{I}=\boldsymbol{\alpha}\cdot\boldsymbol{A}_1'+\boldsymbol{\beta}\cdot\boldsymbol{A}_2 \tag{9-36}$$

为了达到预期的效果，对自适应融合模块的结构进行精心设计。该模块的关键部分是权重的学习过程，采用的方法是基于两个特征的全局信息，通过学习获得相应的权重，也就是通过特征本身的信息学习表示其重要性的权重，因此，融合特征倾向于对分类有利的特征。一般逐像素相加的方法采用固定的特征融合方法，可以认为这两个特征的权重是相等且恒定的。就获得权重的方法而言，给出的特征融合方法是自适应的。

AMDF-ResNet 将生成层次特征和特征融合整合到一个端到端的网络中，因此训练和测试过程非常简单。由于利用了包含丰富语义信息的多尺度多层次特征，并且通过融合网络自适应地融合了特征，提取的特征的判别性更好，更好地拟合遥感图像的特性。

9.4.3 实验结果与分析

1. 温哥华 1B 级影像

对于温哥华 1B 级影像,不同方法的实验结果如图 9.17 所示,其中,图 9.17(a) 和图 9.17(b) 为 RSS+AMDF-ResNet 方法的分类结果图,图 9.17(c) 和图 9.17(d) 为 ISSS+SVM 方法的分类结果图,图 9.17(e) 和图 9.17(f) 为 ISSS+RF 方法的分类结果图,图 9.17(g) 和图 9.17(h) 为 ISSS+SENet 方法的分类结果图,图 9.17(i) 和图 9.17(j) 为 ISSS+DPN 方法的分类结果图,图 9.17(k) 和图 9.17(l) 为 ISSS+AMDF-ResNet 方法的分类结果图。下面从不同的角度对实验结果进行分析。

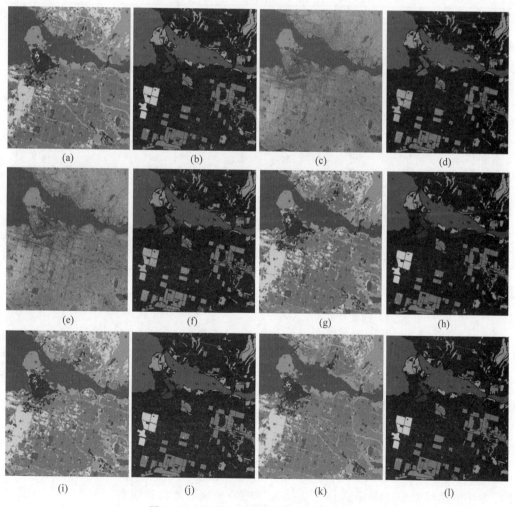

图 9.17 温哥华 1B 级影像不同方法分类图

(https://d.wanfangdata.com.cn/thesis/D01905355)

2. 样本选择策略比较

通过比较 RSS＋AMDF-ResNet 和 ISSS＋AMDF-ResNet 的结果来评估 ISSS 的有效性。从表 9.14 可以看出,ISSS 将 OA 从 96.73％提高到 98.14％,而且每个类别 ISSS ＋ AMDF-ResNet 的分类准确率优于 RSS ＋ AMDF-ResNet。值得注意的是,building1 和 road 的准确率有显著的提高,building1 的准确率提高了 3.41％,road 提高了 13.11％。从人工标记图中可以看出,building1 的像素分布广泛,并且该类别包含多个形状的目标,road 类别具有丰富的邻域环境,这两个类别的样本具有很强的多样性,而且每个类别中不同样本的数量不均匀。

表 9.14　温哥华 1C 级影像分类结果对比表

方法	RSS+ AMDF-ResNet	ISSS+ SVM	ISSS+ RF	ISSS+ SENet	ISSS+ DPN	ISSS+ MDF-ResNet	ISSS+ AMDF-ResNet
OA	0.9696	0.7197	0.713	0.9329	0.9277	0.9689	0.986
AA	0.9722	0.6449	0.6324	0.9166	0.9176	0.9567	0.9888
Kappa	0.9595	0.6348	0.6246	0.9117	0.9052	0.9655	0.9814
vegetation	0.9853	0.9251	0.882	0.9443	0.9659	0.9596	0.9929
building1	0.9722	0.3072	0.3753	0.9513	0.9498	0.9771	0.988
tree	0.9926	0.8507	0.8441	0.9796	0.9706	0.9936	0.9995
building2	0.9609	0.4846	0.4161	0.8951	0.9118	0.98	0.9815
water	0.9818	0.9938	0.9897	0.9692	0.9658	0.9941	0.9877
road	0.9410	0.7241	0.5768	0.762	0.7787	0.8771	0.9804
building3	0.9486	0.6316	0.6343	0.899	0.8638	0.9445	0.9810
boat	0.9953	0.2419	0.3404	0.9323	0.9346	0.9666	0.9994
训练时间/s	1696	7.3	15.1	327	488	1695	1721
测试时间/s	262	80.0	173.9	21.5	29.3	251.1	259

在 RSS 中,以相同的概率选择每个样本,可能会忽略具有较小数量的样本,故所选择的训练样本不够多样化。在 ISSS 过程中,考虑了一个类别内样本的多样性。超像素分割结果的使用使得影像的不同区域的样本被选择。梯度信息和空间分布作为选择的参考,保护了样本的多样性,故所选择的训练样本更具代表性。

3. 与深度学习方法的比较

从表 9.14 可以看出,深度学习方法的结果优于传统方法。深度学习方法的输入是以像素为中心的影像块,像素的邻域信息辅助中心像素的分类。与 SVM 和 RF 相比,几种深度学习方法的模型更深,因此深度学习方法提取的特征更加健壮和抽象。与 SENet、DPN 和 MDF-ResNet 相比,AMDF-ResNet 获得了最高的 OA、AA 和 Kappa,如表 9.14 所示。比较结果发现对于大多数类别,MDF-ResNet 的准确率高于 DPN 和 SENet 并且 AMDF-

ResNet 的准确率高于 MDF-ResNet。例如,road 类别 SENet、DPN、MDF-ResNet 和
AMDF-ResNet 的准确率分别为 59.49%、61.93%、80.39%和 94.28%。

从表 9.14 和表 9.15 可以看出,就不同方法的比较而言,两幅影像与温哥华 1B 级影像
相似。对于这两个数据集,ISSS + AMDF-ResNet 获得最高的 OA、AA 和 Kappa,验证了
ISSS 和 AMDF-ResNet 的有效性。

表 9.15　西安郊区影像分类结果

方法	RSS+AMDF-ResNet	ISSS+SVM	ISSS+RF	ISSS+SENet	ISSS+DPN	ISSS+MDF-ResNet	ISSS+AMDF-ResNet
OA	0.9711	0.6761	0.6857	0.9549	0.9455	0.9778	0.9906
AA	0.983	0.8062	0.7953	0.9728	0.9690	0.9875	0.9948
Kappa	0.9626	0.6115	0.6183	0.9420	0.9300	0.9714	0.9879
building1	0.9975	0.9899	0.9984	0.9989	0.9999	0.9999	0.9997
building2	0.9969	0.7183	0.6303	0.9913	0.9958	0.9971	0.9998
vegetation1	0.9163	0.8309	0.8366	0.8984	0.8516	0.9472	0.9749
vegetation2	0.9890	0.8554	0.8200	0.9619	0.9758	0.9889	0.9964
land	0.9990	0.8759	0.8589	0.9953	0.9996	0.9996	0.9999
building3	0.9943	0.7834	0.7738	0.9894	0.9855	0.9953	0.9984
road	0.9754	0.4305	0.4861	0.949	0.9478	0.9746	0.9903
building4	0.9959	0.9651	0.9579	0.9984	0.9959	0.9972	0.9988
训练时间/s	1725	7.5	12.9	323	483	1688	1719
测试时间/s	309	86.8	387.3	25.7	35.1	250	308

9.5　基于深度极化卷积神经网络的极化 SAR 影像分类

9.5.1　基于深度极化卷积的网络框架

关于分类框架的设计,诸如影像语义分割、高光谱影像分类、极化 SAR 影像分类等都具
有相似的结构和框架,这些分类框架避免不了的一个问题是需要对逐个像素点进行取块,然
后再进行特征提取与分类。这个取块操作占用了极大的内存,并且伴随着循环访问的操作,
极大地影响算法效率。直到全卷积网络框架被提出,这个问题才看到了希望。由于全卷积
网络引入了反卷积这个操作,实现了影像对影像的预测,也就是整幅影像输入,会得到同样
尺寸和大小输出结果图。从功能上理解,传统卷积神经网络中,所取像素块的大小限制了感
知区域。通常像素块的尺寸要比整幅影像的尺寸小很多,从这些块中提取的特征,只能表示
有限的局部信息,缺乏全部信息,分类的性能将会受到限制。然而全卷积神经网络可以从全
局特征中去学习,并计算出每个像素所属的类别,没有脱离之前的影像级别的分类,而是从

将影像级别的分类扩展到了像素级别的分类。

考虑以上两点,这里提出了一种基于深度极化卷积网络的极化 SAR 影像分类方法,该算法首先提出了一种新的极化散射矩阵编码方式(极化散射编码),它不仅完全保留了数据的极化信息,而且有利于通过深度学习(特别是卷积网络)提取高层次的特征;其次,提出了一种基于极化散射编码和全卷积网络的极化 SAR 影像分类算法,称为极化卷积网络(Polar Convolutional Network,PCN);最后,设计特征聚合层融合影像特征,挖掘出更高级的特征。该方法有机地结合了极化散射编码和全卷积神经网络各自的优点,解决了极化 SAR 数据编码困难的问题,提升了极化 SAR 影像的分类性能。

基于深度 PCN 的极化 SAR 影像分类框架如图 9.18 所示,第一,将原始的极化 SAR 数据矩阵 I 转换成极化散射矩阵 S_1。假设 I 的大小是 $s_1 \times s_2 \times 8$,那么散射矩阵 S_1 就是一个大小为 $s_1 \times s_2$ 复数矩阵;第二,利用提出来的极化散射编码方法,将散射矩阵 S_1 映射为散射编码矩阵 S_{Ir},散射编码矩阵的大小是 $4s_1 \times 4s_2$;第三,构造一个两层的卷积神经网络将散射编码矩阵映射成大小为 $s_1 \times s_2$ 的特征图 S_{Ir2};第四,原始的极化 SAR 数据和特征图 S_{Ir2} 分别经过全卷积神经网络进行特征提取,所提取的特征大小均是 $s_1 \times s_2$;第五,将这两个分支的特征进行聚合,聚合的方法是先进行堆叠,得到特征图大小 $s_1 \times s_2 \times M$,再进行 Same 方式的卷积操作学习和降维,得到融合后的特征图大小为 $s_1 \times s_2 \times C$。最后经过 softmax 分类器进行分类,得到分类结果。分类结果和真实的地物标记图一样大,均是 $s_1 \times s_2$,和原始影像同尺寸。

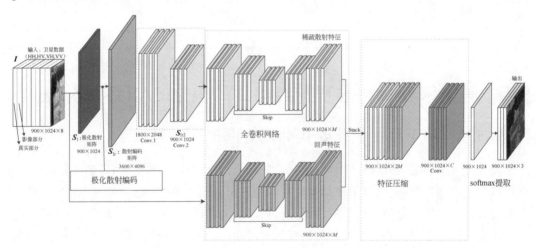

图 9.18 基于深度 PCN 的极化 SAR 影像分类框架
(https://ieeexplore.ieee.org/document/8558689)

如上所述,基于极化卷积网络的极化 SAR 影像分类框架是一个端到端的分类方法,可以一次性进行优化,不必分成多阶段,这是该网络的一大优点。通过在最后一层特征上进行误差求和的方式得到网络的损失函数,并利用 SGD 算法进行优化求解。

上述模型的部件主要包括极化散射编码、卷积及反卷积,其表达式为:

$$O_{ij} = F\Big[\sum_{m_i,m_j=0}^{k} G(X_{s_i+m_i,s_j+m_j})\Big] \tag{9-37}$$

其中,O_{ij} 是卷积层第 i 行第 j 列的输出;F 为正则化函数;ReLU 是激活函数;k 是卷积核的大小;X 是输入;s 是步长。

反卷积层由上采样层和卷积层组成,上采样层对应于下采样阶段的最大池化。使用对应的特征图中的最大池化的索引向上采样特征图。然后,与一组可学习的卷积核卷积,生成密集的特征映射。最后通过 softmax 和交叉熵逐个像素计算能量损失,公式定义如下:

$$p_c(\boldsymbol{x}) = \frac{\exp[a_c(\boldsymbol{x})]}{\sum_{c'=1}^{C}\exp[a_{c'}(\boldsymbol{x})]} \tag{9-38}$$

其中,$a_{c'}(x)$ 表示在 $\boldsymbol{x} \in \Omega$ 位置,第 c' 个通道的激活值。C 是分类的总类别个数,$p_c(\boldsymbol{x})$ 表示逼近的最大能量函数,它表示每个像素属于某类的概率,总体能力损失函数如下:

$$E = \sum_{x \in \Omega}\log[p_{i(x)}(\boldsymbol{x})] \tag{9-39}$$

其中,$t: \Omega \rightarrow \{1,2,\cdots,C\}$ 表示真实地物类别,$i(x)$ 表示像素 x 对应的标记。

9.5.2　实验结果与分析

这一部分使用了美国旧金山海湾区的极化 SAR 影像,用于验证所提出算法的性能,给出了实验结果和分析。

1. 实验设置

在实验中,将极化散射编码与传统常用的极化 SAR 影像特征进行比较。在特征提取方面,采用 PF22 和 SSC 两种特征。在分类器设计方面,采用传统的分类器最大似然分类器(MLD)和 SVM。同时也采用了目前主流的深度学习分类的算法 DCNN、基于极化特征驱动的深度卷积神经网络(Polar Feature Driven Convolutional Network,PFDCN)和 FCN 作为对比算法,分别被记为 PF22-MLD、PF22-SVM、PF22-CNN、SSC-CNN、PF22-FCN 和 PFDCN。在对比算法中,为了尽可能公平地进行比较,通过 10 次随机实验,在结果中加入了标准差,使 CNN 和 FCN 编码部分的参数尽可能相同,做到网络结构一致。

2. 结果分析

各算法对比结果如图 9.19(a)～图 9.19(g)所示,分类准确率如表 9.16 所示。可以看出,FCN 方法性能优于其他方法,分类精度高于对比算法,分类结果图更接近标记的真实地物图。

PF22-MLD 和 PF22-SVM 不能很好地区分高密度城区,并且容易将高密度城市错分为低密度城区,主要原因是这两个对象相似,难以区分其特征。在识别混合地形方面 PF22-CNN 比 SSC-CNN 差。PCN 算法的分类结果优于 PF22-FCN 和 PFDCN,该算法几乎可以检测到所有种类目标,尤其是高密度城区和低密度城区。表 9.16 显示,PCN 算法的准确性高于其他对比算法。

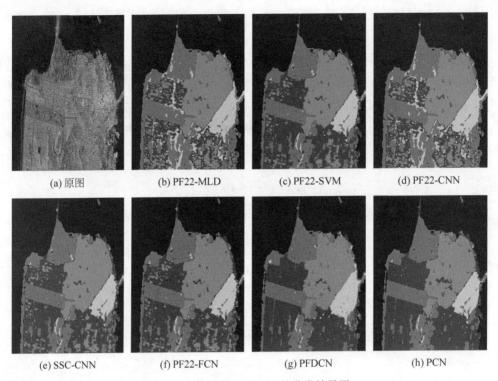

(a) 原图   (b) PF22-MLD   (c) PF22-SVM   (d) PF22-CNN

(e) SSC-CNN   (f) PF22-FCN   (g) PFDCN   (h) PCN

图 9.19　数据集 SF-RL 上的分类结果图

(https://ieeexplore.ieee.org/document/8558689)

在由 PF22-MLD 和 PF22-SVM 得到的分类图中,一些城市和农田被错误地划分为森林。基于卷积的分类方法都得到了较好的分类图,可以得到均匀区域,但 PCN 的性能更为突出,在城市和农田类别上几乎没有噪声干扰。

表 9.16　数据集 SF-RL 上的分类准确率　　　　单位:%

方法	C1	C2	C3	C4	C5	AA	OA	Kappa
PF22-MLD	86.90± 0.16	82.83± 0.14	80.54± 0.16	82.98± 0.09	84.24± 0.14	83.49± 0.17	86.23± 0.15	83.42± 0.13
PF22-SVM	89.14± 0.18	86.48± 0.16	88.24± 0.16	89.10± 0.12	82.31± 0.09	87.05± 0.10	89.13± 0.10	83.99± 0.14
PF22-CNN	92.82± 0.15	92.93± 0.15	93.86± 0.16	94.13± 0.13	85.93± 0.16	91.93± 0.11	93.05± 0.07	88.54± 0.14

续表

方法	C1	C2	C3	C4	C5	AA	OA	Kappa
SSC-CNN	86.27±0.09	94.07±0.09	94.56±0.08	93.54±0.15	87.24±0.12	91.14±0.12	92.14±0.08	89.29±0.08
PF22-FCN	93.46±0.06	97.39±0.13	92.07±0.09	96.43±0.14	92.42±0.12	94.35±0.11	95.05±0.14	90.54±0.09
PFDCN	94.68±0.12	97.64±0.07	92.54±0.06	96.92±0.09	92.82±0.1	95.88±0.08	96.05±0.12	93.54±0.15
PCN	96.2±0.15	94.83±0.15	98.56±0.14	98.5±0.12	98.79±0.08	97.44±0.14	98.24±0.07	95.27±0.1

表 9.17 显示了数据集上不同方法实现的时间。影响计算时间的因素包括影像大小、数据集的复杂性和算法本身。计算时间随着影像的大小和数据集的复杂性而增加,PF22-FCN 和 PCN 的速度比其他算法快,主要原因是该算法不需要滑动窗口来逐个计算像素。

表 9.17 不同数据集上的算法时间

方 法	San Francisco(Radarsat-2)		Flevoland(Radarsat-2)		San Francisco(AIRSAR)		Flevoland(AIRSAR)	
	训练/s	测试/s	训练/s	测试/s	训练/s	测试/s	训练/s	测试/s
PF22-MLD	380	131	355	118	435	155	335	117
PF22-SVM	432	156	420	137	487	178	430	125
PF22-CNN	300	60	289	57	354	86	300	55
SSC-CNN	283	56	276	54	348	75	289	52
PF22-FCN	321	40	315	38	361	55	325	33
PFDCN	285	58	284	54	351	76	279	51
PCN	350	42	328	40	383	57	341	35

9.6 基于深度生成判别混合框架的极化 SAR 影像分类

9.6.1 基于生成式模型的极化目标分解学习模型

本章将极化分解任务等价于一个利用生成式模型进行数据建模的过程,旨在提出一个自适应的极化分解学习框架。令 $\{\boldsymbol{X}_i \in \boldsymbol{C}^{3\times3}\}_{i=1}^N$ 表示一组给定的极化 $\boldsymbol{T}_3$ 矩阵或 $\boldsymbol{C}_3$ 矩阵,其向量表示为 $\boldsymbol{x}_i = \mathrm{vec}(\boldsymbol{X}_i)$。

根据极化分解假设,该极化向量(矩阵)是由一些潜在的基本极化散射向量(矩阵)$\{\boldsymbol{d}_k\}_{k=1}^K$ 生成。假设服从线性合成模型,即 $\boldsymbol{x} = \sum_{i=1}^K \boldsymbol{d}_k h(k) + \boldsymbol{e}$,其中 $h(k) \geqslant 0$,衡量第 k

个散射方式对生成 x 的贡献，e 为合成误差向量。在传统的基于数学特征值分解或物理散射模型的分解框架中，$\{d_k\}_{k=1}^K$ 是根据数学特征分解或物理散射模型设计得到，然后对于每一个 x_i 去估计分解系数向量 h_i 来完成该极化分解任务。然而这种方式将面临两个问题：K 选择与 d_k 的设计。

根据生成式字典学习的启发，能否直接根据这组观测样本，自适应地学习得到最匹配这组数据的一些基原子向量？基于这个想法，本节将假设 x 的条件分布函数满足：

$$-\ln P(x \mid z, \Theta_{xz}) \propto \| x - Dh \|_2^2 = \left\| x - \sum_{k=1}^p d_k h_k \right\|_2^2 \tag{9-40}$$

其中，$\Theta_{xh} = D \in C^{9 \times p}$ 作为模型参数表示为复字典矩阵，其中 d_k 表示第 k 个散射基向量，h 表示关于 x 的隐变量。通过选择合适的隐变量的先验分布 $P(h)$ 就可以完成利用生成式模型对 x 的建模。因此极化目标分解等价于该生成式模型的参数估计问题，而某极化数据的分解表示为关于 z 的后验推理问题。

9.6.2　深度生成判别混合网络模型

1. 基于多任务学习的生成判别混合模型

令 $\mathcal{I} \in C^{m \times n \times 3 \times 3}$ 表示尺寸为 $m \times n$ 的极化 SAR 影像数据，其中每个数据点是 3×3 的 T 或 C 矩阵，$x_i \in C^9$ 表示第 i 个数据的向量形式。若 $\mathcal{I} = \mathcal{T} \bigcup \mathcal{U}$，其中 $\mathcal{T}$ 与 $\mathcal{U}$ 分别表示为标记和未标记的数据集合，满足 $|\mathcal{T}| = N_l$，$|\mathcal{U}| = N_u$，$N = N_l + N_u = m \times n$ 为所有数据数量。极化 SAR 影像分类就是根据 $\mathcal{T}$ 中的样本完成对 $\mathcal{U}$ 中样本的标记。

为了实现这个任务，根据前文的介绍，判别式模型通过对后验分布 $P(y|x, \Theta_{yx})$ 进行参数化建模，并利用 $\mathcal{T}$ 中的标记样本进行如下的参数学习：

$$\Theta_{yx}^{ML} \leftarrow \arg\max_{\Theta_{yx}} E_{(x,y) \sim \mathcal{T}} \ln P(y \mid x, \Theta_{yx}) \tag{9-41}$$

对于 $x \in \mathcal{U}$，其类标可以直接通过 $P(y|x, \Theta_{yx}^{ML})$ 进行决策。然而当 N_l 远小于 Θ_{yx} 的规模时，通过式(9-41)学习的判别式模型容易陷入过拟合的风险。而减少 Θ_{yx} 的规模，例如利用正则化技术会造成判别模型的性能下降。何时在 $\mathcal{U}$ 上能取得较好的泛化性能也是一个难题。

为了解决这个问题，受到多任务学习和迁移学习的启发，如果关于 $\mathcal{I}$ 所需的最优 Θ^{ML} 或者其部分能够通过另外的任务或数据库进行学习，这些额外的信息将提供足够的支撑来缓解式(9-41)在学习过程中的过拟合风险。根据这个思路，假设 $\Theta_{yx} = \Theta_c \bigcup \Psi$，其中 c 表示由标记样本 $\mathcal{T}$ 能够学习的判别性参数，Ψ 为由额外任务学习的数据表示的参数。在这个假设下，Ψ 将利用一个无监督学习模型，通过额外学习 $\mathcal{U}$ 来得到。由于 $N_l \leqslant N_u$，这个无监督学习的生成式模型可以由一个复杂的深层网络来构成而不会出现过拟合风险。考虑另外一个任务：通过训练一个生成式模型来极大化如下关于数据分布的似然函数。

$$\boldsymbol{\Theta}_x^{\mathrm{ML}} \leftarrow \arg \max_{\boldsymbol{\Theta}_x} E_{(x)\sim\mathcal{T}} \ln P(\boldsymbol{x},\boldsymbol{\Theta}_x) \tag{9-42}$$

其中，$\boldsymbol{\Theta}_x = \boldsymbol{\Theta}_{\mathcal{X}} \bigcup \boldsymbol{\Psi}$。于是结合式(9-42)和式(9-41)描述的两个优化任务，能够得到一个基于多任务学习的生成判别混合模型为：

$$\max_{\boldsymbol{\Theta}_x \boldsymbol{\Theta}_{yx}} \boldsymbol{E}_{x\sim\mathcal{I}} \ln P(\boldsymbol{x},\boldsymbol{\Theta}_x) + \boldsymbol{E}_{(x,y)\sim\mathcal{T}} \ln P(\boldsymbol{y} \mid \boldsymbol{x},\boldsymbol{\Theta}_{yx})$$

$$= \max_{\boldsymbol{\Psi},\boldsymbol{\Theta}_{\mathcal{X}},\boldsymbol{\Theta}_{c}} \boldsymbol{E}_{x\sim\mathcal{U}} \ln P(\boldsymbol{x} \mid \boldsymbol{\Psi},\boldsymbol{\Theta}_{\mathcal{X}}) + \boldsymbol{E}_{x\sim\mathcal{T}} \ln P(\boldsymbol{x} \mid \boldsymbol{\Psi},\boldsymbol{\Theta}_{\mathcal{X}}) + \boldsymbol{E}_{(x,y)\sim\mathcal{T}} \ln P(\boldsymbol{y} \mid \boldsymbol{x},\boldsymbol{\Psi},\boldsymbol{\Theta}_{C})$$

$$= \max_{\boldsymbol{\Psi},\boldsymbol{\Theta}_{\mathcal{X}},\boldsymbol{\Theta}_{c}} \boldsymbol{E}_{x\sim\mathcal{U}} \ln P(\boldsymbol{x} \mid \boldsymbol{\Psi},\boldsymbol{\Theta}_{\mathcal{X}}) + \boldsymbol{E}_{(x,y)\sim\mathcal{T}} \ln P(\boldsymbol{y},\boldsymbol{x} \mid \boldsymbol{\Psi},\boldsymbol{\Theta}_{C},\boldsymbol{\Theta}_{\mathcal{X}}) \tag{9-43}$$

因此通过观察式(9-43)可以得知，该混合模型其实是由两个生成式模型构成。具体上说，$P(\boldsymbol{y},\boldsymbol{x} \mid \boldsymbol{\Psi},\boldsymbol{\Theta}_C,\boldsymbol{\Theta}_{\mathcal{X}})$ 为一个针对标记样本 $(\boldsymbol{x},\boldsymbol{y})$ 联合分布的生成式模型，$P(\boldsymbol{x} \mid \boldsymbol{\Psi},\boldsymbol{\Theta}_{\mathcal{X}})$ 为关于未标记样本 $\boldsymbol{x}$ 边缘分布的生成式模型。

2. 变分多模态协同表示学习

为了实现多模态的协同表示学习并增加模型的表示能力，对于每一个数据 $x\in\mathcal{I}$ 引入隐变量 h 代表关于 $\boldsymbol{X}$ 的空谱协同表示特征，对应的特征矩阵记作 $\boldsymbol{H}$，其列变量彼此不再具有独立的性质。根据这个隐变量，式(9-37)定义的两个生成式模型将在 $\boldsymbol{H}$ 的参与下完成构建，即假设类标变量矩阵 $\boldsymbol{Y}$ 和 $\boldsymbol{X}$ 均是由 $\boldsymbol{H}$ 生成。因此期望利用一个函数 $Q(\boldsymbol{H} \mid \boldsymbol{X})$ 来逼近真实隐变量矩阵的后验分布 $P(\boldsymbol{H} \mid \boldsymbol{Y}_{\mathcal{T}},\boldsymbol{X})$。用 KL 散度衡量这两个分布函数的差异，有：

$$\mathrm{KL}\big[Q(\boldsymbol{H} \mid \boldsymbol{X}) \parallel P(\boldsymbol{H} \mid \boldsymbol{Y}_{\mathcal{T}},\boldsymbol{X})\big] = E_{H\sim Q(H|\boldsymbol{\Psi})}\big[\ln Q(\boldsymbol{H} \mid \boldsymbol{X}) - \ln P(\boldsymbol{H} \mid \boldsymbol{Y}_{\mathcal{T}},\boldsymbol{X})\big] \tag{9-44}$$

根据贝叶斯公式可以得到如下关于 $\ln P(\boldsymbol{Y}_{\mathcal{T}},\boldsymbol{X})$ 的 ELBO 为：

$$\ln P(\boldsymbol{Y}_{\mathcal{T}},\boldsymbol{X}) = \ln P(\boldsymbol{Y}_{\mathcal{T}},\boldsymbol{X}_{\mathcal{T}}) + \ln P(\boldsymbol{X}_{\mathcal{U}}) \geqslant \int_{H} Q(\boldsymbol{H} \mid \boldsymbol{X}) \ln \frac{P(\boldsymbol{Y}_{\mathcal{T}},\boldsymbol{X},\boldsymbol{H})}{Q(\boldsymbol{H} \mid \boldsymbol{X})} \mathrm{d}\boldsymbol{H}$$

$$= \int Q(\boldsymbol{H} \mid \boldsymbol{X}) \ln P(\boldsymbol{Y}_{\mathcal{T}},\boldsymbol{X} \mid \boldsymbol{H}) \mathrm{d}\boldsymbol{H} - \mathrm{KL}\big[Q(\boldsymbol{H} \mid \boldsymbol{X}) \parallel P(\boldsymbol{H})\big] \tag{9-45}$$

假设变量之间满足如下的有向图模型来描述它们之间的逻辑关系：

$$P(\boldsymbol{Y}_{\mathcal{T}},\boldsymbol{X} \mid \boldsymbol{H}) = P(\boldsymbol{Y}_{\mathcal{T}} \mid \boldsymbol{H}) P(\boldsymbol{X} \mid \boldsymbol{H}) = P(\boldsymbol{Y}_{\mathcal{T}} \mid \boldsymbol{H}_{\mathcal{T}}) P(\boldsymbol{X} \mid \boldsymbol{H}) \tag{9-46}$$

根据均值场理论的变分推断假设分布 $Q(\boldsymbol{H}|\boldsymbol{X})$ 可分，将式(9-40)代入式(9-39)得到 ELBO 为：

$$\int Q(\boldsymbol{H} \mid \boldsymbol{X}) \ln P(\boldsymbol{Y}_{\mathcal{T}} \mid \boldsymbol{H}_{\mathcal{T}}) + \ln P(\boldsymbol{X} \mid \boldsymbol{H}) \mathrm{d}\boldsymbol{H} - \mathrm{KL}\big[Q(\boldsymbol{H} \mid \boldsymbol{X}) \parallel P(\boldsymbol{H})\big]$$

$$= \sum_{i=1}^{|\boldsymbol{\mathcal{T}}|} E_{h_i\sim Q_i(h|x_i),(x_i,y_i)\in\mathcal{T}} \ln P(\boldsymbol{y}_i \mid \boldsymbol{h}_i) + \sum_{j=1}^{|\boldsymbol{\mathcal{T}}|} E_{h_i\sim Q_j(h|x_j),x_j\in\mathcal{T}} \ln P(\boldsymbol{x}_j \mid \boldsymbol{h}_j) -$$

$$\mathrm{KL}\big[Q(\boldsymbol{H} \mid \boldsymbol{X}) \parallel P(\boldsymbol{H})\big] \tag{9-47}$$

式(9-47)在本章中被定义为变分多模态协同表示模型，第一项表示为关于分布 $Q(\boldsymbol{H}_{\mathcal{T}}|\boldsymbol{X}_{\mathcal{T}})$ 与 $P(\boldsymbol{Y}_{\mathcal{T}}|\boldsymbol{H}_{\mathcal{T}})$ 的交叉熵代价函数，实现了对 $\boldsymbol{X}_{\mathcal{T}}$ 的特征提取和分类的判别式任

务。第二项表示为关于分布 $Q(H\,|\,X)$ 与 $P(X\,|\,H)$ 的交叉熵代价函数，实现了一个关于 X 的特征编码与解码的生成式自编码任务。第三项表示利用先验分布函数 $P(H)$ 对 $Q(H\,|\,X)$ 施加的一个正则。结合式(9-43)定义的多任务学习生成判别混合模型，最终的深度生成混合判别学习框架记作 PolNet：

$$\max_{\boldsymbol{\Psi},\boldsymbol{\Theta}_C,\boldsymbol{\Theta}_{\mathcal{X}}} E_{(x,y)\sim\mathcal{T}} E_{h\sim Q(h|x,\boldsymbol{\Psi})}\ln P(y\,|\,h,\boldsymbol{\Theta}_C) + E_{x\sim\mathcal{I}} E_{h\sim Q(h|x,\boldsymbol{\Psi})}\ln P(x\,|\,h,\boldsymbol{\Theta}_{\mathcal{X}}) -$$

$$\mathrm{KL}[Q(H\,|\,X,\boldsymbol{\Psi})\,\|\,P(H)] \tag{9-48}$$

3. 深层网络结构设计

针对 PolNet 中几个基本模块进行详细建模，分别是 $Q(H\,|\,X,\boldsymbol{\Psi})$ 即后验逼近的特征提取分布函数，$P(X\,|\,H,\boldsymbol{\Theta}_{\mathcal{X}})$ 即关于 X 的条件似然函数，$P(Y_{\mathcal{T}}\,|\,H_{\mathcal{T}},\boldsymbol{\Theta}_C)$ 即基于特征的判别式分类器以及 $\mathrm{KL}[Q(H\,|\,X,\boldsymbol{\Psi})\,\|\,P(H)]$ 定义的正则函数。

(1) 根据可分性假设，满足 $Q(H\,|\,X,\boldsymbol{\Psi}) = \prod_{i=1}^{|\mathcal{I}|} Q_i(h_i\,|\,x_i,\boldsymbol{\Psi})$。每个 Q_i 假设服从如下多变量高斯分布：

$$Q_i(h_i\,|\,x_i,\boldsymbol{\Psi}) = \mathcal{N}(\mu_{\boldsymbol{\Psi}}(x_i),\sigma^2\boldsymbol{I}) \tag{9-49}$$

其中，$\mu_{\boldsymbol{\Psi}}(x):x\rightarrow\mu$ 表示为将 x 映射到均值向量的函数，σ 控制对角协方差矩阵。由于 h 表示空谱融合的高层特征，因此可以假设 μ 是由两个模态的中层特征融合得到。令 f_s 和 f_p 分别表示为中层空域和谱域特征表示，则该函数利用 MLP 模型设计为：

$$\mu_{\boldsymbol{\Psi}}(x) = W_{\boldsymbol{\Psi}g}(W_{\boldsymbol{\Psi},p}f_p + W_{\boldsymbol{\Psi},s}f_s), \quad f_p = g(A_p,x_p), \quad f_s = g(A_s x_s) \tag{9-50}$$

其中，$g(x) = \max(x,0)$ 选择为 ReLU，x_p 和 x_s 分别表示为输入的底层谱特征和空域特征。综上所示，这个模块的可学习参数集合为 $\boldsymbol{\Psi} = \{W_{\boldsymbol{\Psi}},W_{\boldsymbol{\Psi},p},W_{\boldsymbol{\Psi},s},A_p,A_s\}$。

(2) $P(x\,|\,h,\boldsymbol{\Theta}_{\mathcal{X}})$。如果 x 为极化散射 T 或 C 矩阵时，这一项可以利用式(9-35)进行构造。因此这一项实际等价于实现了自适应极化目标分解任务。

(3) $P(y\,|\,h,\boldsymbol{\Theta}_C)$ 函数定义了一个基于特征的判别式分类器，因此可以通过任意一个判别式模型进行构造。下面将利用高斯条件随机场来构造，即

$$-\ln P(Y\,|\,H,\boldsymbol{\Theta}_C) = \sum_i \left(\|y_i - W_y h\|_2^2 + T\sum_j \in \mathrm{Nei}(i)\,\|y_i - y_j\|_2^2\right) \tag{9-51}$$

(4) $\mathrm{KL}[Q(H\,|\,X,\boldsymbol{\Psi})\,\|\,P(H)]$。最后一项需要设计的是关于 $Q(H\,|\,X,\boldsymbol{\Psi})$ 与隐变量先验分布 $P(H)$ 的 KL 散度项。由于 H 为空谱融合特征矩阵，因此考虑 H 的列向量应该包含着极化 SAR 的空域关联关系。因此为了对这个空域关系进行建模，$P(H)$ 可以用随机场模型进行建模，为了方便 KL 散度的计算，本文选择高斯随机场。假设 H 中每层特征图 H_k 独立服从高斯分布随机场模型，则有：

$$P(H) = \prod_{k=1}^{K_p} \mathcal{N}(H_k\,|\,0,\tau^{-1}\boldsymbol{L}) \tag{9-52}$$

其中，K_p 表示特征图的数目，即融合特征空间的维度，$\tau^{-1}\boldsymbol{L}\in\boldsymbol{R}^{N\times N}$ 为协方差矩阵，$\boldsymbol{L}$ 是

某矩阵 $\mathbf{W}_x$ 的图拉普拉斯,其中 $\mathbf{W}_{i,j}$ 衡量了第 i 个样本和第 j 个样本的相似度,可以用复 Wishart 距离等测度构造。

根据上述构造,整体 PolNet 的网络架构展示如图 9.20 所示。

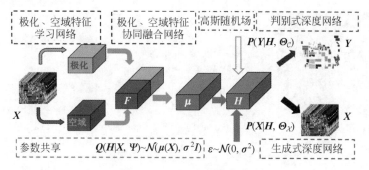

图 9.20　PolNet 网络架构

(https://kns.cnki.net/kcms/detail/detail.aspx?dbcode=CDFD&dbname=CDFDLAST2018&filename=1018046129. nh&v=Vt7pjfJE5I8f%25mmd2BKrufq9s%25mmd2FmNKHoLr5%25mmd2FntOVhJQdx1eFkYiZP0LZKWWQ3sg8RL5VDn)

4. 框架优化与分析

针对式(9-49)定义的 PolNet 优化问题,得到模型最终的优化问题为:

$$\max_{\mathbf{\Psi},\mathbf{\Theta}_c,\mathbf{\Theta}_X} \frac{\alpha}{N} \sum_{y\in\mathcal{T}} \sum_{I=1}^{M} \ln P(\mathbf{y}\mid \mathbf{h}_{\mathcal{T}}^1,\mathbf{\Theta}_C) + \frac{1}{N} \sum_{x\in\mathcal{T}} \sum_{I=1}^{M} \ln P(\mathbf{x}\mid \mathbf{h}^1,\mathbf{\Theta}_X) - \tau \mathrm{KL}\big[Q(\mathbf{H}\mid \mathbf{X},\mathbf{\Psi}) \parallel P(\mathbf{H})\big]$$

$$(9-53)$$

针对这个优化问题,根据变分 EM 框架将交替估计隐变量的后验分布和完成参数的更新。

9.6.3　实验结果与分析

从图 9.21 所示的 Flevoland 分类图对比结果可以看出,由于 Wishart 分类器与 SVM 分类器只考虑像素点本身的信息,造成图中大量的杂点无法准确分类,因此这两个算法的区域一致性较差。因为核函数对数据进行了非线性特征变换,所以 SVM 取得了比 Wishart 更好的分类效果,总的分类精度提升了近 10%,尤其是 Wheat 的分类结果由于进行了特征学习比 Wishart 分类器高出 70%,因此证明判别性分类器比极大似然分类器能提升分类的性能。基于 Wishart-DBN 的深度特征学习的分类方法相比于 SVM 又有得到了显著的提升,其准确率超出了 40%。这个结果验证了特征学习的重要性。在 Wishart-DBN 中增加了后处理步骤将区域进行平滑,来进一步提升分类结果图的一致性。通过与 Wishart-MRF 分类框架的对比可以发现,Wishart-MRF 的分类结果相比于 Wishart 分类器的区域一致性有了明显的提升,例如 Sternbeans 和 Baresoil 的分类准确率也从 14% 和 11% 提高到了 97% 和 100%。然而还是有明显的错分情况,例如 water。而 Wishart-DBN 经过后处理后,分类图的视觉结果有了明显的提升。反观本章提出的 PolNet 的分类结果很明显的较全部对比算法有明显的性能提升,而且本章的框架并不需要额外的后处理方式来提升区域的一致性,这充分验证了 PolNet 在该这幅测试图的分类性能的优越性。

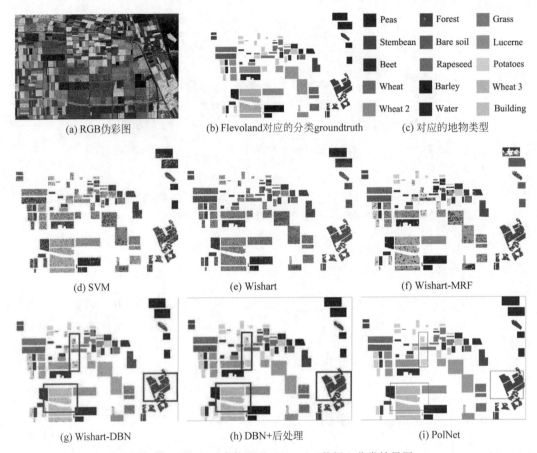

■ Peas	■ Forest	■ Grass
■ Stembean	■ Bare soil	■ Lucerne
■ Beet	■ Rapeseed	■ Potatoes
■ Wheat	■ Barley	■ Wheat 3
■ Wheat 2	■ Water	■ Building

(a) RGB伪彩图　　　(b) Flevoland对应的分类groundtruth　　　(c) 对应的地物类型

(d) SVM　　　(e) Wishart　　　(f) Wishart-MRF

(g) Wishart-DBN　　　(h) DBN+后处理　　　(i) PolNet

图 9.21　不同的分类算法在 Flevoland 数据上分类结果图

(https://kns. cnki. net/kcms/detail/detail. aspx?dbcode＝CDFD&dbname＝CDFDLAST2018&filename＝1018046129. nh&v＝Vt7pjfJE5I8f％25mmd2BKrufq9s％25mmd2FmNKHoLr5％25mmd2FntOVhJQdx1eFkYiZP0LZKWWQ3sg8RL5VDn)

　　除了针对分类结果图的视觉评价外,还利用数值量化指标衡量不同算法的分类性能,数值结果汇总在表 9.18 中。从表中的分类数值指标的结果上看,Wishart 分类器总分类精度只有 49％,其 Kappa 系数也只能达到 0.5。而得益于判别式分类器与非线性核特征变换,使 SVM 能够在个别地物上能取得更好的结果。相对于 Wishart 只在局部得到了一个更平滑的结果,Wishart-MRF 的分类精度进一步提升到 70％,而其 Kappa 系数也达到了 0.71。Wishart-DBN 及其后处理的方法分类准确率分别能达到 93％和 97％。然而 DBN 为生成式模型,因此其分类的性能并没有 PolNet 混合模型高。通过约束空间相近的样本有相同的特征,在保留源数据间相似性与差异性的同时,基于生成判别混合式的特征学习方法增加了样本的判别性。因此无论从视觉效果还是量化的分类准确率上,都能证明 PolNet 对于极化 SAR 分类的优越性。

表 9.18 不同分类算法在数据 Flevoland 的分类精度

分 类		算 法					
		SVM	Wishart	Wishart-MRF	Wishart-DBN	Wishart-DBN＋后处理	PolNet
Peas		0.50	0.22	0.73	0.96	0.99	0.99
Forest		0.66	0.41	0.84	0.91	0.96	1.00
Grasses		0.19	0.17	0.09	0.90	0.95	0.98
Wheat		0.59	0.40	0.77	0.92	0.97	1.00
Barley		0.80	0.10	0.99	0.98	0.99	0.99
Stembeans		0.14	0.14	0.97	0.97	0.96	1.00
Baresoil		0.64	0.11	1.00	0.97	0.98	0.99
Lucerne		0.62	0.17	0.84	0.96	0.98	1.00
Wheat2		0.45	0.46	0.49	0.88	0.95	1.00
Water		0.76	0.59	0.01	0.99	1.00	1.00
Beet		0.74	0.09	0.99	0.96	0.98	0.99
Rapeseed		0.31	0.15	0.67	0.87	0.96	0.99
Potatoes		0.53	0.26	0.91	0.89	0.98	1.00
Wheat3		0.75	0.43	0.70	0.93	0.98	1.00
Buildings		0.37	0.32	0.84	0.85	0.88	0.93
Total	Ace	0.58	0.49	0.71	0.93	0.97	0.99
	Kappa	0.56	0.47	0.70	0.94	0.97	0.99

9.7 本章小结

针对影像分类这一决策认知任务,本章提出了基于双层生成式模型的低秩与组稀疏分解模型及基于脊波的卷积神经网络模型。第一种模型通过对每类影像样本学习一个类相关的字典与一个类共享字典,并对隐变量施加块对角的结构稀疏化正则与低秩正则,实现对目标影像类间相似性和差异性成分进行建模。为了进一步提高生成式模型的表示能力,针对类内的隐特征变量,利用第二层生成式模型,对其进行低秩、稀疏分解,将特征的类内差异性从其本征子空间内进行分离,提高了每类特征的判别能力。从类脑压缩感知的角度讲,9.1 节介绍的方法提出了一个针对影像的分层稀疏化模型的字典学习框架。9.2 节介绍的方法主要结合卷积网络学习特征的优势和脊波表示影像特征的优点来提高高光谱影像分类的精度。其贡献主要有:将脊波滤波器用于卷积神经网络的滤波器的初始化,从而提高了分类精度和减少了计算复杂度;提出了一种空-谱结合的脊波卷积神经网络的高光谱影像分类模型,空间和光谱信息同时得到了有效的利用。该模型在 3 个数据集上都证明了算法的有效性,在高光谱影像分类方面显示出了明显的优势。从整体上来说,这为多分辨分析理论与神经网络的结合提出了一种新思路,或将成为一个较新的探索方向。

9.3 节给出了新的特征提取框架——深度多尺度空谱特征提取对 HSI 进行分类。该方法首先迁移预训练的 FCN-8s 网络滤波器参数提取 HSI 的深度多尺度空间分布特征,然后用加权融合法将空间特征与原始光谱信息融合,最后利用通用分类器对融合特征进行分类。由于空谱特征的融合极大地增加了各目标类内的一致性和类间差异性,该方法对于具有高度复杂的几何结构和空间多样性的 HSI 分类更加有效。

9.4 节中又给出了一种基于多尺度自适应深度融合残差网的遥感影像分类方法,该方法提出了多尺度自适应深度融合残差网络,该网络将多尺度多层次特征的生成与特征融合整合在一个端对端的网络中,提出的自适应融合模块可以自适应地融合不同层次的特征,在融合时能够保留特征中的有利信息并抑制无用信息,因此 AMDF-ResNet 提取的特征更具判别性,更好地拟合了遥感影像的特征。该方法提出了一种重要样本选择策略,从选取多样性的和具有代表性的样本的角度,在超像素分割结果的基础上,利用了像素间的梯度差异和空间信息选取训练样本,保证了训练样本的多样性,并且保护了稀少但重要的样本,提高了训练样本的质量。

9.5 节提出了一种基于极化散射编码和全卷积网络的极化卷积影像分类方法,又称为极化卷积网络。极化散射编码可以保持散射矩阵的结构信息,避免将矩阵分解成一维向量。巧合的是,卷积网络需要二维输入,其中极化散射编码矩阵满足这一条件,因此设计了改进的全卷积网络对极化散射编码数据进行分类。实验结果表明,该算法具有较强的鲁棒性和较好的分类效果,分类图与地面真实标记图非常接近,分类精度高于对比算法。

针对极化目标分解问题,9.6 节提出了一个基于学习的自适应极化分解框架,并针对极化目标分解与极化 SAR 影像分类问题,提出了一个生成判别混合网络框架。通过生成式模型的无监督学习,实现了空谱联合的特征融合学习与自适应极化分解的散射解译一体化。并通过与一个判别式网络共享模型的部分参数,缓解了少量标记样本下训练大规模判别式模型的过拟合风险,高效地缓解了极化 SAR 领域中的本征技术瓶颈。

参考文献

[1]　文载道. 基于压缩表示学习与深度认知推理的 SAR 图像分类与目标识别[D]. 西安:西安电子科技大学,2017.

[2]　石程. 基于视觉稀疏表示和深度脊波网络的遥感图像融合及分类[D]. 西安:西安电子科技大学,2016.

[3]　梁苗苗. 基于多尺度空谱融合网络的高光谱图像分类[D]. 西安:西安电子科技大学,2019.

[4]　李阁. 基于多尺度深度特征融合网络的遥感图像目标检测与分类[D]. 西安:西安电子科技大学,2020.

［5］ 刘旭.基于深度融合网络学习的多源遥感图像分类［D］.西安：西安电子科技大学,2017.

［6］ Shi C,Liu F,Li L,et al. Learning interpolation via regional map for pan-sharpening ［J］. IEEE Transactions on Geoscience and Remote Sensing,2014,53(6)：3417-3431.

［7］ Shi C,Liu F,Li L L,et al. Pan-sharpening algorithm to remove thin cloud via mask dodging and nonsampled shift-invariant shearlet transform ［J］. Journal of Applied Remote Sensing, 2014, 8(1)：083658.

［8］ Jiao L,Shang R,Liu F,et al. Brain and nature-inspired learning,computation and recognition［M］. Elsevier,2020.

［9］ Irmak H,Akar G B,Yuksel S E. A map-based approach for hyperspectral imagery super-resolution ［J］. IEEE Transactions on Image Processing,2018,27(6)：2942-2951.

［10］ Shi C,Pun C M. 3D multi-resolution wavelet convolutional neural networks for hyperspectral image classification［J］. Information Sciences,2017,420：49-65.

［11］ Wen Z,Hou B,Wang S. High resolution SAR target reconstruction from compressive measurements with prior knowledge［C］//2013 IEEE International Geoscience and Remote Sensing Symposium. IEEE,2013：3167-3170.

［12］ Wen Z,Hou B,Jiao L. Discriminative dictionary learning with two-level low rank and group sparse decomposition for image classification ［J］. IEEE Transactions on Cybernetics, 2016, 47 (11)：3758-3771.

［13］ Wen Z,Hou B,Jiao L. Discriminative nonlinear analysis operator learning：When cosparse model meets image classification［J］. IEEE Transactions on Image Processing,2017,26(7)：3449-3462.

［14］ 万余庆,谭克龙,周日平. 高光谱遥感应用研究［M］. 北京：科学出版社,2006.

［15］ Muller-Karger F,Roffer M,Walker N,et al. Satellite remote sensing in support of an integrated ocean observing system［J］. IEEE Geoscience and Remote Sensing Magazine,2013,1(4)：8-18.

［16］ Hilker T,Hall F G,Coops N C,et al. Remote sensing of transpiration and heat fluxes using multi-angle observations［J］. Remote Sensing of Environment,2013,137：31-42.

［17］ Zhang C,Kovacs J M. The application of small unmanned aerial systems for precision agriculture：a review［J］. Precision Agriculture,2012,13(6)：693-712.

［18］ 赵英时. 遥感应用分析原理与方法［M］. 北京：科学出版社,2003.

［19］ Lu D,Weng Q. A survey of image classification methods and techniques for improving classification performance［J］. International Journal of Remote Sensing,2007,28(5)：823-870.

［20］ Lillesand T,Kiefer R W,Chipman J. Remote sensing and image interpretation［M］. John Wiley & Sons,2015.

［21］ 边肇祺,张学工. 模式识别［M］. 北京：清华大学出版社,2002.

［22］ 韦玉春,汤国安,杨昕,等. 遥感数字图像处理教程［M］. 北京：科学出版社,2007.

［23］ Stow D,Coulter L,Kaiser J,et al. Irrigated vegetation assessment for urban environments ［J］. Photogrammetric Engineering and Remote Sensing,2003,69(4)：381-390.

［24］ 刘代志,黄世奇,王艺婷,等. 高光谱遥感图像处理与应用［M］. 北京：科学出版社,2016.

［25］ Ghamisi P,Plaza J,Chen Y,et al. Advanced spectral classifiers for hyperspectral images：A review ［J］. IEEE Geoscience and Remote Sensing Magazine,2017,5(1)：8-32.

［26］ Melgani F,Bruzzone L. Classification of hyperspectral remote sensing images with support vector machines［J］. IEEE Transactions on Geoscience and Remote Sensing,2004,42(8)：1778-1790.

第 10 章

遥感影像融合

遥感影像融合主要指通过某种算法对不同成像传感器采集到的源影像进行处理,并根据一定的融合规则将源影像中的空谱信息进行整合,在提高源影像空间分辨率的基础上,尽量保持源影像中地物的光谱信息,最终获得高空间分辨率和高光谱分辨率遥感影像。遥感影像融合在利用源影像互补信息的同时,能够有效剔除源影像间的冗余信息,所获得的融合影像比任意一幅源影像包含的信息都更丰富和全面,从而克服了成像传感器的空谱分辨率约束,提高了数据的可靠性,为后续遥感影像的高效解译提供了极大的帮助,使得遥感影像的应用得到进一步深化,对我国的国防建设和国民经济发展具有重要意义。

多源遥感数据融合是目前遥感领域研究比较热门且比较重要的一个方向。简单来说,融合的目的是解决目前卫星传感器不能同时获取高空间高时间分辨率影像的一个缺陷。近几年来,在先进设备技术的支持下,一些星载被动地球观测系统,如 QuickBird、SPOT 5 HRG、DEIMOS-2、IKONOS、Landsat 7 ETM+ 和 Landsat 8 OLI 可以联合获得一对多光谱(MS)数据和全色(PAN)数据。由于 PAN 数据分辨率很高,所以 PAN 数据比 MS 数据显示出更精细的空间信息;而 MS 数据拥有几个光谱波段,所以其光谱信息要比 PAN 数据要丰富。PAN 数据中的空间信息与 MS 数据中的光谱信息之间的内在互补性,极大地促进了多分辨率遥感影像分类问题的研究和发展。

两种数据的融合分类帮助不同领域的研究人员进行相应的科学研究,如城市交通、环境保护、建设规划、灾害防治以及城市人口变化对环境的影像等,此外,在对动态目标进行全天候实时跟踪与监控等军事领域也体现了它的重要价值。

10.1 基于低秩张量分解和空谱图正则的多源影像融合

本节介绍了一种基于低秩张量分解和空谱图正则的多光谱与高光谱影像融合方法。在该方法中,影像融合任务被建模成低秩张量分解模型。然后用 Tucker 分解对高光谱影像中的空谱低秩属性进行建模。此外,该方法同时利用流形信息保持高光谱影像中的空谱结构。因此,利用多光谱影像中的空间一致性构建了空间图,利用低空间分辨率高光谱影像各个波段间的相关性构建了光谱图。通过空谱图约束,多光谱影像和低空间分辨率高光谱影像中的空谱结构能够进一步继承到高空间分辨率高光谱影像中。在两类数据上的实验结果证明,该方法能够产生较好的融合结果。

10.1.1 低秩张量融合模型

本节将低空间分辨率高光谱影像表示为 $\overline{\mathcal{L}} \in \mathbf{R}^{N_1^d \times N_2^d \times N_3}$,其中 N_1^d 和 N_2^d 为该影像的高和宽,N_3 表示波段数。$\mathcal{H} \in \mathbf{R}^{N_1 \times N_2 \times N_3}$ 表示高空间分辨率高光谱影像,其中 $N_1 = r \times N_1^d$,$N_2 = r \times N_2^d$,r 表示低空间分辨率高光谱影像和高空间分辨率高光谱影像的空间分辨率之比。$\mathcal{M} \in \mathbf{R}^{N_1 \times N_2 \times N_3^d}$ 表示多光谱影像,N_3^d 为多光谱影像的波段数。为了与低秩张量分解模型相结合,该方法将低空间分辨率高光谱影像进行上插值得到 $\mathcal{L} \in \mathbf{R}^{N_1 \times N_2 \times N_3}$。因此,可以将上采样的低空间分辨率高光谱影像 $\mathcal{L}$ 看成是 $\mathcal{H}$ 与差异图 $\mathcal{S}$ 之和。由于仅仅包含被抵消的空谱细节,差异图被认为是稀疏的。此外,考虑到高空间分辨率高光谱影像与多光谱影像的光谱退化关系,多光谱与高光谱影像融合任务可以建模为:

$$\min \| \mathcal{S} \|_1 + \frac{\lambda}{2} \| \mathcal{M} - \mathcal{H} \times_3 \mathbf{D} \|_F^2 \quad \text{s.t} \quad \mathcal{L} = \mathcal{H} + \mathcal{S} \tag{10-1}$$

其中,$\mathbf{D}$ 为光谱响应矩阵,λ 为权重参数,$\| \cdot \|_1$ 表示 L_1 范数。为了更加准确地恢复融合影像,本节引入了其他先验信息对式(10-1)进行约束。在高光谱影像中,各个相邻波段具有较强的相似性,而空间相邻像素也具有较强的相关性。因此,在高光谱影像中存在低秩结构。则高空间分辨率高光谱影像可以采用低秩张量分解模型刻画该影像中的低秩结构。利用 Tucker 分解模型对融合影像中的低秩属性进行建模,则式(10-1)可写成:

$$\min \| \mathcal{S} \|_1 + \sum_{k=1}^{K} \alpha_k \| \mathbf{V}_k \|_* + \frac{\lambda}{2} \| \mathcal{M} - \mathcal{H} \times_3 \mathbf{D} \|_F^2$$

$$\text{s.t.} \quad \mathcal{L} = \mathcal{H} + \mathcal{S}, \quad \mathcal{H} = \mathcal{Z} \times_1 \mathbf{V}_1 \times_2 \mathbf{V}_2 \times_3 \mathbf{V}_3 \tag{10-2}$$

其中,$\times_3$ 等表示在 n 模上相乘;核范数 $\| \cdot \|_*$ 表示矩阵奇异值的绝对值之和;$\mathcal{Z} \in \mathbf{R}^{J_1 \times J_2 \times J_3}$ 为核心张量;α_k 表示与因子矩阵 $\mathbf{V}_k$ 对应的权重。一般来说,张量秩无法直接确定。一些方法直接采用各个模展开矩阵秩的和作为张量的秩进行优化,这类方法缺少可解释性并且缺乏理论保证。此外,因子矩阵 $\mathbf{V}_k$ 的秩同样较难确定。因此,本节方法直接对因子矩阵 $\mathbf{V}_k$ 进行低秩约束,而不是直接设定因子矩阵 $\mathbf{V}_k$ 的大小。最终,通过式(10-2)同时实现多光谱与高光谱影像的融合以及融合影像的分解。

10.1.2 空间光谱图正则与融合

1. 空间图正则

众所周知,高光谱影像包含较高的冗余性并且处于一个低维子空间。为了进一步利用高光谱影像中的相关性和冗余性,综合利用多光谱影像和低空间分辨率高光谱影像中的流形信息,并构建图正则实现空间维和光谱维的流形信息建模。本方法假设多光谱影像和低空间分辨率高光谱影像中的流形信息与高空间分辨率高光谱影像中嵌入的流形信息是相似的。因此,通过空谱图正则能够将源影像中的空谱信息传递到融合影像中,从而较好地保持融合结果中的空谱信息。

在影像中空间位置相邻的像素点具有相似的亮度。现有方法一般采用分块策略定义空间邻域。这类方法忽略了影像中的空间结构和一致性。而超像素分割方法能够根据不同的空间结构自适应地调整空间邻域的大小。考虑到超像素间的兼容性和计算复杂度,本节采用 ERS(Entropy Rate Superpixel)分割方法定义空间邻域。则空间图可以根据下列步骤构造。

(1)产生亮度图。多光谱影像通常由几个或者十几个波段组成。然而,超像素方法只能对彩色影像或者亮度图进行分割。因此,本节采用 PCA 提取多光谱影像的第一主成分并将其作为亮度影像进行分割。

(2)超像素分割。通过 ERS 分割方法,亮度图被分割成 L 个不重叠的超像素。$L = \left\lfloor \dfrac{N_1 N_2}{40} \right\rfloor$ 为超像素的个数,$\lfloor \cdot \rfloor$ 表示向下取整。图 10.1(a)给出了超像素分割结果,每个超像素可以被看作一个匀质区域。

(3)定义空间邻域。从图 10.1(a)的超像素分割结果可以看到,超像素内的像素点具有空间一致性,而且光谱特性较为相似。对于同一超像素中的像素点,该超像素中其余的像素点可以看成是该像素点的空间邻域。

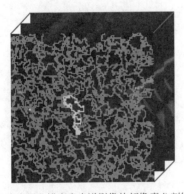
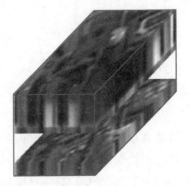

(a) 高空间分辨率多光谱影像的超像素分割结果　　(b) 低空间分辨率高光谱影像中的光谱关系

图 10.1　空谱邻域定义

(https://d.wanfangdata.com.cn/thesis/ChJUaGVzaXNOZXdTMjAyMTAzMDISCUQwMTcwODEzMRoIZHBnN2Jsd2E%3D)

(4)构建空间图。$G_D = (V_D, F_D, A_D)$ 表示空间图。顶点 V_D 表示多光谱影像中的像素点。F_D 为顶点 V_D 对应的边的集合。连接矩阵 A_D 表示各个顶点的连接权重。因此,最终通过超像素分割结果构建空间图。则连接矩阵可以通过式(10-3)计算：

$$A_\mathrm{D}(i,j) = \mathrm{e}^{\left(\frac{\|m(x_{l,i},y_{l,i},:)-m(x_{l,j},y_{l,j},:)\|^2}{\sigma_\mathrm{D}^2}\right)} \tag{10-3}$$

其中，$m(x_{l,i},y_{l,i},:)$ 表示多光谱影像 $\boldsymbol{M}$ 的纤维。$(x_{l,j},y_{l,j},:)$ 为第 l 个超像素中第 j 个空间邻域的空间位置。σ_D 为平滑因子。如果两个像素点为空间近邻，则其连接权重为 $A_\mathrm{D}(i,j)$。最终，利用归一化的空间拉普拉斯矩阵刻画图 $\boldsymbol{G}_\mathrm{D}$：

$$\boldsymbol{P}_\mathrm{D} = \boldsymbol{W}_\mathrm{D}^{-1/2}(\boldsymbol{G}_\mathrm{D}-\boldsymbol{A}_\mathrm{D})\boldsymbol{W}_\mathrm{D}^{-1/2} = \boldsymbol{I}_\mathrm{D} - \boldsymbol{W}_\mathrm{D}^{-1/2}\boldsymbol{A}_\mathrm{D}\boldsymbol{W}_\mathrm{D}^{-1/2} \tag{10-4}$$

其中，$\boldsymbol{P}_\mathrm{D}$ 为拉普拉斯矩阵。$\boldsymbol{W}_\mathrm{D}$ 为对角矩阵，对角线元素为连接矩阵 $\boldsymbol{A}_\mathrm{D}$ 的列和 $\boldsymbol{W}_\mathrm{D}(i,i) = \sum_j \boldsymbol{A}_\mathrm{D}(i,j)$。$\boldsymbol{I}_\mathrm{D}$ 为对应尺寸单位矩阵。

由于来自于同一场景，多光谱影像和高空间分辨率高光谱影像具有相似的空间结构。因此，本方法假设在多光谱影像中相似的像素点在高空间分辨率高光谱影像中应该具有同样的关系。因此，通过空间图约束能够将多光谱影像中像素点之间的关系进一步继承到高空间分辨率高光谱影像中。

2. 光谱图正则

从图 10.1(b)中可以看到，低空间分辨率高光谱影像相邻波段具有较强的连续性与相关性。为了进一步保持高空间分辨率高光谱影像中的相关性与一致性，本节利用最近邻策略构建了光谱图。光谱图被表示为 $\boldsymbol{G}_S = (\boldsymbol{V}_S, \boldsymbol{E}_S, \boldsymbol{A}_S)$。顶点 $\boldsymbol{V}_S$ 表示低空间分辨率高光谱影像中的波段，波段间的相关性则通过 $\boldsymbol{E}_S$ 刻画。连接矩阵 $\boldsymbol{A}_S$ 表示各个顶点的权重值。因此，通过寻找 S 个最近邻构建各个波段的光谱邻域。则连接矩阵 $\boldsymbol{A}_S$ 可以表示为：

$$\boldsymbol{A}_S(m,n) = \exp\frac{\|\boldsymbol{L}(:,:,m)-\boldsymbol{L}_n\|^2}{\sigma_S^2} \tag{10-5}$$

其中，$\boldsymbol{L}(:,:,m)$ 为低空间分辨率高光谱影像的第 m 个波段，即在张量 $\boldsymbol{L}$ 第 3 模上的切片。$\boldsymbol{L}_n$ 为 $\boldsymbol{L}(:,:,m)$ 的第 n 个邻域。σ_S 为平滑因子。根据同样的方法，光谱图拉普拉斯矩阵为：

$$\boldsymbol{P}_S = \boldsymbol{I}_S - \boldsymbol{W}_S^{-1/2}\boldsymbol{A}_S\boldsymbol{W}_S^{-1/2} \tag{10-6}$$

其中，$\boldsymbol{W}_S$ 为度矩阵，$\boldsymbol{I}_S$ 为单位矩阵。则通过光谱图正则，低空间分辨率高光谱影像中的光谱关系能够传递到高空间分辨率高光谱影像中。

3. 融合框架

因此，将空谱图约束与式(10-2)进行整合，最终的融合模型可以写为：

$$\min \|\boldsymbol{S}\|_1 + \sum_{k=1}^K \alpha_k \|\boldsymbol{V}_k\|_* + \frac{\lambda}{2}\|\boldsymbol{M}-\boldsymbol{H}\times_3\boldsymbol{D}\|_F^2 + \beta_{\mathrm{tr}}(\boldsymbol{V}_3^\mathrm{T}\boldsymbol{P}_3\boldsymbol{V}_3) +$$

$$\gamma_{\mathrm{tr}}((\boldsymbol{V}_2\otimes\boldsymbol{V}_1)^\mathrm{T}\boldsymbol{P}_\mathrm{D}(\boldsymbol{V}_2\otimes\boldsymbol{V}_1))$$

$$\text{s. t.} \quad \mathcal{L} = \mathcal{H} + \mathcal{S}, \quad \mathcal{H} = \mathcal{Z} \times_1 \boldsymbol{V}_1 \times_2 \boldsymbol{V}_2 \times_3 \boldsymbol{V}_3 \tag{10-7}$$

其中,$\boldsymbol{\beta}$ 和 $\boldsymbol{\gamma}$ 为权重参数。通过空谱流形信息,能够高效地融合高空间分辨率多光谱影像中的空间细节和低空间分辨率高光谱影像中的光谱结构。

4. 空谱图正则分析

高光谱影像为典型的高维数据并处于低维流形中。此外,特征也处于一种特征流形中。Fanhua Shang 等提出了一种包含数据图和特征图的非负矩阵分解方法,并利用数据图和特征图中的几何结构信息实现聚类。为了进一步直观理解空谱图,本节将式(10-7)中的低秩张量分解模型沿模 3 展开:

$$\min \boldsymbol{\beta}_{\text{tr}} (\boldsymbol{V}_3^{\text{T}} \boldsymbol{P}_3 \boldsymbol{V}_3) + \boldsymbol{\gamma}_{\text{tr}} [(\boldsymbol{V}_2 \otimes \boldsymbol{V}_1)^{\text{T}} \boldsymbol{P}_D (\boldsymbol{V}_2 \otimes \boldsymbol{V}_1)]$$

$$\text{s. t.} \quad \boldsymbol{H}_{(3)} = \boldsymbol{V}_3 \boldsymbol{Z}_{(3)} (\boldsymbol{V}_2 \otimes \boldsymbol{V}_1)^{\text{T}} \tag{10-8}$$

可以看出,式(10-8)中的分解模型为矩阵三分解形式。$\boldsymbol{V}_3$ 和 $(\boldsymbol{V}_2 \otimes \boldsymbol{V}_1)^{\text{T}}$ 可以被看作基矩阵和表示矩阵。则 $\boldsymbol{P}_D$ 和 $\boldsymbol{P}_S$ 被看作数据图和特征图。Fanhua Shang 等所提出的分解模型直接对观测数据进行分解。但是在本方法中,由于无法直接获得高空间分辨率高光谱影像,可以采用多光谱影像和低空间分辨率高光谱影像中的几何结构构造空谱图。

10.1.3 增广拉格朗日优化

由于式(10-7)中包含低秩与稀疏约束,无法直接对其进行优化求解。因此,采用增广拉格朗日乘子法对式(10-7)进行优化。通过引入中间变量,式(10-7)的增广拉格朗日函数可以写为:

$$\min \| \boldsymbol{S} \|_1 + \sum_{k=1}^{K} \boldsymbol{\alpha}_k \| \boldsymbol{V}_k \|_* + \frac{\lambda}{2} \| \mathcal{M} - \mathcal{H} \times_3 \boldsymbol{D} \|_F^2 + \boldsymbol{\beta}_{\text{tr}} (\boldsymbol{V}_3^{\text{T}} \boldsymbol{P}_3 \boldsymbol{V}_3) +$$

$$\boldsymbol{\gamma}_{\text{tr}} [(\boldsymbol{V}_2 \otimes \boldsymbol{V}_1)]^{\text{T}} \boldsymbol{P}_D (\boldsymbol{V}_2 \otimes \boldsymbol{V}_1) + \delta \| \boldsymbol{Z} \|_F^2 + \frac{\mu_1}{2} \| \mathcal{L} - \mathcal{H} - \boldsymbol{S} \|_F^2 +$$

$$\langle \mathcal{Y}_1, \mathcal{L} - \mathcal{H} - \boldsymbol{S} \rangle + \frac{\mu_2}{2} \| \mathcal{H} - \boldsymbol{Z} \times_1 \boldsymbol{V}_1 \times_2 \boldsymbol{V}_2 \times_3 \boldsymbol{V}_3 \|_F^2 + \langle \mathcal{Y}_2, \mathcal{H} - \boldsymbol{Z} \times_1 \boldsymbol{V}_1 \times_2 \boldsymbol{V}_2 \times_3 \boldsymbol{V}_3 \rangle$$

$$\tag{10-9}$$

其中,$\mathcal{Y}_1$ 和 $\mathcal{Y}_2$ 为拉格朗日乘子。μ_1 和 μ_2 为惩罚参数。

(1) 更新 $\boldsymbol{S}$。固定其余变量,则 $\boldsymbol{S}$ 的子函数为:

$$\min \| \boldsymbol{S} \|_1 + \frac{\mu_1}{2} \| \mathcal{L} - \mathcal{H} - \boldsymbol{S} \|_F^2 + \langle \mathcal{Y}, \mathcal{L} - \mathcal{H} - \boldsymbol{S} \rangle \tag{10-10}$$

则 $\boldsymbol{S}$ 可以直接通过软阈值收缩算子更新为:

$$\boldsymbol{S} = \mathcal{T}_{\frac{1}{\mu_1}} \left(\mathcal{L} - \mathcal{H} + \frac{\mathcal{Y}_1}{\mu_1} \right) \tag{10-11}$$

（2）更新 $\boldsymbol{V}_k$，$k=1,2$。以 $\boldsymbol{V}_1$ 为例，并将其子函数沿模 1 进行展开，则 $\boldsymbol{V}_1$ 的子函数可以写为：

$$\min \alpha_1 \| \boldsymbol{V}_1 \|_* + \gamma_{\mathrm{tr}}\big[(\boldsymbol{V}_2 \otimes \boldsymbol{V}_1)^{\mathrm{T}} \boldsymbol{P}_{\mathrm{D}}(\boldsymbol{V}_2 \otimes \boldsymbol{V}_1)\big] + \frac{\boldsymbol{\mu}_2}{2} \| \boldsymbol{X}_{(1)} - \boldsymbol{V}_1 \boldsymbol{Z}_{(1)}(\boldsymbol{V}_3 \otimes \boldsymbol{V}_2)^{\mathrm{T}} \|_F^2$$

$$(10\text{-}12)$$

其中，$\boldsymbol{X}_{(1)}$ 为张量 $\boldsymbol{\mathcal{X}}$ 的模 1 展开结果，$\boldsymbol{\mathcal{X}} = \boldsymbol{\mathcal{H}} + \dfrac{\boldsymbol{\mathcal{Y}}_2}{\boldsymbol{\mu}_2}$。

　　由于空间图正则项中包含 Kronecker 积，式（10-12）较难优化。考虑到拉普拉斯矩阵 $\boldsymbol{P}_{\mathrm{D}}$ 的对称性与半正定性，对 $\boldsymbol{P}_{\mathrm{D}}$ 进行 Cholesky 分解得到 $\boldsymbol{P}_{\mathrm{D}} = \boldsymbol{U}^{\mathrm{T}}\boldsymbol{U}$，$\boldsymbol{U}$ 为上三角矩阵。因此 $\mathrm{tr}\big[(\boldsymbol{V}_2 \otimes \boldsymbol{V}_1)^{\mathrm{T}} \boldsymbol{P}_{\mathrm{D}}(\boldsymbol{V}_2 \otimes \boldsymbol{V}_1)\big]$ 可以写为 $\| \boldsymbol{U}(\boldsymbol{V}_2 \otimes \boldsymbol{V}_1) \|_F^2$。$\| \boldsymbol{U}(\boldsymbol{V}_2 \otimes \boldsymbol{V}_1) \|_F^2$ 为 $\| \boldsymbol{\mathcal{U}} \times_1 \boldsymbol{V}_1^{\mathrm{T}} \times_2 \boldsymbol{V}_2^{\mathrm{T}} \|_F^2$ 的 Tucker2 分解模型。$\boldsymbol{U}()$ 为张量 $\boldsymbol{U}$ 的模 3 展开形式。更进一步地，$\boldsymbol{U}$ 沿模 2 与 $\boldsymbol{V}_2^{\mathrm{T}}$ 模相乘后，式（10-12）可以简写为：

$$\min \alpha_1 \| \boldsymbol{V}_1 \|_* + \gamma \| \boldsymbol{V}_1^{\mathrm{T}} \boldsymbol{U}_{1(1)} \|_F^2 + \frac{\boldsymbol{\mu}_2}{2} \| \boldsymbol{X}_{(1)} - \boldsymbol{V}_1 \boldsymbol{Z}_{(1)}(\boldsymbol{V}_3 \otimes \boldsymbol{V}_2)^{\mathrm{T}} \|_F^2 \quad (10\text{-}13)$$

其中，$\boldsymbol{\mathcal{U}}_1 = \boldsymbol{\mathcal{U}} \times_2 \boldsymbol{V}_2^{\mathrm{T}}$，$\boldsymbol{\mathcal{U}}_{1(1)}$ 为张量 $\boldsymbol{\mathcal{U}}_1$ 的模 1 展开形式。然后将式（10-13）进行线性化，则 $\boldsymbol{V}_1$ 的子函数可以简写为：

$$\min \alpha_1 \| \boldsymbol{V}_1 \|_* + \langle \boldsymbol{V}_1 - \boldsymbol{V}_1^t, \nabla_1 \rangle + \frac{\tau_1}{2} \| \boldsymbol{V}_1 - \boldsymbol{V}_1^t \|_F^2 \quad (10\text{-}14)$$

其中，∇_1 为式（10-13）相对于 $\boldsymbol{V}_1$ 的一阶导数。$\boldsymbol{V}_1^t$ 为上一次的更新迭代结果。τ_1 为 Lipschitz 常数。最后，式（10-14）可以通过奇异值软阈值收缩算子进行更新。因子矩阵 $\boldsymbol{V}_2$ 可以通过同样的方法进行更新。

　　（3）更新 $\boldsymbol{V}_k$，$k=3$。进行模 3 展开之后，$\boldsymbol{V}_3$ 的子函数可以写为：

$$\min \boldsymbol{\alpha}_3 \| \boldsymbol{V}_3 \|_* + \beta_{\mathrm{tr}}(\boldsymbol{V}_3^{\mathrm{T}} \boldsymbol{P}_3 \boldsymbol{V}_3) + \frac{\boldsymbol{\mu}_2}{2} \| \boldsymbol{X}_{(3)} - \boldsymbol{V}_3 \boldsymbol{Z}_{(3)}(\boldsymbol{V}_2 \otimes \boldsymbol{V}_1)^{\mathrm{T}} \|_F^2 \quad (10\text{-}15)$$

考虑到式（10-15）中包含 $\boldsymbol{V}_3$ 的二次项，首先将式（10-15）进行线性化然后利用奇异值软阈值收缩算子对 $\boldsymbol{V}_3$ 进行优化。

　　（4）更新 $\boldsymbol{\mathcal{Z}}$。$\boldsymbol{\mathcal{Z}}$ 的子函数为：

$$\min \delta \| \boldsymbol{\mathcal{Z}} \|_F^2 + \frac{\boldsymbol{\mu}_2}{2} \| \boldsymbol{\mathcal{H}} - \boldsymbol{\mathcal{Z}} \times_1 \boldsymbol{V}_1 \times_2 \boldsymbol{V}_2 \times_3 \boldsymbol{V}_3 \|_F^2 + \langle \boldsymbol{\mathcal{Y}}_2, \boldsymbol{\mathcal{H}} - \boldsymbol{\mathcal{Z}} \times_1 \boldsymbol{V}_1 \times_2 \boldsymbol{V}_2 \times_3 \boldsymbol{V}_3 \rangle$$

$$(10\text{-}16)$$

通过对式（10-16）进行求导，并将导数设为 0 可以计算得到 $\boldsymbol{\mathcal{Z}}$ 的闭式解。但是，由于导数中包含 Kronecker 积，因此利用共轭梯度法对其进行更新。

　　（5）更新 $\boldsymbol{\mathcal{H}}$。$\boldsymbol{\mathcal{H}}$ 的子函数可以写为：

$$\min \frac{\lambda}{2} \| \boldsymbol{\mathcal{M}} - \boldsymbol{\mathcal{H}} \times_3 \boldsymbol{D} \|_F^2 + \frac{\boldsymbol{\mu}_1}{2} \| \boldsymbol{\mathcal{L}} - \boldsymbol{\mathcal{H}} - \boldsymbol{\mathcal{S}} \|_F^2 + \langle \boldsymbol{\mathcal{Y}}_1, \boldsymbol{\mathcal{L}} - \boldsymbol{\mathcal{H}} - \boldsymbol{\mathcal{S}} \rangle +$$

$$\frac{\mu_2}{2}\parallel\mathcal{H}-\mathcal{Z}\times_1 \mathbf{V}_1\times_2 \mathbf{V}_2\times_3 \mathbf{V}_3\parallel_F^2+\langle\mathcal{Y}_2,\mathcal{H}-\mathcal{Z}\times_1 \mathbf{V}_1\times_2 \mathbf{V}_2\times_3 \mathbf{V}_3\rangle \tag{10-17}$$

同样地,式(10-17)可以通过共轭梯度法进行更新。

(6) 更新拉格朗日乘子。拉格朗日乘子可以通过式(10-18)进行更新:

$$\mathcal{Y}_1=\mathcal{Y}_1+\mu_1(\mathcal{L}-\mathcal{H}-\mathcal{S})$$
$$\mathcal{Y}_2=\mathcal{Y}_2+\mu_2(\mathcal{H}-\mathcal{Z}\times_1 \mathbf{V}_1\times_2 \mathbf{V}_2\times_3 \mathbf{V}_3) \tag{10-18}$$

惩罚参数 μ_1 和 μ_2 在迭代过程中逐渐增大。最后,当重建误差小于设定值或迭代次数大于预设的最大迭代次数时,优化算法停止迭代。

本方法的算法复杂度主要包含图构建和迭代优化两部分。采用 ERS 分割方法定义空间近邻,其复杂度为 $O(L\log L)$。空谱图构建过程的复杂度为 $O(L\bar{N}_c)$ 和 $O(dN_3)$。d 为光谱邻域。$\bar{N}_c$ 为所有超像素中像素点个数的平均值。则图构建的复杂度为 $O(L\log L+L\bar{N}_c+dN_3)$。

迭代优化主要包括拉普拉斯矩阵 $\mathbf{P}_D$ 的 Cholesky 分解和迭代过程中的张量与矩阵的相乘操作。由于 Cholesky 分解需较大的空间内存,并且运算时间较高。利用不完全 Cholesky 分解方法实现 $\mathbf{P}_D$ 的分解,其复杂度为 $O(R^2 N_2 N_3)$。R 为 $\mathbf{P}_D$ 的秩,

$$O\left\{t\left[\sum_{i=3}^{3}\left(N_i\prod_{j\neq i}^{3}N_j^2\right)+\left(\sum_{i=1}^{3}N_i\right)\prod_{j\neq i}^{3}N_j\right]\right\}$$

则为张量与矩阵相乘操作的复杂度。

10.1.4　实验结果与分析

1. 实验设置

本节实验主要对所提出方法和 CNMF、SR、HySure、GSOMP、BSR 等对比方法在两类数据上进行了分析。第一类数据由 ROSIS 传感器拍摄于 Pavia 大学,包含 103 个波段。第二类数据由 HYDICE 传感器在 1995 年拍摄于 Washington 中心商业区,包含 191 个波段。本节主要采用的数值评价指标有 SAM、UIQI、RMSE 和 ERGAS。

主要参数有正则参数 α、β、γ 和 λ,以及因子矩阵的尺寸 J_1、J_2 和 J_3。$J_1 J_2$ 和 J_3 的设置影响算法的复杂度。在实际任务中因子矩阵的秩较难确定,因此直接将 J_1、J_2 和 J_3 设为 N_1、N_2 和 N_3。然后通过权重参数 α 实现因子矩阵的低秩约束:

$$\boldsymbol{\alpha}_k=\omega\sqrt{\frac{N_{\max}}{N_k}},\quad N_{\max}=\max(N_1,N_2,N_3) \tag{10-19}$$

其中,ω 为比例参数并被设为 100。为了减小随机初始化对融合结果的影响,利用高阶正交迭代算法对张量 $\mathcal{L}$ 进行 Tucker 分解,然后利用分解结果对核心张量 $\mathcal{Z}$ 和因子矩阵 $\mathbf{V}_3$ 进行初始化。同样地,$\mathbf{V}_1$ 和 $\mathbf{V}_2$ 则通过张量 $\mathcal{M}$ 的 Tucker 分解结果进行初始化。正则参数 λ 控

制高空间分辨率多光谱影像与高空间分辨率高光谱影像的重建精度。λ 越大,重建精度越高,空间细节越清晰,但是光谱扭曲较大。因此,本节方法将λ 设为 16。实验部分对 β 和 γ 对融合结果的影响进行了分析。光谱邻域数目为 16。最大迭代次数和相对误差分别为 50 和 10^{-6}。平滑因子 σ_S 和 σ_D 分别被设为 1000 和 900。

2. 超像素边缘效应分析

本方法主要利用超像素分割方法决定空间邻域。对比 SLIC、TurboPixels 和 ERS 三种不同的超像素分割方法,图 10.2 中给出了不同方法的分割结果。从图 10.2 中可以看出,SLIC 分割结果中不同超像素间的兼容性较差,而且分割结果易受误差传播影响。TurboPixels 则为了获得平滑的边界而牺牲了影像的细节。ERS 的分割结果具有更好的边界兼容性,并且复杂度较低,因此采用 ERS 分割方法定义高空间分辨率多光谱影像中的空间邻域。

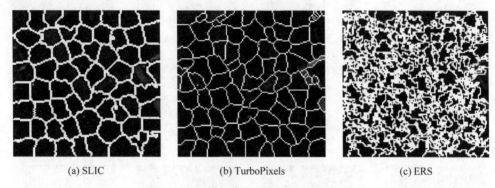

(a) SLIC   (b) TurboPixels   (c) ERS

图 10.2 不同超像素分割方法的分割结果

(https://d. wanfangdata. com. cn/thesis/ChJUaGVzaXNOZXdTMjAyMTAzMDISCUQwMTcwODEzMRoIZHBnN 2Jsd2E%3D)

在本方法中,同一超像素包含的区域被认为是匀质的。与分块策略相比,超像素分割方法将影像的空间结构考虑在内,能够寻找到更合理的空间邻域。但是,采用分块或者超像素分割方法会导致处于两个相邻超像素边缘或两个块边缘的像素点间的平滑性与一致性较差,进一步影响高光谱影像中亚像元的目标信息。尽管通过超像素分割方法构建的空间图对亚像元中的目标信息有一定影响,但是边缘效应对融合结果的影响较小。为了更进一步保持高光谱影像中的亚像元信息,可以用超图构建处于边缘的像素点之间的关系,从而保持边缘部分的亚像元信息。超图不仅能够刻画同一超像素中各个像素点之间的关系,而且能够对不同超像素中像素点间的关系进行建模,从而更好地保持亚像元目标的光谱信息。

3. Pavia 数据结果分析

本方法与 CNMF、SR、HySure、GSOMP 以及 BSR 在 Pavia 数据上进行了对比。图 10.3 给出了不同方法的融合结果,其中波段 61、25、5 用作伪彩色图进行显示。从图 10.3 可以看出,CNMF 和 SR 方法的融合影像中出现了光谱扭曲。GSOMP 和 BSR 方法的融合结果较为接近。从差异图可以看出,HySure 方法的融合结果与参考影像差异较大,而本方法的融合影像与参考影像的差异最小。图 10.4 给出了 Pavia 数据中土壤和道路的光谱曲线。从图 10.4(a)可以看到,本方法的光谱曲线波动幅度较大,而且在中间波段与参考光谱曲线差异较大。而在图 10.4(b)中本方法的光谱曲线与参考光谱曲线较为接近,但是在第 80～98 波段中仍然出现了波动。表 10.1 给出了不同方法融合影像的数值结果。从表 10.1 可以看出,本方法在 RMSE 和 ERGAS 上给出了最好的数值指标。

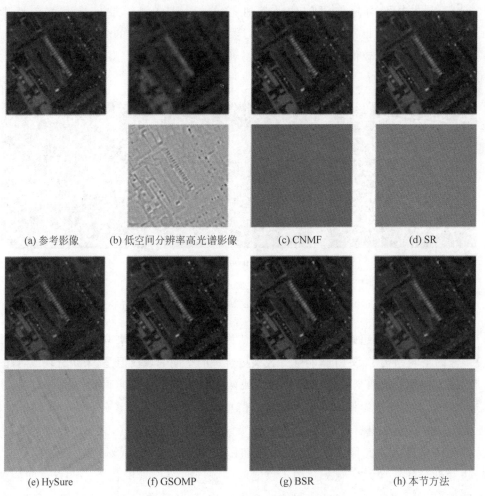

(a) 参考影像　　(b) 低空间分辨率高光谱影像　　(c) CNMF　　(d) SR

(e) HySure　　(f) GSOMP　　(g) BSR　　(h) 本节方法

图 10.3　不同方法在 Pavia 数据上的融合结果

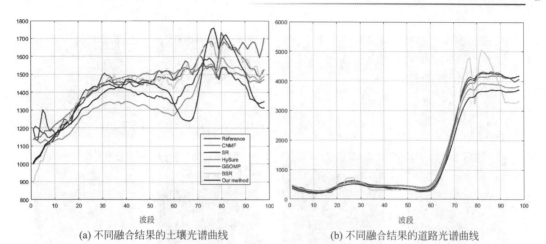

(a) 不同融合结果的土壤光谱曲线　　　　　(b) 不同融合结果的道路光谱曲线

图 10.4　Pavia 数据中不同地物的光谱曲线

表 10.1　图 10.3 中不同方法在 Pavia 数据上融合影像的数值结果

衡量指标	CNMF	SR	HySure	GSOMP	BSR	本方法
SAM	4.6491	**3.6770**	4.8874	5.3552	5.3543	4.0993
UIQI	0.9854	**0.9883**	0.9820	0.9831	0.9812	0.9878
RMSE	148.37	135.86	1610.13	151.93	163.93	**133.96**
ERGAS	2.7651	2.2563	2.9421	2.9612	3.0995	**2.2148**

4. Washington 数据结果分析

本节将提出方法与 CNMF、SR、HySure、GSOMP 以及 BSR 在 Washington 数据上进行了对比。从图 10.5 可以看出，提出方法与参考影像在视觉对比上最为相似。从图 10.5 的

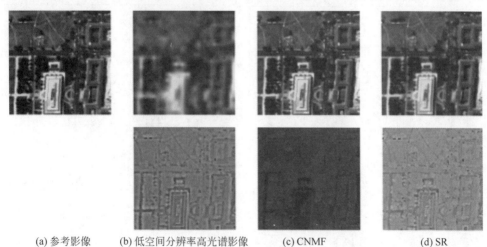

(a) 参考影像　　(b) 低空间分辨率高光谱影像　　(c) CNMF　　(d) SR

图 10.5　不同方法在 Washington 数据上的融合结果

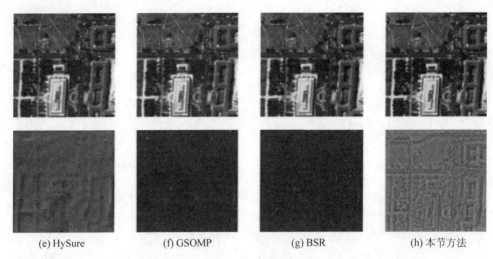

(e) HySure　　　　　(f) GSOMP　　　　　(g) BSR　　　　　(h) 本节方法

图 10.5 （续）

差异图可以看出，SR 和 HySure 方法产生的融合结果与参考影像差异较大，并且其融合结果有部分光谱扭曲。GSOMP 和 BSR 方法产生的融合影像较为接近。提出方法与参考影像也存在部分差异。为了进一步分析提出方法在 Washington 数据上的光谱保持性能，图 10.6 给出了不同方法融合结果中相同地物的光谱曲线。从图 10.6 可以看到，所有融合方法的光谱曲线与参考光谱曲线的差异较小，但是仍存在小幅波动，其中 SR 方法的光谱曲线波动最大。表 10.2 给出了不同方法融合影像的数值结果。可以看到，提出方法给出了最优的 UIQI 和 ERGAS。BSR 给出了最优的 RMSE，方法产生了次优的 RMSE。

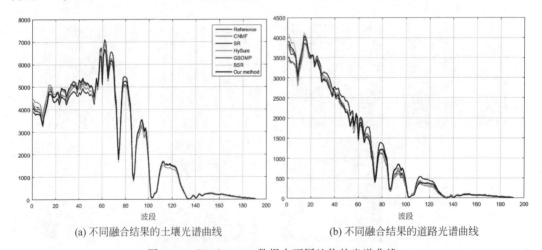

(a) 不同融合结果的土壤光谱曲线　　　　　(b) 不同融合结果的道路光谱曲线

图 10.6　Washington 数据中不同地物的光谱曲线

（https://d.wanfangdata.cn/thesis/ChJUaGVzaXNOZXdTMjAyMTAzMDISCUQwMTcwODEzMRoIZHBnN 2Jsd2E％3D）

表 10.2　图 10.5 中不同方法在 Washington 数据上融合影像的数值结果

衡量指标	CNMF	SR	HySure	GSOMP	BSR	提出方法
SAM	2.1921	2.9056	3.1501	**1.4847**	1.5429	2.4472
UIQI	0.9759	0.9804	0.9742	0.9588	0.9351	**0.9828**
RMSE	122.74	216.55	129.79	77.8019	**86.09**	94.01
ERGAS	2.9322	2.3006	2.8187	8.1199	9.7451	**2.2505**

10.2　基于压缩超分辨重构和多字典学习的多光谱和全色影像融合

10.2.1　压缩超分辨重构融合

在提出的两阶段模型中,第一阶段是在设计的高分辨率强度影像和高分辨率多光谱影像中获得更加精确的加权关系;第二阶段是通过高分辨率强度影像和低分辨率多光谱影像,获得最终的融合影像。

1. 高分辨率强度影像的建立

按照一个固定的权重 $\boldsymbol{\omega}$,一个低分辨率强度影像为:

$$y_j^{\text{LRI}} = \sum_{i=1}^{m} \omega_i \boldsymbol{x}_{i,j}^{\text{LRI}}, \quad i = 1, 2, \cdots, m \quad j = 1, 2, \cdots, J \tag{10-20}$$

其中,$\boldsymbol{\omega} = (\omega_1, \omega_2, \cdots, \omega_m)$,假设低分辨率多光谱影像有 4 个波段,则 ω 设置为 $(0.25, 0.25, 0.25, 0.25)$;J 是影像块的个数;m 是波段个数。

首先,考虑低分辨率强度影像和高分辨率强度影像的关系,可以获得下采样模型:

$$\sum_{i=1}^{m} \omega_i \boldsymbol{x}_{i,j}^{\text{LRI}} = \boldsymbol{y}_j^{\text{LRI}} = \boldsymbol{M}_1 \boldsymbol{y}_j^{\text{HRI}} + \boldsymbol{v}_j, \quad j = 1, 2, \cdots, J \tag{10-21}$$

高分辨率强度影像应该和高分辨率全色影像具有相似的梯度信息,因此可以得到:

$$\boldsymbol{M}_{\text{T}} \boldsymbol{y}_j^{\text{HRP}} = \boldsymbol{M}_{\text{T}} \boldsymbol{y}_j^{\text{HRI}} + \boldsymbol{v}_j \tag{10-22}$$

其中,$\boldsymbol{M}_1$ 是下采样矩阵,$\boldsymbol{M}_{\text{T}}$ 是梯度矩阵,$\boldsymbol{v}_j$ 是噪声。假设 $\boldsymbol{y}_j^{\text{HRI}} = \boldsymbol{D}\boldsymbol{\alpha}_{j1}$,$\boldsymbol{D}$ 是字典,可以通过求解式(10-23)得到高分辨率强度影像:

$$\hat{\boldsymbol{\alpha}}_{j1} = \arg\min_{\boldsymbol{\alpha}_{j1}} \lambda_1 \| \boldsymbol{\alpha}_{j1} \|_1 + (\| \boldsymbol{y}_j^{\text{LRI}} + \boldsymbol{M}_1 \boldsymbol{D}\boldsymbol{\alpha}_{j1} \|_2^2 + \beta_1 \| \boldsymbol{M}_{\text{T}} \boldsymbol{y}_j^{\text{HRP}} - \boldsymbol{M}_{\text{T}} \boldsymbol{D}\boldsymbol{\alpha}_{j1} \|_2^2)$$

$$\tag{10-23}$$

在式(10-23)中,第一项是稀疏项,第二项是光谱数据项,第三项是梯度约束项。式(10-23)可以写作:

$$\hat{\boldsymbol{\alpha}}_{j1} = \arg\min_{\boldsymbol{\alpha}_{j1}} \lambda_1 \| \boldsymbol{\alpha}_{j1} \|_1 + \| \boldsymbol{P}_J - \boldsymbol{\Psi}_j \boldsymbol{\alpha}_{j1} \|_2^2 \quad j = 1, 2, \cdots, J; \ k = 1, 2, \cdots, K$$

$$\tag{10-24}$$

其中,

$$P_J = \begin{pmatrix} y_j^{\mathrm{LRI}} \\ \beta_1 M_{\mathrm{T}} y_j^{\mathrm{HRP}} \end{pmatrix}, \quad \Psi_j = \begin{pmatrix} M_1 D \\ \beta_1 M_{\mathrm{T}} D \end{pmatrix}$$

式(10-24)可以通过 BP 算法进行求解。求解得到的高分辨率强度影像 $\hat{y}_j^{\mathrm{HRI}} = D \hat{\alpha}_{j1}$。图 10.7 显示了高分辨率强度影像的重构过程。

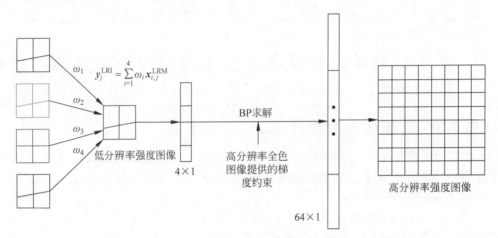

$$y_j^{\mathrm{LRI}} = \sum_{i=1}^{4} \omega_i x_{i,j}^{\mathrm{LRM}}$$

BP求解

高分辨率全色图像提供的梯度约束

低分辨率强度图像

4×1

64×1

高分辨率强度图像

图 10.7 高分辨率强度影像重构过程

(https://d.wanfangdata.com.cn/thesis/ChJUaGVzaXNOZXdtMjAyMTAzMDISCFkzMDgzNjg1Ggh6OThoY3A0dw%3D%3D)

2. 获得融合影像

在第一阶段之后,可以得到一个高分辨率强度影像 $\hat{y}_j^{\mathrm{HRI}}$。高分辨率强度影像被认为和线性加权的高分辨率多光谱影像等价,则可以得到下面的数学模型:

$$y_j^{\mathrm{HRI}} = \sum_{i=1}^{m} \omega_i x_{i,j}^{\mathrm{HRI}}, \quad i = 1, 2, \cdots, m \quad j = 1, 2, \cdots, J \tag{10-25}$$

低分辨率多光谱影像可以被认为是高分辨率多光谱影像的下采样影像:

$$y_{i,j}^{\mathrm{LRM}} = M_3 x_{i,j}^{\mathrm{HRM}} + v_j, \quad i = 1, 2, \cdots, m \quad j = 1, 2, \cdots, J \tag{10-26}$$

按照式(10-25)和式(10-26)的关系,可以得到最终的融合影像,模型如下:

$$\hat{\alpha}_{i,j} = \arg \min_{\alpha_{i,j}} \lambda_2 \| \alpha_{i,j} \|_1 + (\| y_{i,j}^{\mathrm{LRM}} - M_3 D \alpha_{i,j} \|_2^2 + \beta_2 \| \hat{y}_j^{\mathrm{HRI}} - M_2 D \alpha_{i,j} \|_2^2)$$

$$\tag{10-27}$$

其中,M_2 是权重矩阵,M_3 是下采样矩阵,m 是波段个数,J 是块个数。字典 D 与一阶段中的相同。得到融合影像 $\hat{x}_{i,j}^{\mathrm{HRM}} = D \hat{\alpha}_{i,j}$。融合影像的重构过程如图 10.8 所示。

10.2.2 基于初始素描模型的区域划分和多字典学习

为了克服数据集的局限性,本节提出了多字典构造方法。对不同的区域,设计相应的字典,所以首要任务就是获得区域划分图。基于初始素描模型可以得到区域划分图,将高分辨

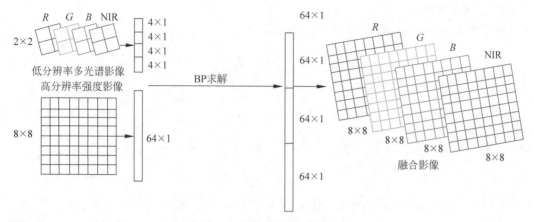

图 10.8　融合影像的重构过程

率全色影像划分为结构和非结构区域,如图 10.9 所示,其中图 10.9(c)中非结构区域标记为白色,而图 10.9(d)结构区域被标记为黑色,非结构区域被标记为白色。

  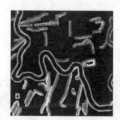 

(a) 原始的高分辨率全色影像　(b) 高分辨率全色影像的初始素描　　(c) 结构区域　　　　(d) 区域划分

图 10.9　高分辨率全色影像的初始素描图

对于结构区域,分别用脊波和曲线波字典对融合影像进行重构。对于非结构区域,则采用 DCT 字典对融合影像进行重构。

1. 脊波字典

对于一个给定的脊波函数:

$$\psi_\gamma(X) = \alpha_\psi^{-\frac{1}{2}}\left(\frac{x_1\cos\theta + x_2\sin\theta - b}{a}\right) \tag{10-28}$$

其中,参数空间为 $\gamma = (a,b,\theta)$,a 表示尺度参数,b 表示位移参数,θ 表示方向参数。其中的母函数 ψ 采用差分高斯函数:

$$\psi(x) = e^{-\frac{x^2}{2}} - \frac{1}{2}e^{-\frac{x^2}{8}} \tag{10-29}$$

通过对尺度参数、位移参数以及方向参数进行离散化,得到脊波的超完备冗余字典。

2. 曲线波字典

对于给定的曲线波函数：

$$\boldsymbol{\psi}_\mu(x,y) = 2^{\frac{3j}{2}} \varphi\left(\boldsymbol{D}_j \boldsymbol{R}_\theta \begin{bmatrix} x \\ y \end{bmatrix} - k\right) \tag{10-30}$$

其中，尺度参数 $\boldsymbol{D}_j = \begin{bmatrix} 2^{2j} & 0 \\ 0 & 2^j \end{bmatrix}$；旋转矩阵 $\boldsymbol{R}_\theta = \begin{bmatrix} \cos\theta & -\sin\theta \\ \sin\theta & \cos\theta \end{bmatrix}$，$k=(k_1,k_2),k_1,k_2 \in \mathbb{Z}$ 是位移参数。母函数 φ 选择为：

$$\varphi(t) = \cos(1.75t)\mathrm{e}^{\left(-\frac{t^2}{2}\right)} \tag{10-31}$$

通过对尺度、方向以及位移参数的离散化，可以得到曲线波的过完备冗余字典。

在第一阶段中，对于结构区域，分别采用脊波和曲线波的过完备冗余字典，可以分别获得两个预测的高分辨率强度影像，然后根据下式分别计算误差：

$$f_{\text{error1}}^{\text{HRI}} = \parallel \boldsymbol{P}_j - \boldsymbol{\psi}_j^{\text{Curvelet}} \hat{\boldsymbol{\alpha}}_{j1}^{\text{Curvelet}} \parallel_2^2 \tag{10-32}$$

$$f_{\text{error2}}^{\text{HRI}} = \parallel \boldsymbol{P}_j - \boldsymbol{\psi}_j^{\text{Ridgelet}} \hat{\boldsymbol{\alpha}}_{j1}^{\text{Ridgelet}} \parallel_2^2 \tag{10-33}$$

如果 $f_{\text{error1}}^{\text{HRL}} < f_{\text{error2}}^{\text{HRL}}$，那么最终的高分辨率强度影像为 $\hat{\boldsymbol{y}}_j^{\text{HRL}} = \boldsymbol{D}\hat{\boldsymbol{\alpha}}_{j1}^{\text{Curvelet}}$，否则，$\hat{\boldsymbol{y}}_j^{\text{HRI}} = \boldsymbol{D}\hat{\boldsymbol{\alpha}}_{j1}^{\text{Ridgelet}}$。在第二阶段中，同样进行这样的误差计算和比较，得到最终的融合影像。图 10.10 显示了影像不同区域的字典列表。

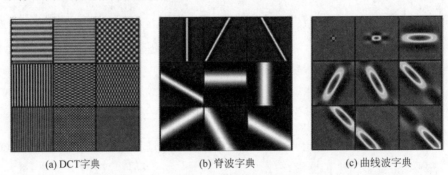

(a) DCT字典　　　　　　(b) 脊波字典　　　　　　(c) 曲线波字典

图 10.10　影像不同区域的字典列表

10.2.3　实验结果与分析

本节使用 QuickBird 和 IKONOS 卫星数据测试提出算法的有效性。图 10.11 为 QuickBird 农田卫星影像，图 10.12 为 IKONOS 山区卫星影像。在实验中，高分辨率全色影像的大小为 512×512，低分辨率多光谱影像的大小为 128×128，重构时的误差参数设置为 1，并且采用 BP 算法对提出的模型进行求解。在式(10-23)中，参数 $\lambda_1 = 1,\beta_1 = 0.1$，在式(10-27)

中，$\lambda_1 = 1$，$\beta_1 = 0.01$。脊波和曲线波字典离散化过程的离散间隔设置为：尺度参数间隔为 0.2，角度间隔为 $\frac{\pi}{36}$，位移间隔为 1。利用均方根误差（RMSE）、相关系数（CC）、相对整体维数综合误差（ERGAS）、峰值信噪比（PSNR）、相对平均光谱误差（RASE），以及光谱角制图（SAM）等评价融合影像的质量。

1. QuickBird 数据的多光谱和全色影像融合实验

本节的对比算法为 Brovery 法、Gram-Schmidt(GS) 法、P+XS 法、离散小波变换法、学习插值法以及基于压缩感知的融合方法。图 10.11(a) 为低分辨率多光谱影像，它的分辨率为 2.4m。图 10.11(b) 为高分辨率全色影像，它的分辨率为 0.6m。图 10.11(c) 为基于 GS 的融合方法得到的融合影像。融合影像中空间分辨率得到了较好的保持，但是光谱信息有些扭曲。图 10.11(d) 是 Brovery 方法。空间信息保持得非常好，但是光谱信息严重丢失。P+XS 是一种迭代的融合方法，与其他方法相比，融合影像具有较好的空间信息，但是仍然会丢失一些细节信息。图 10.11(g) 是基于学习插值的融合方法。该方法得到的融合影像能够较好的兼顾光谱和空间信息。但是由于插值是一种预测，所以对于融合影像中的直线，融合的效果更好，对于曲线，插值的像素也许不够准确。图 10.11(h)～图 10.11(i) 都是基于压缩感知的融合方法。这类方法能够较好地从高分辨率全色影像中获取空间信息。但是从图 10.11(h) 中看出，农田区域和水域的光谱信息有丢失，而图 10.11(i) 则获得了更好的光谱信息。因此，提出的算法能够在融合影像获得高分辨率的同时，较好地保持光谱信息。

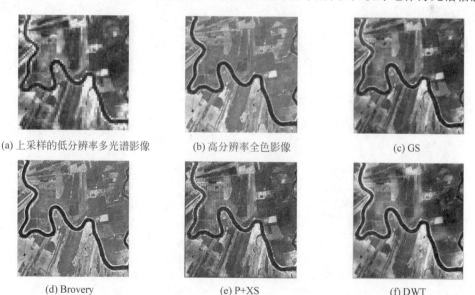

图 10.11 QuickBird 农田卫星影像（由 1、2、3 波段组成的彩色影像）和融合结果

(g) 学习插值　　　　　　　　(h) Pan-Sharpening　　　　　　　(i) 提出算法

图 10.11　（续）

表 10.3 是融合影像的客观评价指标，其中 CC、ERGAS、PSNR、RASE 和 SAM 用来评价融合影像的光谱质量，RMSE 用来评价融合影像的空间分辨率信息的保持情况。从表 10.3 可以看出，提出的算法具有较好的光谱保持性，同时也和高分辨率全色影像具有相似的空间信息，具有更好的融合效果。

表 10.3　QuickBird 数据融合影像质量评价标准

方　法	RMSE	CC	ERGAS	PSNR	RASE	SAM
GS	15.7159	0.9121	4.9083	27.9358	5.5882	1.4342
Brovery	152.0885	0.8194	52.6817	4.9148	54.0793	1.3856
P+XS	13.7907	0.9673	4.1273	28.8461	4.0937	1.0940
DWT	23.0161	0.8972	6.4562	21.0127	6.1840	1.7939
学习插值	5.3821	0.9757	**1.5410**	34.8989	1.6644	0.1572
Pan-Sharpening	5.5232	0.9769	1.8975	34.5590	1.9639	0.1785
本算法	**4.8507**	**0.9859**	1.6430	**36.3148**	**1.7248**	**0.1477**

2. IKONOS 数据的多光谱和全色影像融合实验

通过 IKONOS 数据测试提出算法的有效性。图 10.12(a)是低分辨率多光谱影像，其分辨率为 4m。图 10.12(b)是高分辨率全色影像，其分辨率为 1m。从实验结果可以看出，

(a) 上采样的低分辨率多光谱影像　　　(b) 高分辨率全色影像　　　　　(c) GS

图 10.12　IKONOS 山区卫星影像（由 1、2、3 波段组成的彩色影像）和融合结果

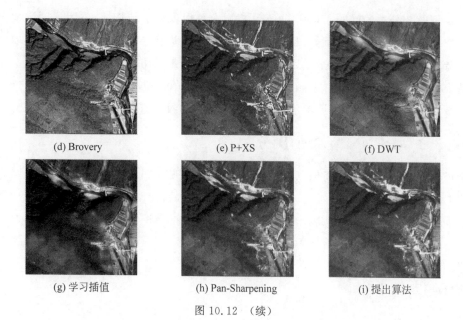

图 10.12 （续）

大部分的方法都具有较好的光谱信息，除了 Brovery 法的光谱信息丢失严重。基于压缩感知的融合方法仍然在光谱信息和空间分辨率的平衡上比其他方法有优势。但是这幅测试影像，图 10.12(h) 的方法光谱信息并没有图 10.12(i) 的方法好。所以，本节提出的算法在IKONOS 数据上仍然获得了较好的融合效果。融合影像的客观评价指标如表 10.4 所示。

表 10.4　IKONOS 数据融合影像质量评价标准

方　　法	RMSE	CC	ERGAS	PSNR	RASE	SAM
GS	45.7391	0.8561	12.0657	17.6023	14.1017	3.5883
Brovery	60.8922	0.7018	17.9562	13.3610	18.7735	3.3710
P+XS	31.4817	0.9331	8.7310	20.0127	9.6230	**1.8095**
DWT	48.4508	0.8535	10.7767	15.2851	10.9377	2.2060
学习插值	**30.2277**	0.1249	10.2272	19.3082	10.7704	2.6457
Pan-Sharpening	33.1577	0.8953	9.6934	19.2031	10.2227	1.9790
本算法	30.8231	**0.9250**	**8.6720**	**20.4656**	**9.5024**	1.8149

10.3　基于深度多示例学习的全色和多光谱影像空谱融合分类

本节针对全色影像和多光谱影像分类过程烦琐的情况，构造了一个端到端的全色影像和多光谱影像空谱融合分类的算法，设计了一种基于空谱信息融合的深度多示例学习模型，研究谱示例融合分类的问题。采用 DCNN 提取全色影像的空域特征,采用深度堆栈自编码网络提取多光谱影像的谱域特征,从多示例学习的角度进行结合,构造融合网络提取特征完成影像分类,用于对多光谱和全色影像进行分类。从结果的可视化分析来看,分类结果非常接近地面实况图。该方法取得了满意的结果。本节先介绍构造的空域示例分类的算法,再介绍谱域示例分类的算法,最后给出基于深度多示例学习的空谱特征融合分类方法。

10.3.1 DCNN 空域示例分类

全色影像具有很高的空间信息,可以描述目标的细节。基于 DCNN 的空域示例分类方法利用 DCNN 提取其空间特征,其分类框架如图 10.13 所示。DCNN 的前一层输出是下一层的输入。每层提供一个特征表示级别。每层由一组连接输入单位和输出单位的权重参数和偏差参数构成。图 10.13 给出了基于 DCNN 的空域示例分类方法,对于高分辨的全色影像,首先对相应的像素进行取块,作为二维空间块输入到 DCNN 中,提取空域特征,再接入全连接层进行高级推理和分类。

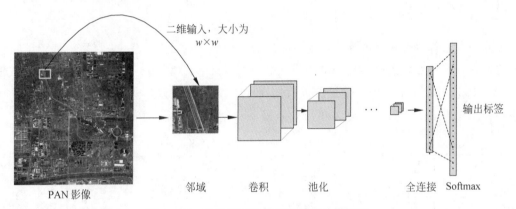

图 10.13　基于 DCNN 的空域示例分类方法
(https://ieeexplore.ieee.org/document/8048556)

10.3.2 深度堆栈自编码网络的谱域示例分类

对多光谱影像的谱域示例特征的分类方法如图 10.14 所示。由于多光谱影像能够很好地描述光谱信息,因此该方法通过深度堆栈自编码网络提取光谱示例特征。在多光谱影像中,对应于一个像素多个谱段的信息,也是一个向量的表示,两者是一致的。采用深度堆栈自编码网络处理多光谱影像该网络是一个多层的神经网络,上一层的输出会作为下一层的输出。

在多光谱影像中,对应于一个像素多个谱段的信息,也是一个向量的表示,两者是一致的,本节采用深度堆栈自编码网络处理多光谱影像。利用逐层贪婪算法优化堆栈自编码网

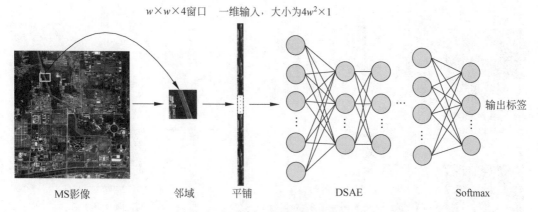

图 10.14 基于深度堆栈自编码网络的谱域示例分类步骤
(https://ieeexplore.ieee.org/document/8048556)

络可以得到最优的网络参数。堆叠自编码网络具有深度网络的优点和强大的表征能力。基于深度堆栈自编码网络的谱域示例分类步骤见图 10.14。首先,对每个像素以中心取其固定的像素块,并将其拉成一列作为该像素点的原始谱信息,然后,将拉成的列向量输入到深度堆栈自编码网络进行谱域特征学习,最后将学习到的特征进行有监督的训练和分类。

10.3.3 基于深度多示例学习的空谱特征融合分类

在多示例学习任务中,数据被定义为 bags$X$,每个 bag 表示为 $\boldsymbol{X}_i$,每个 bag 中有许多示例 X_{ij},每个 bag 都有一个类标 Y_{ij} 与之对应,然而每个示例 Y_{ij} 的类别是未知的。如图 10.15 所示,算法首先将多光谱影像进行上池化到与全色影像同样的分辨率。然后在全色影像和多光谱影像对应的位置上,取出每个像素相应的影像块,组成一对影像块。一个 bag 的两个示例分别具有 w_1 和 w_2 的影像块尺寸。在分类任务中,每个 bag 对应一个类标。假设 $\{\boldsymbol{X}_i=1,2,\cdots,n\}$ 是一个拥有 n 个示例的 bag,$t_i=\{t_i\,|\,t_{ij}\in\{0,1\},j=1,2,\cdots,m\}$,$m$ 是这个 bag 对应的类标,共有 m 类,这个类标是 one-hot 编码模式。

在本算法中,提取 $\boldsymbol{h}=h_{ij}$ 的特征,$\boldsymbol{h}$ 中每列表示 bag 中的一个示例。对于多示例学习来说,整个 bag 的联合特征表示为:

$$\boldsymbol{H}_i = f(h_{i1},h_{i2},\cdots,h_{in}) \tag{10-34}$$

其中,f 是示例特征融合函数,通常使用 $\max_j(h_{ij})$、$\mathrm{cat}_j(h_{ij})$、$\mathrm{avg}_j(h_{ij})$ 和 $\log\left[1+\sum_j\exp(h_{ij})\right]$。本节选用 $\mathrm{cat}(\cdot)$ 代表拼接操作。从多个示例中得到的特征通过 $\mathrm{cat}(\cdot)$ 进行拼接,得到一个简单的融合特征。

为了挖掘更深层次的融合特征服务于分类任务,融合特征 $\boldsymbol{H}_i$ 被输入具有三层全连接的网络中进行特征再学习,这个三层网络称为融合网络,从而得到高级别的融合特征 $\hat{\boldsymbol{h}}_l$。

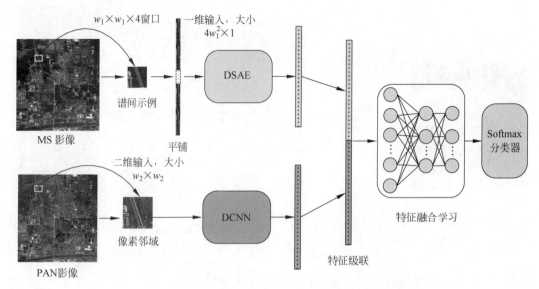

图 10.15　基于深度多示例学习的空谱特征融合分类

（https://ieeexplore.ieee.org/document/8048556）

接下来针对 m 类的分类问题，将高层融合特征 $\hat{\boldsymbol{h}}_l$ 转换成概率分布 P。根据式（10-35）：

$$p_i = \frac{\exp(\hat{\boldsymbol{h}}_l)}{\sum\limits_l \exp(\hat{\boldsymbol{h}}_l)}, \quad L = -\sum_i t_i \log(p_i) \tag{10-35}$$

利用交叉熵构建网络损失 L，并进行优化。

至此完成了深度多示例学习网络模型的架构。为了优化这个模型，利用 SGD 算法最小化损失函数，优化和求解网络模型。

10.3.4　实验结果与分析

本部分以西安数据集为例，对各种算法进行对比。与本节算法对比的传统浅层算法包括 Softmax 和 SVM，主流深度学习算法如堆栈自编码网络和 DCNN。在对比算法中，网络输入是全色锐化的影像，记作 MS⊕PAN，全色锐化的方法统一采用 Gram-Schmidt。对比算法可以分别简写成 MS⊕PAN＋APs＋Softmax、MS⊕PAN＋APs＋SVM、MS⊕PAN＋SAE 和 MS⊕PAN＋DCNN。本算法记为 MS＋PAN＋DMIL，其中 MS＋PAN＋DMIL(S)表示本算法采取了简单的特征融合，MS＋PAN＋DMIL(H)则表示本算法使用的是高层特征融合策略。

全色影像和多光谱影像拥有不同的尺寸，在本算法中，首先将多光谱影像上池化到和全色影像一样大的尺寸和分辨率，作为谱域示例学习的输入。在对比算法中，算法 MS⊕PAN＋SAE 和 MS⊕PAN＋DCNN 的结构和参数与 DMIL 一样，支撑向量机的参数寻优策略是粒子群优化算法,可以避免网格搜索的巨大参数空间,找到全局最优解。

图 10.16 所示场景的实验数据来自 QuickBird 卫星,用于测试算法的性能,在训练模型算法的过程中,依然不超过百分之十的样本,每类仅选 2000 个样本作为训练样本,其余样本全部用来测试网络性能。直观地说,表 10.5 中 4 个评价指标的数值可以很清楚分析出本算法性能优于其他对比算法。所有的分类准确率都是在标记的数据上进行的。

(a) 影像子区域

(b) MS⊕PAN+APs+Softmax

(c) MS⊕PAN+APs+SVM

(d) MS⊕PAN+DCNN

(e) MS⊕PAN+SAE

(f) MS+PAN+DMIL(S)

(g) MS+PAN+DMIL(H)

图 10.16 西安数据集 01 子区域分类结果图

(https://ieeexplore.ieee.org/document/8048556)

表 10.5 西安数据集 02 子区域分类指标统计

算　　法	AA	OA	Kappa	MF1
MS⊕PAN＋APs＋Softmax	0.8901	0.8284	0.8065	0.7951
MS⊕PAN＋APs＋SVM	0.8917	0.8317	0.8118	0.7984
MS⊕PAN＋DCNN	0.9621	0.9449	0.9256	0.8955
MS⊕PAN＋SAE	0.9448	0.9195	0.9012	0.8545
MS＋PAN＋DMIL(S)	0.9659	0.9553	0.9422	0.9356
MS＋PAN＋DMIL(H)	0.9689	0.9576	0.9486	0.9413

与其他分类方法相比,结果清楚地表明了影响分类性能的因素。本算法在这些场景中获得最好的分类性能,优于深度特征融合网络,DMIL(H)优于 DMIL(S)。SAE 和 DCNN 分类结果优于 Softmax 和 SVM,即深层算法优于浅层算法。图 10.16 可以清楚地看到分类的细节结果。在图 10.16 中,Softmax 和 SVM 没有完全识别出中心操场,由于操作是匀质区域,容易区分,结果还比较明显,但结果不令人满意。同时,SAE 和 DCNN 对道路进行了

错误分类,其结果并未优于 Softmax 和 SVM 多少。

整个实验结果显示,传统浅层算法的性能比不上深度学习算法,MS⊕PAN＋APs＋Softmax 和 MS⊕PAN＋APs＋SVM 的分类指标低于 MS⊕PAN＋SAE 和 MS⊕PAN＋DCNN。从分类效果看,MS⊕PAN＋SAE 能够识别影像的细节信息,MS⊕PAN＋DCNN 能够保持影像的边缘信息和空间一致性。

本算法通过深度多实例学习的策略克服了 DCNN 和 SAE 的缺点,融合了两者的优势,充分利用和挖掘光谱和空间信息两个示例的信息服务于分类任务,最终得到了令人满意的分类效果。

10.4 基于双支路注意融合网络下的多分辨率遥感影像分类

本节提出了一种基于纹理信息的自适应中心偏移采样(ACO-SS)策略。对一个待分类的像素点,首先确定它所在的纹理结构,然后将像素的邻域信息向纹理结构的中心偏移,从而确定样本图块的最终中心。图块的大小是不固定的,由检测到的纹理结构的大小自适应地确定,从而可以更好地适应不同尺度的地物。该图块往往包含更多与待分类像素相同的纹理信息,从而有效地避免了边缘类别采样问题,并为其分类提供更好的正反馈信息。

在网络结构的设计上,本节从自然场景数据中使用的原始注意力模块的基础上,针对 PAN 数据和 MS 数据,分别设计了基于空间注意力的模块(SA-module)和基于通道注意力的模块(CA-module),这两种模块突出了 PAN 数据的空间信息优势和 MS 数据的多谱段信息优势,并将这两种特征融合为一个整体。最后将 CA-module 嵌入到 SA-module 中,进一步从融合后的特征中提取更深层的特征进行分类,得到了很好的分类效果。

10.4.1 自适应中心偏移采样策略

ACO-SS 策略允许每个补丁根据待分类像素的纹理结构自适应地确定邻域范围。该策略将原始的图块中心(即待分类的像素)朝它纹理结构中心的方向偏移,以获得更多具有同质性的邻域信息,以便为分类器提供更多的正反馈邻域信息,并使在两个类别边界上获得的图块不会重复过多信息。

1. 检测纹理结构并确定其有效面积

这里选择纹理结构主要是因为它容易获得,并且结构相对稳定。众所周知,最稳定的纹理结构可以在高斯尺度归一化拉普拉斯(s-LoG)尺度空间中检测到。因为 DoG 是 s-LoG 的近似($DoG=\sigma^2 \nabla^2 G$),且更容易计算,所以使用差分高斯(DoG)尺度空间去捕获纹理结构。

DoG 方程的表达式如下:

$$\text{DoG} = G(x,y,\sigma_1) - G(x,y,\sigma_2) = \frac{1}{2\pi\sigma_1^2}e^{\frac{-x^2+y^2}{2\sigma_1^2}} - \frac{1}{2\pi\sigma_2^2}e^{\frac{-x^2+y^2}{2\sigma_2^2}} \tag{10-36}$$

其中，σ_1 指的是尺度空间中的当前尺度，$\sigma_2 = k\sigma_1$；k 是常数，表示相邻尺度空间的尺度比率。

　　DoG 和 s-LoG 曲线的横切面如图 10.17(a) 所示。这种漏斗状纹理结构的大小可以通过计算方程的最大点之间的欧氏距离获得。事实上，直径为 D_E 的圆形区域并不完全等同于纹理结构的有效区域(有些边缘区域没有覆盖)，D_E 只是用来区分不同尺度的一个度量标准，而且 D_E 也很容易计算。用最大值点之间的距离作为衡量纹理结构尺寸的指标，尽量让样本的邻域整体大一些，方便网络特征的提取。ACO-SS 需要较大尺寸的样本，起到正反馈作用的信息的比重更大些，因此，令 DoG 方程的导数为 0，便得到 D_E 表达式：

$$\begin{cases} D_E = 2\sqrt{x^2+y^2} \\ \dfrac{\partial \text{DoG}}{\partial D_E} == 0 \end{cases} \rightarrow D_E = \sqrt{\frac{32k^2\sigma_1^2\ln k}{k^2-1}} \tag{10-37}$$

其中，令 $k = 2^{\frac{1}{3}}$，所以此时 $D_E \approx 9.50\sigma_1$。因此，可以检测 DoG 尺度空间的中心极值点来捕捉纹理结构，此极值点可以提供关于位置和当前尺度 σ_1 的信息确定相应的 D_E。

2. 自适应地确定每个像素的邻域范围

　　对于某个像素，其周围可能有多个候选纹理结构，所选纹理结构应在空间距离上最接近该像素，并确保其与该像素处于同一均匀区域。因此，使用 Voronoi 图划分 DoG 尺度空间中检测到的所有极值点。根据 Voronoi 图的原理，一个 Voronoi 区域只有一个极值点，即一

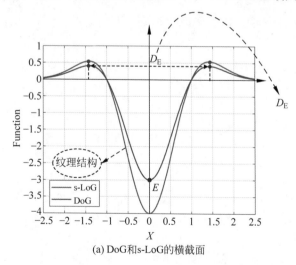

(a) DoG和s-LoG的横截面

图 10.17　DoG 和 s-LoG 截面

(https://kns.cnki.net/KCMS/detail/detail.aspx? filename=1020000592.nh&dbname=CDFDTEMP)

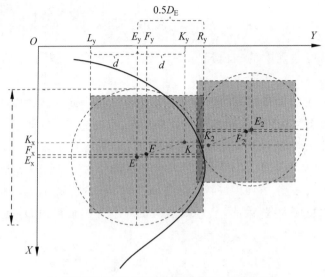

(b) 确定像素K_1和K_2图块邻域范围和中心位置的过程

图 10.17 （续）

个 Voronoi 区域中任何像素的最近纹理结构就是其极值点所在的纹理结构。

确定图块的邻域范围和中心位置的整个过程可参考图 10.17(b)。假设 K 和 K_2 是两个具有非常近的欧氏距离但属于不同类别的像素点，E 和 E_2 分别是相应纹理结构的中心极值点。通过空间关系的转换，可以计算出新的中心位置 F 和 F_2，记忆对应的邻域范围（两个具有自适应邻域范围的蓝色图块）。与原始的以像素点为中心的采样策略相比，该策略所截取的两个灰色图块不会重复太多的邻域信息。

3. 切割补丁

在进入网络前，为了使网络得到有效的训练，最终将所有补丁切割成三个固定大小，即

$$S = \begin{cases} S_1, & S_p \leqslant S_2 \\ S_{fix}, & S_1 < S_p \leqslant S_{fix} \\ S_3, & S_2 < S_p \leqslant S_3 \\ \widetilde{S}_3, & S_p > S_1 \end{cases} \tag{10-38}$$

其中，S_1、S_{fix} 和 S_3 是三个阈值常量，$\widetilde{S}_3$ 表示具有 S_p 大小的图块应当插值成 S_3 的大小，而不是直接设置为 S_3，以确保原始邻域信息的完整性。这些影像块被用作后续网络的输入。

10.4.2 空-道注意模块

PAN 影像具有高空间分辨率，而相应的 MS 影像具有多谱段信息。应通过不同的网络

模块提取 PAN 数据和 MS 数据的独特特征,从而突出各自数据的特性优势。此外,对于由 ACO-SS 策略捕获的影像块,还希望增强其纹理区域信息,来提取更强大和更本质的特征。受注意力机制和深度神经网络最新发展的启发,设计了一个双分支注意力融合深度网络 (DBAF-Net)。在图 10.18(a)和图 10.18(b)中,每个堆叠的注意力模型包括两个模块,每个模块中的深色图块代表图 10.18(a)和图 10.18(b)中的原始注意力模块。对模块进行了两个主要改进,引入了空间注意力模块(SA-module)与通道注意力模块(CA-module)。

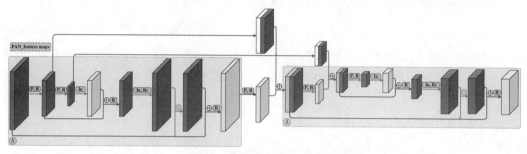

(a) 针对PAN数据的堆栈空间注意力模型

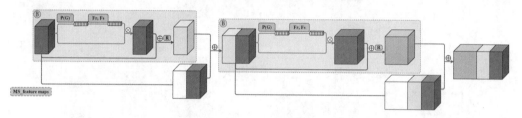

(b) 针对MS数据的堆栈通道注意力模型

图 10.18 注意力模块

(https://kns.cnki.net/KCMS/detail/detail.aspx?filename=1020000592.nh&dbname=CDFDTEMP)

在注意力模块中,对于上采样后的每个特征图,将其前一个下采样之前的输入特征图逐层相加。这可以看作是开辟了一个新的支路,减少了纯粹依赖原始注意力掩膜的网络输出的权重。实际上,该支路相当于对相应的注意力分支给出了一个合理的预处理,使得网络在该模块隐含的非线性复杂函数更容易拟合。在反向传播过程中,梯度误差可以稳定地传递给前层,有效地缓解了梯度消失的问题。实验还表明,增加一个简洁的信息支路有助于优化。

在两个注意力模块之间,将前一个注意力模块的潜在信息(即模块中间得到的特征信息)连接到下一个注意力模块。它可以有效地捕获前一个注意力模块中的中间推理信息,并将其独立、完整地传送到整个网络,从而增强特征的表示能力。这样做有助于为后一个注意力模块提供位置推理,允许更正前一个注意力模块中可能出现的强化错误。

与上述改进思路类似,DBAF-Net 等效于提供一个新的支路,可以减少信息瓶颈对原始支路的影响,使注意力模型易于优化。为了保持前馈特性,每一层都从之前的所有层获得额外的输入,并将自己的特征映射传递到后面的所有层。实际上,这个支路完整保留了每个模块学习到的新特性,并且每个模块可以完全与以前模块的特性分离。在反向传播的情况下,传递到某一层的误差梯度也可以直接流到它的所有前层,从而增强网络中各层之间的信息流。

10.4.3 双支路注意融合深度网

基于上述的 SA-module 和 CA-module,设计了用于多分辨率分类的 DBAF-Net。DBAF-Net 首先从两个不对称支路提取特征,PAN 图块及其对应的 MS 图块作为输入,将这两个特征相互融合,实现分类。DBAF-Net 框架如图 10.19 所示。

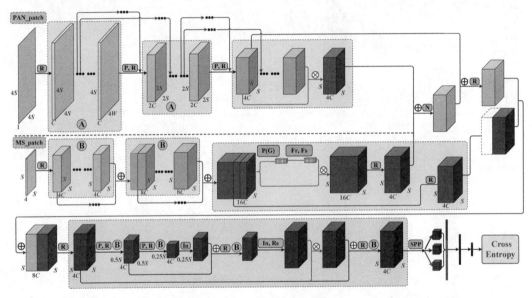

图 10.19　DBAF-Net 框架

(https://kns.cnki.net/KCMS/detail/detail.aspx?filename=1020000592.nh&dbname=CDFDTEMP)

1. 预处理

PAN 图块和 MS 图块(在本节所用数据集中,PAN 数据和 MS 数据的长宽比为 4:1)都要经过一个 R 操作函数,包括卷积、批量归一化、ReLU 非线性激活函数。输出的特征作为后续的输入,为网络的训练做准备。

2. 基于注意模块的特征提取

使用两个不对称的支路提取特征。如图 10.18 所示,在 PAN 和 MS 各自的支路上,使用 3 个堆栈的 SA-module 和三个堆栈的 CA-module 作为特征提取器。在这个过程中,两个支路的权重不共享,彼此独立。提取的特征强化了每种影像数据类型本身的特性信息优势。

在同一条支路上,不同模块生成的注意力掩膜捕获不同类型的注意信息,并以软权重的形式添加到各自的特征中。浅层掩膜主要抑制影像背景等一些不重要的信息,随着网络的加深,掩膜逐渐增强对最后任务有用的重要信息。

3. 特征融合与分类

为了有效地融合两个支路的特征,对第三个模块的输出进行以下操作。给定 PAN 支路第三个模块的输入 $A_{i,c}^a$ 及相同尺寸的注意力掩膜 $\alpha_{i,c}$,对应 MS 支路上的输入 $B_{i,c}^a$ 及相同尺寸的注意掩膜 $\beta_{i,c}$,其中 i 覆盖了所有的空间位置,而 c 是影像通道的索引。融合特征 $Y_{i,c}^f$ 可以表示为:

$$Y_{i,c}^f = f_S(F(B_{i,c}^b)) + F(N(\alpha_{i,c} \cdot A_{i,c}^a + F(\beta_{i,c} \cdot B_{i,c}^b))) + A_{i,c}^a \quad (10\text{-}39)$$

其中,$N(\cdot)$ 是一个归一化函数,$F(\cdot)$ 和 $f_S(\cdot)$ 表示的含义与上述公式相同。这一步骤可以有效地结合这两个支路的优点,提高融合特征在空间和通道上的性能。在分类之前,特征需要通过一个模块更好地集成融合的信息。在这个模块中,将 CA-module 嵌入到 SA-module 中,因为该部分只有一个模块,所以它不包含 CA-module 和 SA-module 中的箭头表示的过程。

由于通过 ACO-SS 得到输入图块有 3 种不同的邻域信息,对应三种不同的大小,在全连接层之前插入一个空间金字塔池层,以获取相同维度的特征向量。本节设计了一个三级金字塔,包括 $\text{pool}_{1\times1}$、$\text{pool}_{2\times2}$ 和 $\text{pool}_{4\times4}$。

在级联向量通过多个全连接层后,最后将交叉熵误差作为最终的损失函数估计这一组 PAN 和 MS 图块的类别概率。

10.4.4 实验结果与分析

本节以温哥华 1B 级影像为例,对各种方法进行了比较,详细验证了所提方法的有效性。比较方法包括两种先进方法 DMIL 和 SML-CNN,这两种方法都是基于神经网络的多分辨率分类方法,很适合作为比较算法。对于这两个网络,按照各自论文中的实验设置来获得最佳结果。此外,本节还提供了测试时间比较每种方法的效率。

温哥华 1B 级影像的相应定量和定性结果如表 10.6 和图 10.20 所示。这里,表 10.6 中的 Attention_Net 表示 PAN 支路和 MS 支路的特征分别由 Bottom-up 和 Top-down 式的注意力网络和 SE 式的注意力网络提取,然后将获得的两个支路的特征级联后,最终再进行分类。Attention_Net 的超参数与 DBFA-Net 的超参数相同,以确保公平比较。不同方法的实验结果比较分析如下。

基于相同的 ACO-SS($S=12,16,24$),DBFA-Net 获得比 Attention_Net 更高的精度。DBFA-Net 弥补了注意力网络容易陷入局部最优的缺点,增强了处理复杂遥感影像块的特征提取能力。大多数类别的准确性都有了显著提高。某些类别的精确度没有得到很大的提高。这是因为这些类别的样本之间的差异性不显著,而且它们的信息分布也相对稳定,所以这些类别对样本的质量和网络的性能要求不高。

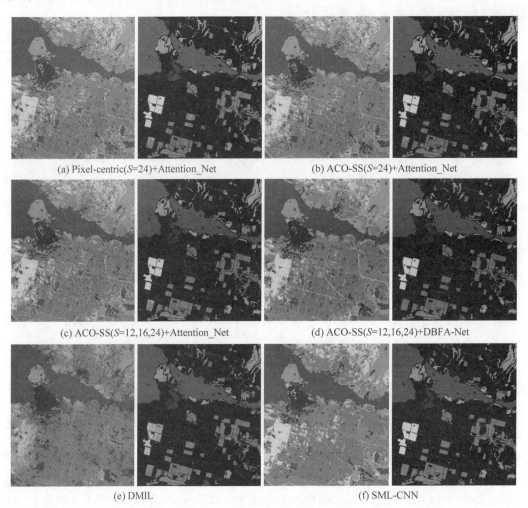

(a) Pixel-centric(S=24)+Attention_Net   (b) ACO-SS(S=24)+Attention_Net

(c) ACO-SS(S=12,16,24)+Attention_Net   (d) ACO-SS(S=12,16,24)+DBFA-Net

(e) DMIL   (f) SML-CNN

图 10.20　温哥华 1B 级影像分类结果对比

(https://kns.cnki.net/KCMS/detail/detail.aspx?filename=1020000592.nh&dbname=CDFDTEMP)

表 10.6　温哥华 1B 级影像数据的定量结果

方　　法	AA/%	OA/%	Kappa/%	Time/s
Pixel-centric($S=24$)＋Attention_Net	95.50	95.33	94.83	730.12
ACO-SS($S=24$)＋Attention_Net	96.37	96.37	95.97	778.67
ACO-SS($S=12,16,24$)＋Attention_Net	96.97	96.89	96.56	795.15
ACO-SS($S=12,16,24$)＋DBFA-Net	99.34	99.18	99.06	901.23
DMIL	96.06	96.09	86.81	768.34
SML-CNN	95.54	99.15	98.87	349.78

此外,ACO-SS($S=12,16,24$)+DBFA-Net 也比两种先进的结果更好。DMIL(在 MS 支路上使用 CNN,在 PAN 支路使用 SAE)中使用的网络相对较浅,在处理具有复杂特征的遥感数据时,无法充分提取稳健和显著的特征表示。因此,DMIL 的大多数类别都不如 DBFA-Net 的准确率高。而采用级联方式进行特征融合的策略也相对比较粗暴,没有考虑到两种特征之间的差异。SML-CNN 考虑 6 个局部区域(一个中心区域、一个原始区域和四个角区域)作为样本,并设计 6 个 CNN 进行特征提取。它获得了比 DMIL 更好的结果,但是它在训练样本较少的类别上的精度非常低。考虑到 SML-CNN 中的网络使用 25% 的标记数据作为训练样本,这表明该网络可能陷入局部过拟合,因此 SML-CNN 的 AA 指标很低。

10.5 本章小结

随着高分辨率遥感卫星的不断发射,遥感影像的获取变得越来越容易,其种类也越来越丰富。不断积累的多源遥感影像为观测场景的智能解译带来了新的问题和挑战。由于能够充分利用多源遥感影像之间的冗余性和互补性,影像融合技术被广泛研究并使用。该技术能够突破成像传感器中的空谱分辨率限制获得高分辨率遥感影像,最终满足各类遥感任务对高分辨率遥感影像的需求,对观测场景的高效解译具有重要意义。

本章主要关注全色影像、多光谱影像和高光谱影像这三类遥感影像,高光谱影像为典型的三维立方体数据,而张量能够自然地保持高维数据的整体结构。因此,基于低秩张量分解和空谱图正则的多光谱与高光谱影像融合方法采用 Tucker 分解模型实现高光谱数据的建模。此外,该方法还构造了空间图正则和光谱图正则,从多光谱影像和低空间分辨率高光谱影像中提取先验信息,进而对融合影像进行约束。在 Pavia 和 Washington 数据上的实验结果表明该方法能够高效地保持高光谱影像的空谱信息。

随着压缩感知理论的不断发展,一些学者也利用压缩感知模型解决多光谱和全色影像融合中空间分辨率和光谱信息难以平衡的问题。基于压缩超分辨重构和多字典学习的多光谱和全色影像融合方法针对目前基于压缩感知融合方法中存在的问题,为了解决原始的压缩感知模型中高分辨率全色影像与线性加权的高分辨率多光谱影像存在误差的问题,以及在压缩感知重构过程中字典获取困难的问题,提出了一个基于两阶段实现的融合方法。构建的压缩的超分辨重构模型能够有效地减少高分辨率全色影像与线性加权的高分辨率多光谱影像存在误差的问题。同时,该方法设计了多字典学习方法,来减少两阶段模型中的重构误差。根据影像的不同区域的特征,结合区域图,将影像划分为不同的区域对融合影像进行重构。脊波字典和曲线波字典能够较好的影像的方向信息,而 DCT 字典能够较好表示影像的纹理区域,所以,该算法得到了较好的融合效果。

多源融合部分介绍了一种基于双支路注意融合网络模型以及一种基于空谱信息融合的

深度多示例学习(DIML)模型完成多源遥感影像分类任务。

基于空谱信息融合的深度多示例学习(DIML)模型,用于对 MS 和 PAN 影像进行分类。首先,利用堆栈自编码网络(SAE)从多光谱影像中提取光谱特征,并利用 DCNN 从全色影像中获取空间特征;然后将两种特征进行级联表示,将其输入到具有三个完全连接层的融合网络中,融合和学习高层特征;最后,使用 Softmax 分类器对特征进行分类识别。从结果的可视化分析来看,分类结果非常接近地面实况图。该方法取得了满意的结果。因此,通过在 4 个数据集上验证本算法,展示了其很强的鲁棒性,说明深度多示例学习框架能够很好地解决 PAN 影像和 MS 影像融合分类的任务。

基于双支路注意力融合网络模型在样本选取上,打破了传统的以待分类像素为中心提取样本图块的做法,将该像素的邻域信息向其纹理结构的中心偏移,加大样本图块中与待分类像素相同的纹理信息的比重,可以很好地避免边缘类别的采样问题,并为其分类提供了更多的正反馈信息。在网络结构的设计上,针对 PAN 数据和 MS 数据不同的数据特性,分别设计了两个注意力模型,突显并强化各个数据的优势,从网络中提取出更具表征能力的特征向量,最后从融合后的特征中提取更深层的特征进行分类。实验表明该方法框架对高分辨率的复杂遥感数据具有很好的适应性和鲁棒性。

参考文献

[1] 张凯.基于稀疏矩阵分解的遥感图像融合[D].西安:西安电子科技大学,2018.

[2] 石程.基于视觉稀疏表示和深度脊波网络的遥感图像融合及分类[D].西安:西安电子科技大学,2016.

[3] 刘旭.基于深度融合网络学习的多源遥感图像分类[D].西安:西安电子科技大学,2017.

[4] 朱浩.双支路深度神经网络下的遥感图像配准及多分辨率融合分类[D].西安:西安电子科技大学,2017.

[5] Jiang C,Zhang H,Shen H,et al. A practical compressed sensing-based pan-sharpening method[J]. IEEE Geoscience and Remote Sensing Letters,2011,9(4):629-633.

[6] Liao Y,Xiao Q,Ding X,et al. A novel dictionary design algorithm for sparse representations[C]// IEEE International Ioint Conference on Computational Sciences and Optimization,2009.

[7] Laben C A,Brower B V. Process for enhancing the spatial resolution of multispectral imagery using pan-sharpening[P]. U. S:6011875,2000.

[8] Ballester C,Caselles V,Igual L,et al. A variational model for P+ XS image fusion[J]. International Journal of Computer Vision,2006,69(1):43-58.

[9] Otazu X,González-Audícana M,Fors O,et al. Introduction of sensor spectral response into image fusion methods. Application to wavelet-based methods[J]. IEEE Transactions on Geoscience and Remote Sensing,2005,43(10):2376-2385.

[10] Shi C,Liu F,Li L,et al. Learning interpolation via regional map for pan-sharpening[J]. IEEE Transactions on Geoscience and Remote Sensing,2014,53(6):3417-3431.

[11] Shang F,Jiao L C,Wang F. Graph dual regularization non-negative matrix factorization for co-clustering[J]. Pattern Recognition,2012,45(6): 2237-2250.

[12] Achanta R,Shaji A,Smith K,et al. SLIC superpixels compared to state-of-the-art superpixel methods[J]. IEEE Transactions on Pattern Analysis and Machine Intelligence, 2012, 34 (11): 2274-2282.

[13] Yang S,Zhang K,Wang M. Learning low-rank decomposition for pan-sharpening with spatial-spectral offsets[J]. IEEE Transactions on Neural Networks and Learning Systems,2017,29(8): 3647-3657.

[14] Zhang K,Wang M,Yang S,et al. Convolution structure sparse coding for fusion of panchromatic and multispectral images[J]. IEEE Transactions on Geoscience and Remote Sensing, 2018, 57 (2): 1117-1130.

[15] Zhang K,Wang M,Yang S. Multispectral and hyperspectral image fusion based on group spectral embedding and low-rank factorization[J]. IEEE Transactions on Geoscience and Remote Sensing, 2016,55(3): 1363-1371.

[16] Zhang K,Wang M,Yang S,et al. Fusion of panchromatic and multispectral images via coupled sparse non-negative matrix factorization[J]. IEEE Journal of Selected Topics in Applied Earth Observations and Remote Sensing,2016,9(12): 5740-5747.

[17] Levinshtein A,Stere A,Kutulakos K N,et al. Turbopixels: Fast superpixels using geometric flows [J]. IEEE Transactions on Pattern Analysis and Machine Intelligence,2009,31(12): 2290-2297.

[18] Liu M Y,Tuzel O,Ramalingam S,et al. Entropy rate superpixel segmentation [C]//IEEE Conference on Computer Vision and Pattern Recognition,2011.

[19] Simoes M,Bioucas-Dias J,Almeida L B,et al. A convex formulation for hyperspectral image superresolution via subspace-based regularization[J]. IEEE Transactions on Geoscience and Remote Sensing,2014,53(6): 3373-3388.

[20] Akhtar N,Shafait F,Mian A. Sparse spatio-spectral representation for hyperspectral image super-resolution[C]//European Conference on Computer Vision,2014.

[21] Akhtar N,Shafait F,Mian A. Bayesian sparse representation for hyperspectral image super resolution [C]//IEEE Conference on Computer Vision and Pattern Recognition,2015.

[22] Yokoya N,Yairi T,Iwasaki A. Coupled non-negative matrix factorization (CNMF) for hyperspectral and multispectral data fusion: Application to pasture classification [C]//IEEE International Geoscience and Remote Sensing Symposium,2011.

[23] Wei Q,Bioucas-Dias J,Dobigeon N,et al. Hyperspectral and multispectral image fusion based on a sparse representation[J]. IEEE Transactions on Geoscience and Remote Sensing, 2015, 53 (7): 3658-3668.

[24] Lee J,Lee C. Fast and efficient panchromatic sharpening[J]. IEEE Transactions on Geoscience and Remote Sensing,2009,48(1): 155-163.

[25] Yang S,Zhang K,Wang M. Learning low-rank decomposition for pan-sharpening with spatial-spectral offsets[J]. IEEE Transactions on Neural Networks and Learning Systems,2017,29(8): 3647-3657.

[26] Marone C. Training machines in Earthly ways[J]. Nature geoscience,2018,11(5): 301-302.

[27] Mao T,Tang H,Wu J,et al. A generalized metaphor of Chinese restaurant franchise to fusing both panchromatic and multispectral images for unsupervised classification[J]. IEEE Transactions on

Geoscience and Remote Sensing,2016,54(8): 4594-4604.

[28] Zhang J,Li T,Lu X,et al. Semantic classification of high-resolution remote-sensing images based on mid-level features[J]. IEEE Journal of Selected Topics in Applied Earth Observations and Remote Sensing,2016,9(6): 2343-2353.

[29] Moser G,De Giorgi A,Serpico S B. Multiresolution supervised classification of panchromatic and multispectral images by Markov random fields and graph cuts[J]. IEEE Transactions on Geoscience and Remote Sensing,2016,54(9): 5054-5070.

[30] Palsson F,Sveinsson J R,Ulfarsson M O,et al. Quantitative quality evaluation of pansharpened imagery: Consistency versus synthesis[J]. IEEE Transactions on Geoscience and Remote Sensing, 2015,54(3): 1247-1259.

[31] Robin A,Le Hégarat-Mascle S,Moisan L. Unsupervised subpixelic classification using coarse-resolution time series and structural information[J]. IEEE Transactions on Geoscience and Remote Sensing,2008,46(5): 1359-1374.

[32] Tang X,Jiao L,Emery W J,et al. Two-stage reranking for remote sensing image retrieval[J]. IEEE Transactions on Geoscience and Remote Sensing,2017,55(10): 5798-5817.

[33] Gong M,Zhao J,Liu J,et al. Change detection in synthetic aperture radar images based on deep neural networks[J]. IEEE Transactions on Neural Networks and Learning Systems,2015,27(1): 125-138.

[34] Liu F,Jiao L,Hou B,et al. POL-SAR image classification based on Wishart DBN and local spatial information[J]. IEEE Transactions on Geoscience and Remote Sensing,2016,54(6): 3292-3308.

[35] Kraus O Z,Ba J L,Frey B J. Classifying and segmenting microscopy images with deep multiple instance learning[J]. Bioinformatics,2016,32(12): 52-59.

[36] Wu J,Yu Y,Huang C,et al. Deep multiple instance learning for image classification and auto-annotation[C]//IEEE Conference on Computer Vision and Pattern Recognition. 2015: 3460-3469.

[37] Zhang L,Zhang L,Tao D,et al. On combining multiple features for hyperspectral remote sensing image classification[J]. IEEE Transactions on Geoscience and Remote Sensing, 2011, 50 (3): 879-893.

[38] Ghamisi P,Dalla Mura M,Benediktsson J A. A survey on spectral-spatial classification techniques based on attribute profiles[J]. IEEE Transactions on Geoscience and Remote Sensing,2014,53(5): 2335-2353.

[39] LeCun Y,Bottou L,Bengio Y,et al. Gradient-based learning applied to document recognition[J]. Proceedings of the IEEE,1998,86(11): 2278-2324.

[40] Rumelhart D E,Hinton G E,Williams R J. Learning internal representations by error propagation[R]. California Univ San Diego La Jolla Inst for Cognitive Science,1985.

[41] Audebert N,Le Saux B,Lefèvre S. Semantic segmentation of earth observation data using multimodal and multi-scale deep networks[C]//Asian Conference on Computer Vision,2016.

[42] Glorot X,Bengio Y. Understanding the difficulty of training deep feedforward neural networks[C]// International Conference on Artificial Intelligence and Statistics,2010.

[43] Aurenhammer F. Voronoi diagrams-a survey of a fundamental geometric data structure[J]. ACM Computing Surveys,1991,23(3): 345-405.

[44] He K,Zhang X,Ren S,et al. Deep residual learning for image recognition[C]//IEEE Conference on Computer Vision and Pattern Recognition. 2016: 770-778.

[45] Xie S,Girshick R,Dollár P,et al. Aggregated residual transformations for deep neural networks

［C］//IEEE Conference on Computer Vision and Pattern Recognition,2017.

［46］ Wang F,Jiang M,Qian C,et al. Residual attention network for image classification［C］//IEEE Conference on Computer Vision and Pattern Recognition,2017.

［47］ He K,Zhang X,Ren S,et al. Spatial pyramid pooling in deep convolutional networks for visual recognition［J］. IEEE Transactions on Pattern Analysis and Machine Intelligence,2015,37(9)：1904-1916.

［48］ Zhao W,Jiao L,Ma W,et al. Superpixel-based multiple local CNN for panchromatic and multispectral image classification［J］. IEEE Transactions on Geoscience and Remote Sensing,2017,55(7)：4141-4156.

［49］ Milani G,Volpi M,Tonolla D,et al. Robust quantification of riverine land cover dynamics by high-resolution remote sensing［J］. Remote Sensing of Environment,2018,217：491-505.

第 11 章

遥感目标检测

一般来说,显著性检测模型遵循线索设计和融合的过程,首先设计一个新的轮廓显著性线索来捕捉目标轮廓附近的外观间隙,并建模为一个离散优化问题,同时提出了一个快速迭代算法来获得其近似解;然后,利用一个新的轮廓显著性线索捕捉目标轮廓附近的外观间隙并导出轮廓线索图,以提供有意义的场景显著性信息;最后在非均匀稀疏融合模型下,将轮廓显著性线索与背景线索相结合,实现综合交互,融合模型输出的是一个粗尺度的显著性图,其质量随着对象层次的提高而进一步提高协同滤波。

遥感影像目标检测算法的研究具有十分重要的意义和广泛的应用前景。在民用方面,可以监控道路、港口以及机场等的交通情况,对机场中的飞机、道路上的车辆、港口中的船只进行协调。特别是对道路上车辆拥堵,可以通过对遥感影像中车辆的分析,有效地预防车辆拥堵状况,并且可以辅助处理车辆事故。在军事领域,目标检测可以监控重要区域的动态,包括重点港口以及机场等的部署及动态,或者监控国家边界海域的情况,评估战时海上打击效果等。

11.1 基于混合稀疏显著融合模型的目标检测

11.1.1 最小跨距

显著性目标可以视为覆盖杂乱的开放背景的某些区域的一个封闭区域,因此为了更好地进行显著性度量,可以在影像上定义一些几何距离度量以量化此属性。总体思路是,在定义的距离变换下,目标区域可以从它周围的背景区域中获得可分辨的值。相比几何距离,传统的测地距离(GD)和最小障碍物距离(MBD)已成功在该领域崭露头角。生物视觉的研究表明,轮廓整合是显著性感知的重要中间过程,所有物体与轮廓附近的周围区域之间巨大的外观间隙是显著物体的重要提示。受此启发,本节提出了一种新的轮廓显著性提示,称为MSD,它可以提供感知建模的独特视角。

从几何角度来看,影像平面可视为旅行地图,每个节点都是该地图上的一个城市。首先,步行者站在节点 S 上,并计划前往影像边界中的另一个节点 t,且在预定的旅行成本下只有一条最佳路径。传统的测地距离和障碍物距离试图最小化步行者经过的路径长度或使高度下降。但是测地距离偏向影像中心障碍物距离,且影像边界的兼容性有限。如上所述,通常将目标视为覆盖背景的某些封闭区域,通过行进路径的轮廓间隙来搜索目标,基于此设计离散的旅行损失函数及其优化目标,以对该轮廓间隙特性进行建模。

记每个候选的行进路径为 $p_i(i=1,2,\cdots,n)$,其中 n 为路径总数,对于每个 p_i,记步行者经过的节点集为 $\pi_i=\{\pi_i^1,\pi_i^2,\cdots,\pi_i^{m_i}\}$。其中 m_i 是路径上的节点号。对于每条从 S 到 t 的路径,都存在着最大的单步距离(每步距离代表路径上两个相邻节点之间的距离),从 S 到 t 的 MSD 是最小的单步距离。在不失一般性的前提下,最小跨距可以表示为:

$$\mathrm{MSD}(S,t)=\min\left\{\bigcup_{i\in[1,n]}\max\left[\bigcup_{j\in[1,m_i-1]}(\pi_i^j\to\pi_i^{j+1})\right]\right\}$$

$$\mathrm{s.\,t.}\ \pi_i^1=S,\quad i=1,2,\cdots,n$$

$$\pi_i^{m_i}=t,\quad i=1,2,\cdots,n \tag{11-1}$$

其中,$\mathrm{MSD}(S,t)$ 是从 S 到 t 的最小跨距,$\bigcup$ 表示所有元素的并集,而 $\pi_i^j\to\pi_i^{j+1}$ 是两个相邻节点 π_i^j 和 π_i^{j+1} 之间的距离;后面的两个约束用于强制所有可行路径的起始节点 S 和终止节点 t。从式(11-1)可以看出,MSD 的数学定义是二阶离散约束优化问题,具有很高的计算复杂度,而且不能用现有的路径编程技术解决。基于此设计了一种基于图的迭代算法以快速获得其逼近解,生成的 MSD 图可以捕获沿行进路径的轮廓间隙,从而为显著性提供可靠依据。

影像的 MSD 图方法如下,首先建立一个增强的邻居图,然后为其设计一个快速逼近算法——SLIC 算法:将输入影像 $I\in\mathcal{R}^{p\times q}$ 分割成 m 个均匀的超像素区域 $\mathrm{sp}_1,\mathrm{sp}_2,\cdots,\mathrm{sp}_m$,从而建立一个邻居图 $G=(V,E)$,其中每个超像素都作为一个节点,并且仅与其直接的空间邻居有联系,然后引入一个辅助节点进一步扩大该图。作为一种特殊设计,该辅助节点连接到所有影像边界节点之间的连接权重均使用其 CIE-Lab,即边界节点与其 l-最近边界颜色邻居之间的平均 CIE-Lab 颜色距离。图的边缘权重矩阵 $A\in\mathcal{R}^{m\times(m+1)}$ 可以使用以下形式构建:

$$A(i,j)=\begin{cases}\|c_i-c_j\|_2,\quad \mathrm{sp}_j\in\varepsilon_d(\mathrm{sp}_i),j\in[1,m]\\\dfrac{1}{l}\sum_{k=1}^m\|c_i-c_k\|_2\times 1[\mathrm{sp}_k\in\varepsilon_c^l(\mathrm{sp}_i)],\quad \mathrm{sp}_i\in B,j\in m+1\end{cases} \tag{11-2}$$

其中,$A(i,j)$ 是从 j 到 i 的边缘的连接权重,$c_i(i=1,2,\cdots,m)$ 是第 i 个超像素的 CIE-Lab 颜色特征,$\varepsilon_d(\mathrm{sp}_i)$ 和 $\varepsilon_c^l(\mathrm{sp}_i)$ 分别是 sp_i 的直接空间邻居集和 l-最近边界颜色邻居集,B 是影像边界超像素集,$1[\cdot]$ 为指标函数,如果满足该条件,其值为 1,否则为 0。在整个图 G 中,辅助节点用作边界节点的额外邻居。如果一个边界节点与其最近的 l 个边界颜色邻居非常不同,则其与辅助节点的权重将是一个较大值,否则将是一个较小值。由于裁剪后的目标通常只占影像边界的一小部分,因此这些边界目标节点在影像边界区域中可以缓解边界泄漏问题。因此,边界目标节点与其最近的 l 个边界颜色邻居之间的平均色差预计会很大,而其他边界非目标节点则恰好相反。我们将使用快速迭代逼近算法在该图中找到所有节点的 MSD。

给定权重矩阵 A,目标是有效地找到图上所有节点的 MSD。该问题是一个离散的优化问题,其复杂度随着节点数的增加而呈指数增长。因此,提出了一种基于图的迭代逼近算法 (IAA) 来寻找轮廓显著性测量的次优解决方案。该算法以串联方式进行,轮廓距离信息从辅助节点传递到每个节点。此外,IAA 采用两阶段正向和反向传播机制来迭代优化结果。在迭代过程中,沿着目标轮廓的较大间隙距离将传递到内部物体区域并散布,同时为了满足式(11-1),开放的杂波区域可访问具有较小间隙距离的路径。该算法的优点是可以均匀地突出感知上均匀的目标区域,而不受其空间布局的影响。

至此已介绍了 MSD 的概念及快速逼近算法 IAA。但是,视觉显著性是各种感知规则之间的混合过程,因此仅凭轮廓显著性不足以对这种复杂的机制进行建模。11.1.2 节中将这种新的轮廓距离提示输入到混合稀疏学习模型中,以融合异类提示以进行统一的优化。

11.1.2　混合稀疏融合模型

通过观察最新的显著性模型,不难发现依赖多方面视觉提示的显著性检测器通常具有优越的性能,而单个显著性信息使该模型无法很好地处理复杂的自然场景。因此考虑建立了多个异构线索进行显著性融合的统一模型。经过大量的实验后,发现距离线索擅长识别封闭的目标区域及其轮廓,但缺乏明显抑制背景的能力,对此可引入边界先验进行补偿,这有助于生成更清晰的显著性图。上述异构线索被嵌入到统一的融合框架中,进行鲁棒性建模。关于融合策略,传统方法大多采用带有用户定义参数的启发式规则,以在两者之间做出折中。这种刚性融合策略在某种程度上取决于参数的选择,很可能使结果达不到最优。为了加强不同线索之间的交互作用,还设计了一种混合稀疏显著性学习模型,可以将上述线索融合为一个混合线索。

给定超像素特征向量 $x_i \in \mathcal{R}^h (i=1,2,\cdots,m)$,通过一个超完备字典稀疏地表示这些向量以进行显著性建模。由于边界先验表明影像边界附近的区域大部分来自非突出背景,故而用边界集 B 中的特征向量组成单边字典 $D \in \mathcal{R}^{h \times \omega}$($\omega$ 是 B 的基数),在该单边字典的原子所跨越的子空间下,突出特征向量比非显著特征向量具有更大的稀疏表示误差,因此稀疏重建误差可以用作衡量显著性的潜在指标。但这并不能保证令人满意的检测结果,原因如下。

(1) 基本稀疏表示模型中的稀疏惩罚系数是一个超参数,目前的研究算法中尚无有效的控制方法,一般是凭经验设置,且在现实世界中的问题上缺乏鲁棒性。在显著性检测中,通常在没有人工干预的情况下首选无参数和数据驱动的模型来工作。

（2）像任何其他先验一样,尤其是在处理带有裁剪对象的数据集时,边界先验在实践中只是一个相当脆弱的显著性提示。为了解决此问题,在该模型中嵌入互补提示以进一步增强其鲁棒性,具体地,将轮廓显著性提示放入该稀疏模型中,以形成广义的显著性融合范式。

基本思想是使用 MSDs 控制表示过程中系数向量的稀疏性,而具有 MSDs 的超像素将受到严重的稀疏性惩罚,即较短的稀疏编码长度。通过这种数据驱动策略,上述异构显著性提示可以无缝地工作,无须额外的干扰。记归一化的每个超像素 MSD 为 msd_i（$i=1,2,\cdots,m$）,那么基于稀疏学习的显著性融合模型为:

$$\min_{\boldsymbol{\alpha}_i^*} \underbrace{\parallel \boldsymbol{x}_i - \boldsymbol{D}\boldsymbol{\alpha}_i \parallel_2^2}_{\text{background cue}} + \underbrace{\mathrm{msd}_i}_{\text{contour cue}} \times \underbrace{\parallel \boldsymbol{\alpha}_i \parallel_1}_{\text{sparse cue}} \quad i=1,2,\cdots,m\,;\, j=1,2,\cdots,\omega$$

$$\text{s.t.} \quad \underbrace{\alpha_i^j \geqslant 0}_{\text{non-negativity}} \tag{11-3}$$

其中,$\boldsymbol{\alpha}_i \in \mathcal{R}^\omega$（$i=1,2,\cdots,m$）是字典 $\boldsymbol{D}$ 中的第 i 个特征向量的稀疏编码系数,α_i^j（$j=1,2,\cdots,\omega$）是 $\boldsymbol{\alpha}_i$ 的第 j 个元素,式(11-3)中的约束优化问题是无参数的,并且其中的每个分量都有自己的物理含义。目标函数中的第一项是背景字典 $\boldsymbol{D}$ 下特征向量的表示误差。若不施加额外限制,则该问题是一个不适定的线性方程问题,且存在许多潜在的解决方案。同时该优化问题的解决方案变得独特并且倾向于进行显著性检测。第二项和第三项用于惩罚该表示模型的稀疏性,与传统的稀疏模型相比,它们在人工设计稀疏惩罚项方面有所不同,这里使用提出的 MSD 代替了手动设计稀疏惩罚项,实现了智能控制。如果超像素的轮廓显著性得分较大,则其相应的稀疏编码长度将控制得较短,反之亦然。则在有限的编码长度下,它的特征向量就不会被理想地重构,并且很可能会出现较大的重构误差。另一方面,即使非突出的超像素在杂乱的环境中获得了较大的轮廓显著性分数,它们也可以通过具有与字典原子相似的特征精确地重构。最后一个非负约束部分用于限制正半球空间中的投影。将所有子问题加起来,可以将整体优化问题表示为:

$$\min_{\boldsymbol{\alpha}_1^*,\boldsymbol{\alpha}_2^*,\cdots,\boldsymbol{\alpha}_m^*} \sum_{i=1}^m \parallel \boldsymbol{x}_i - \boldsymbol{D}\boldsymbol{\alpha}_i \parallel_2^2 + \sum_{i=1}^m \mathrm{msd}_i \times \parallel \boldsymbol{\alpha}_i \parallel_1, \quad i=1,2,\cdots,m\,;\, j=1,2,\cdots,\omega$$

$$\text{s.t.} \quad \alpha_i^j \geqslant 0 \tag{11-4}$$

将优化问题重新组织成矩阵形式,得到最终显著性融合模型:

$$\min_{\boldsymbol{A}^*} \parallel \boldsymbol{x}_i - \boldsymbol{D}\boldsymbol{A} \parallel_2^2 + \mathrm{tr}(\boldsymbol{M}\boldsymbol{A})$$

$$\text{s.t.} \quad \boldsymbol{A} \geqslant 0 \tag{11-5}$$

其中,$\boldsymbol{X}=[\boldsymbol{x}_1,\boldsymbol{x}_2,\cdots,\boldsymbol{x}_m]$,$\boldsymbol{A}=[\boldsymbol{\alpha}_1,\boldsymbol{\alpha}_2,\cdots,\boldsymbol{\alpha}_m]$,$\boldsymbol{M} \in \mathcal{R}^{m \times \omega}$ 是第 i 行元素相同的矩阵,其值 msd_i 相同。找到式(11-5)的解之后,使用字典 $\boldsymbol{D}$ 下的特征向量的重建误差来构建误差图 $\boldsymbol{E} \in \mathcal{R}^{p \times q}$,每个超像素的重建误差为:

$$E(\mathrm{sp}_i) = \| \boldsymbol{x}_i - \boldsymbol{D}\boldsymbol{\alpha}_i^* \|_2^2, \quad i = 1, 2, \cdots, m \tag{11-6}$$

其中,$\boldsymbol{\alpha}_i^*$ 是 $\boldsymbol{A}^*$ 的第 i 列。由于该误差图是多个视觉提示的融合结果,因此可以提供更准确的显著性信息。但由于它仅在粗略范围内,因此需要进一步的优化改进。一方面,在有纹理或噪声的场景中,超像素分割本身不够准确,故而需要一个像素级的显著性图,以实现对场景显著性的更准确描述。另一方面,人类可以感知目标级别而不是局部的场景,而超像素仅捕获局部结构信息以进行显著性建模,因此,目标级别的处理变成了获得更全面的显著性目标检测结果的迫切需要。接下来将引入一种目标级协同滤波策略来生成像素级显著性图。

11.1.3 目标级协同滤波器

作为视觉显著性研究的重要分支,目标估计的目的是预先确定每个随机采样的影像窗口中包含一个显著目标的可能性,然后提取具有较高目标得分的窗口作为目标候选框。与传统方法不同,它采用目标级处理方案,并可以从较高的感知水平对显著性进行建模。为此提出了一种基于目标框的协同滤波策略以提高满意度,并在上面获得的误差图上增强对误差的检测。具体来说,给定灰度误差图 $\boldsymbol{E}$,首先使用 Otsu 算法中的自适应阈值将其二值化,然后找到包围前景区域的最小矩形,该矩形框包含显著目标区域,因此将其用作虚拟前景集 VF,其余部分用作虚拟背景集 VB。其中,矩形框中的每个像素元素 pix_i($i = 1, 2, \cdots, p \times q$)包含两个影像属性,空间位置 $\boldsymbol{l}_i$ 和颜色特征 $\boldsymbol{c}_i$。记 $d(\boldsymbol{c}_i \in \mathrm{VF})$ 和 $d(\boldsymbol{c}_i \in \mathrm{VB})$ 分别是颜色特征 $\boldsymbol{c}_i$ 属于虚拟前景与背景集合的隶属度。在实验中通过 CIE-Lab 颜色空间将矩形框划分为几个离散的区间,并使用颜色直方图建立上述两个隶属度。对于 VF 或 VB,首先确定其归一化后的颜色直方图分布和该区间的直方图值 c_i 属于它的隶属度,估计的虚拟隶属度将替代协作滤波过程中的真实隶属度。

假定空间位置和颜色特征是两个独立的属性,那么相对于真实前景集 TF 和真实背景集 TB,可以确定像素元素 pix_i 的隶属度为:

$$d(\mathrm{pix}_i \in S) = d(\boldsymbol{l}_i \in S) \times d(\boldsymbol{c}_i \in S), \quad S \in \{\mathrm{TF}, \mathrm{TB}\} \tag{11-7}$$

由于误差图传达了重要的空间显著性信息,因此可以将归一化的误差值用作每个空间位置 $\boldsymbol{l}_i$ 的隶属度,其中 $d(\boldsymbol{l}_i \in \mathrm{TF}) + d(\boldsymbol{l}_i \in \mathrm{TB}) = 1$。先前估计的虚拟隶属度 $d(\boldsymbol{c}_i \in \mathrm{VF})$ 和 $d(\boldsymbol{c}_i \in \mathrm{VB})$ 由基于两种颜色特征的隶属度 $d(\boldsymbol{c}_i \in \mathrm{TF})$ 和 $d(\boldsymbol{c}_i \in \mathrm{TB})$ 替代。根据式(11-8)对每个像素的显著性进行协同滤波:

$$\mathrm{saliency}(\mathrm{pix}_i) = \frac{d(\mathrm{pix}_i \in \mathrm{TF})}{d(\mathrm{pix}_i \in \mathrm{TF}) + d(\mathrm{pix}_i \in \mathrm{TB})} \tag{11-8}$$

将式(11-7)与式(11-8)结合起来,可以得到以下形式:

$$\mathrm{saliency}(\mathrm{pix}_i) = \frac{d(\boldsymbol{l}_i \in \mathrm{TF}) \times d(\boldsymbol{c}_i \in \mathrm{TF})}{d(\boldsymbol{l}_i \in \mathrm{TF}) \times d(\boldsymbol{c}_i \in \mathrm{TF}) + d(\boldsymbol{l}_1 \in \mathrm{TB}) \times d(\boldsymbol{c}_i \in \mathrm{TB})} \tag{11-9}$$

这种形式实际上在计算上难以处理，需要通过其虚拟来替代真实颜色度，最终的协同滤波公式如下：

$$\text{saliency}(\text{pix}_i) = \frac{d(\boldsymbol{l}_i \in \text{TF}) \times d(\boldsymbol{c}_i \in \text{VF})}{d(\boldsymbol{l}_i \in \text{TF}) \times d(\boldsymbol{c}_i \in \text{VF}) + d(\boldsymbol{l}_i \in \text{TB}) \times d(\boldsymbol{c}_i \in \text{VB})} \tag{11-10}$$

这种协同滤波策略采用目标级别的信息增强有效性，并充分考虑了空间位置和颜色特征对显著性的影响。该方法类似于目标估计的任务，试图用边界框定位显著的目标，但与目标估计不同，它可以在已经估计的目标边界框的帮助下进一步生成像素级的精确显著图。通过下面的实验部分可以看出，在目标级协同滤波过程之后就可以获得视觉上比较清晰的显著性图。

11.1.4 实验结果与分析

SAR 是一种可以昼夜工作的实时成像设备，可以实时观察地面。作为一种重要的应用，高分辨率 SAR 影像中的舰船检测近年来受到了广泛的关注，并得到了广泛应用，如渔业活动监测或军舰侦察等。随着分辨率的不断提高，分辨率单元内的相干属性似乎有所不同，从而导致数据分布复杂。同时，目标分辨率单元中收到的回波不一定像以前那样强烈，这使得"主导散射"假设无效。此时可以不再简单地依赖强度等低水平特征，而是将高级认知规则引入到该问题的处理方法中，最近研究者已经通过从上至下的视觉注意力解决该问题。这种方法在复杂场景中表现出优越的性能，具有高空间分辨率。

与自然影像中的想法类似，在 SAR 影像中，可以将舰船视为覆盖海洋小部分的异常物体，并且船体轮廓存在巨大的外观间隙，这种外观间隙使船舶从海中脱颖而出，被视为一个整体。提出的轮廓显著距离可以定量地描述此属性，实现了更可靠的船舶检测。与整个场景相比，船舶的大小较小，因此无须专门处理裁剪对象的情况，同时由于辅助节点未在邻居图中使用，故而相应地降低了迭代逼近算法的复杂性。同时将 MSD 图作为注意力图，将分割的前景用作检测的舰船目标区域。提出的算法与三种经典的显著性检测算法进行对比，其中使用的量化评估指标是检测率、误报率和运行时间。图 11.1 和表 11.1 是在真实 SAR 影像数据上各种方法的检测结果和数值指标。影像是 HH 偏振的，空间分辨率为 3m，场景面积为 7.2km^2，地址位于广东省湛江市。

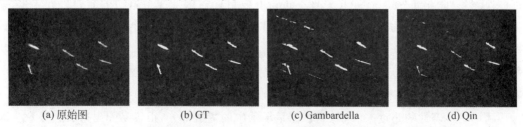

(a) 原始图　　(b) GT　　(c) Gambardella　　(d) Qin

图 11.1 各种船舶检测算法在真实 SAR 影像数据上的检测结果

（https://ieeexplore.ieee.org/document/8945181）

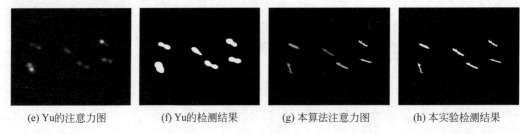

<table>
<tr><td>(e) Yu的注意力图</td><td>(f) Yu的检测结果</td><td>(g) 本算法注意力图</td><td>(h) 本实验检测结果</td></tr>
</table>

图 11.1　（续）

表 11.1　真实 SAR 影像数据上各种船舶检测器的数值指标

SAR 检测算法	检测率/%	误报率/%	运行时间/s
Gambardella	84.03	0.64	9.87
Qin	71.73	0.21	0.16
Yu	94.04	2.02	3.18
本算法	**94.99**	**0.13**	1.22

　　从图 11.1 中的结果可以看出,提出的方法可以准确地定位船舶目标,同时不会引起误报,这证明了所提出的距离度量在抗噪声和捕获波动的目标区域方面的有效性。其中,Gambardella 等的检测结果包含很多误报,也丢失了一些目标区域,Qin 等的方法产生的虚假警报较少,但检测率损失很大。上述两种方法都是基于 SAR 数据的统计特性,并且在船舶目标上都使用了常用的"主要散射"假设,但由于成像机制和所观察场景的复杂性,这些经典模型难以直接用于高分辨率影像的解释。另一方面,Yu 等的方法和本方法都尝试使用从下至上的视觉注意力产生角度进行建模,两者都具有较高的检测率,但是本方法的误报率低得多,而且速度更快。

11.2　基于层次显著性滤波的 SAR 目标检测

　　受 SAR 影像分辨率的限制,早期的目标检测主要集中在点目标上,目标区域通常具有较强的散射性。但随着分辨率的提高,目标区域看起来更加结构化,但由于回波较弱,很难进行检测,因此在高分辨率 SAR 影像上进行有效目标检测变成了迫切的需要。近年来,在人类视觉注意力机制的启发下,一些研究人员开始在生物学上开发可行的模型,生物启发计算模型的特点是自动选择目标区域,它适用于许多实时应用。鉴于人类视觉系统的认知特性,且受到多层选择的启发,本节提出了一种新的 HSF 方法,用于在高分辨率 SAR 影像中进行快速准确的船舶检测,总体框架如图 11.2 所示。

　　从视觉显著性的角度来看,舰船目标是场景中的稀疏部分,很容易弹出来引起注意。因此,将区域的显著性与特征稀疏性联系起来是合理的。在本节中使用随机森林模型测量每

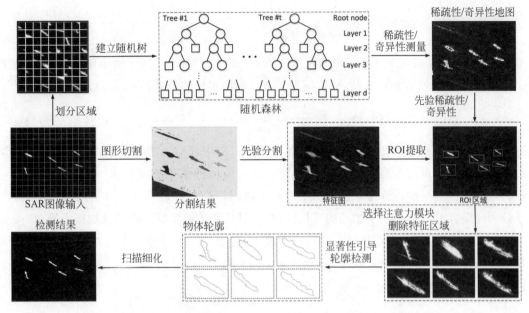

图 11.2 SAR 影像目标检测的层次显著性滤波方法流程图
(https://ieeexplore.ieee.org/document/7592862)

个子区域的稀疏性,通过形态学处理提取目标候选区域,并用图切精简结果得到最终的显著图。此外,轮廓线可以从复杂场景中定位出准确的目标区域。在此基础上,设计了一种基于 CFAR 的主动轮廓检测模型,用于从候选区域估计船舶轮廓。最后,采用基于滑动窗口策略对目标区域进行细化,以获得更好的船舶结构的检测结果。

11.2.1 基于随机森林的分层稀疏建模

随机森林是一种典型的整体学习模型,已成功应用于许多目标分类和回归问题。本节中利用聚类方法将影像区域分为几组,并将具有相似特征的区域保持在同一组中,具体地,将每个区域的稀疏性与在同一组中的成员的数量联系起来,该数字越小,则成员越少,反之亦然。

给定一个输入的 SAR 影像 $\boldsymbol{I} \in \mathcal{R}^{r \times c}$,首先将其划分为大小为 $p \times q$ 的 N 个不重叠的子影像,其中 $N = (r \times c)/(p \times q)$。对每个子影像区域,将其中的振幅值整型为列向量,并以该列向量为特征,将这 N 个列向量随机放置在特征矩阵 $\boldsymbol{F} \in \mathcal{R}^{M \times N}$ 中,其中 $M = p \times q$ 表示特征维度。接下来,将基于特征矩阵建立一个带有几棵二叉树的随机森林。首先,子区域的集合 $\boldsymbol{S} = \{s_1, s_2, \cdots, s_N\}$ 作为树的根节点,生成 $1 \sim M$ 的两个随机整数,例如将 v_1 和 v_2 拆分,根据式(11-11)将根节点分为两个子节点,分别为左子节点和右子节点:

$$\text{Split}(\pmb{s}_i) \in \begin{cases} \pmb{S}_l, & F(v_1,i) - F(v_2,i) \leqslant \delta(v_1,v_2) \\ \pmb{S}_r, & \text{其他} \end{cases} \tag{11-11}$$

其中，$\text{Split}(\cdot)$ 是将每个元素分配给左子节点 $\pmb{S}_l$ 或右子节点 $\pmb{S}_r$ 的分割操作，$F(v_1,i)$ 是第 v_1 行和第 i 列的特征矩阵的值，$\pmb{S}$ 中所有元素之间的平均特征差 $\delta(v_1,v_2)$ 定义如下：

$$\delta(\pmb{v}_1,\pmb{v}_2) = \frac{1}{|\pmb{S}|} \sum_{s_i \in S} [F(v_1,i) - F(v_2,i)] \tag{11-12}$$

其中，$|\pmb{S}|$ 表示节点集 $\pmb{S}$ 的基数。因此，在树的第二层中获得了两个节点，然后对左右子节点及其后续子节点进行类似的拆分过程，直到达到最大树深度 d 或任何一个节点仅包含一个元素且无法进一步拆分为止。在二维方向上使用特征差异进行节点分割的根本动机，在于这种一阶差异可以捕获子区域的几何结构，并且比原始幅度特征更能抵抗斑点噪声。

此外，为了提高随机选择特征对的判别能力，对于每一步生成多对随机整数，选择最佳特征对来分割节点。对于节点 $\pmb{S}'$，随机生成 l 对整数 $\{(v_1^1,v_2^1),(v_1^2,v_2^2),\cdots,(v_1^l,v_2^l)\}$，根据公式(11-13)选择最佳对 (v_1^*,v_2^*)：

$$(v_1^*,v_2^*) = \underset{(v_1^i,v_2^i)}{\text{argmax}} \frac{1}{|\pmb{S}'|} \sum_{\pmb{S}_j \in S'} [F(v_1^i,j) - F(v_2^i,j) - \delta(v_1^i,v_2^i)]^2 \tag{11-13}$$

即所选的特征对之间的特征差异在 $\pmb{S}'$ 中的所有元素上具有最大的偏差，并在每一步中使用最具区分性的特征将样本空间划分为两个子空间。鉴于树的深度为 d，最多可以得到 2^{d-1} 个样本子空间，每个子空间称为组/集群。

总体上看，可以将上述分割操作在一个新的特征空间中进行，通过组合两个随机选择的原始特征维而形成特征空间的维数。为了避免 v_1 和 v_2 选择相同的值时的无意义分割，将 v_1 和 v_2 强制为不同的值。此外，由于交换两个选定特征维的组成顺序将带来相等的分割结果，因此鉴于原始特征空间为 M 维，则新的构成特征空间维度为 C_M^2，其中，C_M^2 是将 M 个元素组合成 2 个元素的子集的数量。该拆分过程首先将数据点从 M 维空间投影到维数更高的新空间 C_M^2，然后根据数据分布对新空间进行随机采样，找到最佳的分区维，通过正态分布拟合最佳维，并使用估计的分布中心对数据点进行分区。

在上述过程中构建了一个二叉树，其中每个子区域都分配给其中的一个叶节点。假设随机森林中有 t 棵树，则该森林可以表示为 $\text{RF}=\{T_1,T_2,\cdots,T_t\}$，其中 $T_i(1 \leqslant i \leqslant t)$ 表示第 i 棵树。如上所述，船舶目标是场景中的稀疏部分，因此包含船舶的子区域更可能具有稀疏性。本节将每个叶节点的基数与其中包含的子区域的稀疏性联系起来。直观地讲，如果叶节点中的子区域数量少，则其子区域应具有稀疏特征，对子区域 $\pmb{S}_i$ 在每棵树中所属的子节点的基数分别设为 $n_1,n_2,\cdots,n_t$，其稀疏性可量化为：

$$\text{rarity}(\pmb{s}_i) = -\sum_{j=1}^{t} \log \frac{n_j}{N} \tag{11-14}$$

本节将稀疏度值归一化为[0,1],并通过为每个像素分配其所在子区域的稀疏度值来构建稀疏度图 RM,该稀疏度图可以提供一个粗略的评估结果。但是,子区域是一个粗略的描述,并且在背景中也存在许多噪声。为了解决该问题,首先采用了 Felzenszwalb 等的图割算法,将输入 SAR 影像分割成多个在感知上均匀的区域,然后根据分割结果调整每个像素的稀疏度,并在此基础上得到显著图 SM。

在实验中通过使用近邻图来捕获空间的局部属性。图中的每个顶点都连接到它的 8 个空间最近邻,并且将其与近邻的边缘权重定义为它们的绝对外观差异。算法是根据边缘强度和分量大小将图上的顶点迭代合并为一组,将影像划分为多个区域。具体地,定义两个概念为内部差异和分量之间的差异,即每个分量内部的差异和两个分量之间的差异。此外,为了控制观测范围,引入阈值函数形为 $k/|C|$,并将其添加到上述内部差异项中,其中,k 表示观测尺度参数,$|C|$ 是 C 分量的个数。较大的 k 将有利于粗分割的大区域,较小的 k 会形成具有较小细节的小区域。在每个步骤中,如果两个组件之间的相互差小于两个内部差,则两个组件将合并且保持静止,直到没有更多的合并发生时,此过程才会结束,得到最终的分割结果。对于图切割后的 ω 个均匀区域 $\langle \boldsymbol{R}_1, \boldsymbol{R}_2, \cdots, \boldsymbol{R}_\omega \rangle$,每个区域的显著性定义为:

$$\mathrm{SM}(\boldsymbol{R}_i) = \frac{1}{|\boldsymbol{R}_i|} \sum_{\mathrm{pixel}_j} \mathrm{RM}(\mathrm{pixel}_j), \quad i = 1, 2, \cdots, \omega \tag{11-15}$$

其中,$\mathrm{RM}(\mathrm{pixel}_j)$ 是 pixel_j 中的稀疏度值。较高的显著性值表示该位置更可能来自目标区域,反之亦然。接下来将设计一个基于自下而上的基于视觉注意的滤波过程,预筛分目标以消除更严重的虚假警报。

11.2.2 基于 CFAR 的动态轮廓显著性建模

在得到显著性图后,需要对舰船目标进行定位,但通过自适应方法确定最佳分割阈值仍然是一个挑战性的问题。因此在这项工作中,首先通过检测船舶轮廓来找到一种软目标分割策略。

近期的生物学研究表明,主要视觉皮层参与了复杂背景轮廓分割中的轮廓整合。在高分辨率 SAR 影像中,舰船目标显得更加有形和结构化,轮廓是船舶所在位置的重要标志,故而尝试通过基于轮廓显著性的滤波器定位舰船目标区域。鉴于 11.2.1 节获得的显著性图 SM,首先用 Otsu 算法对其进行二值化,得到一个索引图,然后对其进行形态学运算以填充并清理陆地区域,在此基础上,以最小封闭矩形的形式从场景中提取每个连接的组件,这样对舰船目标的搜索就从整个场景减少到每个提取的候选区域,其中每个提取的最小封闭矩形是一个目标候选区域,如图 11.3 所示,然后将其送入基于 CFAR 的轮廓显著性滤波器进一步消除误报。

具体地,给定一个提取的目标区域 $\boldsymbol{O} \in \mathcal{R}^{r' \times c'}$,首先在附近定义一个初始轮廓 $\boldsymbol{C}_0$,然后按照设计规则将其轮廓逐渐发展成真实的舰船轮廓。在每个步骤中,整个区域被当前轮廓

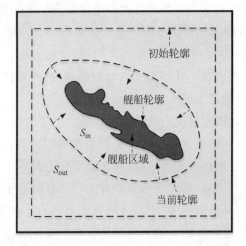

图 11.3 基于感兴趣区域的主动船舶轮廓检测模型

(https://ieeexplore.ieee.org/document/7592862)

分为两部分,即轮廓 S_{in} 内部的区域和轮廓 S_{out} 外部的区域,通过使用标签图 $L \in \mathcal{R}^{r' \times c'}$ 表示当前轮廓状态,即在轮廓的内部和外部区域设置不同的标签值。为了控制演变方向,定义了基于 CFAR 的带符号压力函数:

$$\text{CFAR\_SPF}(i,j) = \frac{O(i,j) - \phi^{-1}(1 - P_{fa})}{\max\limits_{i' \in [1,r'], j' \in [1,c']} \{|O(i',j') - \phi^{-1}(1 - P_{fa})|\}} \tag{11-16}$$

其中,$\text{CFAR\_SPF}(i,j)$ 和 $O(i,j)$ 分别是 $\boldsymbol{O}$ 的第 i 行和第 j 列位置上有符号压力函数值和灰度标签,ϕ 和 ϕ^{-1} 是使用 S_{out} 中的区域及其对应的逆函数估计的累积分布函数,P_{fa} 是虚警概率。分子中的项类似于经典的 CFAR 检测器,如果位置的强度大于阈值 $\phi^{-1}(1 - P_{fa})$,那么它将具有正的 CFAR_SPF 值,否则为负值,其作为轮廓运动的动量,可以迫使轮廓向更高强度的舰船区域移动。分母的功能是将 CFAR_SPF 值归一化,以便在每一步中估计参数值 (μ, σ),使用经验对数正态分布拟合背景区域 S_{out} 的统计性质,其中累积分布函数 ϕ 表示为

$$\phi(x) - \int_0^x \frac{1}{\sigma x \sqrt{2\pi}} \exp\left[-\frac{(\ln x - \mu)^2}{2\sigma^2} dx\right] \tag{11-17}$$

给定一个假警报概率 P_{fa},根据式(11-16)和式(11-17)确定 CFAR_SPF 值。在该映射中,强度低于阈值的 S_{in} 中的近轮廓区域将具有负值,因此可以根据更新公式(11-18)为轮廓线向内移动提供动力:

$$L_{k+1} = L_k + \Delta L_k = L_k + \lambda \text{CFAR\_SPF}_k \times |\nabla L_k| \tag{11-18}$$

其中,L_{k+1} 和 L_k 是连续两个步骤中的标记图,CFAR_SPF_k 是第 k 步中的带符号压力函数图,$|\nabla L_k|$ 表示 L_k 的梯度图,λ 是用于加速演化过程的等速项。通过每个进化位置的强

度与动态 CFAR 建模获得的自适应阈值之间的差异,CFAR_SPF$_k$ 可以为进化协议提供方向以及强度信息。如果 S_{in} 中的近轮廓像素的强度低于检测阈值,则将其从 S_{in} 中排除,相应地,当轮廓接触到船舶轮廓时,该过程将终止,此时,S_{in} 中近轮廓区域的 CFAR_SPF 值保持为正。该船舶轮廓检测模型以动态方式工作,在自适应 CFAR 阈值的指导下,通过 S_{out} 区域的统计建模将 S_{in} 中的一些接近轮廓的虚警过滤掉。

主动船舶轮廓检测方法具体步骤如下。

(1) 在区域边界附近初始化出轮廓 $\boldsymbol{C}_0$,并相应地建立标签图 $\boldsymbol{L} \in \mathcal{R}^{r' \times c'}$,其中 S_{in} 中的位置分配为正值,S_{out} 的分配为负值。

(2) 使用对数正态分布对 S_{out} 中的杂波的统计特性进行建模,并根据最大似然估计模型参数(μ,σ):

$$
\begin{cases}
\mu = \dfrac{1}{n'} \sum_{i=1}^{r'} \sum_{j=1}^{c'} \ln[I(i,j)] \times 1[L(i,j) < 0] \\[4mm]
\sigma = \sqrt{\dfrac{1}{n'-1} \sum_{i=1}^{r'} \sum_{j=1}^{c'} \ln[I(i,j) - \mu]^2 \times 1[L(i,j) < 0]} \\[4mm]
n' = \sum_{i=1}^{r'} \sum_{j=1}^{c'} 1[L(i,j) < 0]
\end{cases}
\tag{11-19}
$$

其中,$1[\cdot]$为指标函数。根据式(11-17)的估计累积分布函数 $\phi(x)$ 和预定义的虚警概率 P_{fa},将自适应 CFAR 检测阈值确定为 $\phi^{-1}(1 - P_{fa})$。

(3) 基于式(11-16)确定的符号压力图 CFAR_SPF,确定出恒定的误报率,然后根据式(11-18)更新标签图 $\boldsymbol{L}$。

(4) 离散化标签图 $\boldsymbol{L}$:

$$
L(i,j) = \begin{cases}
+\xi, & L(i,j) > 0 \\
-\xi, & \text{其他}
\end{cases}
\tag{11-20}
$$

(5) 用高斯滤波器 $\boldsymbol{L} = \boldsymbol{L} * \boldsymbol{G}_\theta$ 规范标签图,其中 θ 代表高斯滤波器的参数。

(6) 检查进化过程是否已经收敛,或者是否已经达到最大迭代次数,否则转到步骤(2)。

提出的基于 CFAR 的动态轮廓模型更适合于 SAR 影像舰船检测问题,原因如下,首先,该轮廓方法可以将经典的 CFAR 技术纳入到建模过程中,以实现动态背景建模和分层错误警报的消除,主动目标轮廓检测和被动错误警报消除的思想可以统一。其次,与 Chesnaud 等的方法不同,该轮廓模型具有灵活性,可以灵活地使用任何复杂的统计分布对背景进行建模,实际上,这对于 SAR 影像至关重要,因为建模不足可能会导致检测性能下降。最后,此处的轮廓方法不需要特殊的初始设计,因此是全自动的,由于目标种类多样,在实践中,通常很难找到适用于所有舰船目标的通用形状原型。因此,该算法是针对 SAR 影像舰船检测问题的更实际的选择。

11.2.3　实验结果与分析

图 11.4(a)显示了在日本东京捕获的分辨率为 3m，大小为 800×800 的 Radarsat-2 SAR 影像。因为舰船的轮廓不明确，并且船内区域回波很弱，因此该影像数据对模型来说是具有挑战性的。图 11.4(b)是实际地面图，由场景的先验信息对影像进行解译。图 11.4(c)是提出方法的检测结果，可以看出整个区域都可以检测到舰船，并且在提出的方法中，遵循了分层的误差警报消除策略，并以从粗到精的方式检测到了船舶目标。基于随机森林的显著性模型可以将搜索空间减少到多个潜在的目标区域，从而避免了详尽的搜索。此外，通过对中间背景上下文进行动态建模，基于 CFAR 的主动轮廓模型可以近似船舶轮廓，从而获得精确的船舶。

图 11.4(d)~图 11.4(h)是 5 种比较方法的检测结果。可以看出，舰船区域被分为几个碎片，目标形状在其检测结果中不清楚。要精确地预测舰船目标的大小和类型是困难的。对于 Hebbian 检测器，将舰船目标作为显著目标，并通过对显著性图应用硬阈值将其从场景中分割出来，但这对目标质量的要求很高，因为它们的显著性图在实践中不易生成。在 Hebbian 检测结果中，由于模糊和不均匀的显著性图而将舰船分割成几个不准确的区域。与上述检测器不同，提出的方法使用显著性建模来排除区域，并将搜索引向潜在的目标区域，以进行快速，准确的目标检测。

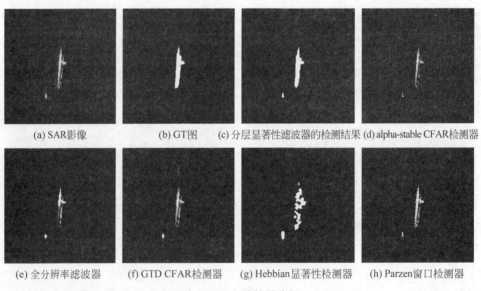

(a) SAR影像　　(b) GT图　　(c) 分层显著性滤波器的检测结果 (d) alpha-stable CFAR检测器

(e) 全分辨率滤波器　　(f) GTD CFAR检测器　　(g) Hebbian显著性检测器　　(h) Parzen窗口检测器

图 11.4　实验结果分析

(https://ieeexplore.ieee.org/document/7592862)

11.3 基于深度自适应区域建议网络的遥感影像目标检测

11.3.1 深度自适应区域建议网络框架

本节提出的模型为基于深度自适应区域建议网络的 DAPNet。如图 11.5 所示,由 4 个主要部分组成:VGG-16 骨干网、类别先验网络(CPN)、精细区域建议网络(F-RPN)和检测网络(A-RCNN)。DAPNet 方法是设计的一种新颖的网络,它可以根据影像中各种对象的分布情况自动调整候选框的数量。首先,使用 VGG-16 网络来生成每个影像的高级卷积特征。然后,该特征被分别送入 3 个独立的卷积网络:CPN、F-RPN 和 A-RCNN,CPN 用于预测影像的类别先验信息,包括是否包含不同类别的目标,并且预测出大概的目标个数。F-RPN 用于生成类别独立的所有可能的候选区域。最后,根据类别先验和候选区域,生成自适应候选框,并且使用 A-RCNN 对这些候选框进行检测,得到最终的检测结果。

1. VGG-16 骨干网

DAPNet 网络以 VGG-16 为基础,学习影像的高级特征。在训练阶段,前 13 个卷积层的参数以预先在 ImageNet 1000 竞赛数据集上训练的 VGG-16 权重作为初始化的信息,并且丢弃最后的两层全连接层 FC6 和 FC7 以及一个 Softmax 分类层。此外,在 VGG-16 骨干网的前 13 层的结构上进行了一些调整,删除 pool4 层,因此高级特征 conv5_3 为小目标提供了更多的信息,并确保小目标有足够的特征信息能够保留下来用于检测,如图 11.5(a)所示。

2. 类别先验网络

如图 11.6 的右上部分所示。输出的特征通道数为 $C \times 3 \times E$ 个,其中 E 表示多级回归的级数,C 表示类别数目,乘以 3 是因为其中包含一个回归数值,和两个分类得分 p_{et} 和 p_{ef}。

(1)多级别回归:CPN 设计提出了一种解决多级别类别数回归的新方案。对于每个影像高级特征,同时预测每个类别的 E 个回归数,且每个类别的回归不会相互影响,如图 11.6 所示。根据以下公式计算每个类别不同级别的差值:

$$d_{ec} = \frac{C_c^*}{B_e^*} \tag{11-21}$$

其中,c 代表类别,e 代表 E 范围内的回归级别。G_c^* 表示第 c 类的真实目标数目,B_e^* 是第 e 个级别的参考基数。为了提高 CPN 网络的鲁棒性,记录每个 d_{ec} 介于 $1/2 \sim 2$ 的位置,并且将上述位置处的类别回归定义为正训练样本,其余类别不同级别的回归基数形成负训练样本空间。正训练样本如图 11.6(e)中的数字所示,负训练样本如图 11.6(f)中的数字所示。

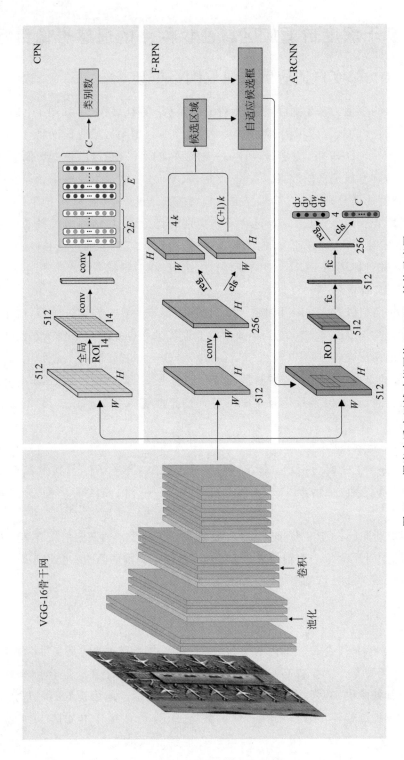

图 11.5　深度自适应区域建议网络 DAPNet 结构示意图
(https://cdmd.cnki.com.cn/Article/CDMD-10701-1020027780.htm)

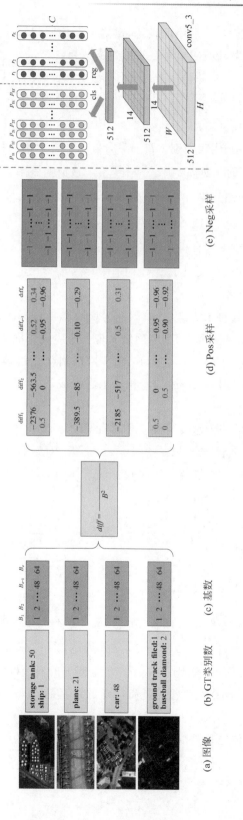

图 11.6　类别先验网络正负样本生成及结构示意图

(https://cdmd.cnki.com.cn/Article/CDMD-10701-1020027780.htm)

（2）损失函数：对于 CPN 网络的训练，设置了新的回归和分类损失。类似于快速卷积神经网络中的多任务损失，该 CPN 网络的损失定义为：

$$L_{\text{cpn}}(\{p_{ec}\},\{r_{ec}\}) = \frac{1}{n_{\text{cls}}}\sum_{e=0}^{E}\sum_{c=0}^{C}L_{\text{cls}}(p_{ec},p_{ec}^*) + \alpha \frac{1}{N_{\text{reg}}}\sum_{e=0}^{E}\sum_{c=0}^{C+1}I_{ec}^*L_{\text{reg}}(r_{ec},r_{ec}^*) \quad (11\text{-}22)$$

$$L_{\text{cls}}(p_{ec},p_{ec}^*) = p_{ec}^*\log(p_{ec}) + (1-p_{ec}^*)\log(1-p_{ec}) \quad (11\text{-}23)$$

其中，e 是回归的级别数，c 代表类别。$I_{ec}^* = \{0,1\}$ 一种指示符，用于表示第 c 类别 e 级别的基数是否与正样本匹配，如果匹配，则 $I_{ec}^* = 1$。p_{ec} 是预测概率。类别标签 p_{ec}^* 为 1 表示正样本。r_{ec} 是预测值的回归结果，r_{ec}^* 是真实目标数目的回归结果。分类丢失 L_{cls} 是两个类别的对数损失（包含目标 p_{ect} 或不包含对象 p_{ecf}）。对于回归损失，使用 $L_{\text{rge}}(r_{ec},r_{ec}^*) = S(r_{ec}-r_{ec}^*)$ 计算，其中 S 是一种鲁棒性的函数 SmoothL1。$I_{ec}^*L_{\text{reg}}$ 表示仅对存在目标类别并且基数匹配的级别有效，即仅当 $I_{ec}^* = 1$ 时有效。

3. 精细区域建议网络

不同影像中目标的数目不一定相同，因此为所有影像选择相同固定数目的候选框是不合理的。因此，本节提出了一种 F-RPN 网络实现自适应候选框的提取。

F-RPN 的整体架构如图 11.7 所示，F-RPN 网络由 1 个滤波器大小为 $n \times n$ 的卷积层 conv_rpn 和 2 个卷积核大小为 1×1 的卷积输出层组成，一个用于候选框的精细分类，另一个用于候选框的回归。

（1）精细分类网络的一个重要特性就是具有 CPN 和 F-RPN，通过 CPN 与 F-RPN 的结合就可以实现自适应的候选框提取。因此，设计了从 RPN 演变而来的精细分类网络，将 RPN 扩展为处理多个对象类别，这决定了锚框的具体类别及其置信度精细分类网络的训练目标是所有正负锚框样本的 Softmax 损失：

$$L_{\text{cls}}(q,I) = \frac{1}{M}\Big(\sum_{i \in \text{Pos}} -I_i^*\log(\hat{q}_i^{c^*}) + \sum_{i \in \text{Neg}} -\log(\hat{q}_i^0)\Big)$$

$$\hat{q}_i^c = \frac{\exp(q_i^c)}{\sum_c \exp(q_i^c)} \quad (11\text{-}24)$$

其中，$\hat{q}_i$ 是预测的 Softmax 的输出；$\hat{q}_i^c$ 表示相应的预测的第 c 类的得分；$\hat{q}_i^{c^*}$ 表示第 i 个样本第 c 类别的真实样本得分，0 表示背景；I_i^* 表示第 i 个候选框与真实目标框是否匹配的指示符，如果匹配则 $I_i^* = 1$，否则 $I_i^* = 0$；M 是匹配的候选框的数量。与 RPN 中的原始分类网络相比，精细分类网络几乎没有耗费额外的计算量，在获得每个区域候选框的类别之后，使用类别 NMS。

（2）回归网络的整体结构与 Faster RCNN 中 RPN 网络的回归结构相同。

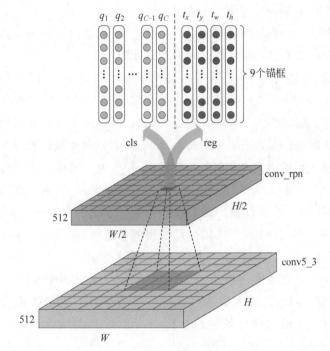

图 11.7　F-RPN 的整体架构

(https://cdmd.cnki.com.cn/Article/CDMD-10701-1020027780.htm)

4. 检测网络

A-RCNN 实现对自适应候选框的回归和分类。如图 11.5 右下部分所示,候选框被映射到高级特征 conv5_3。然后使用 RoI 池化将每个候选框特征划分为固定的 $S \times S$ 的大小,然后连接两个全连接层对该对候选框进行分类和回归。A-RCNN 子网络的损失与 Fast RCNN 的损失相同,在这里不做太多详述。

11.3.2　实验结果及分析

为了全面评估本节提出的 DAPNet 模型的有效性和优越性,将 DAPNet 模型与以下方法进行比较:Faster R-CNN、SSD、RON、FPN、F-Faster R-CNN 网络。

为了进行公平的实验对比:在所有的对比实验和 DAPNet 网络上使用完全相同的训练数据集和测试数据集。统一使用相同的区域提议网络的参数用于 Faster R-CNN、F-Faster R-CNN 以及 DAPNet 网络来生成候选框。DAPNet、F-Faster R-CNN、Faster R-CNN 和 SSD 模型都是使用 VGG-16 作为特征提取网络,并使用在 ImageNet 1000 类分类数据集上预先训练的相同权重进行初始化,FPN 网络是基于 ResNet-50 进行特征提取的。

表 11.2 总结了对比实验方法和 DAPNet 的计算成本。特别值得说明的是,因为它表明,DAPNet 模型在不严重影响计算效率的前提下,显著提高了整体的检测精度。这充分显

示了所提出的 DAPNet 模型学习方法的有效性。

　　表 11.3 和图 11.8 分别显示了通过 AP 值和 PRC 测量的 8 种不同方法的定量比较结果。从这些结果中可以看出：本节提出的 DAPNet 方法在所有 10 个目标类别的 AP 上都优于其他对比实验，整体的 mAP 也是最高的。特别地，DAPNet 与 Faster R-CNN 网络相比在飞机、网球场、篮球场、港口和桥梁上分别获得了 8.99%、8.43%、7.74%、5.33% 和 8.97% 的性能提升。这证明了与现有的遥感影像目标检测方法相比，DAPNet 的优越性。通过加入类别先验网络，mAP 进一步提高 1.23%，特别是对于油罐和车辆这两个类别。虽然 DAPNet 在整体上已经达到了较好的检测性能，但是对于油罐类别的检测精度低于 SSD 和 FPN。首先，这主要是由于油罐类别尺度小，并且易于分辨，区域建议网络是根据高级卷积特征预测生成候选框，而 SSD 使用的了数据增强策略，并且没有候选框提取的过程，因此 SSD 的效果会更好。其次，FPN 是使用多尺度预测候选框，并且使用 ResNet-50 作为特征提取网络，因此准确率也高于所提出的方法。但是两种检测方法的整体性能低于本节所提出的 DAPNet 模型。特别说明的是，DAPNet 与 F-Faster R-CNN 相比，在飞机和棒球场两个类别的检测结果明显较低，这主要是因为 F-Faster R-CNN 网络来说依旧是使用固定数目的 2000 个候选框，飞机和棒球场这两个类别特征明显，并且飞机的数目较多，因此 F-Faster R-CNN 的检测效果会更好，但是 DAPNet 在其他类别上效果更好。总之，实验结果表明了 DAPNet 模型在 NWPU VHR-10 数据集上整体提高了检测的准确率，验证了其有效性。

表 11.2　不同对比实验计算效率统计表

检 测 方 法	每张图像的平均测试时间/s
Faster R-CNN	0.289
SSD	0.030
RON	0.120
FPN	0.365
F-Faster R-CNN	0.382
DAPNet	0.408

表 11.3　不同对比实验结果统计表

检测方法	mAP	飞机	舰船	油罐	棒球场	网球场	篮球场	田径场	港口	桥梁	车辆	FPS
Faster R-CNN	**83.01**	90.91	80.21	77.90	90.91	90.27	81.82	88.59	80.31	70.38	78.82	3.5
SSD	**86.62**	90.91	**81.82**	88.52	90.91	89.98	90.53	**90.91**	**90.91**	**90.32**	61.43	33.3
RON	**78.82**	90.58	75.71	58.36	90.91	87.40	77.15	85.15	89.44	81.23	51.29	8.3
FPN	**86.82**	90.91	79.86	**89.81**	90.91	90.15	88.79	85.71	89.72	81.82	80.57	2.7
F-Faster R-CNN	**86.19**	99.47	80.53	68.93	**99.25**	89.26	**90.53**	88.56	88.18	81.48	75.70	2.6
DAPNet	**87.42**	99.90	80.75	78.88	90.91	**98.70**	89.56	90.26	85.64	79.35	**80.28**	**2.5**

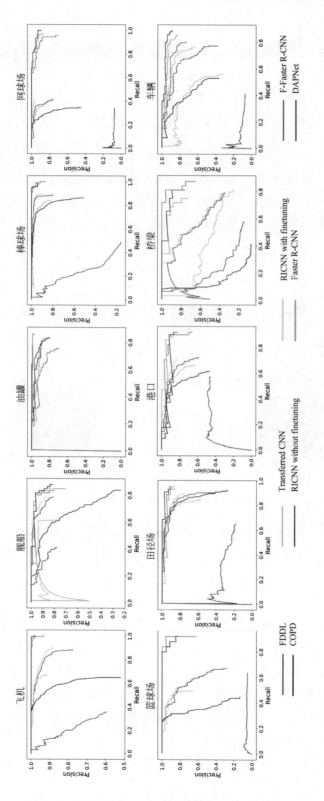

图 11.8　对比实验在不同类别上的 PRC 曲线示意图

(https://cdmd.cnki.com.cn/Article/CDMD-10701-1020027780.htm)

11.4 基于多尺度影像块级全卷积网络的光学遥感影像目标检测

11.4.1 多尺度影像块级全卷积网络框架

算法的核心部分是提出的多尺度影像块级全卷积网络(MIF-CNN),算法的整体结构如图 11.9 所示。在训练阶段,首先生成影像块级标注的训练数据,数据中只包含了类别标记,而没有边框标记。在测试阶段,原始的光学遥感影像直接送入训练好的模型。模型的输出图是目标在对应位置上出现的可能性,从而得到目标的位置和边界框。

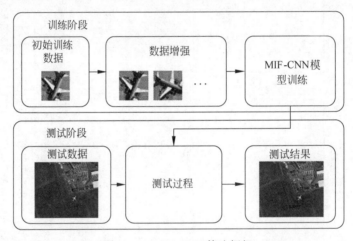

图 11.9　MIF-CNN 算法框架

(https://kns.cnki.net/KCMS/detail/detail.aspx? dbcode=CMFD&filename=1020004786.nh)

为了减少人工标注,利用影像块级的标注训练提出的模型。训练数据包含了三部分,目标影像块、背景影像块、各影像块的类别标注。由于提出算法只用到了目标的类别信息,因此可以算是一种弱监督的目标检测算法。

算法的主要部分是 MIF-CNN,由于用的是影像块级全卷积网络,则模型的输入数据可以为任意大小,甚至是非常大场景的遥感影像。由于全卷积网络没有全连接层,减少了模型参数量,提高了算法效率。算法的输出图和输入图大小是不同的。在训练阶段,输入影像为包含单个目标的影像块,输出表示为每个输入影像的类别。在测试阶段,模型可以通过一次卷积过程快速得到整幅大场景影像的检测结果。接下来详细介绍算法的每个部分。整个网络结构如图 11.10 所示,MIF-CNN 由多支路卷积网络组成,其中包括卷积层、ReLU 层、归一化层和 softmax 层。其中卷积过程如下:

$$\boldsymbol{Z} = \boldsymbol{W} \otimes \boldsymbol{X} + \boldsymbol{b} \tag{11-25}$$

其中,⊗代表卷积计算,$X \in R^{h \times w \times c}$ 为输入数据,$Z \in R^{h' \times w' \times c'}$ 为输出,W 为卷积核,b 为偏置。非线性激活层为 ReLU,归一化层为:

$$\hat{Z}_{x,y}^i = \tilde{Z}_{x,y}^i / (k + \alpha \sum_{j=\max(0,i-n/2)}^{\min(N-1,i+n/2)} (\tilde{Z}_{x,y}^j{}^2)^\beta \tag{11-26}$$

其中,$\tilde{Z}_{x,y}^i$ 代表在(x,y)位置上经过卷积核 i 计算得到的网络激活值,$\tilde{Z}_{x,y}^i$ 是经过归一化之后输出,N 表示卷积核的总数量,常量 k、n、α 和 β 为超参数。

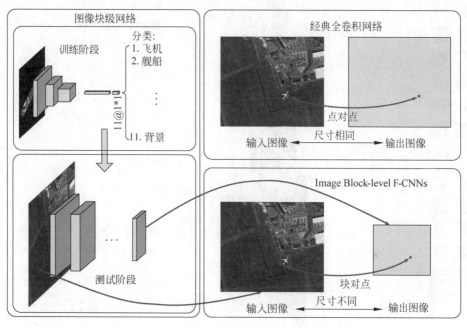

图 11.10　影像块级全卷积网络

(https://kns.cnki.net/KCMS/detail/detail.aspx?dbcode=CMFD&filename=1020004786.nh)

如图 11.11 所示,提出算法的输入数据用到了 5 个不同的尺度,则设计了 5 组不同的子网络去分别提取不同大小输入数据的特征。每一个特征提取子网络的输出特征为 $f_r \in R^{1 \times 1 \times c}$。其中 c 为输出特征的通道数量,1×1 为输出特征的长和宽。

$$f_r = \Phi_r(X_r, \theta_r) \tag{11-27}$$

其中,X_r 为特征提取子网络的输入数据,r 为输入数据的分辨率,θ_r 包含了网络所有权重 W_r 参数和偏置 b_r 参数,Φ_r 包含了所有特征提取子网络所有卷积过程。

在训练阶段,将调整后的输入数据送入不同的子网络用于提取不同尺度的特征(f_{32}、f_{64}、f_{128}、f_{256}、f_{448})。最后,通过 softmax 层识别提取到的特征属的类别。这样每一个输入数据通过特征提取子网络都将得到 $1 \times 1 \times c$ 大小的输出。因此,每一个子网络都可以近似的看作一个单独的卷积层,其卷积核的大小为 $k \times k$,卷积步长为 s,k 取值为 32、64、128、256、448。

为了处理不同大小的遥感影像,减少参数数量,去掉了全连接层,并通过维数约减子网络来对每一个特征提取子网络得到的特征做降维处理,随后连接 softmax 层预测输入影像的类别。

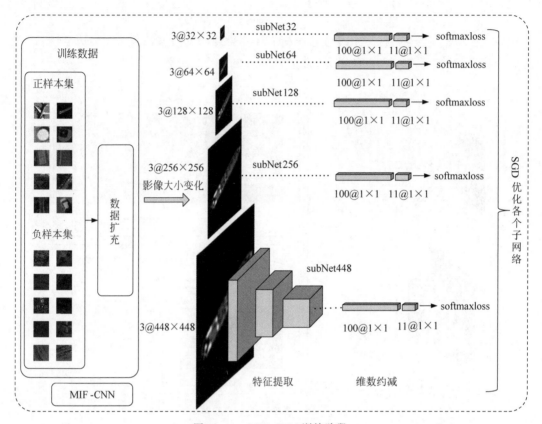

图 11.11　MIF-CNN 训练阶段

(https://kns. cnki. net/KCMS/detail/detail. aspx?dbcode=CMFD&filename=1020004786. nh)

在测试阶段,输入数据直接送入各个子网络,通过 softmax 得到各子网络的输出,如图 11.12 所示。这时每个子网络的输入数据大小相同,都为 1024×1024,由于输入数据的大小不再为 32×32、64×64、128×128、256×256、448×448,则各自网络的输出图大小不再为 1×1,每一个子网络都可以看作一个单独的卷积过程。$o_{32,i,j} \in \boldsymbol{R}^{1 \times 1 \times c}$ 为预测图 $\boldsymbol{o}_{32}$ 每一个点的预测结果,代表输入影像块对应位置一个 32×32 影像块的类别。例如,向量 $\boldsymbol{o}_{32,i,j}$ 预测为飞机,则意味着一个接近 32×32 大小的飞机处在输入影像的对应位置。这些过程同样适用于其他子网络的预测图 $\boldsymbol{o}_{64}$、$\boldsymbol{o}_{128}$、$\boldsymbol{o}_{256}$ 和 $\boldsymbol{o}_{448}$。在这个过程中,提出的方法可以检测不同大小的目标。

由于各自网络的输入大小相同,使得输出大小不同,则将 $\boldsymbol{o}_{64}$、$\boldsymbol{o}_{128}$、$\boldsymbol{o}_{256}$、$\boldsymbol{o}_{448}$ 预测图的大小通过上采样层调整到 $\boldsymbol{o}_{32}$ 预测图大小。为了保证向量 $\boldsymbol{o}_{64,i,j}$、$\boldsymbol{o}_{128,i,j}$、$\boldsymbol{o}_{256,i,j}$、$\boldsymbol{o}_{448,i,j}$

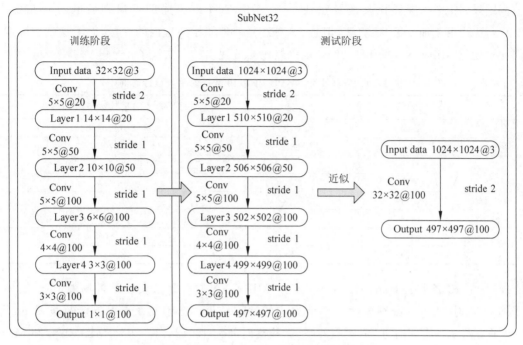

图 11.12　MIF-CNN 单个子网络结构

(https://kns.cnki.net/KCMS/detail/detail.aspx?dbcode=CMFD&filename=1020004786.nh)

在上采样过程中的值不变,选取了近邻插值策略。最终,所有多尺度预测结果图通过逐元素的最大选择策略融合为最终预测结果。

11.4.2　实验结果与分析

对本节提出的算法与经典算法 BoW、LLC、Han、CNN 和 Cao 等在运行时间上做对比,并展示了该算法在大型机场上的测试结果。

表 11.4 展示了各方法的整张影像的平均运行时间。本节算法的速度是最快的。其中BoW、LLC 的平均时间分别为 70.0s、32.4s。这些方法用了加权的稀疏编码残差模型生成显著图,并提取 BoW 和 LLC 特征用于表示各显著区域,然后利用这些特征识别各个目标,因此算法花费时间长。Han 和 CNN 方法的时间分别为 28.7s、121s,这是由于测试过程中用到了滑窗策略,当目标类别增多,尺度范围较大时,需要设置多种窗的大小和步长,算法在滑窗过程中花费了大量的时间。Cao 提出的算法检测时间为 18.5s,这是由于检测过程中利用 SS 算法代替了滑窗策略,因此比 Han 和 CNN 的快,但是 SS 算法仍然要花费大量时间,而且影像中每一个候选区域都要经过一次深度模型,这消耗了大量的时间,使得该算法比MIF-CNN。当 MIF-CNN 不做边框修正时的时间花费是 0.844s,增加边框修正后为0.864s。这是由于测试时是整张影像直接送入检测模型,并且只经过一次卷积计算就得到

检测结果,因此速度要比其他算法快。当 MIF-CNN 结合局部重识别后的时间花费为 2.14s,这是由于加入了 SS 算法,但是 SS 算法只处理初始边框内的影像,而不是整个影像,因此速度比 MIF-CNN 慢了 1.276s,但仍然比 Cao 提出的方法快了 16.4s。

表 11.4　各算法在 NWPU VHR-10 数据的平均运行时间

算　法	每张影像的平均运行时间/s
BoW	70.0
LLC	32.4
Han	28.7
MIF-CNN−	0.844
CNN	121
Cao	18.5
MIF-CNN	0.864
MIF-CNN+	2.14

图 11.13 展示了 Han、MIF-CNN、Cao、MIF-CNN＋在两张大场景机场的 PRC 结果。图 11.14 和图 11.15 分别展示了本节方法的检测结果。对于北京首都国际机场,Han 和 Cao 的方法 AP 值分别为 76.3%、91.7%,检测时间为 15013s、23829s。MIF-CNN 和 MIF-CNN＋的 AP 值分别为 81.3%、90.5%,检测时间为 460s、969s。对于香港国际机场,Han 和 Cao 的方法 AP 值分别为 85.6%、92.0%,检测时间为 8511s、12599s。MIF-CNN 和 MIF-CNN＋的 AP 值分别为 88.8%、93.9%,检测时间为 260s、513s。这些结果都说明了 MIF-CNN 算法可以有效地检测大场景遥感影像。

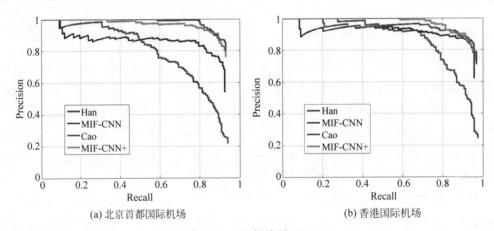

(a) 北京首都国际机场　　　　　　　　(b) 香港国际机场

图 11.13　机场检测 PRC

(https://kns.cnki.net/KCMS/detail/detail.aspx?dbcode=CMFD&filename=1020004786.nh)

图 11.14 北京首都国际机场检测结果

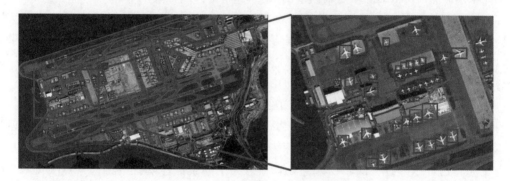

图 11.15 香港国际机场检测结果

(https://kns.cnki.net/KCMS/detail/detail.aspx?dbcode=CMFD&filename=1020004786.nh)

11.5 本章小结

回顾视觉显著性建模的最新发展,不难发现显著性检测器的性能虽在简单数据集上达到了饱和,但在复杂场景中仍不令人满意。如何构建智能模型以从复杂真实环境中检测感兴趣区域仍然是一个具有挑战性的问题。基于上述观察,11.1 节中提出了将异构的视觉显著性提示融合到鲁棒显著性建模的统一优化框架中,利用来自不同领域的互补视觉线索提供多源显著性信息,然后将这些线索嵌入混合稀疏学习模型中,从而有效地进行显著性融合。此外,还设计了一种目标级协同滤波方案,可以充分利用空间和颜色信息生成高质量的显著性图。实验结果表明提出的方法在简单和复杂场景中均能令人满意地工作,并且与其他最新的显著目标检测模型相比,性能良好,同时在高分辨率 SAR 影像中进行舰船检测的实验进一步验证了该模型可以解决现实世界问题的可行性。

11.2 节提出了一种基于随机森林的轮廓显著性滤波器,用于高分辨率 SAR 影像中的快速舰船检测。考虑到舰船目标是场景中稀疏的显著区域,从而构建了一个带有二叉树的随机森林去量化每个稀疏性影像区域,并据此推导出显著图以找到可能的目标区域。由于非突出区域大部分来自多余的海域,并且不太可能包含舰船目标,因此它们会被滤除为虚假警报并未经处理。在后续阶段仅将注意力集中在潜在目标区域上,并进行精打细算。通过基于CFAR的主动轮廓检测寻找精确的船舶,采用基于结构保留的扫描策略,可以在目标区域统一突出且船体边界明确的情况下获得最终的检测结果。整个过程遵循从粗到细的误差警报消除策略,并证明了该结构在多种场景下都非常有效。最后通过真实的SAR影像测试了该方法的性能,并将其与其他5种经典舰船探测器进行了比较。实验结果表明,该方法可以实现较高的检测率,同时将误报率保持在较低的水平。此外,基于随机森林的轮廓显著性滤波器被证明是非常有效的,并且可以满足SAR ATR系统的实时要求。

在基于DAPNet的遥感影像目标检测算法中,详细介绍了DAPNet网络的结构、包括类别先验网络CPN、精细区域建议网络F-RPN和精确区域检测网络A-RCNN,并且展示了基于DAPNet网络的遥感影像目标检测算法的检测流程。最后使用对比实验和消融实验来验证了该网络的有效性,以及不同子网络对于检测网络的准确率的贡献。从实验结果上可以看出,由于类别先验网络的设计,DAPNet网络在很多类别的准确率上都有所提高,在生成少量候选框的前提下也可以得到高的准确率,适应了不同稀疏程度的目标检测。

在MIF-CNN模型中将多尺度结构和影像块级全卷积模型相结合并用于检测目标。其中引入影像块级标注的训练数据,用于减少人工标注的消耗。引入多尺度结果用于处理具有不同大小的目标。引入影像块级全卷积模型以减少网络参数,提高算法效率。而且,基于全卷积的算法可以经过一次卷积计算处理任意大小的影像,其中也包括大场景遥感影像。算法经过一次卷积计算得到的检测结果,经过边框修正策略可以得到更为准确的检测结果。为了处理更加复杂困难的结果,设计了局部重识别策略来增强检测结果。

参考文献

[1] 王士刚.基于视觉显著性和稀疏学习的雷达图像目标检测[D].西安:西安电子科技大学,2018.

[2] 赵曈.基于多元局部信息增强的复杂图像分类与目标检测[D].西安:西安电子科技大学,2019.

[3] 程林.基于自适应空间多尺度深度网络的遥感图像融合分类与检测[D].西安:西安电子科技大学,2020.

[4] Wang S,Wang M,Yang S,et al. New hierarchical saliency filtering for fast ship detection in high-resolution SAR images[J]. IEEE Transactions on Geoscience and Remote Sensing,2016,55(1): 351-362.

[5] Wang S,Yang S,Wang M,et al. New contour cue-based hybrid sparse learning for salient object detection[J]. IEEE Transactions on Cybernetics,2019.

[6] Yu Y,Wang B,Zhang L. Hebbian-based neural networks for bottom-up visual attention and its applications to ship detection in SAR images[J]. Neurocomputing,2011,74(11): 2008-2017.

[7] Gambardella A,Nunziata F,Migliaccio M. A physical full-resolution SAR ship detection filter[J]. IEEE Geoscience and Remote Sensing Letters,2008,5(4): 760-763.

[8] Qin X,Zhou S,Zou H,et al. A CFAR detection algorithm for generalized gamma distributed background in high-resolution SAR images[J]. IEEE Geoscience and Remote Sensing Letters,2012,10

　　　　(4)：806-810.

[9]　Bioucas-Dias J M，Plaza A，Camps-Valls G，et al. Hyperspectral remote sensing data analysis and future challenges[J]. IEEE Geoscience and Remote Sensing Magazine，2013，1(2)：6-36.

[10]　Benediktsson J A，Chanussot J，Moon W M. Very high-resolution remote sensing：Challenges and opportunities[J]. Proceedings of the IEEE，2012，100(6)：1907-1910.

[11]　Liu J，Li J，Li W，et al. Rethinking big data：A review on the data quality and usage issues[J]. ISPRS Journal of Photogrammetry and Remote Sensing，2016，115：134-142.

[12]　Han J，Zhang D，Cheng G，et al. Object detection in optical remote sensing images based on weakly supervised learning and high-level feature learning[J]. IEEE Transactions on Geoscience and Remote Sensing，2014，53(6)：3325-3337.

[13]　Zhao W，Jiao L，Ma W，et al. Superpixel-based multiple local CNN for panchromatic and multispectral image classification[J]. IEEE Transactions on Geoscience and Remote Sensing，2017，55(7)：4141-4156.

[14]　Cheng G，Han J，Zhou P，et al. Multi-class geospatial object detection and geographic image classification based on collection of part detectors[J]. ISPRS Journal of Photogrammetry and Remote Sensing，2014，98：119-132.

[15]　Cheng G，Zhou P，Han J. Learning rotation-invariant convolutional neural networks for object detection in VHR optical remote sensing images[J]. IEEE Transactions on Geoscience and Remote Sensing，2016，54(12)：7405-7415.

[16]　Xu T B，Cheng G L，Yang J，et al. Fast aircraft detection using end-to-end fully convolutional network[C]//IEEE International Conference on Digital Signal Processing，2016.

[17]　Li L，Cheng L，Guo X，et al. Deep adaptive proposal network in optical remote sensing images objective detection[C]//IEEE International Geoscience and Remote Sensing Symposium，2020.

[18]　Deng Z，Lei L，Sun H，et al. An enhanced deep convolutional neural network for densely packed objects detection in remote sensing images[C]//International Workshop on Remote Sensing with Intelligent Processing，2017.

[19]　Cheng G，Zhou P，Han J. Learning rotation-invariant convolutional neural networks for object detection in VHR optical remote sensing images[J]. IEEE Transactions on Geoscience and Remote Sensing，2016，54(12)：7405-7415.

[20]　Han B，Zhu H，Ding Y. Bottom-up saliency based on weighted sparse coding residual[C]//ACM International Conference on Multimedia，2011.

[21]　Cao Y S，Niu X，Dou Y. Region-based convolutional neural networks for object detection in very high resolution remote sensing images[C]//12th International Conference on Natural Computation，Fuzzy Systems and Knowledge Discovery，2016.

[22]　Long J，Shelhamer E，Darrell T. Fully convolutional networks for semantic segmentation[C]//Proceedings of the IEEE Conference on Computer Vision and Pattern Recognition，2015.

[23]　Glorot X，Bengio Y. Understanding the difficulty of training deep feedforward neural networks[C]//Proceedings of the 13th International Conference on Artificial Intelligence and Statistics，2010.

[24]　Zhang D，Han J，Cheng G，et al. Weakly supervised learning for target detection in remote sensing images[J]. IEEE Geoscience and Remote Sensing Letters，2014，12(4)：701-705.

第 12 章

遥感视频目标跟踪

一直以来,视频目标跟踪任务是计算机视觉领域中的热门研究课题。它也是进行场景内容分析和理解等高级视觉任务的基本前提,被广泛地应用于场景监控、人机交互、医学影像、智能安防、交通监控、车辆跟踪、自动驾驶、位姿估计和机器人导航等各种场景。

单目标跟踪任务是在某连续的视频序列中,给定初始帧的目标大小与位置时,预测后续帧中上述目标大小与位置。在自动变化的视频序列中跟踪特定目标时,往往存在运动模糊,遮挡,形态变化多样性,光照变化多样性等问题。

随着深度学习的兴起,影像 CNN 在影像特征表示中的突出表现也引起了跟踪领域的重视。深度学习在检测和人脸识别等领域已经展现出巨大的潜力,但前几年深度学习在目标跟踪领域的应用并不顺利。由于目标跟踪任务只有初始帧的图像数据可以利用,因此缺乏大量的数据供神经网络学习。随后,研究人员把在分类影像数据集上训练的卷积神经网络迁移到目标跟踪中来,基于深度学习的目标跟踪方法才得到充分的发展。

本章介绍两种遥感视频目标跟踪算法:基于深度学习滤波器的遥感视频目标跟踪算法和基于孪生网络的遥感视频目标跟踪算法。

12.1 基于深度学习滤波器的遥感视频目标跟踪

12.1.1 深度连续卷积滤波器

深度连续卷积滤波器(ECO)作为基础跟踪器模块,引入一组维度为 C 的滤波器与一个学习矩阵 f,主要采用分解卷积的方法来解决傅里叶域中的损失。具体地,提出了以下损失函数:

$$L(\boldsymbol{f}, \boldsymbol{P}) = \parallel \hat{\boldsymbol{z}}^{\mathrm{T}} \boldsymbol{P} \hat{\boldsymbol{f}} - \hat{\boldsymbol{y}} \parallel_{l^2}^2 + \sum_{c=1}^{C} \parallel \hat{\boldsymbol{\omega}} * \hat{\boldsymbol{f}} \parallel_{l^2}^2 + \boldsymbol{\lambda} \parallel \boldsymbol{P} \parallel_F^2 \tag{12-1}$$

其中,$z = J\{\boldsymbol{x}\}$ 表示通过 VGG-16 的第一个和最后一个卷积层提取的特征,$\{\boldsymbol{x}_j\}_1^M \in \chi$ 表示数据集中的 M 个训练样本,$J: \Re^N \to L^2$ 为插值映射算子,记 $\hat{\cdot}$ 为傅里叶级数,$*$ 为相关算

子。对于双线性项 $\hat{z}^T P \hat{f}$，将一阶近似代入式(12-1)，损失函数表示为：

$$\hat{L}(\hat{f}_{i,\Delta}, \Delta P) = \| \hat{z}^T P \hat{f}_{i,\Delta} + (\hat{f}_i \otimes \hat{z})^T \text{vec}(\Delta P) - \hat{y} \|_{l^2}^2 + \sum_{c=1}^{C} \| \hat{\omega} * \hat{f}_{i,\Delta}^c \|_{l^2}^2 + \mu \| P_i + \Delta P \|_F^2$$

(12-2)

其中，Δ 表示矩阵步长的大小。假设目标位于影像块的中心，采用高斯混合模型分离数量为 l 的不同高斯分布，以降低过度拟合的风险。此外引入概率生成模型以降低样本数量，因此，模型的损失函数可进一步表示为：

$$L(f) = \mathcal{L}\{ \| S_f\{x\} - y \|_{l^2}^2 \} + \sum_{d=1}^{D} \| \hat{\omega} f^d \|_{l^2}^2$$

(12-3)

由于响应图的值对应于目标的置信度分数，因此最大值对应的位置就可以看作目标的中心坐标，由于视频跟踪的目的是通过第一帧目标所在的位置信息，进而预测视频中的后续帧中目标所在位置信息，只通过基础跟踪器是无法应对实际的应用场景的，因此必须引入一些上下文等信息来提高目标成功跟踪的准确度。

12.1.2 深度学习滤波器

深度学习滤波器以速度和精度都较高的 ECO 作为基础框架。利用 ECO 算法运行 VisDrone2018 单目标跟踪数据集，可以发现其在测试甚至训练数据的很多视频序列上都表现不佳，经分析主要表现为目标被长期遮挡后跟踪失败、相机剧烈抖动或旋转后跟踪失败、目标形变严重或相机视角变化时跟踪框不准确三方面。

针对上述三方面的问题，尝试在 ECO 算法的基础上进行改进，提出一个通用的强度映射算子和一个能量函数。具体概括如下，对目标周围进行强度变形(ID)以处理连续样本之间的几何形变，并在相机抖动的情况下有效地提高了算法的精度；利用上下文信息(CI)通过最小化能量函数来预测目标的运动趋势，以确保目标在遮挡后成功重新跟踪。

1. 算法介绍

图 12.1 所示为提出的 LZZ-ECO 算法的整体流程图。其中，ID 模块用来减少与相邻帧的相似性度量之间的差异，采用 ECO 中的高斯-牛顿法和共轭梯度法来优化损失函数的二次子问题，最后，CI 模块通过能量函数来整合目标的运动趋势。

2. ID 模块

在无人机跟踪目标时，实际跟踪中风速的影响和人为改变无人机运行轨道等难免会造成无人机发生剧烈的抖动，这导致了跟踪数据集中目标在前后帧出现位置严重偏移的情况。本节提出了一种高精确度且高计算效率的方法来解决无人机视频跟踪中对应的相似性度量估计问题。

具体地，将影像 x 从局部域映射到强度域中，假设 $q \in \mathcal{N}_p$ 为影像 x 中当前像素 p 的相

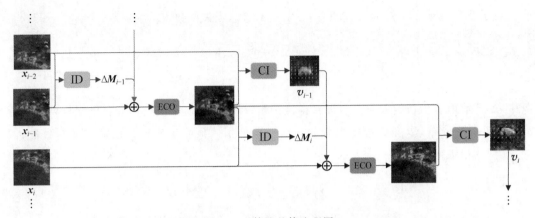

图 12.1 算法整体流程图

(https://link.springer.com/chapter/10.1007/978-3-030-66823-5_38)

邻像素,因此可以将局部域转换成如下形式:

$$C(\boldsymbol{p}) = \sum_{q \in \mathcal{N}_p} \phi(x(\boldsymbol{p}), x(\boldsymbol{q})) \tag{12-4}$$

其中,$C(\boldsymbol{p})$ 表示局部的统计信息,假设 $\phi(m,n)$ 有两个属性:$\phi(km,kn) = \phi(m,n)$,其中,$k \in \mathbb{N}$ 且 $k \neq 0$; $\phi(m_1,n_1) = 1 + \phi(m_2,n_2) = 1 \Rightarrow \phi(m_1 m_2, n_1 n_2) = 1$; 可以看出,当时,$\phi(m,n)$ 的值为 1,否则为 0。

由于无人机跟踪视频的特殊性,尝试进行一般的非线性强度变形,定义为:

$$D\{\tilde{\boldsymbol{x}}_i(\boldsymbol{p})\} = \delta[x_i(\boldsymbol{p})]x_i(\boldsymbol{p}) \tag{12-5}$$

其中,$\delta(\cdot)$ 表示强度映射运算符,$\tilde{}$ 表示为对应于局部域的强度域信息。

因此,$\tilde{C}_i$ 与 C_i 之间的关系可以表示为:

$$\begin{aligned}
\tilde{C}_i(\boldsymbol{p}) &= \sum_{q \in \mathcal{N}_p} \phi(\tilde{\boldsymbol{x}}_i(\boldsymbol{p}), \tilde{\boldsymbol{x}}_i(\boldsymbol{q})) \\
&= \sum_{q \in \mathcal{N}_p} \phi(\boldsymbol{\delta}(\boldsymbol{x}_i(\boldsymbol{p})), \boldsymbol{x}_i(\boldsymbol{p}), \boldsymbol{\delta}(\boldsymbol{x}_i(\boldsymbol{q})), \boldsymbol{x}_i(\boldsymbol{q})) \\
&= \sum_{q \in \mathcal{N}_p} \phi(\boldsymbol{\alpha}\boldsymbol{x}_i(\boldsymbol{p}), \boldsymbol{\beta}\boldsymbol{x}_i(\boldsymbol{q})) \\
&= \sum_{q \in \mathcal{N}_p} \phi(\boldsymbol{x}_i(\boldsymbol{p}), \boldsymbol{x}_i(\boldsymbol{q})) \\
&= C_i(\boldsymbol{p})
\end{aligned} \tag{12-6}$$

其中,$\boldsymbol{\alpha}$ 与 $\boldsymbol{\beta}$ 是根据 $\boldsymbol{x}_i(\boldsymbol{p})$ 与 $\boldsymbol{x}_i(\boldsymbol{q})$ 对应的参数值,将强度映射函数假设为一对一映射,可以得到 $\tilde{C}_i(\boldsymbol{p}) = C_i(\boldsymbol{p})$。即可以通过局部域中的非线性强度变形 $\boldsymbol{\delta}$ 将样本 $C_i(\boldsymbol{p})$ 映射为样本 $\tilde{C}_i(\boldsymbol{p})$,然后通过 SIFT 描述符 $\mathcal{S}_d$ 分别从 $\boldsymbol{C}_{i-1}$ 与 $\boldsymbol{C}_i$ 中提取出关键点矩阵 $\boldsymbol{K}_{i-1}$ 与 $\boldsymbol{K}_i$,从这两

个关键点矩阵中找到高度相似的关键点,采用匹配阈值 $\tau_i = \sum \tau(K_i)\tau^T(K_{i-1})$ 相应的连接两个关键点矩阵,可获得匹配矩阵 M_i。由于视频中目标的移动相对整个视频较小,故而假定目标的第 i 帧所在的粗略位置为在第 $i-1$ 帧边界框上偏移 ΔM_i 得到,其中,总偏移量 ΔM_i 为匹配矩阵 M_i 的均值,流程图如图 12.2 所示。

强度映射函数可以保证模型在计算目标的粗略位置时的关键点矩阵计算更加准确,局部统计的优点在于其对曝光变形和光照不敏感,即辐射与光度变形,并且在自然影像上表现良好。

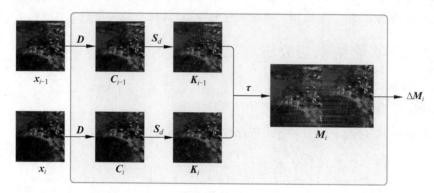

图 12.2 ID算法流程图

(https://link.springer.com/chapter/10.1007/978-3-030-66823-5_38)

3. CI 模块

遮挡问题一直是跟踪任务中的重点、难点,对于相关滤波类跟踪方法更是如此,原因在于无法有效地判断目标是否被遮挡,何时被遮挡以及何时遮挡结束,而且目标逐渐遮挡时并不能被跟踪器发现,跟踪器会逐步将遮挡物视为目标的一部分并加入训练样本集中进行学习,这样长期遮挡之后,判别器对目标的分辨能力急剧下降。此外,由于相关滤波类算法对当前影像帧的目标预测都是在之前影像帧目标位置的感受野范围内进行搜索,此时虽然算法对于目标的分辨能力依然存在,但在长期遮挡之后再次出现时,目标已不在感受野范围内。

因此一个行之有效的检测目标被遮挡以及再次出现的判断标准是非常必要的,同时还需要算法能够计算出目标在被遮挡前大致的运动速度和方向,即需要确定位于连续影像帧中目标的运动向量。其中,相邻影像帧之间的上下文信息属于一般的匹配问题,通常用于运动的目标检测与跟踪方法。而匹配问题根据能量函数将能量最小化来表示,具体表示为:

$$L_{CI}(I) = \sum_{p \in \text{box}_i} G_p(v_p) + \sum_{N \in \mathcal{N}_p} B_N(v_N) \tag{12-7}$$

其中,$p \in \text{box}_i$ 表示当前帧中局部搜索区域 x_i 的像素值,$N \in \mathcal{N}_p$ 对应于像素 p 的图 $g = (\text{box}_i, \mathcal{N})$ 的边缘值,记 v_p 为像素 p 的标签,即对应的搜索区域的 2D 运动向量集合。G_p 为

一元势能,表示标准的惩罚函数,$\boldsymbol{B}_N$ 对应于二进制势能,表示像素之间的相互作用。该模型可以看作为光流优化子问题,记 $V=\{\boldsymbol{v}_1,\boldsymbol{v}_2,\cdots,\boldsymbol{v}_p\}$,则能量最小化公式可以表示为:

$$\tilde{\boldsymbol{v}}_p = \arg\min_{\boldsymbol{v}_p} L_{\mathrm{CI}}(\boldsymbol{v}_p) \tag{12-8}$$

能量最小化方法在计算机视觉中,尤其是在光流估计中引起了比较广泛的关注。当第 i 帧中目标的遮挡区域相对于第 $i-1$ 帧没有对应的像素匹配,但在第 $i-2$ 帧中得以匹配,即那些在随后影像帧中被遮挡的像素通常在之前影像帧中可见,这是无人机视频跟踪场景中目标发生遮挡时经历的比较明显的视觉动作。如上所述,CI 模块能够通过能量最小化方法获得更准确的结果,但与其他相关滤波方法相比,该算法计算时间较长。

12.1.3　实验结果与分析

1. 评价指标

该数据集使用的评价指标为正确率图与精确率图。

(1)正确率图为真实边界框 γ_a 与跟踪边界框 γ_t 的重叠率 O,有:

$$O = \frac{|\gamma_a \bigcap \gamma_t|}{|\gamma_a \bigcup \gamma_t|} \tag{12-9}$$

计算重叠率 O 大于给定阈值的成功帧的数量,得到阈值从 0 到 1 变化时成功帧所占的比例图,通过计算正确率图曲线下的面积(AUC)来评估算法性能。

(2)精确率图为真实目标中心位置与跟踪目标中心位置的欧氏距离,显示评估的位置在给定的阈值距离之内的帧数占总帧数的百分比,不同的阈值得到的百分比不一样,因此可以获得一条曲线,该图可用于概括跟踪算法对该序列的总体性能。

2. 仿真内容与结果分析

LZZ-ECO 以 ECO 为基础框架,设置初始迭代中滤波器 f 为 0,且使用与 ECO 相同的特征表示,实验中数据集的所有参数设置保持固定。下面分别介绍提出的算法在不同数据集中的评估结果。

无人机视频跟踪(VisDrone-SOT)2018 数据集总共包括 132 个视频序列,分别表示为 86 个训练序列(包含 69941 帧)、11 个验证序列(包含 7046 帧)和 35 个测试序列(包含 29367 帧)。将提出的算法与 12 个最具代表性的跟踪算法(包括 MDNet、ECO、DCFNet、SRDCF、SECFNet、CFWCRKF、OST、TRACA+、Staple、KCF、CKCF 和 IMT3)进行比较。图 12.3 为各算法在 VisDrone-SOT2018 测试数据集上的成功率图和精确度图。ECO 算法获得 49.0% 的 AUC 分数,而 LZZ-ECO 算法获得最佳结果,且比第二好的方法高出 5.2%。

通过与 ATOM、ECO、SRDCF、RPN、SiamRPN、SiamMask、SiamRPN 和 DCF 跟踪器进行比较来评估所提出的算法。如图 12.4 所示,上述算法都在 VisDrone-SOT2020 val 数据集上的精确度图和成功率图进行了汇总。具体地,算法在第一帧初始化并开始跟踪而无

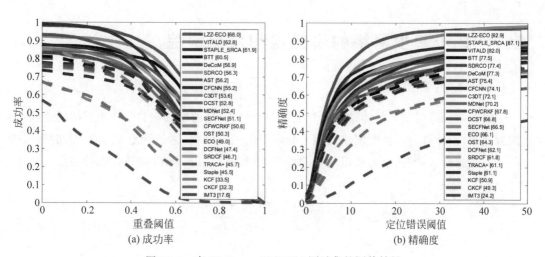

图 12.3　在 VisDrone-SOT2018 测试集的评估结果

（https://link.springer.com/chapter/10.1007/978-3-030-66823-5_38）

须重新初始化。所提出的 LZZ-ECO 算法在所有跟踪器算法中排名第一。如图 12.4(a)所示，当地面真值框的中心坐标和估计的边界框的中心坐标之间的欧氏距离约为 10 时，LZZ-ECO、ATOM 和 ECO 方法的性能达到了更高的峰值。在 ATO、MRPN、SiamRPN、SiamMask 和 SiamRPN 的孪生网络中，ATOM 将目标估计与判别方法，可获得最佳精度得分。在 ECO、SRDCF 和 DCF 的 CF 类算法中，ECO 由于在连续空间域进行插值，故而在精度方面具有最高的性能。由于强度变形和来自连续帧的上下文信息，LZZ-ECO 达到了最佳性能。

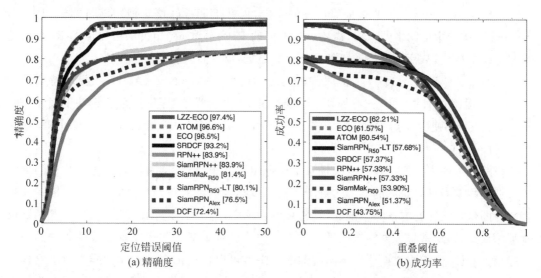

图 12.4　算法在 VisDrone-SOT2020 验证集的评估结果图

（https://link.springer.com/chapter/10.1007/978-3-030-66823-5_38）

12.2 基于孪生网络的遥感视频目标跟踪

12.2.1 孪生网络

孪生网络是指网络的主体结构分为上下两个分支,这两个分支共享卷积层的网络权重,如同双胞胎,由此得名。孪生网络使用了全卷积的网络结构,通过全卷积的方式,能够接受大小不一致的输入,并能够提取出对应的特征。图 12.5 为 SiamFC 的网络结构图。

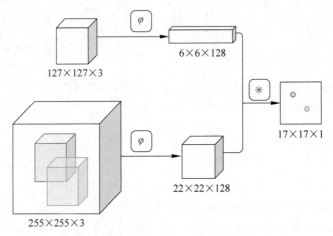

图 12.5　SiamFC 的网络结构图

(https://link.springer.com/chapter/10.1007/978-3-319-48881-3_56)

上述的孪生网络实现了对跟踪目标的定位,但并不能很好修正地跟踪目标框的大小,SiamRPN 基于孪生网络的架构,借鉴目标检测的 RPN 模块,在相关层后增加了 RPN 层完成目标框的生成,从而让网络产生的目标框更贴近目标的形变。

从 SiamFC 到 SiamRPN 的提取特征网络均使用了 AlexNet。AlexNet 提取特征的能力限制了网络的性能,但是当加深网络时,跟踪性能没有提升。为了解决这个问题,SiamRPN++网络使用多层融合的方式,将 ResNet 引入孪生网络中。图 12.6 为 SiamRPN++的网络结构图。

跟踪任务通常需要在各种复杂场景中稳定跟踪某个目标,这时候需要建立合适的训练方式训练跟踪器具有跟踪的能力。对于现在深度神经网络的跟踪器,通常将目标跟踪任务理解为图像搜索匹配的任务。因此,在常规的训练中,为了能够利用大规模目标检测的数据集训练跟踪器,通常将数据构造成样本对进行训练。对于某张图像或者某段视频中的一个目标,利用其不同增强变换或者不同时刻的形态就可以构造出多种不同的样本对。这样同一目标构造的样本对称为正样本对。以正样本对中的一张图像为模板,另一张图像为搜索

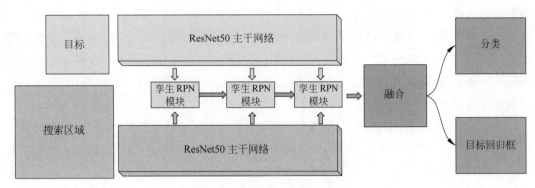

图 12.6 SiamRPN++网络结构图

(https://openaccess.thecvf.com/content_CVPR_2019/papers/Li_SiamRPN_Evolution_of_Siamese_Visual_Tracking_With_Very_Deep_Networks_CVPR_2019_paper.pdf)

区域,就能训练跟踪器准确地将模板的目标在搜索区域中进行定位。

目标跟踪任务,不仅需要跟踪器能够区分不同类别的物体,同样也要求能判别同类目标的不同个体。这种区分物体的能力,在目标跟踪领域被称为判别性。为了提高跟踪器的判别性,通常在上述样本对的基础上,需要构造负样本对进行训练。DaSiamRPN 对样本进行了细分,包括同一目标构造的训练图像对,同一类目标不同个体的训练图像对,不同类别目标的训练图像对。通过构造不同类型的训练图像对,丰富了训练样本的多样性,提高了孪生跟踪网络对物体之间的判别性,有效地减少了跟踪网络受到周围目标的干扰。

12.2.2 基于前后一致性验证的孪生网络

由于遥感视频分辨率低,噪声较多,目标较小,几乎没有可用的外观特征,直接将SiamRPN++应用于遥感影像目标跟踪性能较差,结合遥感目标的特点对基础方法进行改进。

(1) 添加遥感数据对网络进行微调,并对训练集进行难分样本挖掘,构造难分负样本对,提高网络的判别力。

(2) 对于遥感影像中目标外观特征较少,遮挡频繁的问题,可以构建遥感影像目标跟踪运动模型,通过运动模型减少搜索区域,对相似干扰进行过滤。在目标遮挡时,利用运动模型估计目标位置。

(3) 利用遥感影像背景运动较慢的特点,构建了快速前后一致性验证孪生跟踪网络,通过前向跟踪以及反向跟踪,提高算法的鲁棒性。

下面将分成三部分详细介绍算法流程。

1. 网络训练过程

本算法以 SiamRPN++网络为基础网络结构。在网络训练过程中,尝试直接使用遥感影像数据进行训练。由于遥感影像分辨率低,训练影像基本均经过比较大的尺寸缩放,不具备细致的外观特征,在训练的过程中,网络无法学会捕获不同目标特征,因此,利用迁移学习的方式,将部分遥感影像与自然影像进行混合训练,自然影像能够给网络提供多种不同场景及不同纹理等信息,提高网络特征提取的能力。遥感影像能够为网络提供低分辨率及边界模糊情况下的训练样本,从而提高网络在遥感影像上的适应性。

另外,通过困难样本挖掘,针对网络中难以区分的样本加入训练图像,对样本库进行训练。

利用现有训练过的跟踪模型,从训练集中取一个目标作为模板,然后在该目标所在的图像或者序列中滑块生成搜索区域。当搜索区域中有跟踪目标框得分大于 0.8,并且与真实目标框交并比为 0 的目标框,那么该目标框为相似干扰。以该目标框与模板组成负样本对,添加到负样本对数据集中。通过主动挖掘难分样本,不仅能挖掘出网络的同类相似干扰和不同类相似干扰,同时能够引入网络认为相似的负样本对,针对性地提高网络的分辨性能。

2. 运动模型

遥感影像是从高空俯视拍摄地面的画面,如图 12.7 所示,分辨率较低,目标不具备有利于区分跟踪目标的外观特征,且存在众多遮挡,孪生网络应用在遥感视频上时,性能较差。

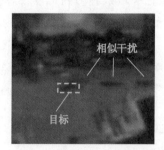

图 12.7　遥感视频相似目标干扰与遮挡

针对相似目标干扰和目标遮挡问题,利用运动模型进行约束与运动估计。若某帧满足运动模型约束,则认为该帧是稳定跟踪。假设正在对第 t 帧进行跟踪,取第 t 帧以前稳定跟踪的视频帧为参考帧,设参考帧为 t^* 帧。首先将孪生网络跟踪得到的目标框预测分数大于 0.8 的定义为候选框,然后计算每个候选框的方向 θ_t^i、位置 P_t^i、宽 W_t^i 和高 H_t^i。θ_t^i 的计算方式如下:

$$\theta_t^i = \arctan\left(\frac{x_t^i - x^*}{y_t^i - y^*}\right) \tag{12-10}$$

其中,x_t^i,y_t^i 为第 t 帧第 i 个候选框的 x、y 方向坐标,x^*,y^* 为参考帧目标框的 x、y 方向坐标。利用历史帧跟踪目标位置,分别从 x、y 方向进行线性拟合:

$$x_t = k_x t + b_x$$
$$y_t = k_y t + b_y \tag{12-11}$$

利用式(12-11)可以求出第 t 帧目标估计位置 x_t、y_t，k_x、k_y 为目标运动 x、y 方向的平均速度，最后计算出目标估计运动方向 θ_t^*。由此可以定义运动约束误差 ε。运动约束误差 ε 计算方式如下：

$$\varepsilon = \begin{cases} k(W_t^i + H_t^i), & |\theta_t^i - \theta_t^*| > 90° \\ k(W_t^i + H_t^i) + \dfrac{m_t}{2} * (|k_x| + |k_y|), & |\theta_t^i - \theta_t^*| \leqslant 90° \end{cases} \tag{12-12}$$

其中，k 为误差调节参数，m_t 为第 t 帧与参考帧 t^* 相距的帧数，W_t^i 为第 t 帧第 i 个候选框的宽度，H_t^i 为第 t 帧第 i 个候选框的高度，θ_t^i 为候选框的运动方向。

当该候选框的运动方向与目标估计方向一致时，运动约束误差范围随当前帧与参考帧的相距帧数而增加；若方向不一致时，运动约束误差以目标宽高，取一个较小误差值。若该候选框与当前帧目标估计位置的差小于运动约束误差，则认为该候选框为可行框，并以差最小的可行框作为当前帧的跟踪结果，否则以预测结果作为跟踪结果。

3. 快速前后一致性验证

由于视频序列中的各帧目标为同一目标，因此跟踪器应具有前后一致性，即反向跟踪应可以正确定位历史目标。图 12.8(a)和图 12.8(c)为第 t 帧，图 12.8(b)和图 12.8(d)为参考帧。如果在第 t 帧出现预测框，将以该预测框位置在参考帧上进行反向跟踪，如图 12.8(b)所示，反向跟踪结果与参考帧结果不一致，那么就说明该预测框为干扰框。反之，如图 12.8(d)所示，反向跟踪结果与参考帧结果一致，则认为该预测框正确。

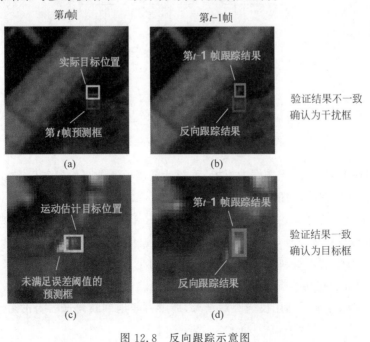

图 12.8　反向跟踪示意图

但每次验证跟踪框都需要进行一次跟踪过程,这样会引入较大的计算量。因此,提出了快速前后一致性跟踪网络,减少在反向跟踪时的计算量,提高验证速度。快速前后一致性跟踪网络框架如图12.9所示。

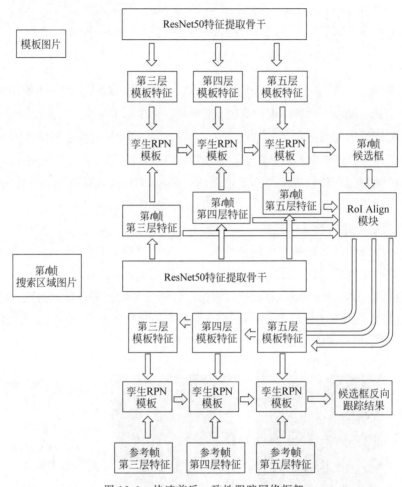

图 12.9　快速前后一致性跟踪网络框架

在反向跟踪中,需要以候选框为模板,重新计算模板特征。而候选框应出现在搜索区域当中,由于孪生网络在特征提取过程对模板和搜索区域使用的权重是一样的,因此候选框内目标的特征已经包含在搜索区域特征中。因此引入 RoI Align 模块,将候选框映射到搜索区域特征中,提取出候选框的特征,作为反向跟踪的模板,避免了重复计算带来的计算量增加。

如图 12.9 所示,参考帧特征是在跟踪前面序列是保存下来的,反向跟踪的模板特征通过 RoI Align 模块直接从当前搜索区域特征中取出。这里只需计算一次相关层的操作,即可得到反向跟踪的结果。利用反向跟踪结果,能够有效地判断候选框的正确性,提高整体算法的鲁棒性。

12.2.3　实验结果与分析

1. 评价指标

评价指标分为：跟踪精确度、跟踪成功率以及曲线以下的面积（AUC）。

精确度是跟踪目标的位置与标定的准确位置之间的误差在给定的距离阈值之内的帧数占总帧数的百分比。

$$\text{Precision} = \frac{N_{\text{locolerror} \leqslant T}}{N} \qquad (12\text{-}13)$$

其中，T 为给定的误差距离阈值，N 为测试序列总帧数，$N_{\text{locolerror} \leqslant T}$ 为跟踪目标的位置与标定的准确位置之间的误差小于距离阈值的帧数。

精确度图给出当距离阈值从 0 开始逐步增加时准确度的变化曲线。

跟踪成功率由人工标定的真实跟踪结果与算法跟踪结果的重叠率计算。跟踪器从第一帧开始，连续不断地对一段视频序列进行跟踪，直到最后一帧，每一帧产生一个矩形框记录当前帧的跟踪结果 r_a，而真实的跟踪结果也为一个矩形框 r_t，重叠率定义为：

$$S = \frac{|r_a \cap r_t|}{|r_a \cup r_t|} \qquad (12\text{-}14)$$

其中，$\cap$ 和 $\cup$ 分别代表预测区域和实际区域的交集和并集，绝对值符号代表区域内的像素总数。定义重叠 S 大于某一阈值 T 的帧为成功帧，统计阈值在 $0 \sim 1$ 变化时成功帧数占总帧数的比例并画出曲线图，以曲线下面积 AUC 作为对跟踪器性能的评价。AUC 越高，跟踪算法效果越好。

2. 仿真内容与结果分析

使用 SiamRPN++ 网络结构为基础，主干网络为修改过的 ResNet50，以在 ImageNet 上预训练的权重作为主干网络的初始参数，在训练的前十代，固定主干网络的参数，十代以后微调主干网络。

首先尝试分析各个模块带来的提升效果。结果均在光学遥感数据集上进行测试，以跟踪成功率曲线下面积 AUC 作为评价指标。

从表 12.1 中可以看出，利用主动样本挖掘可以增加训练样本的质量，运动模型对跟踪结果进行约束，前后向跟踪进行跟踪结果验证均可提高整体模型的跟踪效果，最终取得 AUC 为 0.623 的结果。

表 12.1　消融实验结果

主动负样本挖掘	运动模型	前后一致性验证	AUC
×	×	×	0.467
√	×	×	0.545
√	√	×	0.597
√	√	√	0.623

使用深度特征的 ECO 跟踪器、SiamRPN++以及基于 SiamRPN++改进的跟踪器在光学遥感跟踪数据集上进行实验。图 12.10 是跟踪结果的成功率图和精确度图。改进方法成功率图和精确度图的 AUC 分别为 0.623 和 0.983,优于其他两个算法。

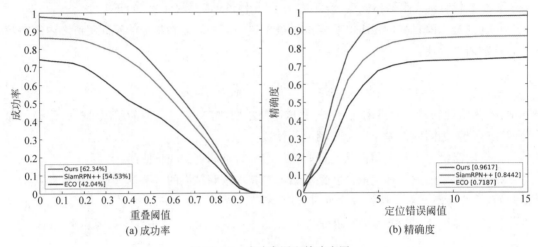

(a) 成功率   (b) 精确度

图 12.10 成功率图和精确度图

ECO 算法需要在跟踪过程中,积累训练样本提高效果,但是目标在初始时就较为模糊,ECO 算法失去对目标的判别力。而随着目标运动,SiamRPN++算法受到干扰目标影响,使跟踪结果开始偏移,最终移动到与目标较为相似的干扰物上。

如图 12.11 和图 12.12 所示,蓝框是 ECO 算法的结果,红框是 SiamRPN++的结果,绿框是我们算法的结果。从图中可以看出,孪生网络相比 ECO 而言,在跟踪过程中,目标框会随着目标进行动态变化,这是因为孪生网络使用了 RPN 的结构,利用网络产生目标框,所以更能适应目标的变化。另外,我们的算法比 SiamRPN++算法对目标的定位更准确。

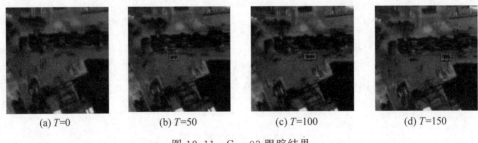

(a) T=0   (b) T=50   (c) T=100   (d) T=150

图 12.11 Car_03 跟踪结果

光学遥感视频目标跟踪的难点是目标相似及遮挡等问题容易让跟踪器失效,构建的运动模型约束能够有效提高跟踪器在光学遥感数据上的抵抗干扰目标的能力,同时前后向验证在拐弯以及复杂情况能够有效甄别跟踪目标。增加的负样本对训练能够提高基础跟踪器的跟踪精度,从而使算法能够处理光学遥感视频的目标跟踪问题。

(a) $T=0$　　　　　　　(b) $T=100$　　　　　　(c) $T=150$　　　　　　(d) $T=200$

图 12.12　Car_08 跟踪结果

12.3　本章小结

本章详细介绍了两种优秀的遥感视频目标跟踪算法。首先介绍了针对无人机跟踪视频中出现的相机剧烈抖动、目标严重遮挡问题而提出的 LZZ-ECO 算法,对比 ECO 算法与其他现阶段最新跟踪算法,LZZ-ECO 算法有效地提高了正确率和精确率。但对于目标长期严重遮挡仍然有待改进,未来计划使用注意力机制来解决这一问题。

接下来介绍的网络有效地弥补了自然影像跟踪算法直接应用到遥感影像中的弊端。具体而言,利用主动负样本挖掘增加训练负样本对,提高网络本身抑制干扰的能力。增加适合遥感影像目标的运动模型约束,避免了相似干扰影响跟踪效果。同时运动估计有效地解决目标遮挡的问题。此外,利用遥感视频背景基本不移动的特性,增加前向反向跟踪验证跟踪结果,进一步提高了算法的鲁棒性。在后续的工作,还可以对网络进行轻量化,并且改进运动模型为动态约束,以提高对拐弯目标的跟踪效果。

参考文献

[1] Krizhevsky A,Sutskever I,Hinton G E. Imagenet classification with deep convolutional neural networks[J]. Advances in Neural Information Processing Systems,2012,25：1097-1105.

[2] Danelljan M,Robinson A,Khan F S,et al. Beyond correlation filters：Learning continuous convolution operators for visual tracking[C]//European Conference on Computer Vision,2016.

[3] Danelljan M,Bhat G,Shahbaz Khan F,et al. Eco：Efficient convolution operators for tracking[C]// IEEE Conference on Computer Vision and Pattern Recognition,2017.

[4] Nam H,Han B. Learning multi-domain convolutional neural networks for visual tracking[C]//IEEE Conference on Computer Vision and Pattern Recognition,2016.

[5] Fan H,Ling H. Sanet：Structure-aware network for visual tracking [C]//IEEE Conference on Computer Vision and Pattern Recognition,2017.

[6] Bertinetto L,Valmadre J,Henriques J F,et al. Fully-convolutional siamese networks for object tracking[C]//European Conference on Computer Vision,2016.

[7]　Li B,Yan J,Wu W,et al. High performance visual tracking with siamese region proposal network ［C］//IEEE Conference on Computer Vision and Pattern Recognition,2018.

[8]　Danelljan M,Bhat G,Khan F S,et al. Atom：Accurate tracking by overlap maximization［C］// Proceedings of the IEEE/CVF Conference on Computer Vision and Pattern Recognition,2019.

[9]　Lowe D G. Distinctive image features from scale-invariant keypoints［J］. International Journal of Computer Vision,2004,60(2)：91-110.

[10]　Schroff F,Kalenichenko D,Philbin J. Facenet：A unified embedding for face recognition and clustering[C]//IEEE Conference on Computer Vision and Pattern Recognition,2015.

[11]　Li B,Yan J,Wu W,et al. High performance visual tracking with siamese region proposal network ［C］//IEEE Conference on Computer Vision and Pattern Recognition,2018.

[12]　Li B,Wu W,Wang Q,et al. Siamrpn++：Evolution of siamese visual tracking with very deep networks[C]//IEEE Conference on Computer Vision and Pattern Recognition,2018.

[13]　He K,Zhang X,Ren S,et al. Deep residual learning for image recognition[C]//IEEE Conference on Computer Vision and Pattern Recognition,2018.

[14]　Zhu Z,Wang Q,Li B,et al. Distractor-aware siamese networks for visual object tracking［C］// Proceedings of the European Conference on Computer Vision,2018.

[15]　Zhang X,Jiao L,Liu X,et al. A Deep Learning Filter for Visual Drone Single Object Tracking[C]// Proceedings of the European Conference on Computer Vision,2020.

第13章

类脑 SAR 影像解译系统

SAR 是一种全天时、全天候工作的高分辨成像雷达,具有穿透云雾对地观测的能力。

雷达的功能已从早期的目标探测("千里眼")演化为目标成像和目标解译。SAR 技术从过去的单极化、单波段、固定入射角、单模式,已迅速发展为高分辨、多极化、多波段、多模式、多平台的成像雷达,同时干涉 SAR、超宽带、多卫星群等技术也在不断涌现。这些大量新型 SAR 数据包含的信息越来越丰富,这些图像数据为目标检测与识别及各种地面活动的监测提供了直接的手段。高分辨 SAR 影像感知与解译所要解决的核心问题就是观得清(目标成像)、辨得明(目标解译),进而满足预警监视、成像侦察、精确打击、地理测绘等重大需求。如何更为有效、全面地分析和利用这些数据集,实现高效的场景解译,从中发现规律,并寻找感兴趣的目标知识是当前 SAR 领域研究的关键问题。

作者团队基于视觉感知、语义分析、深度学习、类脑智能、压缩感知等,建立如图 13.1 所示的 SAR 图像理解与解译系统和图 13.2 所示的 SAR 图像地物分类与变化检测系统,在

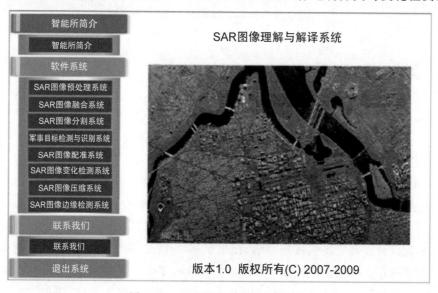

图 13.1　SAR 图像理解与解译系统

SAR 数据采样与重建、SAR 图像地物识别与动态监测、SAR 目标检测与识别上取得了突破。针对 SAR 数据采样与重建问题,构造了基于重采样机制的 SAR 数据获取方法,建立了基于多变量压缩感知的图像重建方法,为解决非整数 Nyquist 采样率和随机观测下的 SAR 数据恢复提供了有效的信号处理理论和方法。针对 SAR 图像地物识别与动态监测问题,提出了 SAR 图像特征提取、语义分类与分割的新方法,为发展 SAR 在水监测、土地利用监测、测绘等的应用提供了技术保障。针对 SAR 目标检测与识别问题,提出了机场、舰船等目标检测与识别的高效方法,推动了 SAR 图像解译、目标检测与识别技术的发展。

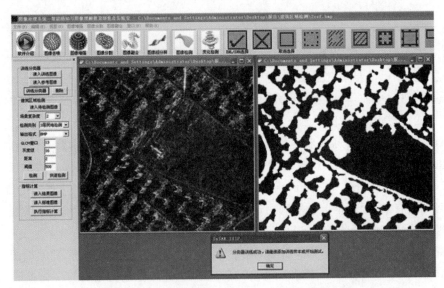

图 13.2　SAR 图像地物分类与变化检测系统

13.1　类脑 SAR 系统

近年来,SAR 已经发展为多极化、多波段的成像雷达,使得 SAR 数据的数量和复杂性在飞快增长。但对于核心算法和专用算法的研究较少,例如核心技术的 DSP、FPGA、VLSI 等的设计与实现,尤其是原理样机的研制,国内外还未见报道。如何和现有雷达系统有效结合,通过应用异构多核数据处理技术,解决现有星载/机载/弹载计算机处理能力不足的问题,并设计适用的硬件支持平台成为雷达影像自动理解与解译实用化的一个关键问题。

针对雷达影像高维、非结构化、目标繁多信息混杂等问题,借鉴人类大脑的信息感知机制和认知机理以及多尺度视觉感知模型,提出了感知-认知-强化为一体的类脑智能计算新理论与新方法。在高分辨雷达影像实时计算方面取得了突破性进展,研制成功国内首套类脑 SAR 系统,完成了雷达从"千里眼"到"雷达脑"的转变,实现了 SAR 成像与解译的一体化,打破了国外的禁运与封锁,取得了不可替代的成果,填补了国内 SAR 智能感知与解译系统与原理样机的空白。

该系统可实现大规模 SAR 影像中桥梁、机场、车辆、飞机、舰船等目标的检测、分类与识别,以及大场景 SAR 影像地物分类、变化检测等功能。对大规模实测数据测试表明:桥梁、飞机、舰船等目标的检测率超过 95%,对 10 类 MSTAR 目标识别率超过 99%;地物自动识别与信息提取精度优于 85%;变化区域监测准确率超过 85%,10000×10000 的 SAR 影像解译时间平均小于 10s。此外,作者团队投入 1000 多万建立了国内第一个 SAR 影像数据库(包含 10 颗卫星和 6 个波段)。

类脑 SAR 系统及原理样机的设计目的是将雷达信号从"千里眼"到"雷达脑"的转变,实现"观得清""辨得明"的功能。该类脑 SAR 系统总体框架设计主要包括 SAR 成像系统、类脑 SAR 解译系统、输出展示系统 3 个子系统,具有回波数据成像、机场检测、桥梁检测、舰船检测、飞机检测、车辆检测与识别等 6 大功能。类脑 SAR 系统及原理样机全景图如图 13.3 所示。该系统的所有子系统的数据选择、任务调度均通过任务选择服务端进行操作。在任务选择服务端可以选择解译任务以及对应解译的数据。

图 13.3　类脑 SAR 系统及原理样机全景图

图 13.4 所示为任务选择服务端的界面。在任务选择界面的顶部列出了类脑 SAR 系统及原理样机处理的多种任务名称。单击对应任务名称后,将会在下方界面展示该任务的数据集。单击主界面左右区域,可以切换需要解译的图像。单击位于中央展示的图像时,该图像将会发送到类脑 SAR 解译系统进行解译,然后将解译结果送到输出展示系统中进行展示。

13.1.1　SAR 成像系统

SAR 采集的数据是以回波的形式进行采集的,并不是能够直接解译的图像数据。因此,为了能"观得清",方便计算机进行影像解译,SAR 成像系统对回波进行分析,产生成像

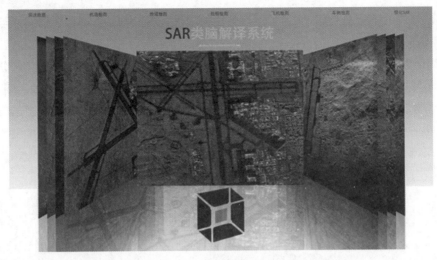

图 13.4   任务选择服务端界面

结果,以供显示以及算法处理。图 13.5 和图 13.6 分别为 SAR 成像系统主界面和系统正在进行成像的过程。

图 13.5   SAR 成像系统主界面

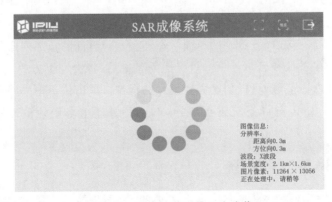

图 13.6   SAR 成像系统正在成像

13.1.2　类脑SAR解译系统

在SAR数据成像以后,就可以使用算法对SAR图像进行解译,实现高分辨SAR影像实时计算与处理。"雷达脑"主要的核心算法均部署在类脑SAR解译系统中,包含机场检测、桥梁检测、舰船检测、飞机检测、车辆检测与识别5大功能。图13.7和图13.8为类脑SAR解译系统正在进行解译和解译结束以后处理时长显示。

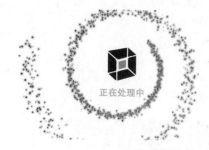

图13.7　类脑SAR解译系统正在进行解译　　　　图13.8　类脑SAR解译系统解译结束

13.1.3　输出展示系统

类脑SAR解译系统将解译结果处理完毕以后,会发送到输出展示系统当中。输出展示系统主要负责将解译输出进行展示。该系统具有整图预览查看、目标概览展示、信息统计等功能。图13.9所示为输出展示系统的主界面,包含数据展示区域、信息展示区域、目标概览区域。

图13.9　输出展示系统的主界面

类脑SAR系统及原理样机针对SAR图像的回波数据成像、机场检测、桥梁检测、舰船检测、飞机检测和车辆检测与识别 6 个核心解译任务进行解译,解译后的结果交由输出展示系统完成可视化工作,系统整体功能结构如图 13.10 所示。

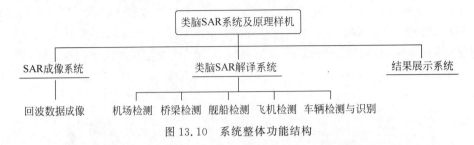

图 13.10　系统整体功能结构

（1）回波数据成像功能,需在任务选择服务端界面,选择"回波数据",启动功能。当启动功能以后,SAR 成像系统将对回波数据进行成像。图 13.11 为成像的结果。

图 13.11　SAR 成像结果

（2）当选择"机场检测"任务后,SAR 解译系统会对当前选择的 SAR 图像进行机场检测。如图 13.12 所示,检测得到的机场会通过蓝色线进行表示。

图 13.12　机场检测结果

（3）当选择"桥梁检测"任务后，SAR 解译系统会对当前选择的 SAR 图像进行桥梁检测。如图 13.13 所示，检测得到的桥梁会通过矩形框进行表示，检测到的目标会在目标概览区域进行放大展示。

图 13.13 桥梁检测结果

（4）当选择"舰船检测"任务后，SAR 解译系统会对当前选择的 SAR 图像进行舰船检测。如图 13.14 所示，检测得到的舰船会通过矩形框进行表示，检测到的目标会在目标概览区域进行放大展示。

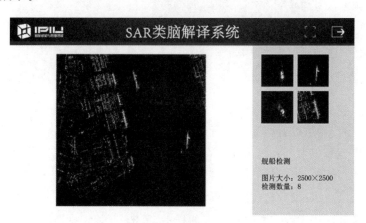

图 13.14 舰船检测结果

（5）当选择"飞机检测"任务后，SAR 解译系统会对当前选择的 SAR 图像进行飞机检测。如图 13.15 所示，检测得到的飞机会通过矩形框进行表示，检测到的目标会在目标概览区域进行放大展示。

（6）当选择"车辆检测"任务后，SAR 解译系统会对当前选择的 SAR 图像进行车辆检测。如图 13.16 所示，检测得到的车辆会通过矩形框进行表示，检测到的目标会在目标概览区域进行放大展示。

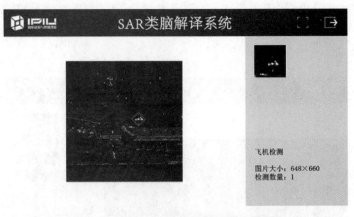

图 13.15　飞机检测结果

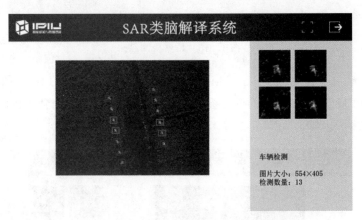

图 13.16　车辆检测结果

　　检测完成以后,就可以将检测的目标进行截取,对目标型号进行学习识别。图 13.17 所示为解译系统中型号识别子系统界面。在界面上方,选择训练样本占总训练样本数量的百分比,然后单击"训练"按钮,开始训练,等待训练结束。

　　当训练结束以后,可以用该识别模型对测试样本进行识别。如图 13.18 所示,在界面左下角可以选择测试数据库内需要进行测试的样本,单击"开始识别"按钮进行识别,并得到识别结果。

　　界面的右下方数据流识别则是能接收类脑 SAR 解译系统的识别任务,对整张大图中检测出的目标进行型号识别,并且展示对应型号车辆在自然场景中的样式,便于对识别出的目标型号产生直观的了解。

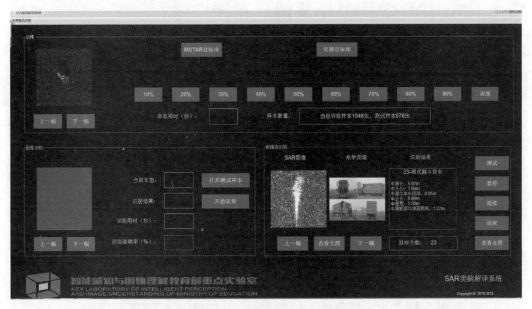

图 13.17　型号识别子系统界面

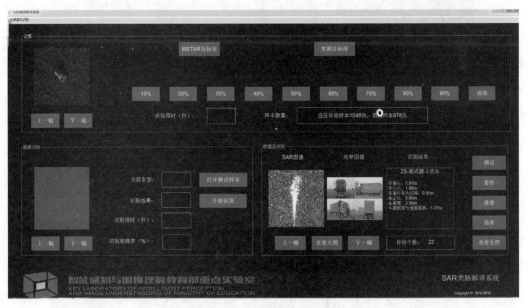

图 13.18　车型识别输出展示

13.2 PolSAR 数据处理及解译系统

相比于单极化 SAR,PolSAR 一方面通过分析得到的全散射矩阵来推测地物目标的几何结构等细节特性以及地物目标的介电常数信息,另一方面通过选择合适的极化合成方式可以突出地物目标的分布区域和地物层次的变化。地物分类和变化检测是 PolSAR 图像理解与解译的一个重要任务之一,对于地质勘探、植被海洋监测与预警起到了至关重要的作用。

针对当前极化 SAR 数据处理只关注极化散射特性,而没有考虑人类视觉感知特性的问题,作者团队利用视觉先验,将压缩感知理论和视觉注意理论相结合,提出了高分辨极化 SAR 图像的稀疏模型与自适应学习字典构造方法,建立了极化 SAR 图像地物分类和变化检测。受大脑感知、学习表示与决策融合过程的启发,针对 PolSAR 不同模态的数据,构造了多模块的深层神经网络感知不同模态下的特征表示,提高了极化 SAR 图像的分类效果。图 13.19 所示为 2008 年 4 月在荷兰 Flevoland 省 Netherlands 地区基于 RADARSAT-2 C-Band 模式拍摄的图像,主要包含 4 类地物:森林、农田、水域和城区,分类正确率为 98.3%。

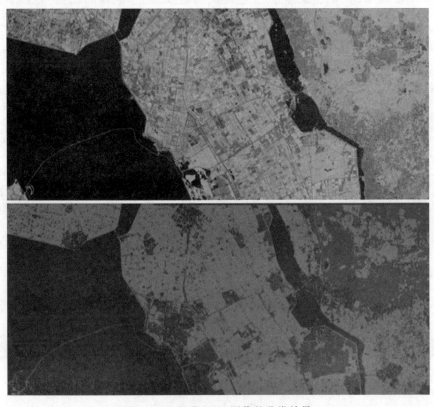

图 13.19 极化 SAR 图像的分类效果

13.3 InSAR 数据处理及解译系统

干涉 SAR(InSAR)获取高精度地形图的问题就是干涉 SAR 的图像质量差。由于受阴影、顶底倒置、遮挡等因素的影响,即使在噪声抑制之后,SAR 干涉图像的信噪比仍比较低,给相位展开带来了很大的困难。因此必须寻求提高干涉 SAR 图像质量的新技术。在单一基线干涉 SAR 中,由于信源较少,配准精度、相位展开精度等很难取得提高。近几年来,多基线干涉 SAR 技术备受关注,它通过综合多基线获取的多元干涉信息获得高精度的地形高程。因此利用多基线干涉 SAR 数据处理提高干涉 SAR 的测高精度成为未来干涉 SAR 数据处理的研究重点。在此基础上可以利用类似光学图像超分辨复原问题的线性病态模型,通过引入关于成像场景的先验信息,利用稀疏信号处理的方法来改善单基线干涉 SAR 数据质量。上述通过数据处理方法改善干涉 SAR 测量精度的方式,由于硬件成本低、可行性好,因此对于干涉 SAR 的应用具有很大的现实意义。

作者团队基于稀疏表示理论,研究参数化模型的干涉 SAR 的超分辨理论和方法,利用稀疏学习方法提高干涉数据质量,在相位解缠的精确性、完整性和一致性要求的核心技术难题上取得突破,实现目标的高精度雷达干涉 DEM 重建。研制的 InSRA 处理系统如图 13.20 所示。此系统研究了基于干涉相干性的地物分类、基于高程信息的地物检测及分类、结合高程信息及纹理信息的地形解析/分类等,部分结果如图 13.21 和图 13.22 所示。

图 13.20 InSAR 处理系统

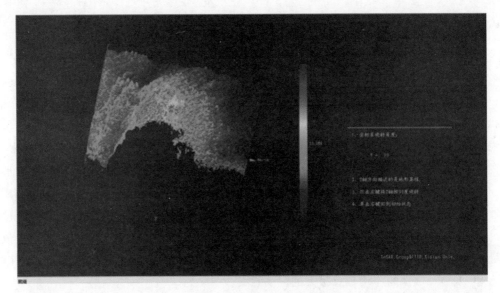

图 13.21　DEM 重建结果

图 13.22　DEM 重建图的纹理渲染结果

13.4　硬件设备设计与实现

13.4.1　ADSP-TS201 处理器

随着雷达技术的发展,大带宽高分辨力、多种信号处理方式的采用,实时信号处理对数据的处理速度大大提高。同时在雷达信号处理中运算量大,数据吞吐量急剧上升,对数据处理的要求不断提高。随着大规模集成电路技术的发展,作为数字信号处理的核心数字信号处理器(DSP)得到了快速的发展和应用。

ADSP-TS201 DSP 是美国模拟器件 ADD 公司继 TS101 之后推出的一款高性能处理器。此系列 DSP 性价比很高,兼有 FPGA 和 ASIC 信号处理性能和指令集处理器的高度可编程性,适用于大存储量、高性能、高速度的信号处理和图像处理,如雷达信号处理、无线基站、图像音频处理等。ADSP-TS201 采用超级哈佛结构,静态超标量操作适合多处理器模式运算,可直接构成分布式并行系统和共享存储式系统。其最高工作主频可达 600MHz,指令周期为 1.67ns,支持单指令多数据(SIMD)操作;支持 IEEE 32 位、40 位浮点数据格式和 8 位、16 位、32 位和 64 位定点数据格式;4 条 128 位的数据总线与 6 个 4Mb 的内部 RAM 相连;32 位的地址总线提供 4GB 的统一寻址空间,对与多片处理器的无缝互连提供片上仲裁。

如图 13.23 所展示的就是作者团队研发的基于 ADSP-TS201 的 SAR 图像并行处理系统。图 13.24 展示的是基于深度学习的在轨 SAR 影像变化检测效果图。

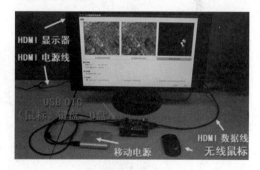

图 13.23　基于 ADSP-TS201 的 SAR 图像并行处理系统

图 13.24　基于深度学习的在轨 SAR 影像变化检测效果图

13.4.2　DE5-Net FPGA 芯片

英特尔 Stratix V GX FPGA 芯片是基于现有的英特尔 Stratix V FPGA 系列框架以及英特尔先进的嵌入式多芯片互联桥接(EMIB)技术。Stratix V FPGA 具有四个硬核 PCIe

Gen3 x8 知识产权(IP)模块。PCIe Gen3 IP 模块支持 x1、x2、x4 和 x8 通路配置,每个通路传送速率高达 8Gb/s,与前一版本的 Gen2 x8 相比,使用 Gen3 x8 通路,吞吐量提高了两倍。与相应的软核实施方案相比,Stratix V FPGA 中的 PCIe IP 硬核模块节省了 100000 多个逻辑单元。硬核 PCIe Gen3 IP 模块将 PCIe 协议堆栈嵌入到 FPGA 中,包括了收发器模块、物理层、数据链路层和会话层。Stratix V FPGA 的 PCIe Gen3 IP 面向 PCIe 基本规范 Rev 3.0、2. x 和 1. x。其利用 EMIB 技术融合了两个高密度核心逻辑芯片(每个芯片容量为 510 万个逻辑单元)以及相应的 I/O 单元。英特尔 EMIB 技术只是多项 IC 工艺技术、制造和封装创新中的一项,正是这些创新的存在,让英特尔得以设计、制造并交付目前世界上密度最高(代表计算能力)的 FPGA。

如图 13.25 所展示的就是作者团队使用的 DE5-Net FPGA 芯片,团队对其进行优化设计,并成功研制了多层 DCNN 的雷达图像目标识别技术,如图 13.26 和图 13.27 所示,在高分辨雷达影像实时计算方面取得了突破性进展。基于此,团队研制成功 13.2 节所述的类脑 SAR 解译系统及原理样机,如图 13.28 所示,实现了雷达从"千里眼"到"雷达脑"的转变。

图 13.25 DE5-Net (Intel Stratix V GX FPGA)

图 13.26 MSTAR 实测目标的检测与识别结果

图 13.27　桥梁检测结果(该实验数据采用美国桑迪亚国家实验室(Sandia)的机载 SAR 数据,分辨率为 1m,Ku 波段)

图 13.28　类脑 SAR 解译系统的原理样机

13.4.3　VPX-GPU 系统

随着芯片技术的发展,采用 GPU 的系统也趋于小型化、可移动性,而 SAR 影像解译所需的大计算量,以及飞机、舰船等移动环境的需要,使得核心算法和专用算法的 GPU 方案设计也逐渐成为一个重要的分支。团队研发了如图 13.29 所示的面向 SAR 图像解译系统的深度学习 VPX-GPU 系统,该系统是深度学习处理机的 VPX 架构实现方案,采用

图 13.29　深度学习 VPX-GPU SAR 图像解译系统

NVIDIA Tesla M6 GPU 加速器,包含一片系统处理板和两片 GPU 加速处理板,实现了各种深度学习平台(如 Caffe、TensorFlow、MXnet、Keras 等)的无缝移植。该系统采用稳固的VPX 连接器方案,适用于飞机、舰船等非静止状态的环境。

13.5 本章小结

类脑雷达解译系统实现了高分辨 SAR 影像实时计算方面突破性进展。从硬件上搭建了原理样机,并配套相应的子系统完成了回波数据成像、机场检测、桥梁检测、舰船检测、飞机检测和车辆检测与识别等 6 个核心解译任务。本系统实现了雷达从"千里眼"到"雷达脑"的转变,填补了国内雷达图像智能感知与解译原理样机的空白。团队研制的系统已成功应用于我国多家单位的机载和星载雷达影像处理中,产生了显著的经济效益和社会效益。

参考文献

［1］ Dong J,Yao Z J,Zhu M F,et al. ChemSAR:an online pipelining platform for molecular SAR modeling[J]. Journal of Cheminformatics,2017,9(1):1-13.

［2］ Liu Y,Xing M,Sun G,et al. Echo model analyses and imaging algorithm for high-resolution SAR on high-speed platform［J］. IEEE Transactions on Geoscience and Remote Sensing,2011,50(3):933-950.

［3］ Dai K,Liu G,Li Z,et al. Extracting vertical displacement rates in Shanghai(China)with multi-platform SAR images[J]. Remote Sensing,2015,7(8):9542-9562.

［4］ Diebold A V,Imani M F,Smith D R. Phaseless radar coincidence imaging with a MIMO SAR platform[J]. Remote Sensing,2019,11(5):533.

［5］ Davidson G W,Cumming I. Signal properties of spaceborne squint-mode SAR[J]. IEEE Transactions on Geoscience and Remote Sensing,1997,35(3):611-617.

［6］ Gens R,VAN GENDEREN J L. Review Article SAR interferometry—issues,techniques,applications ［J］. International Journal of Remote Sensing,1996,17(10):1803-1835.

［7］ Tomiyasu K. Tutorial review of synthetic-aperture radar(SAR)with applications to imaging of the ocean surface[J]. Proceedings of the IEEE,1978,66(5):563-583.

［8］ Monserrat O,Crosetto M,Luzi G. A review of ground-based SAR interferometry for deformation measurement[J]. ISPRS Journal of Photogrammetry and Remote Sensing,2014,93:40-48.

［9］ McNairn H,Brisco B. The application of C-band polarimetric SAR for agriculture:A review［J］. Canadian Journal of Remote Sensing,2004,30(3):525-542.

［10］ Schmullius C C,Evans D L. Review article Synthetic aperture radar(SAR)frequency and polarization requirements for applications in ecology,geology,hydrology,and oceanography:A tabular status quo after SIR-C/X-SAR[J]. International Journal of Remote Sensing,1997,18(13):2713-2722.

第 14 章

遥感大数据智能解译平台

基于类脑 SAR 图像解译系统,作者团队继续搭建遥感大数据智能解译平台。该总体框架设计以基础软件平台和信息安全为依托,以地理空间信息和业务信息为基础,以丰富的信息化终端展示、应用为手段,应用平台的体系构架主要包括基础设施层、数据资源层、平台服务层、网络通信层和数据可视化层,如图 14.1 所示。搭建以遥感解译为核心的服务平台,通过现有的遥感影像数据和用户上传的遥感影像数据,最终形成遥感大数据智能解译平台的数据资源中心和对外服务模式。

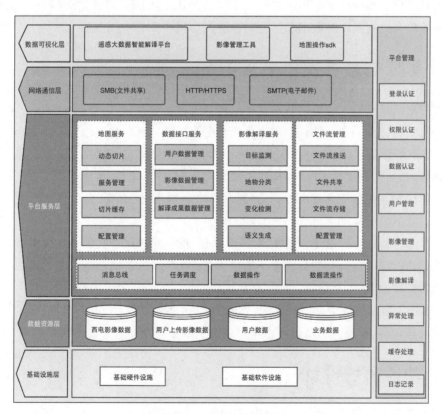

图 14.1　总体架构图

14.1　总体结构设计

（1）基础设施层。平台建设和运行的基础硬件环境包括网络应用与安全设备、服务器设备、存储备份设备等，以及操作系统软件、数据库平台软件、备份软件、杀毒软件等一系列基础软件。

（2）数据资源层。数据体系是系统运行的核心与灵魂，数据通过运用才能产生价值。本项目对团队已有的影像数据进行收集、整理及入库。所有内容为上层应用建设提供有效支撑。

（3）平台服务层。平台服务层主要由地图服务、数据接口服务、影像解译服务、文件流管理等构成。服务层构成了整个平台的公用平台部分，是整个系统的核心和基础。

（4）网络通信层。此层用到的协议有 SMB、HTTP/HTTPS、SMTP，SMB 协议用于文件传输及共享，HTTP/HTTPS 协议用于发送网络请求，SMTP 协议用于发送电子邮件。

（5）数据可视化层的模块主要为内部用户和互联网用户提供技术、信息查询以及应用等服务。

在系统建设过程中，充分考虑各层次的安全措施和安全技术手段，通过软硬件技术和安全管理手段以保证系统在安全稳定的环境中运行。通过机房管理、内外网隔离、数据加密、权限控制等安全机制实现对数据和信息的合法化访问。

14.2　影像信息可视化平台体系

在已提出的遥感解译的算法基础之上以计算机网络为基础，以数据库为核心，建立一个准确、高效、快速、全面、规范的影像信息可视化平台。该体系包含三个主要功能。

（1）遥感解译服务，包括地物分类、目标检测、变化检测、语义生成，构建完成基于海量多源遥感影像、原创深度学习算法，构建了集基础算力、样本训练、影像解译、数据管理、行业应用于一体的智慧遥感综合解决方案，为客户带来高精准、快响应、自动化的专业影像智能解译服务。

（2）影像动态切片服务，浏览器端对任意地理范围的数据访问，都转化为对按照确定规则生成的切片的访问。每个切片的大小通常为 256×256（像素单位），一张铺满浏览器屏幕范围的大图像转换为 N 个切片。对所有切片并发访问，服务器响应速度大大提升。

（3）遥感大数据智能解译可视化系统，依托空间遥感技术，采用人工智能技术，用户无须安装软硬件环境，通过浏览器即可为用户提供从数据管理到可视化全流程解决方案。

14.3　功能模块设计

遥感大数据智能解译平台分为遥感大数据智能解译平台可视化系统、遥感数据管理工具、遥感影像动态切片服务和遥感影像解译服务。遥感大数据智能解译平台可视化系统主要实现用户数据上传及影像解译等功能,数据管理工具实现对已有影像数据导入遥感大数据智能解译平台及内部用户数据管理等功能,遥感影像动态切片服务主要实现对遥感影像实时动态切片,遥感影像解译服务主要实现对遥感影像的地物分类、目标检测、变化检测、语义生成任务进行解译,解译后结果交由可视化系统来完成可视化工作,结构如图 14.2 所示。

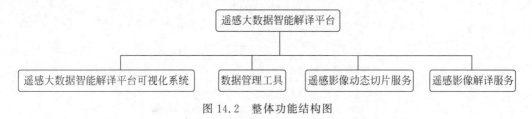

图 14.2　整体功能结构图

14.3.1　遥感大数据智能解译平台可视化系统

遥感大数据智能解译平台可视化系统主要实现用户数据上传及影像解译等功能,可视化系统包括用户信息、二三维一体化、影像数据、影像解译、账户信息等功能模块,结构如图 14.3 所示。

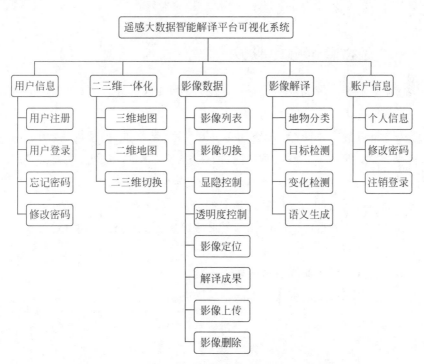

图 14.3　遥感大数据智能解译平台可视化系统结构图

14.3.2　遥感数据管理工具

数据管理工具实现对已有影像数据导入遥感大数据智能解译平台及内部用户数据管理等功能。数据管理工具有用户管理、影像管理及日志管理三个模块的功能,如图 14.4 所示。

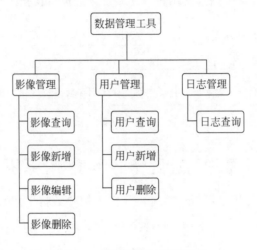

图 14.4　数据管理工具结构图

14.3.3　遥感影像解译服务

遥感影像解译服务主要实现对遥感影像的地物分类、目标检测、变化检测、语义生成任务进行解译,如图 14.5 所示。

(1) 地物分类包括棒球场、篮球场、桥梁、集装箱、起重机、田径场、机场、港口、直升机、大车、飞机、船、小车、足球场、油罐、游泳池、网球场、交叉路口、操场、立交桥、农田、海滩、建筑区、森林、高速公路、高尔夫球场、停车场、河流、跑道、居民区、灌木丛、商业区、工业区、草地、山区、火车站、沙漠、公园、足球场、池塘等的分类。

(2) 目标检测包括城市提取、道路提取、水域提取、飞机检测、舰船检测、车辆检测、机场检测。

(3) 变化检测适应各种地物类型的变化检测。

(4) 语义生成是指从遥感影像产生语义(自然语言)。

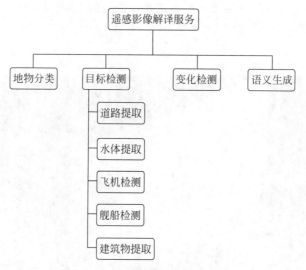

图 14.5 遥感影像解译服务结构图

14.4 遥感大数据智能解译平台

14.4.1 具体功能展示

（1）基础底图的切换。在底图切换窗口中选择要切换的底图，即可完成三维及二维的基础底图切换。

（2）在搜索输入框中输入要查询的地点名称，单击"查询"按钮，即可查询出地址信息，单击地址信息列表中一项，地图可定位至该地点，如图 14.6 所示。

图 14.6 地点搜索页面

（3）选择距离测量按钮，在地图上单击选择要测量的地点，双击完成测量点的选择。

（4）选择面积测量按钮，如图 14.7 所示，在地图上单击选择要测量的地点，双击完成测量点的选择。

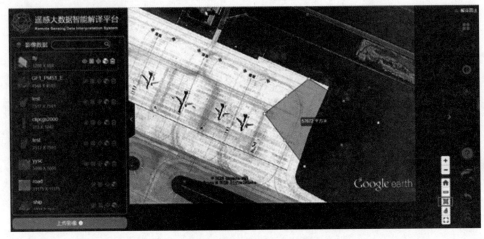

图 14.7　面积测量页面

（5）单击"清除测量"按钮，即可清除地图上所有的测量信息。

（6）单击返回三维按钮，地图由二维视图转换到三维视图中，如图 14.8 所示。

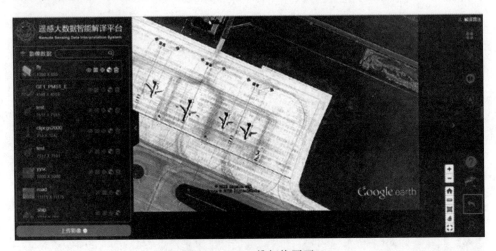

图 14.8　二三维切换页面

（7）影像数据模块可以通过模糊查询获取相关影像数据列表。通过输入影响名称、地市名称，输出影像数据查询结果列表，如图 14.9 所示。

（8）单击选择影像列表中影像可切换地图上影像的显示，如图 14.10 所示。

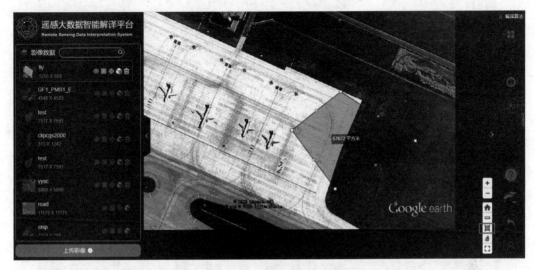

图 14.9　影像列表页面

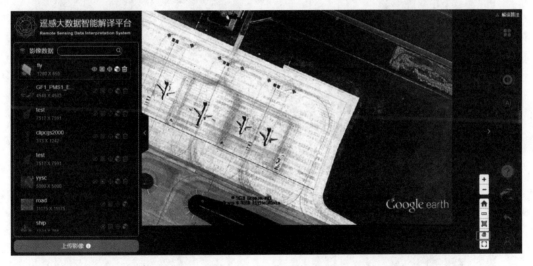

图 14.10　影像切换页面

（9）影像显隐控制可以控制选择的影像数据在地图上是否显示，如图 14.11 所示。

（10）影像透明度控制可以控制选择的影像数据在地图上显示的透明度。

（11）影像定位可以设置地图缩放至选择的影像数据范围，如图 14.12 所示。

（12）用户选择要上传的影像，将用户选择的数据上传至数据服务器中同时同步到遥感解译服务器中，如图 14.13 所示。

（13）选择相应的解译算法后，可进行解译参数的设置，默认为全图范围，可通过选择绘制功能自定义设置解译范围，如图 14.14 所示。

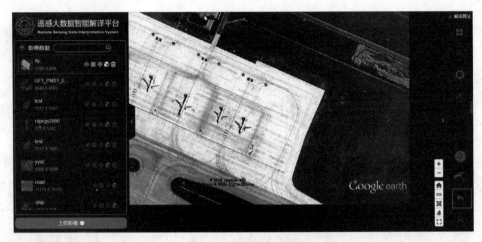

图 14.11 影像显隐控制页面

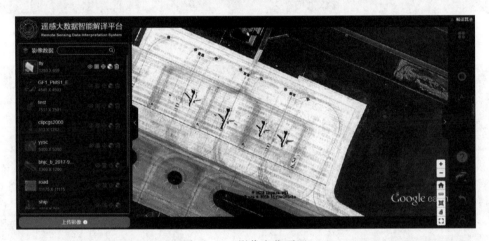

图 14.12 影像定位页面

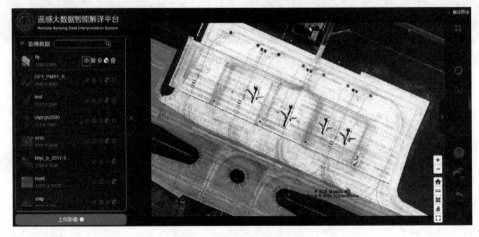

图 14.13 影像上传页面

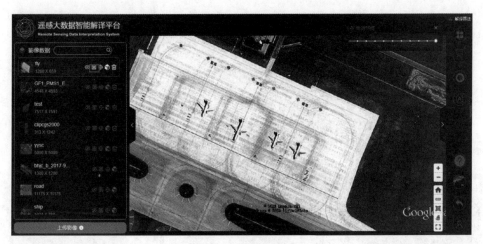

图 14.14　区域选择页面

（14）解译成果如图 14.15 所示。

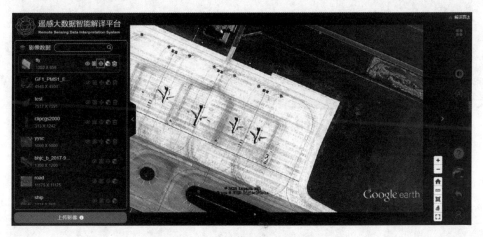

图 14.15　影像解译成果页面

该平台的解译优点如下。

① 切图合图预测：遥感影像多为大尺度图像，预测时无法一次性送入模型中，目前的主流方法即是切图合图预测，并对小图的边缘进行拼接优化。

② 多卡并行任务：解译服务器使用的拥有 4 块英伟达 GTX1080 显卡加速的集群服务器，目前每个任务都已适配多张显卡的并行预测，以更快处理复杂任务。

③ 队列和容错：解译服务器使用队列安排各个用户提交的任务，以优化显存资源分配。对于用户的错误操作以及其他不可抗拒原因导致的系统错误，解译系统也有完备的交互和容错逻辑，以使得解译服务正常运行。

④ 操作优化：解译服务器对于不同的影像类型（如全色、SAR），安排了不同的可用任

务。对解译范围和大小进行了规定,用户可选择自定义解译范围以及给定的预设范围(行政区划)进行部分解译。解译结果也以文字描述显示在数据展示框。

14.4.2 遥感影像解译任务示例

(1) 在影像分析成果中选择地物分类,即可查看该影像的地物分类结果信息。

(2) 在影像分析成果中选择目标检测,即可查看该影像的目标检测结果信息,如图 14.16 所示。

图 14.16 目标检测页面

(3) 在影像分析成果中选择变化检测,即可查看该影像的变化检测结果信息,如图 14.17 所示。

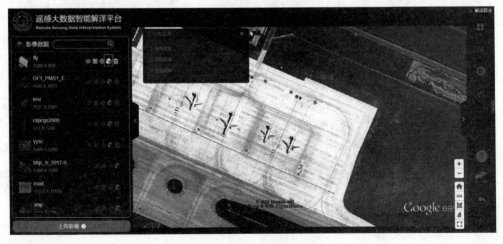

图 14.17 变化检测页面

（4）查看选择的影像的解译成果时，该影像的语义生成结果会现在在页面的右下角，如图 14.18 所示。

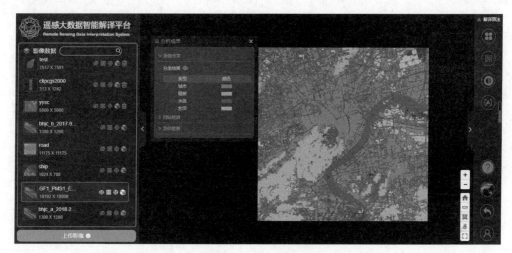

图 14.18 语义生成页面

（5）用户自己上传的数据，可以将解译后的结果下载至用户本地。

14.5 本章小结

遥感大数据解译平台进一步实现了遥感数据实时计算方面突破性进展。该平台依托西电人工智能研究院、智能感知与图像理解教育部重点实验室、遥感智能大数据解译中心等机构，基于深度学习和优化算法的遥感影像处理的多年技术耕耘，为推广研究成果向产业转化而搭建。该平台基于网页端，用户可以上传遥感影像及配置文件进行在线解译。目前，该平台的解译包括图像分割，目标检测，变化检测、语义生成等四大类，包含地物分割、水域检测、飞机检测、舰船检测、桥梁检测等多项任务。

作者团队研发的遥感大数据解译平台应用广泛，真正将算法落地到实时系统中，推动了算法的落地时效性，将会为土地利用、灾害评估、地理测绘、环境监测等多种应用提供技术保障。

参考文献

[1] Bhardwaj A, Sam L, Martín-Torres F J, et al. UAVs as remote sensing platform in glaciology: Present applications and future prospects[J]. Remote Sensing of Environment, 2016, 175: 196-204.

[2] Sheng H, Chao H, Coopmans C, et al. Low-cost UAV-based thermal infrared remote sensing: Platform, calibration and applications[C]//Proceedings of 2010 IEEE/ASME International Conference

on Mechatronic and Embedded Systems and Applications,2010.

［3］ Jensen A M,Chen Y Q,McKee M,et al. AggieAir—a low-cost autonomous multispectral remote sensing platform：New developments and applications［C］//IEEE International Geoscience and Remote Sensing Symposium,2009.

［4］ Jensen A M,Neilson B T,McKee M,et al. Thermal remote sensing with an autonomous unmanned aerial remote sensing platform for surface stream temperatures［C］//IEEE International Geoscience and Remote Sensing Symposium,2012.

［5］ Liu J,Zhao C,Yang G,et al. Review of field-based phenotyping by unmanned aerial vehicle remote sensing platform［J］. Transactions of the Chinese Society of Agricultural Engineering,2016,32(24)：98-106.

［6］ Zhu L,Suomalainen J,Liu J,et al. A review：Remote sensing sensors［J］. Multi-Purposeful Application of Geospatial Data,2018：19-42.

［7］ Xue J,Su B. Significant remote sensing vegetation indices：A review of developments and applications［J］. Journal of Sensors,2017.

第 15 章

公 开 问 题

　　遥感是从空间获取地球信息的技术,是地球大数据的主要来源之一。通过遥感所获得和形成的遥感大数据具有海量性、宏观性、客观性、现势性、全面性和准确性的特点。遥感是人们了解和把握地球资源和环境的态势,是解决人类面临的资源紧缺、环境恶化、人口剧增、灾害频发等一系列严峻挑战的重要信息手段,可用于资源、环境、土地、农业、林业、水利、城市、海洋等领域,特别是对自然灾害的调查、监测和管理,实现对环境和灾害的预测、预报和预警,对支持经济和社会的可持续发展具有重大作用。

　　在此大环境下,需要面对的关键科学问题是如何面向开放、动态、异构、非预设的实际复杂环境,在资源受限和多任务等条件下,发展具有突破性的智能网络理论与技术。作者团队认为应当从知识-任务驱动的深度智能体网络环境感知理论与学习(感知);混合增强智能下的深度智能体网络的情景认知理论与计算(认知);环境交互的进化深度智能体网络理论与学习算法(学习)等三方面进行研究和探索。

　　当今,人工智能面对诸多挑战:如何在没有人类教师的帮助下学习;如何在没有数据的情况下学习;如何像人类一样感知和理解世界;如何具有自我意识、情感以及反思自身处境与行为的能力;如何应对人工智能所带来的深刻的社会问题等。应当充分利用人工智能具有的鲁棒性、可解释性、迁移性、能效比、自适应性等特性,建立科学的研究思路:与脑科学结合寻找新的模型;知识驱动与数据驱动相结合的范式;常识与常识推理,不确定性处理。通过借鉴脑科学的生物机理,分析和模拟人脑认知过程的微观、介观、宏观特性,构建新原理、新结构、新方法,突破算力、核心算法、数据上的瓶颈,解决资源限制、阐释难题、认知缺陷、学习瓶颈等存在的理论与技术问题,并落地硬件平台,完成数据、模型、知识共同驱动人工智能的全方位发展。

　　下面分别从任务、数据和框架三方面简要分析遥感脑的未来发展趋势。

15.1　遥感任务的新挑战

1. 遥感影像配准

遥感影像配准任务是将不同的数据集转换为一个坐标系的过程,是图像融合、变化检测、图像镶嵌等应用中不可缺少的重要程序。主要目的是将两个图像进行几何对齐。尽管开发了许多用于图像配准的技术,但由于其图像计算量大的特性,仅少数被证明可用于遥感影像的配准。不同性质遥感影像配准的问题和关于配准速度的问题依旧是目前遥感影像存在的两大问题。

(1) 不同性质遥感影像配准的问题。对不同类型传感器获取的图像进行配准时,由于噪声性质差异和成像机理不同,像元表现形式不同,使得图像之间灰度分布差异较大,直接使用 SIFT 方法进行配准的精度很低,甚至会匹配失败。针对多源遥感图配准,目前仍没有统一的框架,尚未形成很成熟的方法及处理流程,仍需进一步深入研究。

(2) 关于配准速度的问题。许多实际应用对遥感影像配准速度有较高要求。经典的 SIFT 方法在特征提取和匹配过程中普遍耗时较多,不能满足有实时性或应急需求的配准任务的要求。随着遥感影像的空间分辨率和光谱分辨率越来越高,数据量增多,数据处理时间也会越来越长。因此,如何在保证配准精度的前提下提高配准效率是一个亟须解决的问题。

2. 遥感影像语义分割

就遥感影像分割技术而言,深度网络在语义级的图像分割上取得了很多卓有成效的结果,但仍然有很多问题尚待突破。

(1) 当前对三维数据的处理的方法并不多,但将来必然会出现由二维向三维的转换。

(2) 在很多应用场景下,准确率是重要的,但是,能够处理达到常见的摄像机帧率(至少25fps)的输入速度很关键的。目前多数的方法远远达不到这个帧率。

(3) 虽然 FCN 是语义分割领域中的一种基石的方法,但是 FCN 网络缺乏对于上下文等特征的建模,而这些信息有可能会提高准确率。多尺度及特征融合方法也取得了较大的进展。总之,这些方法已经取得了不小的进步,但是仍然有许多问题亟待解决。

(4) 某些平台受限于其存储空间。分割网络一般需要较大的存储空间,从而可以同时进行推理与训练。为了适应各种设备,网络必须要简单。虽然这可以通过降低复杂性(一般会牺牲准确率)简单地实现,但是还是可以采取另外的办法。

3. 遥感影像分类

对于复杂的遥感影像分类,传统的神经网络训练方法已经不能满足需求,使用深度神经网络为提高遥感影像分类精度开辟了一片新天地。通过将少量含有标记信息的图像作为训练集,利用精巧的深度神经网络模型大量训练,从而构建图像的数字化字典,最终对大量未标记的遥感影像进行分类。

(1) 对于包含海量信息的遥感影像,如何充分挖掘信息以更贴合遥感影像分类要求成了研究的重点。遥感影像涵盖的纹理特征、光谱特征和空间特征都可以单独作为图像分类的依据,然而图像的这些特征信息在图像分类时尚未充分利用。

(2) 对提取的这几类特征进行多角度充分利用,并将其共同作为分类依据,结合深度神经网络的训练模型,来提高遥感影像的分类精度,成了该领域目前的研究热点。

4. 遥感目标检测

对于遥感目标检测任务,有以下几个需要思考的问题,也是我们在后续研究中需要不断探索的方向。

(1)有向目标检测、旋转不变目标检测、卷积对于旋转和尺度不鲁棒,可以考虑改正卷积结构。

(2)多尺度目标检测、密集目标检测。

(3)可以适当引入注意力,利用它进一步解决遮挡、光照等问题。

(4)进一步改进训练方法(弱监督),除了原始的成型的训练方法,继续探索。

5. 遥感视频跟踪

关于遥感视频跟踪目前并没有较多的相关研究出现,相关算法还不够成熟,所以,遥感视频跟踪或许是一个有待研究的方向。不管是将自然场景跟踪算法迁移到遥感数据上,还是针对遥感数据特性发展的跟踪算法,都可以成为研究方向。

(1)目前跟踪算法不能有效处理完全遮挡问题,跟踪算子只能学习当前目标当前状态下的模样,不具备人脑的推理能力,这也是目前人工智能算法所欠缺的。

(2)为了提高对运动目标表观描述的准确度与可信性,现有的检测与跟踪算法通常对时域、空域、频域等不同特征信息进行融合,综合利用各种冗余、互补信息提升算法的精确性与鲁棒性。然而,目前大多算法还只是对单一时间、单一空间的多尺度信息进行融合,研究者可以考虑从时间、推理等不同纬度,对特征、决策等不同层级的多源互补信息进行融合,提升跟踪的准确性。

15.2 遥感数据的新特性

遥感数据的未来趋势及面临的问题:数据呈现海量增长的趋势、多类型传感器、智能终端、社交网站等多源异构数据。多源异构数据能够能从不同的方面提供目标图像特征和信息。遥感数据样本具有以下新特点。

(1)分辨率更高(海量数据)、噪点减少、出现遮挡、阴影。

(2)新数据源(多类型传感器、智能终端、社交网站等多源异构数据融合进行遥感影像分类处理融合)。

(3)慢速-快速运动。

(4)遥感影像畸变矫正解译。

1. 数据融合

遥感影像数据融合是一个对多遥感器的图像数据和其他信息的处理过程,它着重于把那些在空间或时间上冗余或互补的多源数据,按一定的规则(或算法)进行运算处理,获得比任何单一数据更精确、更丰富的信息,生成一幅具有新的空间、波谱、时间特征的合成图像。然而,遥感数据融合的发展还远未成熟,目前仍然是国内外的研究热点,具有前瞻性方向。

现有的遥感数据融合可分为三种层级的融合:基于像元的图像融合、基于特征的图像融合以及基于决策层的图像融合。

(1) 时空谱一体化融合的拓展。随着具有不同时、空、谱特征卫星资源的增加,时空谱一体化融合将具有更加重要的应用前景。目前时空谱一体化融合主要在理论框架的构建上取得了突破,但在一些技术细节如时空谱关联模型、影像自适应加权、优化求解等方面仍需进一步研究和发展。此外,现有模型主要侧重于光学扫描传感器数据的处理,而对视频卫星、凝视卫星等新型传感器数据以及雷达、红外异质数据的一体化处理能力还有待提升。

(2) 空天地观测数据的跨尺度融合。航天、航空、地基观测具有天然的互补优势,空天地耦合观测是对地观测技术的热点与前沿。然而,空天地传感器设计与观测机制迥异,获取的点线面数据在观测尺度上差异巨大,对它们进行融合存在较大的不确定性。如何顾及空天地观测数据的空间代表性差异,挖掘它们之间的相关性与映射关系,并实现跨尺度的数据融合,是一个重要的发展趋势。

(3) 多源异质数据融合。多类型传感器、智能终端、社交网站等多源异构数据融合进行遥感影像分类处理。多源异构数据能够能从不同的方面提供目标图像特征和信息。不同特征和信息的融合,既保留了参与融合的多特征的有效鉴别信息,又在一定程度上避免了单一数据的不确定性,令分类结果更加可靠,使遥感影像目标分类的结果更加全面准确。实现多传感器优势互补的最优方式是构建对地观测传感网,它将具有感知、计算和通信能力的传感器与万维网进行有机结合,使分布式资源整合为一个独立、自主、任务可定制、动态适应并可重新配置的协同观测系统。

(4) 面向应用的融合方法。目前提出的融合方法大多是普适、共性的方法,针对特定应用场景的融合方法还凤毛麟角。众所周知,不同的应用对影像特征的需求也会不同,例如,有些应用对影像的空间细节要求较高,而另一些应用又可能对光谱保真度有更高的要求,为了提高应用效果,就需要在融合过程中考虑这些因素,做到有的放矢,以应用为驱动来发展最优的融合方法。

2. 联邦学习

近两年,联邦学习技术发展迅速。作为分布式的机器学习范式,联邦学习能够有效解决数据孤岛问题,让参与方在不共享数据的基础上联合建模,从技术上打破数据孤岛。对于遥感数据而言,联邦学习算法也将同样适用,在保证数据安全保密性的条件下,对算法进行研究。针对因具有一定保密性,遥感数据缺乏问题,联邦学习或将成为一个突破点。联邦学习、更深更宽(如何在保证分类效果的同时有效地缩减网络的复杂度)。

3. 迁移学习

迁移学习也是一个重要的发展方向。迁移学习的目标是让计算机像人一样具有思考和推理的能力,像人一样能够高效地将已经掌握的知识迁移到其他领域。尽管计算机在很多方面已经达到甚至超过人类的水平,但其迁移学习能力还远不及人类。尤其对于标注成本昂贵的遥感影像,迁移学习的能力在未来尤为重要。

15.3　算法框架的新思路

网络模型和算法,深度网络建模可视化困难和数据集的缺乏。

1. 有监督变成弱监督或者半监督或无监督

随着深度学习的不断发展,深度学习算法的数据问题日益凸显。有监督学习方式往往需要大量数据以及标签,然而,海量数据标注需要大量的人力、物力、财力,这一点的代价是较大的。因此,研究者将目光转向半监督学习以及无监督学习。无监督学习的网络模型将成为研究趋势。

无监督模式识别主要用于确定两个特征向量之间的"相似度"以及合适聚类(分组)。半监督学习(SSL)是模式识别和机器学习领域研究的重点问题,是基于监督学习和无监督学习的一种学习方法。半监督学习使用大量的未标记数据,以及同时使用少量的标记数据,来进行模式识别工作。半监督学习,要求尽量少的人员来从事工作,同时,又能带来比较高的准确性。

2. 网络模型

遥感数据学习任务可以借鉴其他领域的研究方法将为其相关的网络研究。遥感数据研究相对于自然场景等研究来说,因为其数据缺乏以及数据特性复杂,相关的深度学习研究理论不够成熟。尤其是近年来发展较好的注意力机制、强化学习、图神经网络、胶囊网络、迁移学习、生物蚁群脑启发、多尺度几何等等,以上领域都可以为遥感技术的网络建模提供一定的原理借鉴。

3. 硬件框架

随着深度学习的不断发展,深度神经网络渐渐变得越来越宽或越深。这就导致人们对于计算机算力有着一定的要求。从 CPU 到 GPU 再到 TPU,深度学习对算力要求越来越高,硬件发展往算力越来越强的趋势发展。

然而,算力较强的 GPU,TPU 往往体积较大,因此工业界将目光转向了体积小并且具有一定算力的现场可编程逻辑门阵列(FPGA)。将遥感影像算法部署在 FPGA 上并且实现并行化处理将是现在乃至未来研究的一个重要方向。

随着海量数据的不断出现,数据存储成为目前的深度学习中的面临一大问题。NAS(Network Attached Storage)网络存储的出现对于数据存储问题得到了一定的缓解。它可以实现数据的集中存储、备份、分析与共享,并在此基础上充分利用现有数据。

参考文献

［1］ Jiao L,Zhang R,Liu F,et al. New Generation Deep Learning for Video Object Detection: A Survey [J]. IEEE Transactions on Neural Networks and Learning Systems,2021.

［2］ Mountrakis G,Im J,Ogole C. Support vector machines in remote sensing: A review [J]. ISPRS Journal of Photogrammetry and Remote Sensing,2011,66(3): 247-259.

［3］ Colomina I,Molina P. Unmanned aerial systems for photogrammetry and remote sensing: A review [J]. ISPRS Journal of Photogrammetry and Remote Sensing,2014,92: 79-97.

［4］ Zhu X X,Tuia D,Mou L,et al. Deep learning in remote sensing: A comprehensive review and list of resources[J]. IEEE Geoscience and Remote Sensing Magazine,2017,5(4): 8-36.

［5］ Wang K,Franklin S E,Guo X,et al. Remote sensing of ecology, biodiversity and conservation: a review from the perspective of remote sensing specialists[J]. Sensors,2010,10(11): 9647-9667.

［6］ Xie Y,Sha Z,Yu M. Remote sensing imagery in vegetation mapping: a review[J]. Journal of Plant Ecology,2008,1(1): 9-23.

［7］ Thorp K R,Tian L F. A review on remote sensing of weeds in agriculture[J]. Precision Agriculture, 2004,5(5): 477-508.

［8］ Wu H,Li Z L. Scale issues in remote sensing: A review on analysis, processing and modeling[J]. Sensors,2009,9(3): 1768-1793.

［9］ Maxwell A E,Warner T A,Fang F. Implementation of machine-learning classification in remote sensing: An applied review[J]. International Journal of Remote Sensing,2018,39(9): 2784-2817.

［10］ Lee C A,Gasster S D,Plaza A,et al. Recent developments in high performance computing for remote sensing: A review[J]. IEEE Journal of Selected Topics in Applied Earth Observations and Remote Sensing,2011,4(3): 508-527.

［11］ Bégué A,Arvor D,Bellon B,et al. Remote sensing and cropping practices: A review[J]. Remote Sensing,2018,10(1): 99-107.

［12］ Belgiu M,Drăguţ L. Random forest in remote sensing: A review of applications and future directions [J]. ISPRS Journal of Photogrammetry and Remote Sensing,2016,114: 24-31.

［13］ Weiss M,Jacob F,Duveiller G. Remote sensing for agricultural applications: A meta-review[J]. Remote Sensing of Environment,2020,236: 111402.

［14］ Ghassemian H. A review of remote sensing image fusion methods[J]. Information Fusion,2016,32: 75-89.

［15］ Levin N,Kyba C C M,Zhang Q,et al. Remote sensing of night lights: A review and an outlook for the future[J]. Remote Sensing of Environment,2020,237: 111443.